塔里木盆地地质力学研究与应用

张 辉 王志民 王海应 徐 珂 著

石油工业出版社

内 容 提 要

本书详细论证了在塔里木盆地库车坳陷克拉苏构造这种复杂构造、复杂地质条件下的油气田地质力学研究涉及的基本原理、研究方法和应用成效，创新了非线性压实趋势法的孔隙压力预测方法、全地层三维地质力学建模方法、含裂缝地层井壁稳定性预测方法、裂缝性地层井轨迹优化方法、可压裂性预测新方法、四维地质力学建模技术等。

本书可供从事油气田地质力学专业人员及相关院校师生阅读参考。

图书在版编目（CIP）数据

塔里木盆地地质力学研究与应用 / 张辉等著.
北京：石油工业出版社，2025.3. -- ISBN 978-7-5183-7319-2

Ⅰ. P55

中国国家版本馆 CIP 数据核字第 202522E1N1 号

出版发行：石油工业出版社
    （北京安定门外安华里 2 区 1 号 100011）
    网 址：www.petropub.com
    编辑部：（010）64523719
    图书营销中心：（010）64523633
经 销：全国新华书店
印 刷：北京中石油彩色印刷有限责任公司

2025 年 3 月第 1 版 2025 年 3 月第 1 次印刷
787×1092 毫米 开本：1/16 印张：15.5
字数：450 千字

定价：120.00 元
（如出现印装质量问题，我社图书营销中心负责调换）
版权所有，翻印必究

前言 Preface

随着深层和非常规油气资源勘探开发的发展,油气储层地质力学(Reservoir Geomechanics)的研究越来越受到学术界和产业界的重视。近年来在塔里木盆地库车坳陷天然气勘探开发中逐步认识到,对于这种埋藏深度大、构造复杂、断层裂缝大量发育的油气藏,地质力学研究对油气勘探开发全过程中的决策与方案优化均有重要意义。与页岩油气藏中主要在水平井钻井和压裂改造中的应用不同的是,其在克拉苏构造带的研究不仅应用于储层评价、改造及钻井方案优化,而且在井位井轨迹的优化和气藏科学开发中起到了至关重要的作用,如随着气藏压力衰减,储层地应力也随之变化,导致气藏内部裂缝和断层的力学行为发生变化,直接影响储层渗透性,从而改变气田产能、储量动用及水侵模式等。因此对于这种复杂背景的油气开发,地质力学的技术和信息能够提供更丰富的基础数据和资料,有助于更全面认识油气藏,最终优化开发方案。

克拉苏构造带是西气东输最重要的气源地之一,该区域天然气的科学勘探开发不仅能带来巨大的经济效益,而且对国内能源结构优化、区域社会发展和环境保护具有重要意义。但由于其构造复杂,储层埋深大,高温、高压和强地应力背景,在气田开发中遇到了一系列问题,涉及效益、成本、安全等多方面。从勘探开发井位部署、钻井、完井和开发动态方案调整等都需要地质力学的手段解决相应问题,并提供最优解决方案。

近年在克拉苏构造带勘探开发过程中,随着构造地质、气藏工程和地球物理技术的进步,逐渐创新发展了油气田地质力学技术,建立了油气田一维—三维—四维地质力学建模、断裂地质力学活动性预测,储层地质力学综合指数预测,地质力学储层改造方案优化,裂缝性储层井壁稳定性预测,大斜度井井眼轨迹优化等多项技术。解决了勘探开发过程中的一些重要问题。

本书共分七章,第1章讨论区域构造演化与地应力场变迁,由张辉、王志民等编写;第二章论述气田各地质力学属性的评价方法及空间分布特征,由张辉、徐珂等编写;第三章介绍克拉苏构造带盐上、盐间及盐下构造层地质力学特征分布情况,由王志民、徐珂等编写;第四章揭示地质力学属性对气藏储层品质的影响机理,由张辉、徐珂等编写;第五章介绍一种断裂地质力学活动性预测方法,由张辉、王海应等编写;第六章论述地质力学在克拉苏气田开发中的应用,由王志民、王海应等编写;第七章探索克拉苏气田四维地质力学建模方法及其对气田开发机理的影响,由王海应、王志民等编写;其他成员为本书提供了相关章节的部分数据资料,并参与了全书的编写讨论和修改工作,全书由张辉统稿、审定。

本书是所有参与塔里木油田地质力学研究科技工作者集体智慧的结晶,与此同时也参考了一些公开发表的相关书籍、标志规范等资料,在此向他们表示衷心的感谢!由于笔者水平有限,书中肯定存在不妥与错误之处,敬请读者批评指正。

目录 Contents

绪论 …………………………………………………………………………………………………… 1

第一章　克拉苏构造带地质背景与地应力场变迁 ………………………………………………… 6
　第一节　气田地质与勘探开发背景 ……………………………………………………………… 6
　第二节　区域构造演化与应力场变迁 …………………………………………………………… 10
　第三节　盆地级应力区划的地质影响因素 ……………………………………………………… 13
　第四节　克拉苏构造带地层岩性与地质力学分层特征 ………………………………………… 20

第二章　克拉苏构造带地质力学参数评价方法 …………………………………………………… 23
　第一节　岩石力学本构关系及破坏准则 ………………………………………………………… 23
　第二节　克拉苏构造带岩石力学实验 …………………………………………………………… 29
　第三节　一种改进的等效深度压力预测方法 …………………………………………………… 36
　第四节　现今应力场评价方法 …………………………………………………………………… 39

第三章　克拉苏构造带盐上、盐间及盐下构造层地质力学特征及应用 ………………………… 50
　第一节　盐上、盐间及盐下地层孔隙压力特征及预测 ………………………………………… 50
　第二节　盐上构造层地质力学特征及对井壁稳定性的影响 …………………………………… 61
　第三节　盐层地质力学特征及井壁失稳分析与对策 …………………………………………… 75
　第四节　盐下储层现今应力场分布特征 ………………………………………………………… 81

第四章　地质力学参数场对气藏储层品质的影响 ………………………………………………… 90
　第一节　常规岩石物理手段评价储层中的矛盾 ………………………………………………… 91
　第二节　储层地质力学属性对比 ………………………………………………………………… 96
　第三节　地质力学层概念及划分 ………………………………………………………………… 99
　第四节　模拟气藏条件大岩样地质力学实验 …………………………………………………… 106
　第五节　天然裂缝地质力学响应对气井产能的影响 …………………………………………… 115
　第六节　储层地质力学综合评价指数 RGI ……………………………………………………… 122

第五章　断裂地质力学活动性预测 ………………………………………………………………… 129
　第一节　断裂与地应力场之间的交互关系讨论 ………………………………………………… 130

第二节　断裂地质力学活动性指数 FGAI 计算模型 ················· 136
　　第三节　断裂地质力学活动性在气藏研究中的地质意义 ············· 140
　　第四节　断裂地质力学活动性在气藏开发中实用性论证 ············· 143

第六章　地质力学技术在克拉苏构造带开发中的应用 ················· 157
　　第一节　地质力学在开发井部署中的应用 ························· 157
　　第二节　裂缝性砂岩井壁稳定性预测及工程方案优化 ··············· 172
　　第三节　地质力学技术优化开发井完井方案 ······················· 190

第七章　气田四维地质力学建模与应用 ····························· 206
　　第一节　"时间—压力—应力"交会的四维地质力学研究方法 ········ 206
　　第二节　克拉苏构造带应力路径评价 ····························· 210
　　第三节　四维应力场与气田开发机理 ····························· 214
　　第四节　一种动态孔隙压力的反演方法 ··························· 216
　　第五节　气藏流动参数与地质力学参数耦合初探 ··················· 219

参考文献 ··· 228

绪 论

一、油气田地质力学的主要概念

油气田地质力学是研究油气田整体范围及相关地区岩石力学属性、地应力场、地层孔隙压力场等在油气藏中的分布特征，并研究这些地质力学属性与储层结构、断层、裂缝和流体流动之间交互关系的新兴学科，属于构造地质、岩石力学、地球物理和石油工程等多种专业交叉的研究领域。

油气田勘探开发中的岩石力学属性研究，所涉及的气藏深度在1000~8000m，因此其研究对象是深层沉积的由岩石骨架、孔隙和流体共同组成的储集岩体在较高围岩、较高温度和较高孔隙压力条件下的力学性质和变形特征。其与地面和浅地表工程建设中的岩石力学问题不同，也不同于以火成岩和变质岩为研究主体的地球深部（下地壳与上地幔）岩石力学研究。由于油气田储层环境的特殊性，因此其岩石力学性质既不表现为理想的弹性，也不是简单的塑性和黏性，而往往表现出多孔弹性、弹塑性和黏弹性等特征。

油气田地应力场是指油气储层经过多期构造运动破裂、变形后所保留的应力场，其主要由重力应力、构造应力、孔隙压力、热应力等耦合而成。油气田应力场研究中孔隙压力和构造应力对原地应力的影响是非常重要的。原地应力一般指油气储层未经人工钻探或扰动以前的天然应力场。在地质力学中描述地壳应力的实际是一个含9个分量的二阶张量，但从靠近地球表面到地壳深处20km深度的范围内，地层应力状态均可用一个垂向应力和两个正交水平应力的大小和方向描述。根据E.M.Anderson分类模式，地应力场可分为三种状态，①潜在正断层型应力场，垂向应力为最大主应力，$\sigma_V>\sigma_H>\sigma_h$（$\sigma_V$为垂向应力，$\sigma_H$为水平最大主应力，$\sigma_h$为水平最小主应力）；②潜在走滑型应力场，垂向应力为中间主应力，$\sigma_H>\sigma_V>\sigma_h$；③潜在逆断层型应力场，垂向应力为最小主应力，$\sigma_H>\sigma_h>\sigma_V$。

地层孔隙压力场是深部油气藏互相连通的孔隙空间内流体中所赋存的压力。孔隙压力分为正常和异常，正常孔隙压力等于地层水静液柱压力，压力变化范围为1.0~1.07g/cm^3，决定于地层水矿化度。凡是低于地层水静液柱压力的叫异常低压，高于地层水静液柱压力的叫异常高压。一般情况下，孔隙压力的上限为上覆地层压力，由于油气储层中的岩石抗拉强度小到可以忽略不计，孔隙压力总是小于最小主应力。

对于断层和裂缝发育的油气田，断裂与地应力场之间的配置关系对于油气藏品质有重要的影响。断裂是深层岩体在不同期次构造演化过程中在古应力场作用下产生的面状破坏或面状流变带，断裂的产生和形成后的类型与状态都受控于其所处的应力场。而当断裂活动停止后，其周围的应力场由于地层破裂和变形也将发生改变，而且在后续的构造演化中现存断裂将是影响最后一期应力场状态的一项关键地质因素。因此复杂构造背景条件下的应力场在构造演化的不同时间上，和在油气藏不同构造位置的空间上都是变化的。油气藏中复杂的应力场又直接控制着断层和裂缝开启、闭合与错动等力学行为，从而间接影响油气藏的渗透性和导流能力，最终影响储层的品质和流体的流动。

二、克拉苏构造带地质力学研究的意义

克拉苏构造带位于塔里木盆地库车坳陷北部，是塔里木盆地北部边缘与南天山过渡带中变形最强烈的区域，从海西期晚二叠世开始发育至第四纪，共经历四个构造演化过程，最后一个过程中由于南天山的冲断和隆升作用，库车地区受到来自北侧的强挤压应力，导致坳陷内形成几个包括克拉苏构造带在内的东西展布构造带。在漫长复杂的构造演化中气田内部发育大量的断层和裂缝，断裂是控制气田平面上成排分布的背斜、断背斜圈闭气藏的关键结构体，也是流体流动中的重要结构。

克拉苏构造带浅层克拉 2 区块储层埋深 3500~4000m，原始地层压力系数在 2.0 以上，地温梯度为 2.188℃/100m 左右。深层区带大部分储层深度为 6000~7000m，局部突破 8000m，压力系数为 1.7~1.9，地层温度为 159~177℃，地温梯度在 2.20℃/100m 左右。储层段岩石类型以岩屑长石砂岩为主，含少量长石岩屑砂岩。

在这种复杂构造、断裂发育、深层超深层、高温高压复杂储集背景下，克拉苏构造带开发中面临诸多挑战。首先对于钻探过程，开钻前需要预测地层三压力（孔隙压力、坍塌压力和破裂压力），在钻进过程中，根据实际地层岩性、岩石物理和地应力特征开展井壁稳定性评价，以帮助解决复杂地层井壁失稳问题。完钻后储层评价中需要了解岩石力学参数和地应力特征，以更准确识别储层特征和流体性质。其次在完井试油阶段，需要通过定量评价井筒地质力学参数特征，来划分储层力学层序，预测出砂风险，优选完井方式，优化完井工程方案设计。另外对于特殊的致密储层，有可能采取压裂改造，压裂工程设计和施工的多个参数均需要通过地质力学信息换算得到。最后在气田开发阶段，地质力学研究成果同样是重要的基础资料，其能够为开发井位部署提供应力场分布和断裂活动性预测，用以优化优质储层区域选择、避水和井眼轨迹确定。开发过程中，地质力学研究提供应力场动态变化规律分析，预测断裂和裂缝的力学行为变化，为开发中的渗透率变化、产能变化、水侵机理研究提供依据。

可见对于克拉苏构造带，勘探开发全过程中都需要地质力学研究作为一项重要的常规必备技术支持项目，以优化钻完井工程设计，提高钻探成功率，降低经济成本和安全风险，优化气田开发方案，科学合理选择井位、井型和井轨迹，高效优质管理气藏开采，及时实施调整措施，最终实现气田的高效益开发。

三、克拉苏构造带地质力学研究应用的主要内容

克拉苏构造带地质力学特征评价与应用研究主要包括如下 6 个方面内容：①讨论克拉苏构造带区带构造演化与地应力场变迁。②论述克拉苏构造带各种地质力学属性的评价方法，描述这些属性在气藏空间中的分布特征。③介绍克拉苏构造带井壁稳定性预测方法和应用实例，侧重强调适合于研究工区地质背景的三项井壁稳定性研究新进展。④讨论地质力学参数场对克拉苏构造带储层品质的影响，揭示裂缝性储层在现今应力场作用下渗透性能的主控因素。⑤提出一种断裂力学活动性预测方法，解决了开发过程中断裂相对连通和

封闭性能的评估难题。⑥地质力学在克拉苏构造带开发全过程中的应用研究及效果，阐述了利用地质力学信息优化气田开发方案，利用开采中的地应力场动态变化特征为开发调整提供依据。

第一章通过对克拉苏构造带构造地质背景和构造运动演化的回顾，简要讨论了气田构造应力场的变迁及在盆地区带范围内的基本分布特征，确保后续研究中，对现今地质力学特征的定量评价能够既遵循实际的构造运动背景，又兼有清晰的数学物理理论基础。

第二章，首先介绍了克拉苏构造带多个气藏岩心岩石力学实验结果和相关参数计算模型的确定；其次介绍了一种改进的等效深度孔隙压力计算方法，并利用该方法评价了克拉苏构造带从浅至深的各地层孔隙压力值，讨论了异常高孔隙压力的出现和分布特征，并探索了利用井震联合的技术和信息预测钻前新井位置处的地层孔隙压力；然后厘定了适合库车坳陷地质背景的现今应力场计算方法，介绍了一种剥离天然裂缝影响的水平主应力值的评价方法。提出了一种综合井筒破裂行迹、构造形态和断裂产状的水平主应力方位预测方法；讨论了克拉苏构造带不同气藏，及同一气藏不同构造位置上的原地应力分布特征。

第三章讨论了克拉苏构造盐上、盐间及盐下构造层地质力学的特征及其在钻井领域的应用。首先阐述了盐上、盐间及盐下地层孔隙压力的特征及预测，明确了克拉苏构造带不同地层间的孔隙压力变化特征，论述了各气藏之间以及气藏内部的地层孔隙压力分布，同时采用第二章论述的改进的孔隙压力预测方法对新部署井钻前孔隙压力进行预测；其次讨论了盐上构造层主要为砂泥岩和巨厚的砾石层的岩石力学、地应力特点，建立砾石层钻井液密度图版，为砾石层的钻井液密度设计提供了相应的解决方案，针对高含泥地层，建立了一种基于浸泡时间变化的井壁失稳参数预测方法，探讨了钻井过程中由于应力、钻井液和浸泡时间耦合对井壁稳定性的影响，钻井中及时判别分别由地质因素或工程因素造成的失稳问题，正确优化了钻井工程方案，解决了气田钻井井壁失稳疑难问题；接着讨论了作为气藏盖层的膏盐岩和软泥岩的地质力学特征，分析了其在钻井过程中的蠕变性，提出了抗蠕变对策；最后针对岩性裂缝性砂岩目的层，详细分析了克拉苏构造各断块油气藏的天然裂缝、主应力方位及大小的分布规律，为气田开发中的相关应用提供重要的基础数据。

第四章讨论地质力学参数场对克拉苏构造带储层品质的影响。首先介绍了常规岩石物理手段在克拉苏构造带深层储层评价中面临的问题和矛盾，引出利用地质力学技术进一步认识复杂气藏中的深入研究。然后，发现在同一气藏内地层地质力学属性具有明显的自分层特征，进而提出了地质力学层的概念及划分方法，以系统认识地应力场等地质力学属性对储层品质的影响机理。接着，开展了一个利用大尺寸露头岩石样品模拟天然裂缝性储层变形特征的地质力学实验，通过实验证明了克拉苏构造带储层应力条件下，先存的断层和裂缝具有较好的剪切变形能力，为强应力背景下裂缝性储层渗流机埋的完善提供了重要佐证。其次通过分析平面分区、纵向分层的地质力学参数场控制下的天然裂缝和断层的力学行为与气井产能之间的关联性，揭示了裂缝性储层在现今应力场作用下的渗透性能的一个主控因素。最后将气藏地应力场、岩石力学参数和天然裂缝地质力学响应三个方面综合，建立了一种适用于克拉苏构造带储层品质评价的地质力学综合判别指数 RGI（Reservoir Geomechanical Index），为储层评价和气藏全面认识提供了一个重要的技术补充。

第五章为解决克拉苏构造带开发中断裂相对连通性和封闭性的评估难题,提出了断裂地质力学活动性概念,建立了断裂地质力学活动性指数 FGAI(Fault Geomechanical Activity Index)计算模型。首先讨论了断裂与地应力场之间的交互作用关系,不同的历史应力场产生了特定的断裂系统,断裂的产生、活动及稳定过程又改变了现今应力场的分布,最终现今应力场又控制断裂带的渗透性和导流能力。然后分析储层应力和孔隙压力对断层潜在活动性的控制机理,并建立了综合利用地质、地球物理和地质力学信息预测断层力学活动性的方法。其次通过对影响断裂开启和封闭能力6种属性(断裂面的埋深;断裂的走向;断裂的倾角;断裂面的相对垂直断距;断裂面所在位置的孔隙压力;断裂错断地层的泥岩含量)的分析,表明克拉苏构造带地质背景下,书中之断裂地质力学活动性 FGAI,能够用于对储层渗透性和流体导流能力的评价。最后利用井位部署、完井方案优化、开发动态方案调整中的应用实例,阐述了 FGAI 对气田开发机理的研究和水侵机理的厘定有重要的理论和现实意义。

第六章系统阐述讨论油气田地质力学技术在克拉苏构造带气藏开发全过程中的应用研究及应用实例分析,论述了地质力学信息为井位部署的论证提供有益补充,能够定量优化完井方案,为开发中正确措施实施提供导向。其一,对于开发井井位部署研究,①从地应力场状态、水平应力强弱、应力各向异性、断裂活动性强弱等方面提供了利于油气储集,同时利于封堵边底水的井点优选建议;②从钻遇优质裂缝性储层、有效避水和井眼稳定性等三个方面论证了大斜度井开发在克拉苏构造带的可行性。其二,在开发井完井前评价储层地质力学综合属性,评估储层相对出砂风险,配合其他储层评价资料,为气井提供完井方式优化建议:①对于储层应力弱、岩石强度低、裂缝活动性好、钻井漏失量少、出砂风险较高的气井建议常规试油完井,自然生产;②对于储层应力弱、裂缝活动性好、钻井漏失量大、钻井液柱压力与孔隙压力之间差较大的气井,设计以解除污染为主的完井方案,然后自然生产,以待气井休养生息,服务于气田稳产;③对于物性较差、应力强、裂缝活动性差、出砂风险较低的气井,考虑设计压裂改造完井方案。对于需压裂的气井,根据地应力层序优选压裂层断,根据储层地质力学综合指数 RGI 选择射孔位置,根据天然裂缝的剪切破坏压力,确定最低施工压力,根据不同深度不同走向的天然裂缝与应力之间的关系,优化泵注程序。

第七章对克拉苏气藏四维地质力学建模的建模方法及在揭示气藏开发机理方面进行了详细论证,并开展了气藏流动参数与地质力学参数的耦合研究方法的初步探索。通过对气田开发过程中的动态地质力学研究,发现应力场是影响气藏渗透性能、气井产能、水体侵入等的关键因素之一,随气藏压力衰减的应力路径是控制气藏整体渗透率保持或递减的一个主控因素。①建立了一种"时间—压力—应力"交会的四维地质力学建模方法,分析随气田开发、压力衰减后的地应力变化与气田综合表现之间的关联性,把握影响气田开发的内在地质力学机理;②评价不同气藏应力路径,对比不同气藏应力路径及其变化规律,进一步明确同一构造背景下的气藏属性差异;③发现气藏开发过程中地应力状态变化,将导致气藏内部断裂和裂缝受力特征变化,进而改变其渗流性能,引起产能突变和水侵异常,进一步明确了克拉苏构造带复杂背景下的开发机理;④针对已开发气藏,提出了一种利用裂缝动态力学响应反演储层孔隙压力变化的方法,解决了开发井动态压力评估和漏失压力预测等难题;⑤探索了克拉苏构造带地质力学参数场与气藏流动参数之间的耦合建模,为气田渗流机理和渗流性能变化明确提供了依据。

通过克拉苏构造带地质力学参数场评价与应用研究，认识到地质力学属性是描述该类复杂气藏的重要地质因素之一。地质力学研究手段已成为克拉苏构造带开发中的一项常规必备技术。地质力学研究成果已作为气藏开发方案编制中的一个重要内容，贯穿于开发井位部署、钻井、完井、开发机理研究、开发动态方案调整等全过程中。从克拉苏构造带开发中建立的油气田地质力学技术系列将推广应用至塔里木盆地塔中、塔北裂缝性碳酸盐岩储层和塔西南山前裂缝性油气藏开发中。

第一章 克拉苏构造带地质背景与地应力场变迁

本章首先回顾了克拉苏构造带地质背景和勘探开发简史，在对库车前陆盆地构造演化过程认识的基础上，分析了地应力场在主要构造运动中的变迁与发展，有助于理解强烈构造活动造成的构造行迹与驻留在地层中的现今应力场之间的关联性。

第一节 气田地质与勘探开发背景

克拉苏构造带位于塔里木盆地库车坳陷北部（图1-1），整体呈北东东至近东西走向，东西长约160km，南北宽约20km。构造内主要沉积了中—新生代地层，其中古近系库姆格列木群膏盐岩之下的白垩系内蕴藏着丰富的天然气资源。

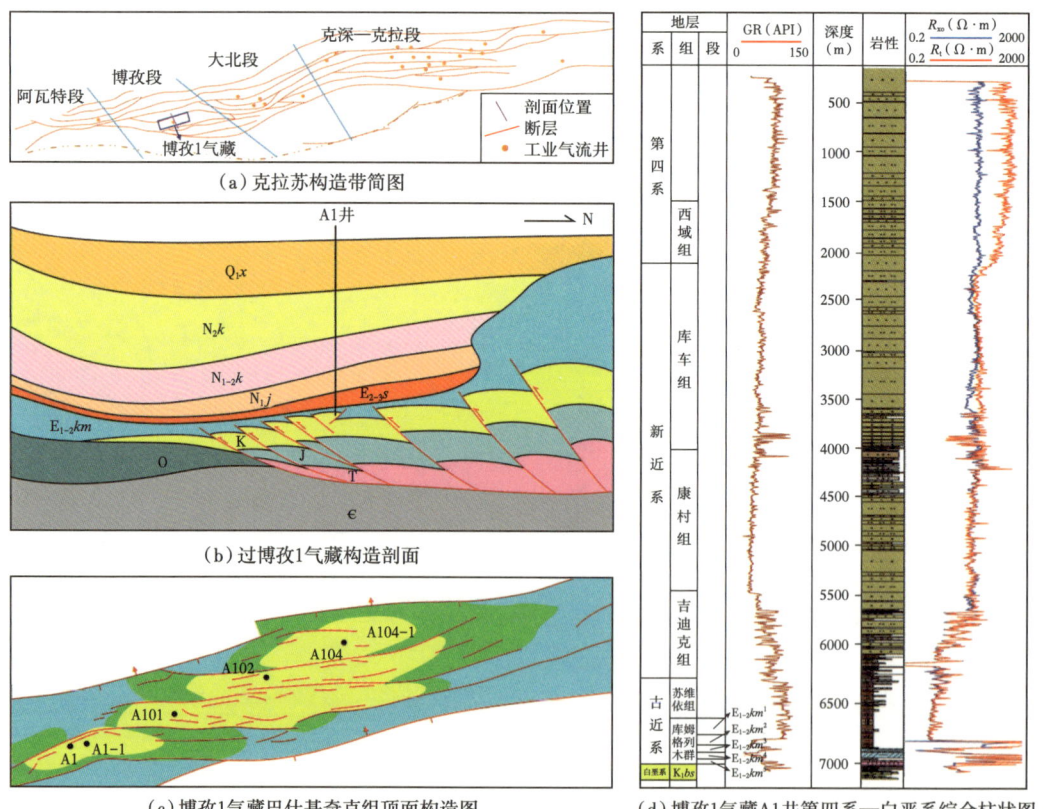

图1-1 克拉苏构造带区域地质背景简图

白垩系巴什基奇克组厚层砂岩和古近系库姆格列木群砂岩是天然气的主要储层。自1998年发现克拉2特大型整装干气气田，后又发现克深等多个油气藏（田），这些气藏（田）的形成和展布皆由不同级别的断裂控制（雷刚林等，2007；王招明，2014；付晓飞等，2015）。库车组沉积晚期至西域组沉积时期强烈的逆冲构造活动与烃源岩快速生烃和运移充注良好匹配，大量发育的逆冲断裂贯通侏罗系和白垩系，为天然气垂向运移提供了通道，形成垂向叠置的"下生上储"的生储配置（邹华耀等，2007；柳广弟等，2008），同时古近系库姆格列木群膏盐岩在垂向上的封盖和砂岩—膏盐岩对接断裂的侧向封闭是气藏保存的两个决定性因素（付晓飞等，2015）。

克拉苏构造带所在的库车坳陷从海西期晚二叠世开始发育，其经历了四个构造演化过程：晚二叠世—三叠纪前陆盆地、侏罗纪—白垩纪坳陷盆地、古近纪—中新世弱收缩挠曲盆地及上新世—第四纪再生前陆盆地。最后一个过程中由于南天山的冲断和隆升作用，库车地区受到来自北侧的强挤压应力，导致坳陷内形成几个包括克拉苏构造带在内的东西向展布的构造带（何登发等，2009；能源等，2012）。气田在总体构造特征上表现为一个北东东至近东西向的冲断褶皱带（图1-1），属于南天山前的第二排构造带，北侧为北部斜坡带，南侧为拜城凹陷，东面结束于克孜勒努尔沟，西面结束于吐孜马扎背斜。

研究区域主力气源岩为三叠系—侏罗系发育的湖泊—沼泽相煤系烃源岩（赵孟军等，2002），新近纪时快速沉降埋藏，烃源岩开始大量生排烃（邹华耀等，2007），构造变形最强烈的喜马拉雅晚期是库车前陆盆地天然气的主要成藏期，上新统库车组沉积期末—更新世是克拉苏构造带主要的聚气期（梁狄刚等，2002；柳广弟等，2008）。古近系库姆格列木群膏盐岩是区域上的优质盖层，主要为膏盐岩夹泥岩，为浅湖—潟湖—干盐湖沉积，这种复合盐层最厚达4000m，为天然气聚集提供了优良的封闭条件（卓勤功等，2013）。天然气主要聚集在白垩系巴什基奇克组和古近系库姆格列木群砂砾岩储层中，白垩系砂岩地层属于三角洲—辫状河三角洲沉积（王招明，2014），圈闭主要以逆冲断层相关的背斜、断背斜和断块型气藏为主（漆家福等，2009）。

克拉苏构造带浅层克拉2区块储层埋深3500~4000m，储层平均孔隙度为12.83%，渗透率平均值为35.94mD，原始地层压力系数在2.0以上，地温梯度为2.188℃/100m左右。储集岩以褐色中、细岩屑砂岩为主（孙龙德，2004）。深层区带大部分储层深度为6000~7000m，储层孔隙度主要分布于3%~9%之间，平均值为5.4%，储层基质渗透率主要分布于0.035~0.5mD，中值为0.049mD（王招明，2014），地层压力为115~127MPa，压力系数为1.7~1.8，地层温度为159~177℃，地温梯度为2.20℃/100m左右。储层段岩石类型以岩屑长石砂岩为主，含少量长石岩屑砂岩，石英含量一般为45%~60%，在储层段的纵向和横向范围内岩石矿物成分变化小、相对稳定。

喜马拉雅运动晚期，受南天山强烈隆升过程中产生的垂向剪切力与斜向挤压力双重作用，克拉苏构造带内形成一系列的逆冲断裂，这些断裂沟通深部烃源岩层，成为油气向浅部运移的良好通道，同时在断裂控制下的叠瓦状背斜差异升降中地层差异对接，形成了良好的侧向封存条件，利于天然气保存（杜金虎等，2012）。按其规模可将断裂分为3个级别（王招明，2014），克拉苏断裂和拜城断裂为一级断裂，这两条断裂基本平行，呈近北东向展布，纵向上向下断至基底，向上消失于古近系膏盐岩中，整体上它们控制着整个克拉苏构造带的展布特征。二级断裂为一级断裂的派生断裂，控制着气田内各背斜、断背斜气藏的形成与展布。三级断裂是各个背斜和断背斜气藏中的内部断裂。从流体流动的角度来说，这些断裂在不同时空条件下均起着"高速通道"的作用，在成藏阶段，与烃源岩生排气高峰期匹配的活动断裂是天然气垂向运移的"高速通道"；而在现今气田开发过程中，这些断裂又是流体流动的"高速通道"，是影响气藏原始渗透性和渗透性动态变化的重要地质因素。

对于克深气田，由于储层埋深大，基质砂岩致密，因此天然裂缝是储层渗透率和流体流动能力的主要贡献者。另外，强挤压的构造背景又使得储层原地应力强且分布复杂，原地应力场与天然裂缝之间的组合关系是影响气田综合表现的主要地质因素之一。天然裂缝在储层内的发育密度和产状都较为复杂，图1-2显示为克深2气田天然裂缝的基本分布特征。其中图1-2a为野外地质剖面上所表现的裂缝显示。图1-2b为岩心裂缝描述，天然裂缝以半充填高角度缝为主，其次为斜交缝以及网状缝。图1-2c所示为克深2气田已钻井中成像测井资料所解释的天然裂缝特征，其中每个井点位置处的玫瑰图为天然裂缝的走向统计，裂缝走向的优势方位以北东和北西两个方向为主，但在不同构造部位上的变化比较大，结合图1-2d所示的所有天然裂缝倾向投影图（以南北倾向和南西、北东倾向为主，大部分倾向范围为SE150°~EW270°，其次为NW330°~EW90°），显示了储层内天然裂缝产状分布的复杂性。图1-2e、f所示为井筒天然裂缝密度和倾角统计，井筒内天然裂缝密度峰值为1条/m，裂缝倾角以高角度为主，其中倾角小于50°的占25%，大于50°的裂缝占75%。

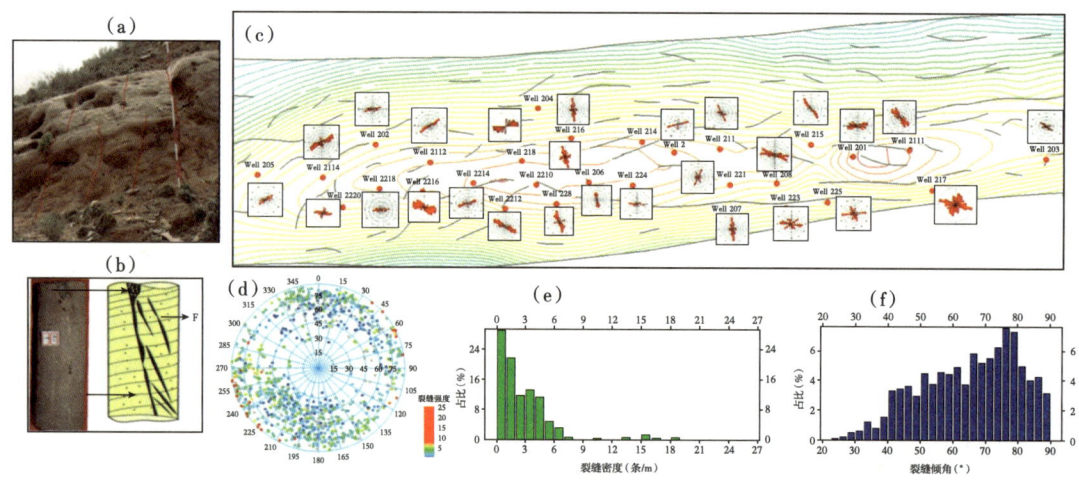

图1-2 克拉苏构造带深层气藏天然裂缝发育基本特征（克深2）

20世纪90年代，根据简单背斜控藏认识，在克拉苏构造东部部署了克拉2井，在克拉苏区带西部大北1号构造部署了大北1井。1998年1月克拉2井在古近系—白垩系获高产工业气流，揭开了克拉苏构造带勘探开发序幕。克拉2井完井后通过系统测试，在古近系砂砾岩段—白垩系巴什基奇克组砂岩获得6个高产气层，日产天然气$40×10^4$~$70×10^4m^3$，从而发现了克拉2气田。1999年9月大北1井在白垩系砂岩裸眼中测，折日产天然气$66431m^3$，发现了大北1气藏。克拉2井及大北1井获得突破后，均开展了积极评价，克拉2气田与大北1气藏分别于1998—2000年、2000—2005年间通过部署评价井落实了构造及地质特征、储量规模及产能，为气田开发奠定了基础。

继克拉2气田及大北1气藏发现后，由于克拉苏构造带地表条件恶劣，地下构造变形复杂，地震资料品质差，圈闭落实难、气藏评价难，导致克拉2气田、大北1气藏发现后天然气勘探一度陷入低谷，1998—2000年在克拉苏构造带上先后钻探了吐北1、吐北2、巴什2、库北1四个圈闭，与克拉2处于同一排构造带，同样的勘探目的层，结果均告失利。

为扩大克拉苏构造带勘探成果，在原构造及地质认识的基础上，转换勘探思路、发展物探技术、确定主攻领域，于2005年上钻了克拉4井。由于工程原因，克拉4井未钻至目的层，但该井的钻探揭示克拉苏构造带深部可能存在叠瓦构造、储层发育、油气条件优越，具备形成大型气藏的潜力，从而将古近系盐下构造作为再次发现大气田的主攻目标。

通过将部署宽线+大组合地震采集技术、叠前深度偏移处理技术及一体化构造建模技术相结合，基本落实了克拉苏构造带的构造模式，认识到克拉苏构造带构造成排成带，发现圈闭数十个，在此基础上，于2007年上钻克深2风险探井，经过一年的钻探，于2008年8月在6500m以下与克拉2和大北相同的层位取得了战略性重大突破，对白垩系巴什基奇克组进行完井酸化测试，8mm油嘴求产折日产天然气$46×10^4m^3$，从而发现了克深2气藏。该气藏的发现证实了构造地质模型和膏盐层反射特征认识的合理性，为克拉苏深层勘探新领域全面发现起到了决定性作用。通过部署山地三维地震采集及处理解释攻关，发现和落实了一批重点圈闭，于2007—2012年间，先后上钻克深1、克深3、克深5、克深8、克深9等井相继获得突破。克拉苏构造带西部在大北1气藏周边又相继发现大北201、大北3等气藏，博孜1井通过加深也获得工业油气流，使克拉苏构造油气勘探领域向西进一步拓宽，扩大了克拉苏构造带勘探成果。

为加快储量评价节奏，进一步落实气藏规模，针对大北201、大北3、克深2、克深5、克深8、克深9、博孜1等气藏部署了多轮次评价井，总井数近30口，基本均获高产工作气流。至2022年，陆续发现了博孜24、博孜9、大北12、大北9等多个油气田，多点全面开花，落实了多个气藏构造及储量规模。

经过多年的勘探，在克拉苏构造带"两带（克拉区带、克深区带）四段（阿瓦特段、博孜段、大北段、克深段）"（图1-3）中的两带三段（除阿瓦特段）中均发现天然气超千亿立方米规模气藏，勘探深度从4000m（克拉2气田）拓深至8000m（克深9气藏），圈闭钻探成功率从43.8%提高到70%，上交三级储量超过$2×10^{12}m^3$，天然气圈闭资源量近$3×10^{12}m^3$，为库车山前克拉苏构造带的勘探开发奠定了良好的基础。

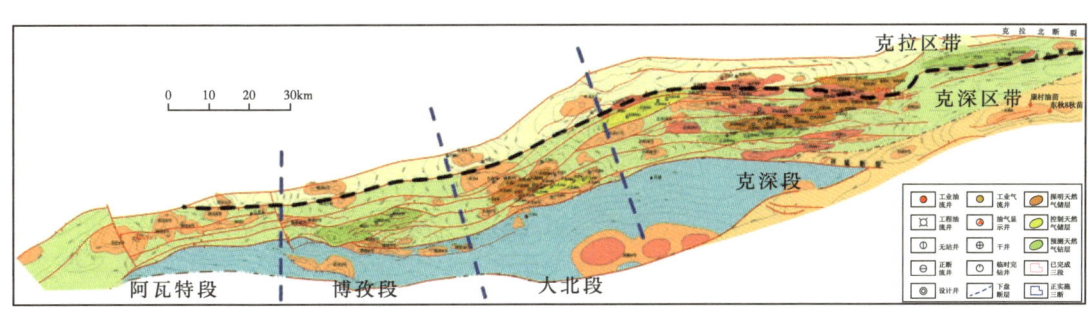

图1-3 克拉苏构造带区带划分图

克拉苏构造带已发现气田由北向南沉积相表现为冲积扇、扇三角洲或辫状河三角洲、滨浅湖沉积体系，储层厚度分布不均匀，克拉2气田储层最厚，接近500m，其余气田在200~250m。除克拉2气田外，其余气藏均为低孔低渗—特低渗裂缝性砂岩储层，物性较差，平均孔隙度在7%左右，渗透率在0.5mD左右。虽然基质物性较差，但裂缝较发育，主要表现为高角度裂缝，倾角一般为70°~90°，贯穿长度在0.04~0.60m之间，裂缝开度普遍在0.1~0.3mm之间，改善了储层的渗流能力。埋藏较浅（3500~4000m）的克拉2气田，储层物性好，以细砂岩为主，平均孔隙度为9%~14%，平均渗透率为14.8~696mD，属中孔中渗储层，是目前克拉苏区带发现气藏中地质条件最好的气田。

总体上，克拉苏构造带气田均为正常温度异常高压气田，地层温度在110~190℃之间，温度梯度在1.7~2.2℃/100m，地层压力在90~125MPa之间，压力梯度在0.27~0.37之间，压力系数在1.54~1.82之间。根据各气田井流物取样分析，克拉苏构造带东西流体性质存在一定差异，西部博孜段井流物气油比为8339~8668m^3/m^3，凝析油含量为85.183g/m^3，为低含凝析油的凝析气藏，大北段大北1气田气油比为28763~101112m^3/m^3，凝析油含量为11~30g/m^3，为湿气气藏特征，大北3及克拉苏构造带东部克深段为干气气藏特征。

克拉2气田发现后，于2003年开始产能建设，设计年产天然气107.3×10^8m^3，总井数18口，2004年12月1日正式投产，揭开了克拉苏构造带开发的序幕。由于新发现气藏构造及地质特征复杂、自然产能低、钻完井周期长、采气工艺技术要求高，因此，在评价阶段即开展试采，以评价气田储量、产能及采气工艺流程。大北气田首先进行了试采工作，于2010年10月29日正式投入试采，先后投入试采井共6口，克深2及克深8气藏于2011年10月开始投入4口井进行了试采。在对大北、克深2及克深8气藏通过试采录取相关动态资料的基础上，分别于2012年及2013年完成大北及克深2-8区块开发方案。大北区块开发方案设计总生产井32口，设计年产天然气规模30.03×10^8m^3。克深2-8区块开发方案设计总生产井58口，设计年产天然气规模60×10^8m^3。2014年7月底，大北区块地面建设完成后正式投入开发，截至2015年底，累计投入生产井21口，累计产气43.7×10^8m^3、累计产油5.1×10^4t。克深2-8区块于2015年7月完成地面建设并投产，截至2015年底，累计投入生产井43口，累计产气90×10^8m^3。近几年持续获得勘探突破，发现了博孜9、博孜1、大北9等气藏，截至2022年底，年产气量超过200×10^8m^3。

第二节 区域构造演化与应力场变迁

塔里木盆地经历了复杂的构造演化史，尤其是上新世—第四纪塔里木盆地南部发生了印度板块与欧亚板块全面碰撞，远距离应力效应使盆地周缘山系复活隆升，库车再生前陆盆地进入强烈褶皱、断裂构造变形发展阶段（贾承造等，2002），因此构造应力是影响塔里木盆地现今应力场分布，并导致其复杂化的一个主要因素。盆地区域构造应力场力源主要来自于两个方面（王喜双等，1997；贾承造等，2004），一方面由于印度板块向北，欧亚大陆特别是西伯利亚板块向南强烈挤压，盆地周缘天山、昆仑山和阿尔金山急剧隆起向盆地内强烈逆掩推覆，产生了强的北北东—南南西向的挤压应力；另一方面，由于塔里木盆地为一个不规则的刚性菱形块体，印度板块与欧亚大陆板块碰撞并向北推移过程中，不同地区地壳缩短量不同，在盆地边缘或内部形成北东东向左行和北西西向右行大型走滑断裂活动，所以塔里木盆地整体区域平面现今应力场为北东—南西向。

库车坳陷是构成塔里木大型叠合复合盆地的重要组成部分，是在塔里木地块北缘古生代褶皱带的基础上发展起来的中—新生代盆地，经历了晚二叠世—三叠纪的前陆盆地、侏罗纪—古近纪的伸展坳陷盆地和新近纪—第四纪陆内前陆盆地的三期主体构造演化（何登发等，2009）。克拉苏构造带又可细分为四个构造演化阶段（能源等，2013），即二叠纪晚期—三叠纪古前陆盆地、侏罗纪—白垩纪坳陷盆地、古近纪—中新世弱收缩挠曲盆地及上新世—第四纪陆内前陆盆地。

二叠纪末—三叠纪，在盆地南缘古特斯提洋向北强烈俯冲活动产生的挤压构造背景控制下，塔里木盆地整体表现为前陆盆地构造演化阶段。整个三叠纪，塔里木板块处于挤压构造环境下。如图1-4所示，此时古构造总体控制于南北向挤压应力场，三叠纪总体构造活动较为活跃，早三叠世古构造走向为北东65°至南西110°，主压应力方向为356°，到三叠纪末，主压应力方位向北东向顺时针旋转（王喜双等，1997）。库车为受古南天山造山带影响，库车坳陷前中生界发育一系列冲断构造。克拉苏断层与克拉北断层为山前逆冲断裂，在克拉苏断层下盘形成了前陆挠曲盆地。其中二叠纪构造活动明显强于三叠纪，断层大多在三叠纪停止活动（能源等，2013）。

塔里木盆地在经历了早二叠世晚期—三叠纪长期挤压作用后，侏罗纪进入应力松驰的坳陷盆地构造发展阶段。盆地内构造活动微弱，无明显的断层活动，垂向应力为当时主应力中的最大应力（图1-4），当时盆地内构造走向分为北东东和北西西两组，在盆地西部主要发育北西向构造，东南部发育北东向构造，北部则发育北东东向构造，因此水平主应力方位仍以近南北向为主。白垩纪塔里木盆地北缘为古天山隆起，经过侏罗纪的准平原化作用，隆起幅度不大，库车地区已是白垩纪统一的大型陆内坳陷盆地的一部分，该区早白垩世早期的舒善河组到晚期的巴什基奇克组反映的是同一个大地构造背景，总体表现为浅水湖泊相的沉积特征，构造活动仍处于伸展坳陷性质。因此白垩系地应力场分布延续了侏罗纪的特点。

古近纪—中新世，库车地区盆地表现为由坳陷盆地向陆内前陆盆地过渡的演化特征。古近纪早期，从塔西南到库车均经历了大范围的海侵过程，在库姆格列木群沉积期，库车地区为盐湖沉积，沉积中心区域就是盐层厚度的最大部位。如图1-4所示，该时期以沉降活动为主，垂向应力为最大主应力，水平方向应力仍以南北向或北北西为主。至始新世末，印度板块与欧亚大陆板块开始碰撞拼贴，对塔里木盆地演化产生了重要影响。海水开始退出盆地，结束了盆地海相沉积的历史，在侏罗纪—白垩纪几乎被夷平的南天山开始褶皱隆起，克拉苏断层与克拉北断层发生复活，切割了中生界并向上滑脱于盐岩层内，克拉苏断层下盘三叠系内则发育一系列滑脱断层，断层的断距普遍较小。如图1-4所示，水平应力不断增强、占优，且水平主应力方位向东西方向偏转，水平最大主应力方位为北西向。

上新世—第四纪为陆内前陆盆地定型期，受印度板块和欧亚大陆板块碰撞引发的远距离应力传递，中国西部地区发生了一次波及范围最大、表现最强烈的构造运动。库车地区由于南天山强烈隆升，产生了由北向南的巨大挤压应力，盆地内发育大量逆冲断层。克拉苏断层继续向上突破，如图1-4所示，此时南北向的水平最大主应力远大于垂向应力。同时由于强烈的构造活动引起的北东东左行和北西西右行大型走滑行为，导致水平主应力方位在不同构造部位向北北西方向和北北东方向偏转。

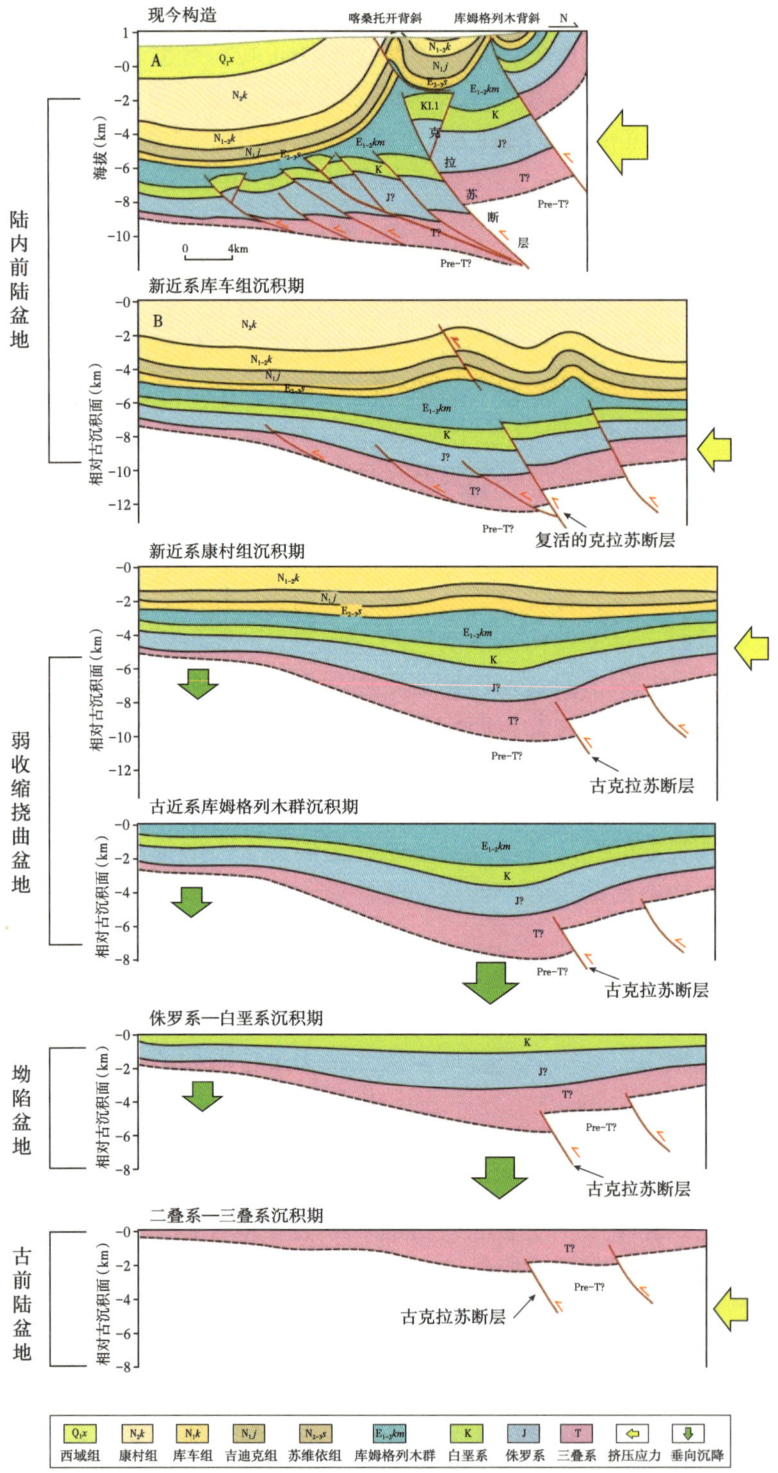

图 1-4 克拉苏构造带构造演化剖面图

第一章 克拉苏构造带地质背景与地应力场变迁

总体上看，库车坳陷现今地应力场格局主要是由于新生代晚期强烈造山运动、先存构造、塑性岩体等多种因素交互影响而形成的。水平最大主应力方位总体为北东向，受构造形态、膏盐岩层和断裂影响向北北西和北北东方向偏转。应力大小在构造高部位、断层发育位置、构造平缓部位表现低值，而在构造翼部、构造陡峭、构造鞍部位置表现高值。

第三节 盆地级应力区划的地质影响因素

地应力是地壳内部单位面积上赋存的以平衡使地层变形外动力的一种内力，引起地壳岩层变形的外力很复杂，有来自天体的、地球内部的以及由地球自转速度的变化而产生的，导致地壳不同部位出现受力不均衡，分别受到挤压、拉伸和旋钮等力的作用，从而导致地应力场也随空间位置、构造形态和岩层特征等发生变化。

塔里木盆地构造应力场模拟结果表明（王喜双等，1997），塔里木盆地下地壳、中地壳应力场变化简单，上地壳应力场复杂，反映浅部变形比深部变形更强烈、更复杂；盆地边缘压应力值和应力梯度高，向盆地内部压应力值和应力梯度降低，反映盆地的断裂、变形主要发生在边缘，而盆地内部相对稳定。另外，坳陷部位应力值较高，隆起区应力值较低。对于应力方位而言，在塔里木盆地内部主要受三个方面的影响，一是在古近纪末开始的印度洋板块向北碰撞，致使周边山前强烈隆升，形成的南北方向的应力场响应；二是伴随期间的大量走滑和逆冲断裂的产生和延伸改变应力方向；三是膏盐岩等塑性岩体的变形滑脱消耗应力。最终导致盆地内部不同位置和区带上的应力场分布差异较大，甚至在同一构造内不同位置上应力场变化仍然较为剧烈。本节通过对比塔里木盆地内不同地质背景油气藏，已钻井井筒现今水平最大主应力方位分布特征，浅析影响油气藏应力变化的地质因素，以初步了解导致应力场复杂化的机理。

图1-5显示塔里木盆地不同油气田已钻井井筒数据反演现今应力场基本特征，图中底图为盆地构造纲要，其中点长线的指向方向为现今水平最大主应力方位，点长线的颜色代表不同的应力状态，绿色NF（Normal faulting）代表潜在正断层型应力场，蓝色SS（Strike slip faulting）代表潜在走滑型应力场，目前已钻井尚未发现潜在逆断层型应力场RF（Reversed faultting）。从应力状态来看，目前塔里木盆地主要以走滑型应力场和正断层型应力场为主，由于断层形成之后的应力释放和再平衡，逆断层型应力场在塔里木盆地油气聚集区带中很少遇到，这为深层和超深层优质油气藏的保存创造了相对有利的地质力学背景。

塔里木盆地库车山前和塔西南山前区带主要以走滑型应力场为主（如图1-5所示，在盆地北部边缘和西南边缘皆为蓝色点长线），在盆地台盆区带以潜在正断层型应力场为主（图1-5中由绿色点长线所指示位置）。对于现今水平最大主应力方位而言，受喜马拉雅期构造活动大背景和各构造带走向的影响，整个盆地范围内地应力方位以北东方向为主，南北向和北西向次之。但从图1-5中亦能看出在各构造带内应力方位的分布仍有一定差异，主要影响应力场差异化的地质因素有构造形态、断裂发育、塑性岩体及储层自身的非均质性，因此在山前区带复杂构造区和盆地腹地的碳酸盐岩区带应力场的分布较为复杂，而在台盆区域的构造低幅度砂岩油藏内部地应力场分布较为均匀。

在研究中，分析了具备条件的全盆地内30余个油气藏共465口已钻油气井井筒数据，得到井筒位置处的现今水平最大主应力方位，通过对比不同油气藏构造背景与应力场分布之间的关联性，厘定影响塔里木盆地不同区带地应力场分布的地质因素。

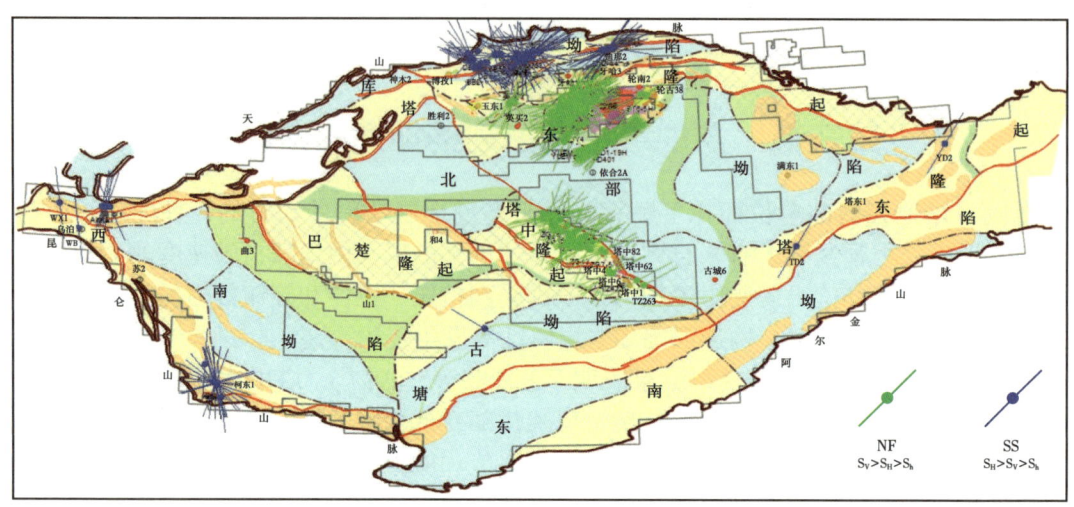

图1-5　塔里木盆地主要油气田现今地应力状态示意

图1-6为哈得逊油田石炭系东河砂岩储层现今水平最大主应力示意图，从油田80余口井筒资料中获得的应力方位一致性非常好，均在北东—南西60°左右，不同构造位置应

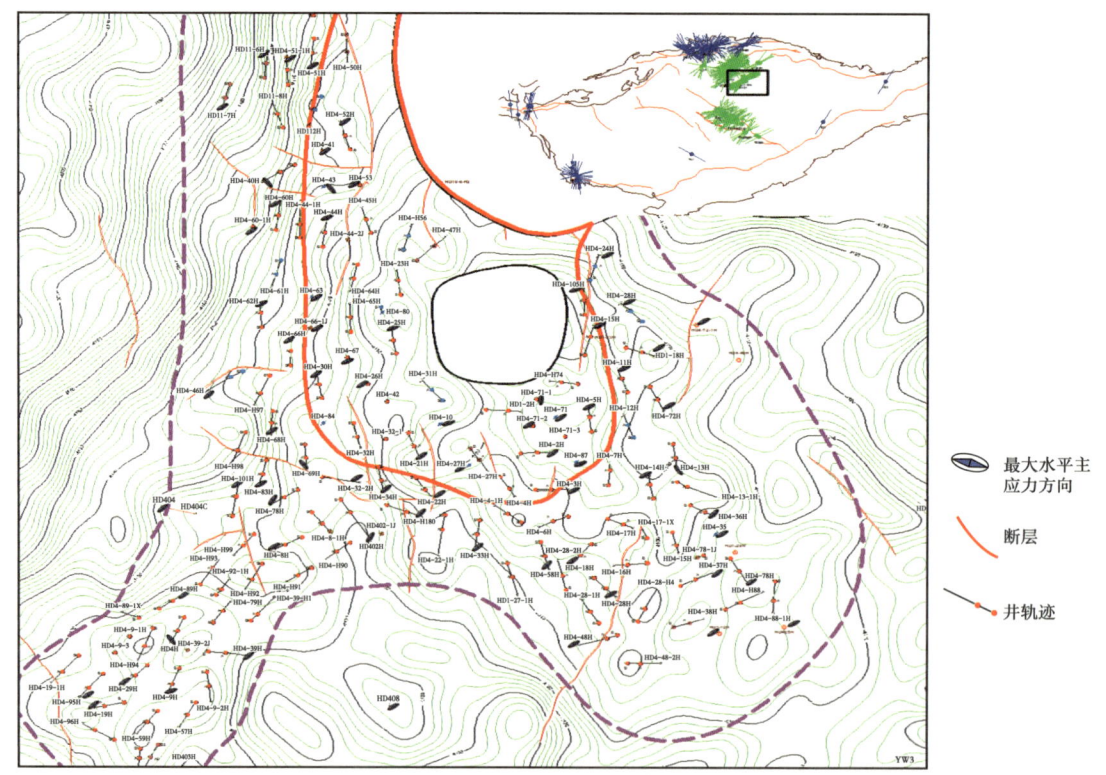

图1-6　哈德逊油田储层地应力方位示意图

力方位差异在 5° 范围内。这表明该油田地应力场的主控因素单一，水平应力方位主要受区域构造应力场控制。

哈得逊构造带是在塔北隆起轮南低凸起向南延伸的鼻状隆起带背景上形成的一个低幅度背斜构造带，属典型的凹中隆。由于该油田构造平缓，断裂规模小，储层砂体均质性好，因此对于该类油气藏其水平地应力各向异性主要来源于区域构造运动过程中驻留在储层中的构造应力场，如图 1-7 示意。类似哈得逊油田这种潜在正断层型、北东方向的地应力场属于塔里木盆地最简单的一种应力场分布模式。

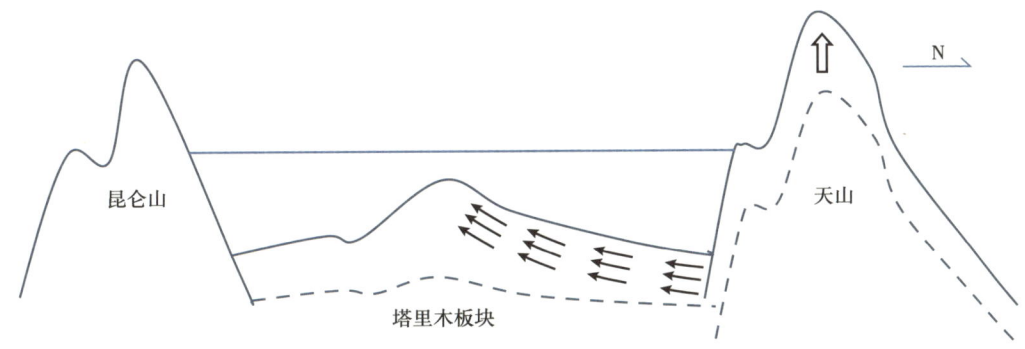

图 1-7 由于造山运动引起的背景构造应力场示意

图 1-8 为英买 7 构造已钻井井筒位置现今水平最大主应力方位示意图，该构造位置处于哈得逊油田北西位置，更靠近南天山，古近系底部砂岩和白垩系巴什基奇克组砂岩之上的含膏泥岩作为盖层，对现今应力场的分布也有较大影响，YM702 井在膏泥岩上下应力方位变化较大，膏泥岩之上应力方位为北西向，之下为北东向，膏泥岩作为一种塑性岩体，吸收应力场，导致上下地层应力方位发生偏转，同时平面上的应力方位分布也较为复杂，构造西部和南部水平应力方位为北东方向，而构造东部应力方位向北西偏转。

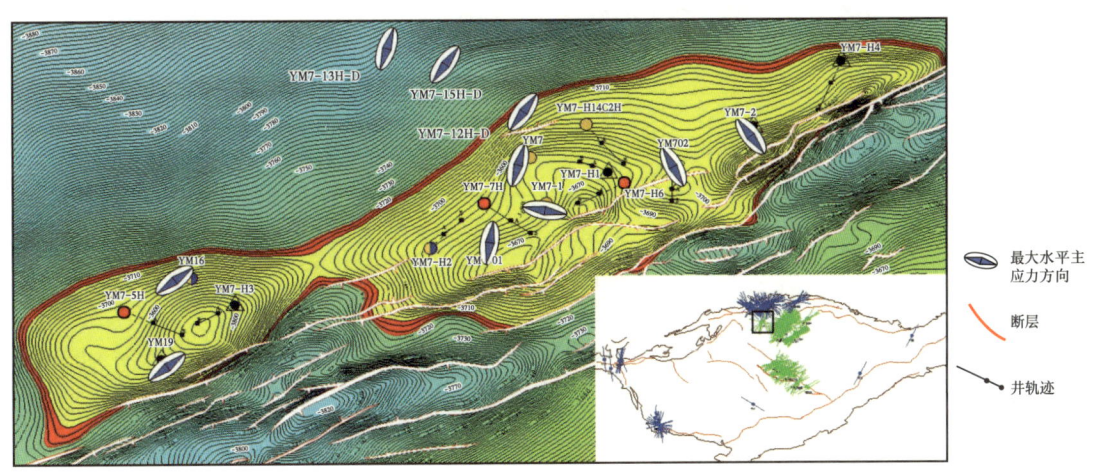

图 1-8 英买 7 构造水平最大主应力方位示意

英买 7 古近系顶部构造走向呈南西—北东向，长轴与短轴之比近 6∶1。构造顶部较平缓，翼部较陡。燕山期白垩系大范围较稳定沉积，喜马拉雅运动阶段，该区各构造以整体升降为主，连续沉积了新生代巨厚地层，其中古近系厚 300m 左右，上部为泥岩、膏质泥岩及灰白色石膏为主；下部泥岩、粉砂岩互层，棕红色泥岩夹棕红色粉砂质泥岩及灰白色石膏。塑性膏泥岩影响了上下地层的应力场状态，图 1-9 为模拟塑性岩体在构造变形中对现今地应力场的影响示意。

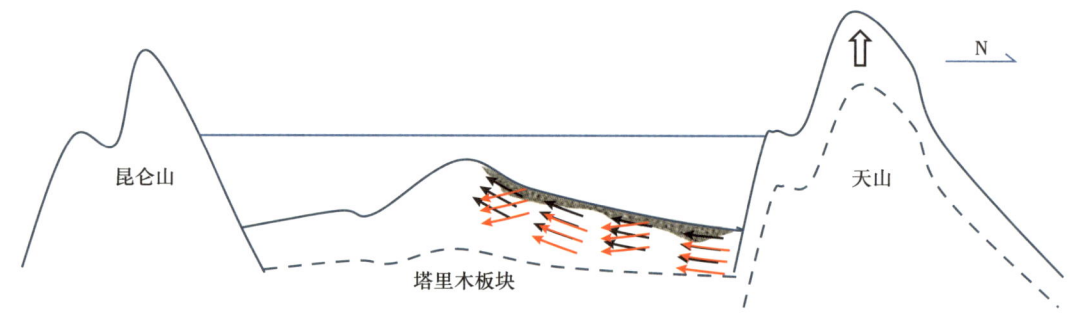

图 1-9　上覆塑性岩体对于应力场的影响示意

另外克拉 2 气田古近系膏盐岩地层上下现今应力方位变化也较大，从应力场发生明显偏转的几口井资料分析发现，该气田在膏盐岩段以下地层最大水平主应力方位以北东—南西向为主（图 1-10），局部有偏转。而在膏盐岩段及以上地层，主应力方位相对比较杂乱，且发生了明显的偏转（图 1-11）。

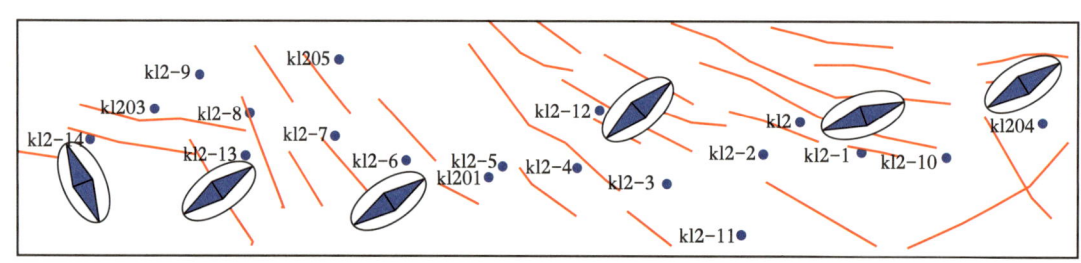

图 1-10　克拉 2 气田膏盐岩以下地层最大水平主应力方位分布图

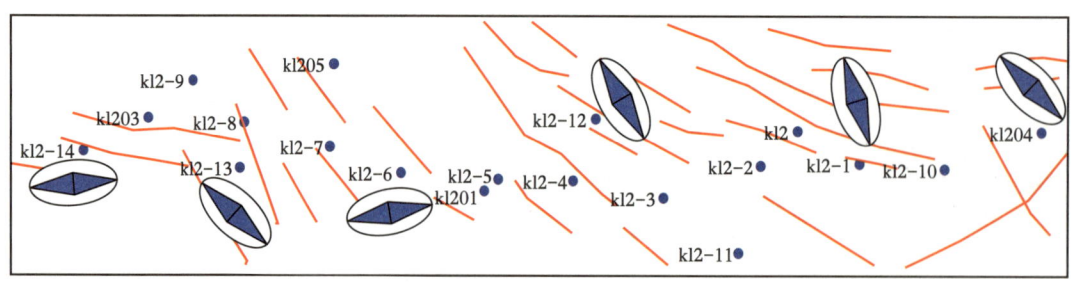

图 1-11　克拉 2 气田膏盐岩段及以上地层最大水平主应力方位分布图

说明膏盐岩段在沉积和构造变形过程中的应力消减作用对盐上和盐下构造的现今应力场都有影响，在白垩系随储层深度增加，远离盐层时应力场受盐的影响较小，向南北方向偏转。

除了构造与特殊岩体的影响外，断裂的存在也是引起应力场突变的重要因素，新断裂的产生和先存断裂的重新活动都将形成局部应力解除效应，从而导致能量耗散后的应力重新分配。图1-12为塔中中古43区块奥陶系主应力方位示意。

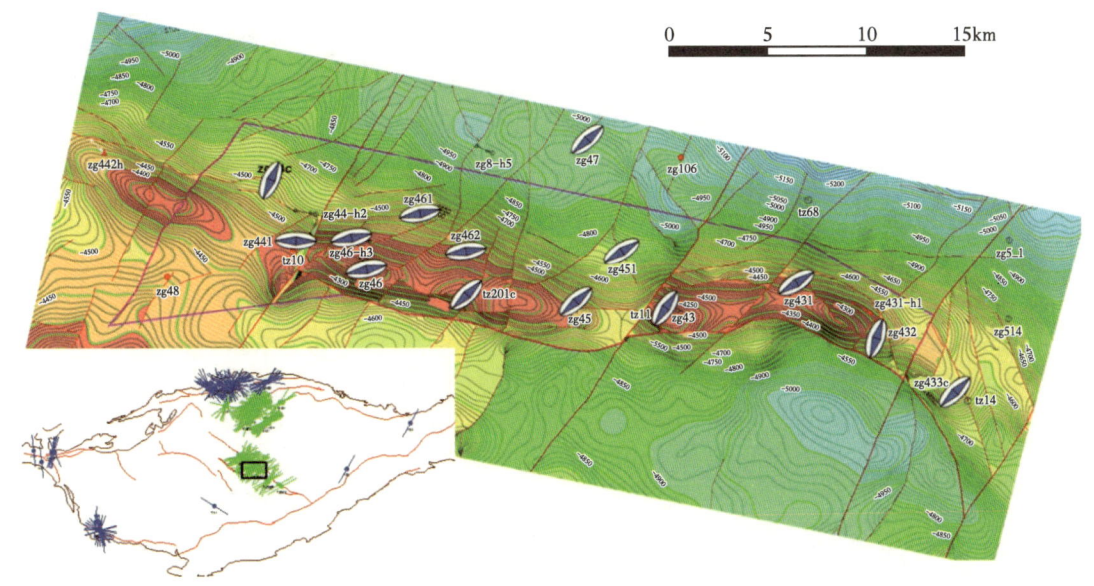

图1-12　塔中中古43区块奥陶系主应力方位分布图

该区由于断裂发育，尤其是海西期形成的以北东—南西走向的走滑断裂进一步改造了区域构造面貌，同时也深远的影响了应力场的分布，整体来看该区现今水平最大主应力方位为北东向60°左右，但在大型走滑断裂附近应力场向平行于断裂走向的方向发展，远离走滑断裂的位置应力方位向北东东和南北方向偏转，走滑断裂规模越大，距离走滑断裂越近，应力受走滑断裂的影响越大。图1-13为应力场在先存断裂位置上发生变化的示意图，先存断裂扰动局部应力场，远离断裂应力场又受构造背景控制，而断裂又可能受局部应力

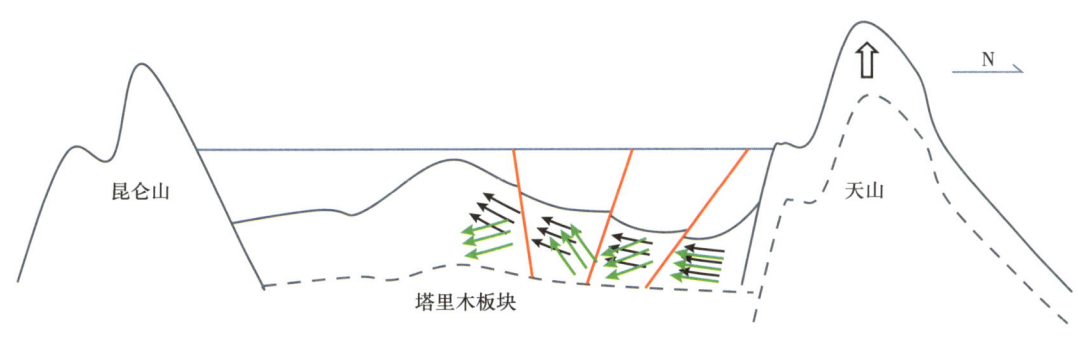

图1-13　断裂发育对于现今应力场的影响示意

场的控制改变了活动性，如此交替重复随构造活动而变化，最终形成现今复杂的构造格局和应力环境。

对于碳酸盐岩储层地应力场而言，除了构造背景和断裂的影响，其自身的非均匀性和特殊岩体侵入也是改变应力场状态的重要因素，如图1-14所示为英买2油田地应力场方位分布示意图。

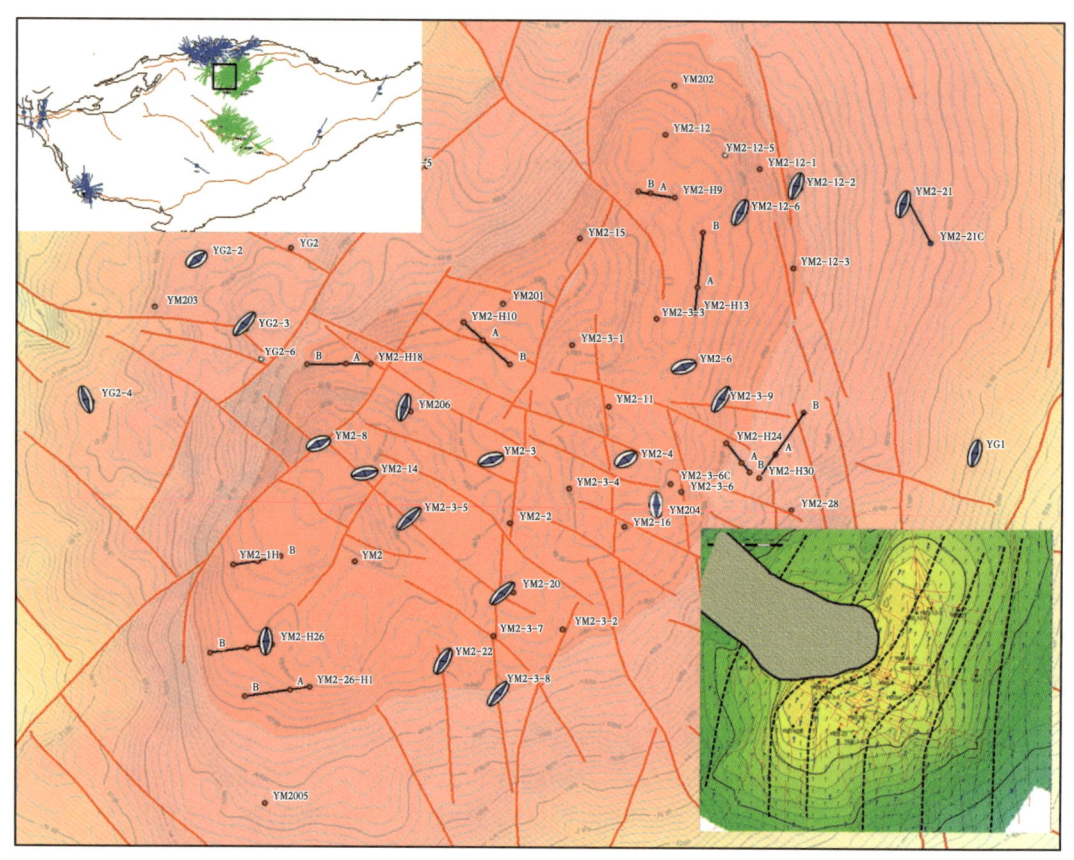

图1-14　英买2油田构造、断裂、火成岩侵入等对应力方位的影响示意

在英买储层内水平最大主应力方位整体以北东向为主，但井间有明显的应力方位偏转，主要原因是多期次复杂断层扰动应力场的分布。在英买2储层内水平最大主应力方位与加里东中期形成的逆断层和晚海西—印支期走滑断层走向呈小角度相交，而与加里东晚期形成的走滑断层走向呈大角度相交。根据这一认识在井筒应力方位和空间断层解剖的基础上解析描述了英买储层内的应力方位，方位的分布大致可以分为5个区划，在构造的北西位置上水平最大主应力方位呈北东向45°左右，构造北部和东部呈北北东20°左右，而在南西位置呈北东向30°左右，在南部中间位置呈南北北东10°左右，构造中部为北东向60°左右。

英买2号构造位于塔北隆起南喀—英买力低凸起南部，为一大型穹隆背斜，经过寒武纪—奥陶纪、志留纪—泥盆纪、晚石炭世—三叠纪等多期构造运动，直至侏罗纪—古近纪，受印支运动影响，构造再次继承性褶皱、变形。新近纪以来，由于库车坳陷持续强烈沉降，塔北地区逐渐成为库车再生前陆盆地的前缘隆起和前陆斜坡，上古生界和中生界发生一定程度的翘倾，英买2区块现今构造格局形成，发育三期断裂，加里东中期形成近南北走向的逆冲断层为主，加里东晚期形成北西向断层和晚海西—印支期形成北北东走向断层以走滑性质为主。根据最新构造研究结果，认为海西期的北西向走滑断裂，海西—印支期形成的北东向逆冲断裂，均与同期二叠纪火成岩侵入挤压形成相关，火成岩侵入并影响了断裂形成和构造变形，同时也引起应力场的分布复杂化。图1-15为类似英买2这种复杂油气藏的应力状态变迁示意图，其现今地应力受构造背景、断裂发育、特殊岩体侵入、自身非均匀性等多种地质因素的影响，属于复杂应力场机制。

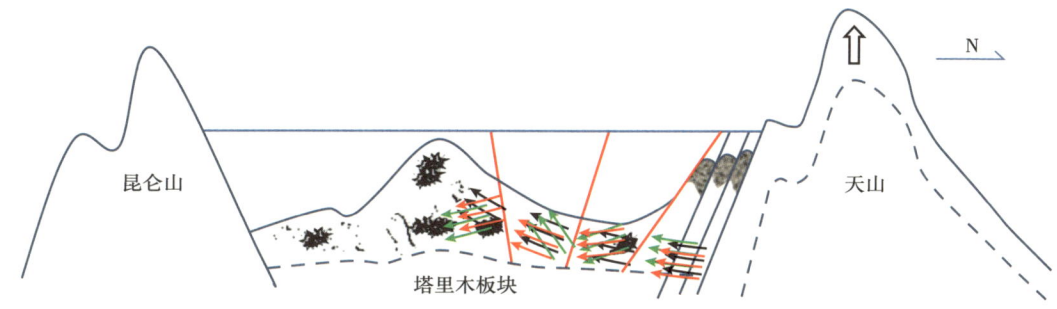

图1-15 构造、断裂、特殊岩体及自身非均匀性对应力的扰动示意

对于克拉苏构造带，其经历了4次构造演化，最后一个过程，上新世—第四纪再生前陆盆地阶段，由于南天山的冲断和隆升作用，库车地区受到来自北侧的强挤压应力。如图1-16所示，水平最大主应力方位分布复杂，总体以北西向和北东向两个方位为主。在构造的东边高部位上应力方位主要以北西为主，在构造中部（鞍部）应力方位以南北向和北东向为主，在构造西边高部位，应力方位为北西方向，在构造西边翼部，应力方位为北东向。从已钻井井筒位置应力方位来看，构造东部的KES201井水平最大主应力方位为近东西向，在构造中部（这里出现一个构造鞍部）一口井KES2-2-1中水平最大主应力方位为北东方向，最左边构造西部位的KES2-1-12，其水平最大主应力方位为北西向。

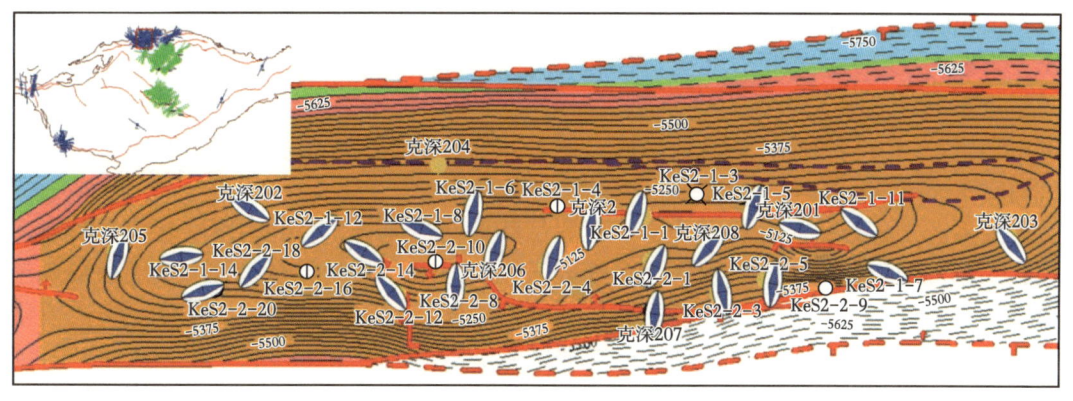

图1-16 克深2构造现今水平最大主应力方位示意图

这种同一构造中不同构造部位的应力场的大偏转，主要是由于该区受到了强构造应力、先存断裂和巨厚膏盐岩共同的影响，导致该区地应力场非常复杂。图1-17为类似应力场形成机制的一个模拟示意图。对于这种构造背景条件下的应力场分布，除了上述三种地质因素影响外，其储层内发育的大量天然裂缝也可能是造成局部应力场复杂和强各向异性的一个因素，因此与英买2构造相似，克拉苏构造带深层现今应力场的形成受四种地质因素的共同作用而成，是属于塔里木盆地中应力场最复杂的区域。

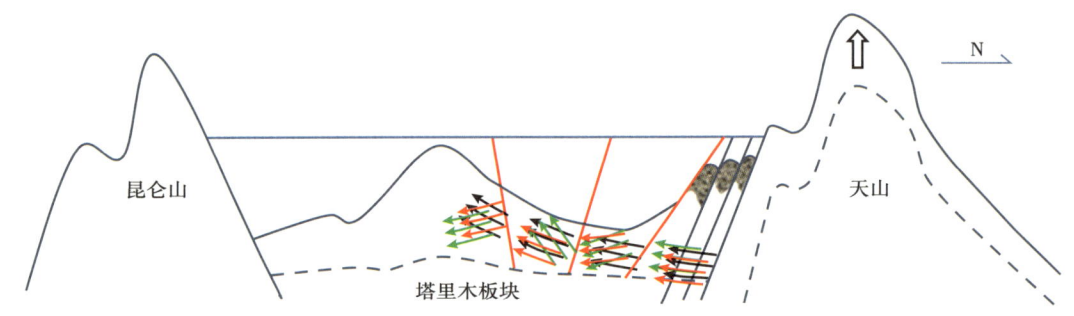

图1-17　由构造挤压、断裂发育和塑性岩体共同作用形成复杂应力机制示意

第四节　克拉苏构造带地层岩性与地质力学分层特征

克拉苏构造目前所钻遇井中，自上而下钻揭地层依次为：新生界第四系西域组，新近系库车组、康村组、吉迪克组，古近系苏维依组、库姆格列木群泥岩段、膏盐岩段、白云岩发育段、膏泥岩段、砂砾岩段；中生界白垩系巴什基奇克组、巴西改组。由于各个层组之间沉积环境、构造背景和岩石学特征的差异，导致了地质力学参数的差异，从而形成了岩性和地质力学属性纵向上在不同层段之间的分层差异，具体如图1-18所示。

新近系库车组至康村组，岩性特征为薄—中厚层状褐色泥岩、薄—厚层状灰褐色粉砂质泥岩与薄—中厚层状褐灰色泥质粉砂岩、灰色粉砂岩、薄—厚层状灰色细砂岩呈略等厚—不等厚互层，底部夹中厚层状灰色含砾细砂岩一层。地层岩石力学特征表现为岩石的抗压和抗拉强度低，杨氏模量低、泊松比高，该段整体表现为地应力作用较弱，以上覆岩层压力为最大主应力，水平方向应力较低。

新近系吉迪克组，岩性以巨厚压实泥岩和砾石层为主，夹层状粉砂岩，该组地层岩石抗压和抗拉强度均较高，杨氏模量高、泊松比低，地应力作用较库车组和康村组有所增强，同时水平方向上的主应力增强，逐渐接近上覆岩层压力。

古近系苏维依组，岩性特征为薄—巨厚层状棕褐色泥岩、薄—中厚层状棕色泥岩、中厚层状褐色泥岩与薄—中厚层状灰褐色粉砂质泥岩呈略等厚互层夹薄—中厚层状褐灰色泥质粉砂岩、粉砂岩、灰色膏质粉砂岩两层。岩石力学特征表现为，抗压强度、杨氏模量较吉迪克组有所降低，水平应力作用稍微减弱，略低于上覆岩层压力。

库姆格列木群，自上而下划分为泥岩段、膏盐岩段、白云岩发育段、膏泥岩段和砂砾岩段等五个岩性段。由于岩性本身存在较大差异，地质力学参数差异也较大，泥岩段岩石强度、杨氏模量均较高，地应力作用强，垂向应力为中间应力；膏盐岩段整体岩石强度和杨氏模量均呈显著降低趋势，由于属于塑性地层，三轴应力整体表现为弱各向异性，尤其在纯盐层和软泥岩地层，三轴应力几乎一致。位于该群底部的砂砾岩段则回归砂岩特征，强度和杨氏模量有所增高，地应力状态变为垂向应力接近最大水平主应力。

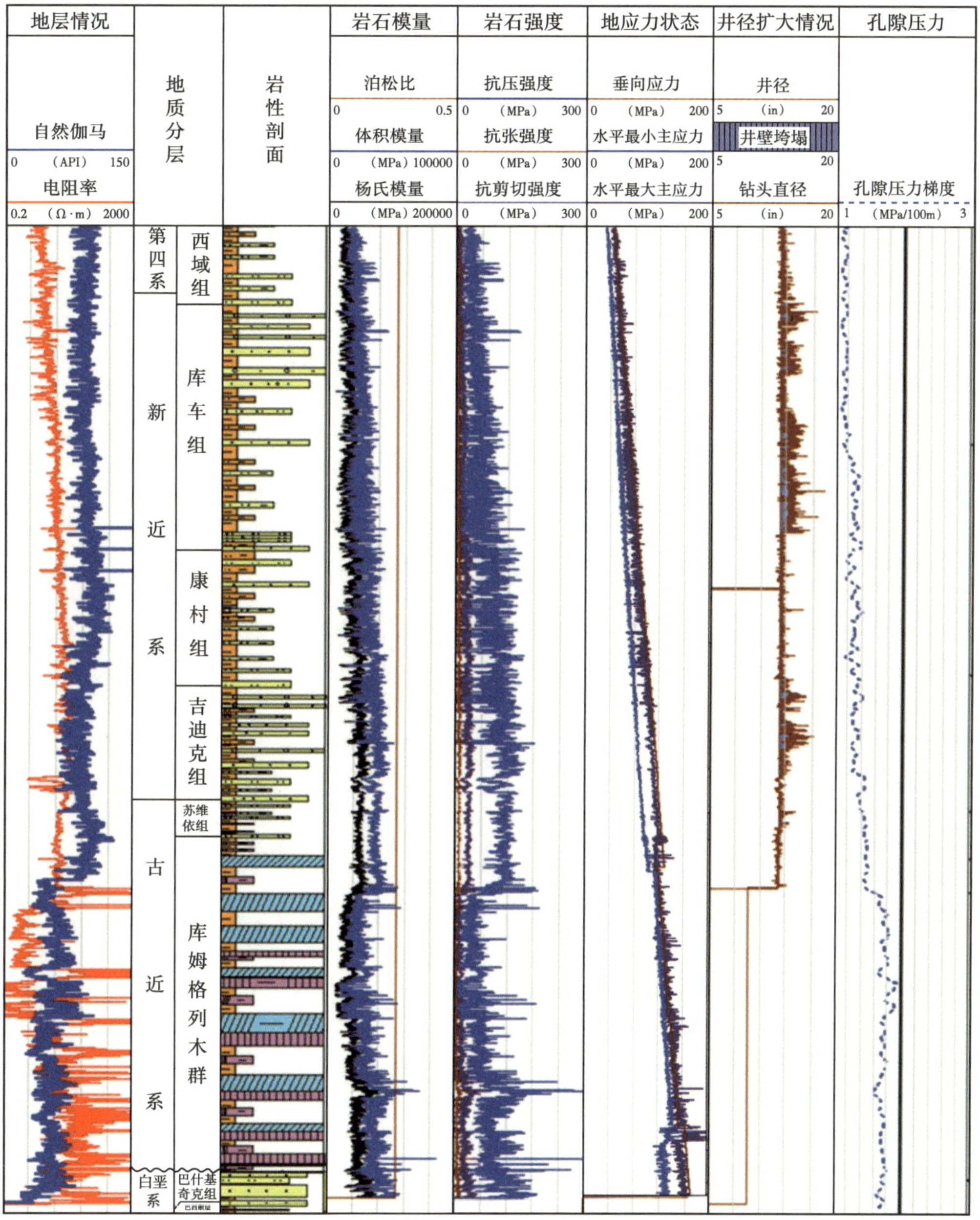

图 1-18　克拉苏构造带岩性及地质力学剖面示意

白垩系主要钻遇巴什基奇克组、巴西改组（未穿），岩性特征为薄—厚层状棕褐色、褐灰色细砂岩与中厚层状褐灰色泥质粉砂岩、中厚层状褐灰色粉砂岩呈略等厚互层，相较于库姆格列木群，白垩系整体岩石强度和杨氏模量增大，地应力作用进一步增强，地应力状态发生转换，水平最大主应力最高，垂向应力为中间应力，成为典型的走滑型应力状态。

地层压力的分层特征也较明显，第四系和新近系库车组、康村组和吉迪克组上部地层均为正常压力，自吉迪克组底部开始逐渐升高，古近系库姆格列木群中的膏盐岩段，孔隙压力升至最高，古近系底部至白垩系，孔隙压力略有降低。

克拉苏构造目前钻遇的井中，自上而下岩石力学参数和地应力特征差异显著，分层特征明显，具体地质力学特征及其分别规律将在第二章和第三章详细论述，而对于储层地质力学层的概念及划分将在第四章中描述。

第二章 克拉苏构造带地质力学参数评价方法

本章讨论在克拉苏构造带气藏地质背景下的各地质力学参数评价方法及其基本分布特征。对于岩石力学参数,在模拟储层条件下的岩石力学实验数据分析基础上,厘定了相关的计算模型。改进了评价地层孔隙压力的计算方法,分析了克拉苏构造带不同气田孔隙压力在纵向上的分布特征,展示了异常高孔隙压力出现和变化的基本规律。探索了利用井震联合的技术和信息预测钻前新井位置处的地层孔隙压力。厘定了适合库车坳陷地质背景的现今应力场计算方法,介绍了一种剥离天然裂缝影响的水平主应力值的评价方法。提出了一种综合井筒破裂行迹、构造形态和断裂产状的水平主应力方位预测方法。

第一节 岩石力学本构关系及破坏准则

油气田勘探开发中的各种工程扰动会对储层岩石的稳定性造成较为显著的影响。井壁失稳、储层出砂,以及断层活动等油气藏工程问题,均是由岩石的破坏导致的,如何理解相应物理机理且有效地避免或解决这些问题,涉及两个基本的问题:一是储层岩石形变过程中的应力应变关系;一是储层岩石在各种受力状态下的破裂行为准则。

一、储层岩石弹性本构关系

地层岩石作为一种地质材料,其特性是非常复杂的,必须加以理想化和简化,以便从数学上近似地模拟所要解决的实际问题。在短期内较小的外力作用下,岩石产生的变形在外力撤除后会消失,恢复到其未受外力作用时的状态,岩石是弹性的,岩石的应力应变关系符合广义胡克定律。

$$\begin{Bmatrix} \sigma_x \\ \sigma_y \\ \sigma_z \\ \tau_{xy} \\ \tau_{yz} \\ \tau_{zx} \end{Bmatrix} = \begin{bmatrix} c_{11} & c_{12} & c_{13} & c_{14} & c_{15} & c_{16} \\ c_{21} & c_{22} & c_{23} & c_{24} & c_{25} & c_{26} \\ c_{31} & c_{32} & c_{33} & c_{34} & c_{35} & c_{36} \\ c_{41} & c_{42} & c_{43} & c_{44} & c_{45} & c_{46} \\ c_{51} & c_{52} & c_{53} & c_{54} & c_{55} & c_{56} \\ c_{61} & c_{62} & c_{63} & c_{64} & c_{65} & c_{66} \end{bmatrix} \begin{Bmatrix} \varepsilon_x \\ \varepsilon_x \\ \varepsilon_x \\ \gamma_{xy} \\ \gamma_{yz} \\ \gamma_{zx} \end{Bmatrix} \qquad (2-1)$$

式中 c_{ij}(i, j=1,2,3,4,5,6)——弹性常数;
γ——工程剪应变。

如果材料的力学性能在某个方向上是相同的,那么就说材料关于这些方向具有对称性。根据材料中对称性面的不同,材料可分为正交各向异性材料、横观各向同性材料,以及各向同性材料。

对正交各向异性材料,式(2-1)可化为

$$\begin{Bmatrix} \sigma_x \\ \sigma_y \\ \sigma_z \\ \tau_{xy} \\ \tau_{yz} \\ \tau_{zx} \end{Bmatrix} = \begin{bmatrix} c_{11} & c_{12} & c_{13} & 0 & 0 & 0 \\ & c_{22} & c_{23} & 0 & 0 & 0 \\ & & c_{33} & 0 & 0 & 0 \\ & & & c_{44} & 0 & 0 \\ & \text{对称} & & & c_{55} & 0 \\ & & & & & c_{66} \end{bmatrix} \begin{Bmatrix} \varepsilon_x \\ \varepsilon_x \\ \varepsilon_x \\ \gamma_{xy} \\ \gamma_{yz} \\ \gamma_{zx} \end{Bmatrix} \quad (2\text{-}2)$$

如果使用对弹性模量的工程定义,式(2-2)可写成

$$\begin{Bmatrix} \varepsilon_x \\ \varepsilon_x \\ \varepsilon_x \\ \gamma_{xy} \\ \gamma_{yz} \\ \gamma_{zx} \end{Bmatrix} = \begin{bmatrix} \dfrac{1}{E_x} & -\dfrac{\mu_{yx}}{E_y} & -\dfrac{\mu_{zx}}{E_z} & 0 & 0 & 0 \\ -\dfrac{\mu_{xy}}{E_x} & \dfrac{1}{E_y} & -\dfrac{\mu_{zy}}{E_z} & 0 & 0 & 0 \\ -\dfrac{\mu_{xz}}{E_x} & -\dfrac{\mu_{yz}}{E_y} & \dfrac{1}{E_z} & 0 & 0 & 0 \\ & & & \dfrac{1}{G_{xy}} & 0 & 0 \\ & \text{对称} & & & \dfrac{1}{G_{yz}} & 0 \\ & & & & & \dfrac{1}{G_{zx}} \end{bmatrix} \begin{Bmatrix} \sigma_x \\ \sigma_y \\ \sigma_z \\ \tau_{xy} \\ \tau_{yz} \\ \tau_{zx} \end{Bmatrix} \quad (2\text{-}3)$$

式中 E_x、E_y、E_z——依次为沿 x 轴、y 轴、z 轴方向的杨氏模量;

G_{xy}、G_{yz}、G_{zx}——依次为平行于坐标平面 x—y、y—z 和 z—x 的剪切模量;

μ_{ij}(i、$j=x$、y、z)——泊松比,表征由 i 方向的拉应力在 j 方向上产生的压缩应变。

对于横观各向同性材料,其线弹性本构关系可写为

$$\begin{Bmatrix} \varepsilon_x \\ \varepsilon_x \\ \varepsilon_x \\ \gamma_{xy} \\ \gamma_{yz} \\ \gamma_{zx} \end{Bmatrix} = \begin{bmatrix} \dfrac{1}{E} & -\dfrac{\mu}{E} & -\dfrac{\mu'}{E'} & 0 & 0 & 0 \\ -\dfrac{\mu}{E} & \dfrac{1}{E} & -\dfrac{\mu'}{E'} & 0 & 0 & 0 \\ -\dfrac{\mu'}{E'} & -\dfrac{\mu'}{E'} & \dfrac{1}{E'} & 0 & 0 & 0 \\ & & & \dfrac{1}{G} & 0 & 0 \\ & \text{对称} & & & \dfrac{1}{G'} & 0 \\ & & & & & \dfrac{1}{G'} \end{bmatrix} \begin{Bmatrix} \sigma_x \\ \sigma_y \\ \sigma_z \\ \tau_{xy} \\ \tau_{yz} \\ \tau_{zx} \end{Bmatrix} \quad (2\text{-}4)$$

式中　E、E'——分别为各向同性平面及垂直于该平面的杨氏模量；

　　　G——各向同性平面的剪切模量；

　　　G'——垂直于各向同性平面的剪切模量；

　　　μ——泊松比，用于表征各向同性平面内的拉应力引起的各向同性平面上的横向应变减小量；

　　　μ'——泊松比，用于表征由垂直于各向同性平面方向上的拉应力引起的各向同性平面上的横向应变减小量。

在线弹性各向同性条件下，广义胡克定律可退化为线弹性本构关系。以杨氏弹性模量和泊松比表示的三维空间的线弹性本构模型可写成矩阵形式

$$\{\sigma\} = D\{\varepsilon\} \quad (2\text{-}5)$$

其中 $\{\sigma\}$ 和 $\{\varepsilon\}$ 分别为应力和应变列向量，即

$$\{\sigma\} = \begin{bmatrix} \sigma_x & \sigma_y & \sigma_z & \tau_{xy} & \tau_{yz} & \tau_{zx} \end{bmatrix}^{\mathrm{T}} \quad (2\text{-}6)$$

$$\{\varepsilon\} = \begin{bmatrix} \varepsilon_x & \varepsilon_y & \varepsilon_z & \dfrac{\gamma_{xy}}{2} & \dfrac{\gamma_{yz}}{2} & \dfrac{\gamma_{zx}}{2} \end{bmatrix}^{\mathrm{T}} \quad (2\text{-}7)$$

D 为 6×6 弹性矩阵，即

$$D = \frac{E(1-\mu)}{(1+\mu)(1-2\mu)}\begin{bmatrix} 1 & \dfrac{\mu}{1-\mu} & \dfrac{\mu}{1-\mu} & 0 & 0 & 0 \\ & 1 & \dfrac{\mu}{1-\mu} & 0 & 0 & 0 \\ & & 1 & 0 & 0 & 0 \\ & & & \dfrac{1-2\mu}{1-\mu} & 0 & 0 \\ & \text{Sym} & & & \dfrac{1-2\mu}{1-\mu} & 0 \\ & & & & & \dfrac{1-2\mu}{1-\mu} \end{bmatrix} \quad (2\text{-}8)$$

在平面应变条件下，$\varepsilon_z=0$，$\gamma_{yz}=\gamma_{zx}=0$，线弹性本构关系的弹性矩阵可化为

$$D = \frac{E(1-\mu)}{(1+\mu)(1-2\mu)}\begin{bmatrix} 1 & \dfrac{\mu}{1-\mu} & 0 \\ & 1 & 0 \\ \text{Sym} & & \dfrac{1-2\mu}{1-\mu} \end{bmatrix} \quad (2\text{-}9)$$

应力和应变列向量可化为

$$\{\sigma\} = \begin{bmatrix} \sigma_x & \sigma_y & \tau_{xy} \end{bmatrix}^{\mathrm{T}} \tag{2-10}$$

$$\{\varepsilon\} = \begin{bmatrix} \varepsilon_x & \varepsilon_y & \dfrac{\gamma_{xy}}{2} \end{bmatrix}^{\mathrm{T}} \tag{2-11}$$

线弹性本构关系也可以体积弹性模量和剪切弹性模量表示,其中应力和应变列向量不发生变化,K、G 表示的弹性矩阵如下

$$\boldsymbol{D} = \begin{bmatrix} K+\dfrac{4}{3}G & K-\dfrac{2}{3}G & K-\dfrac{2}{3}G & 0 & 0 & 0 \\ & K+\dfrac{4}{3}G & K-\dfrac{2}{3}G & 0 & 0 & 0 \\ & & K+\dfrac{4}{3}G & 0 & 0 & 0 \\ & & & 2G & 0 & 0 \\ & & & & 2G & 0 \\ \mathrm{Sym} & & & & & 2G \end{bmatrix} \tag{2-12}$$

其中

$$K = \frac{E}{3(1-2\mu)} \tag{2-13}$$

$$G = \frac{E}{2(1+\mu)} \tag{2-14}$$

在明确了弹性本构关系、屈服条件之后,引入加载条件、正交流动法则或塑性位势理论以及硬化模型及定律,就可以推导出适用于理想塑性与应变硬(软)化塑性材料普遍的弹塑性本构关系。

对于各向同性的硬化材料,已知加载函数 ϕ、塑性势函数 Q、塑性标量因子 $\mathrm{d}\lambda$ 及硬化模量 A 分别为

$$\phi(\sigma_{ij}, H_\alpha) = 0 \tag{2-15}$$

$$Q(\sigma_{ij}, H) = 0 \tag{2-16}$$

$$\mathrm{d}\lambda = \frac{1}{A}\frac{\partial \phi}{\partial \sigma_{kl}}\mathrm{d}\sigma_{kl} \tag{2-17}$$

$$A = (-1)\frac{\partial \phi}{\partial H}\frac{\partial H}{\partial \varepsilon_{ij}^p}\frac{\partial Q}{\partial \sigma_{ij}} \tag{2-18}$$

式中 H_α——应变硬化参量；
　　　H——硬化参量 H_α 的函数；
　　　dλ——塑性标量因子；
　　　A——硬化模量。

加载产生的总的应变增量可以分解为

$$d\varepsilon_{ij} = d\varepsilon_{ij}^e + d\varepsilon_{ij}^p \tag{2-19}$$

其中弹性应变增量由广义胡克定律确定，即

$$d\varepsilon_{ij}^e = D_{ijkl}^{e}{}^{-1} d\sigma_{kl} \tag{2-20}$$

塑性应变增量由塑性位势理论确定

$$d\varepsilon_{ij}^p = d\lambda \frac{\partial Q}{\partial \sigma_{ij}} \tag{2-21}$$

由以上公式可推导出增量形式的弹塑性本构关系

$$d\sigma_{ij} = \left[D_{ijkl}^e - \frac{D_{ijab}^e \dfrac{\partial Q}{\partial \sigma_{ab}} \dfrac{\partial \phi}{\partial \sigma_{cd}} D_{cdkl}^e}{A + \dfrac{\partial \phi}{\partial \sigma_{mn}} D_{mnpq}^e \dfrac{\partial Q}{\partial \sigma_{pq}}} \right] d\varepsilon_{kl} = \left(D_{ijkl}^e - D_{ijkl}^p \right) d\varepsilon_{kl} = D_{ijkl}^{ep} d\varepsilon_{kl} \tag{2-22}$$

岩石在力的作用下发生与时间相关的变形性质，为了描述应力、应变和时间的关系，需要引入两种基本元件，弹性元件和黏性元件（图 2-1）。

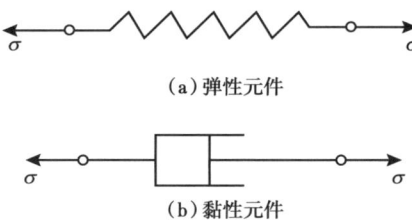

图 2-1 弹性元件和黏性元件

弹性元件服从胡克定律

$$\sigma = E\varepsilon \tag{2-23}$$

黏性元件服从牛顿黏性定律

$$\sigma = \eta \dot{\varepsilon} \tag{2-24}$$

式中 η——黏性系数；
　　　$\dot{\varepsilon}$——应变率为 dε/dt。

弹性元件和黏性元件通过不同的组合连接可以形成不同的黏弹性模型，最简单的两种黏弹性模型分别是 Maxwell 模型和 Kelvin 模型（图 2-2）。

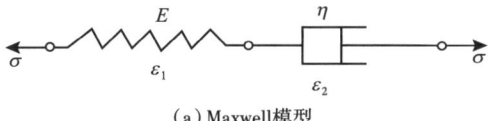

（a）Maxwell 模型

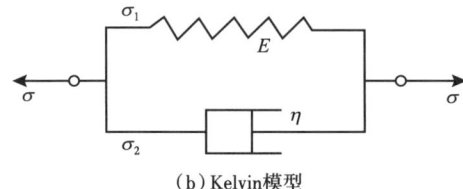

（b）Kelvin 模型

图 2-2　Maxwell 模型和 Kelvin 模型

Maxwell 模型由弹性元件和黏性元件串联而成，在应力 $\sigma(t)$ 作用下，弹簧和阻尼器的应变分别为 ε_1 和 ε_2，假定模型的总应变为

$$\varepsilon = \varepsilon_1 + \varepsilon_2 \tag{2-25}$$

由式（2-23）可得

$$\dot{\varepsilon} = \frac{\dot{\sigma}}{E} + \frac{\sigma}{\eta} \tag{2-26}$$

Kelvin 模型由弹簧和阻尼器并联而成，两个元件的应变都等于模型的总应变，而模型的总应力为两元件应力之和，即 $\sigma = \sigma_1 + \sigma_2$，考虑式（2-23）、式（2-24），得 Kelvin 模型的本构方程

$$\sigma = E\varepsilon + \eta\dot{\varepsilon} \tag{2-27}$$

二、储层岩石的破坏准则

地层中的岩石在应力状态处于某一界限值时，会发生屈服或破坏，变形急剧增长。判断岩石是否进入屈服状态或破坏，首先要建立岩石产生屈服与破坏的条件与准则。

1864 年，Tresca 针对金属材料提出了最大剪应力屈服准则，即当材料的最大剪应力达到某一极限值时产生屈服。C—M 准则也是剪应力为标准的屈服准则，其物理意义是"当剪切面上的剪应力与正应力之比达到最大时，材料发生屈服与破坏"。其 Mohr 形式在三轴压缩试验中已给出。其 Coulomb 形式表达式为

$$f = \tau - \sigma\tan\varphi - c = 0 \tag{2-28}$$

C—M 准则简单实用，材料参数 c、φ 可以通过剪切试验和常规三轴压缩等试验方法测定。但是 C—M 准则不能反映中间主应力 σ_2 对屈服和破坏的影响。

针对 Tresca 屈服准则没有考虑 σ_2 对屈服和破坏的影响，Mises 在对金属材料实验资料分析的基础上，于 1913 年提出了同时考虑三个主应力影响的能量屈服准则，后人称之为 Mises 准则，其物理意义是"当材料的形状变化比能达到一定程度时，材料开始屈服"。

但是 Mises 准则没有考虑静水压力对屈服和破坏的影响，Drucker 与 Prager 于 1952 年提出了考虑静水压力的影响的广义 Mises 屈服与破坏准则，简称为 D—P 准则。其表达式为

$$f\left(I_1,\sqrt{J_2}\right)=\sqrt{J_2}-\alpha I_1-k=0 \qquad (2\text{-}29)$$

式中 α 和 k——D—P 准则材料常数。

Drucker 与 Prager 导出了 α、k 与 C—M 准则的材料常数 c、φ 之间的关系

$$\alpha=\frac{\tan\varphi}{\sqrt{9+12\tan^2\varphi}} \qquad (2\text{-}30)$$

$$k=\frac{3c}{\sqrt{9+12\tan^2\varphi}} \qquad (2\text{-}31)$$

地质体是岩石和不连续面构成的岩体，C—M 准则和 D—P 准则都是针对完整岩块的破坏提出的准则。1980 年 Hoek 和 Brown 给出了可以反映岩体强度的经验准则

$$\sigma_1=\sigma_3+\sqrt{m\sigma_c\sigma_3+s\sigma_c^2} \qquad (2\text{-}32)$$

式中 σ_c——完整岩块的单轴抗压强度；
σ_1、σ_3——分别为岩体破坏时的最大、最小主应力；
m、s——表示岩体质量的两个无量纲系数。

Griffith（1920）认为脆性破坏时拉伸破坏，而不是剪切破坏。物体产生断裂破坏是由于其内部存在的微裂纹在外载荷作用下发生了裂纹尖端的应力集中。当方向最有利的裂纹尖端附近的最大应力达到材料的特征值时，会导致裂纹的不稳定扩展而使物体发生脆性破坏。以单轴抗拉强度 σ_t 来度量，对于二维情况中的主应力 σ_1、σ_3，Griffith 强度理论的破裂准则如下：

当 $\sigma_1+3\sigma_3\geqslant 0$ 时

$$(\sigma_1-\sigma_3)^2-8\sigma_t(\sigma_1+\sigma_3)=0 \qquad (2\text{-}33)$$

当 $\sigma_1+3\sigma_3<0$ 时

$$\sigma_3=-\sigma_t \qquad (2\text{-}34)$$

第二节 克拉苏构造带岩石力学实验

岩石力学实验研究是克拉苏构造带地质力学研究的基础，但是由于地质背景和井筒

工况复杂，岩心数量有限，研究中从克深、大北、博孜等区块获得 17 口井中 120 块岩样，完成了岩石力学参数和地应力大小测量实验。

模拟井下地应力条件，设计合理的温压，在 TerraTeck 三轴实验机完成岩心力学试验，获得不同围压下的应力应变关系和超声测量的纵横波波速等原始数据。对应力应变关系数据做分析，获得岩石强度参数（单轴抗压强度、黏聚力和内摩擦系数）以及弹性参数（杨氏模量和泊松比）；对纵横波波速数据做分析，获得岩石动态弹性参数，通过对动静态弹性参数拟合，建立动静态弹性模量转换关系模型。最后，分析测井资料，建立岩石单轴抗压强度和动态弹性模量剖面，用实验数据校核，建立适用于具体区块的单轴抗压强度和静态弹性模量的计算模型（图 2-3）。

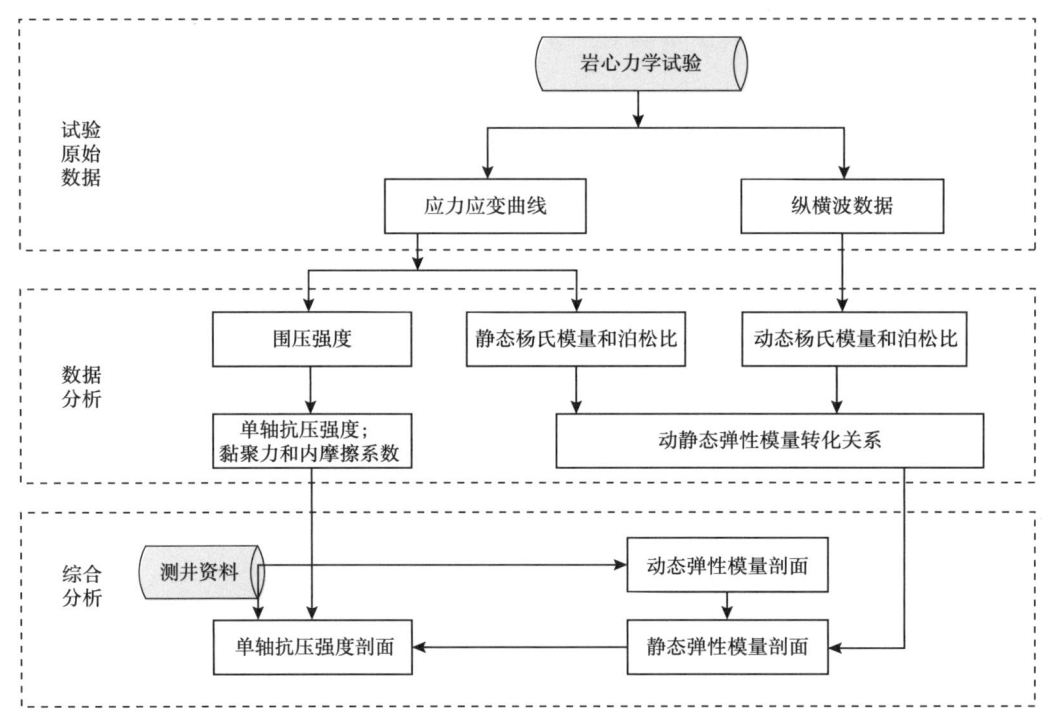

图 2-3 通过岩石力学实验获得基础地质力学信息的工作流程

一、岩石力学实验方法及结果

克拉苏构造带深层气藏属于高温、高压、高应力气藏，如在克深 2 气田钻井深度已达到了近 7000m 左右，温度 165℃ 左右，地层压力达到 117MPa 左右，水平最大、最小主应力及垂向应力分别为 170MPa、140MPa、160MPa 左右，水层应力差为 30MPa 左右。根据上述气藏条件，确定了考虑一定温度和压力的三轴压缩实验。

岩石高温三轴压缩实验的试验程序为，根据实验要求，编制实验控制程序，试样塑封并加装各类传感器，装好后对传感器进行调零，将液压油装好，抽真空排除空气，加温到实验样品需要的温度并保持温度，加 0.5MPa 轴压，加围压（$p_c=\sigma_2=\sigma_3$）到指定值，保持围压不变，各类位移传感器清零，开始执行实验程序，增加 σ_1 直至试样破坏。实验控制是采用应变控制,应变控制速率为 1.5×10^{-5}。

在三轴实验中,美国材料与试验协会 ASTM D2664—04 标准采用的是差应力(S_d)表示岩石试样的抗压强度

$$S_d=\sigma_1-\sigma_3 \quad (2-35)$$

式中　σ_1——轴向压力;
　　　$\sigma_2=\sigma_3=p_c$(围压)。

对岩石弹性模量(切线模量)和泊松比是采用 50% 的 S_d 来计算,公式如下

$$E_{0.5S_d}=\frac{\Delta P\times H}{A\times \Delta H} \quad (2-36)$$

式中　ΔP——载荷增量;
　　　H——试样高度;
　　　A——试样面积;
　　　ΔH——轴向变形增量。

$$\mu_{0.5S_d}=\frac{H\times d_L}{\pi\times D\times H_{轴向}} \quad (2-37)$$

式中　H——试样高度;
　　　d_L——周向变形;
　　　D——试样直径;
　　　$H_{轴向}$——轴向变形。

对岩石抗剪强度参数的测量,即内聚力和内摩擦角是应用摩尔—库伦强度破坏准则,在所编制的相关软件上和 AutoCAD 上作图求出。

对于克拉苏构造带气藏,实验中尽量兼顾巴什基奇克组储层一段、二段、三段开展实验方案设计,达到能覆盖整个目的层地质力学评价标定的目的。根据三轴实验样品要求制取直径 2.5cm、高为 5.0cm 的圆柱体岩石试件。试件在整个高度上,直径误差不超过 0.3mm,试件两端面的不平行度最大不超过 0.05mm,试件端面垂直于试件轴,最大偏差不超过 0.25°(图 2-4)。

另外采用 Kaiser 效应室内实验技术来测量地应力的大小和方向。当岩石受力变形时,岩石中原有的或新产生的裂隙周围应力集中,应变能较高。当外力增加到一定大小时,有裂缝缺陷部位会发生微观屈服或变形,裂缝扩展,从而使得应力松弛,贮藏的部分能量将以弹性波的形式释放出来,这就是声发射(AE)现象。声发射最重要的特征是外载未超过岩石曾受过的最大载荷时,AE 信号观察不到或很少,但当超过所受的载荷时,AE 活动突然增加。它是对受过的应力履历的一种"记忆"效应。有些实验证实 Kaiser 效应具有方向的独立性,即在某一方向上的 Kaiser 效应值的大小由该方向受力的大小来确定,其他方向应力对其影响不大,也就是说 Kaiser 效应具有唯一性及对地应力的"记忆"性。基于这种事实,利用岩石的 Kaiser 效应,通过观察岩样在加载过程中发出的声信号变化,即可测出岩样在地下所受到的地应力。

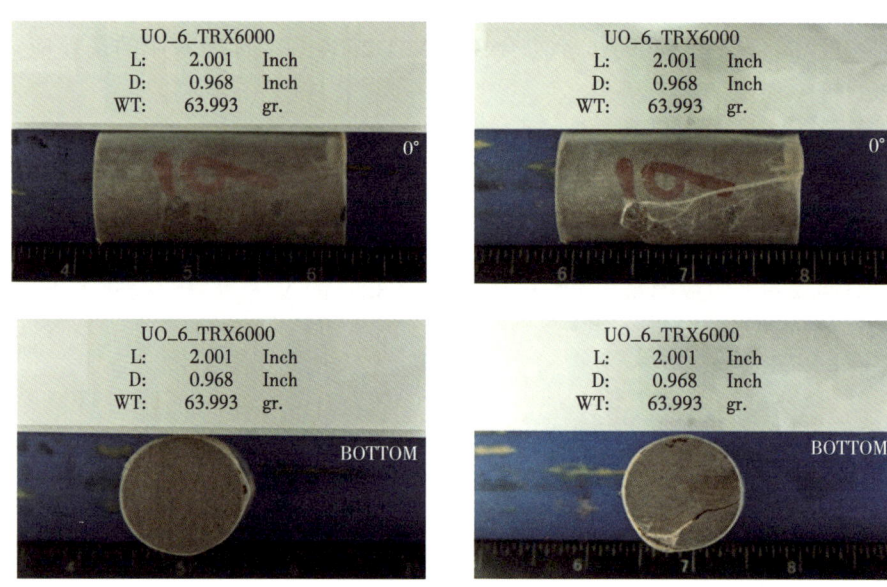

图 2-4 克深 801 井三轴压缩实验前实验后样品照片

在岩石三轴压缩实验中，针对大北、克深、博孜等区块的岩样实验中最高温度加至 165℃，围压最高加至 76MPa，表 2-1 为单一围压条件岩石力学参数实验成果，表 2-2 为多围压条件岩石力学参数实验成果，表 2-3 为地应力实验数据。

表 2-1 单围压三轴压缩实验数据表

井号	编号	深度（m）	地质层位	岩性	实验类别	温度（℃）	孔压（MPa）	围压（MPa）	杨氏模量（GPa）	泊松比	抗压强度（MPa）
克深 208	7B	6598.20	K_1bs^1	棕褐色含砾中砂岩	静态	20	3.45	76	37.31	0.18	562.33
			K_1bs^1	棕褐色含砾中砂岩	动态	20	3.45	76	32.82	0.15	—
	3D	6597.59	K_1bs^1	棕褐色中砂岩	静态	165	3.45	76	40.76	0.23	519.54
			K_1bs^1	棕褐色中砂岩	动态	165	3.45	76	42.92	0.21	—
克深 2-2-4	3B	6674.60	K_1bs^2	棕褐色细砂岩	静态	20	3.45	76	44.96	0.21	585.09
			K_1bs^2	棕褐色细砂岩	动态	20	3.45	76	39.74	0.18	—
克深 2-1-5	2C	6713.38	K_1bs^1	棕褐色细砂岩	静态	20	3.45	76	43.35	0.19	644.13
			K_1bs^1	棕褐色细砂岩	动态	20	3.45	76	44.50	0.16	—
	9C	6715.28	K_1bs^1	棕褐色细砂岩	静态	165	3.45	76	65.51	0.23	679.86
			K_1bs^1	棕褐色细砂岩	动态	165	3.45	76	56.23	0.20	—
克深 2-2-8	14B	6719.27	K_1bs^2	灰褐色细砂岩	静态	20	3.45	76	49.67	0.18	808.50
			K_1bs^2	灰褐色细砂岩	动态	20	3.45	76	43.44	0.13	—

续表

井号	编号	深度（m）	地质层位	岩性	实验类别	温度（℃）	孔压（MPa）	围压（MPa）	杨氏模量（GPa）	泊松比	抗压强度（MPa）
克深 2-2-5	4B	6767.25	K_1bs^1	浅褐色细砂岩	静态	20	3.45	76	36.53	0.24	522.68
			K_1bs^1	浅褐色细砂岩	动态	20	3.45	76	38.22	0.23	—
克深 2-2-3	KSH5-1	6804.24	K_1bs^2	棕褐色细砂岩	静态	20	3.45	76	43.07	0.23	603.71
			K_1bs^2	棕褐色细砂岩	动态	20	3.45	76	42.26	0.21	—
博孜 104	1-4/52	6795.78	K_1bs^2	褐色细砂岩	静态	20	0.00	60	28.67	0.16	421.92
克深 801	6	7294.42	K_1bs^3	灰褐色细砂岩	静态	20	0.00	41	52.90	0.22	416.06
				灰褐色细砂岩	动态	20	0.00	41	79.70	0.22	—

表 2-2 多围压三轴压缩实验数据表

井号	编号	深度（m）	地质层位	岩性	孔压（MPa）	围压（MPa）	杨氏模量（GPa）	泊松比	抗压强度（MPa）	黏聚力（MPa）	内摩擦角（°）
克深 2-2-4	42D	6699.36	K_1bs^2	棕褐色细砂岩	3.45	5	36.75	0.23	235.98	50.01	43
						25	47.77	0.29	375.16		
						50	51.10	0.27	496.97		
						76	53.18	0.25	607.36		
克深 2-2-8	18B	6721.73	K_1bs^2	灰褐色中砂岩	3.45	5	36.05	0.20	239.89	49.81	42
						25	48.48	0.31	367.41		
						50	50.33	0.31	492.76		
						76	51.07	0.30	608.21		
克深 2-1-5	55C	6731.78	K_1bs^1	棕褐色中砂岩	3.45	5	44.37	0.28	227.90	45.90	45
						25	48.25	0.29	386.37		
						50	51.86	0.27	521.08		
						76	53.62	0.26	641.62		
	64C	6734.35	K_1bs^1	棕褐色中砂岩	3.45	5	33.05	0.27	150.74	30.25	42
						25	43.30	0.36	277.48		
						50	49.37	0.31	398.59		
						76	51.02	0.30	516.83		
克深 2-2-1	16	6627.05	K_1bs^1	棕褐色细砂岩	0	3	28.60	0.35	125.91	34.39	29.19
	17	6627.20	K_1bs^1	棕褐色细砂岩	0	8	22.87	0.41	140.43		
	12	6634.68	K_1bs^1	棕褐色中砂岩	0	8	37.56	0.36	198.08	48.89	31.06
	18	6635.43	K_1bs^1	棕褐色中砂岩	0	15	37.98	0.23	220.00		

续表

井号	编号	深度（m）	地质层位	岩性	孔压（MPa）	围压（MPa）	杨氏模量（GPa）	泊松比	抗压强度（MPa）	黏聚力（MPa）	内摩擦角（°）
大北203	5	6408.85 6425.15	K_1bs^2	褐色细砂岩	0	40	29.24	0.29	308.46	59.99	36.86
					0	60	35.44	0.30	479.75		
克深202	2	6768.00	K_1bs^2	褐色细砂岩	0	8	32.03	0.18	116.04	9.88	50.12
	3				0	3	25.18	0.13	74.85		
	4				0	1	34.93	0.26	59.86		
克深205	5	6932.12	K_1bs^1	棕褐色细砂岩	0	1	48.12	0.26	182.74	31.85	47.52
	6				0	3	38.01	0.22	169.53		
	8				0	15	54.01	0.32	264.32		

表2-3 地应力实验数据表

井号	深度（m）	地质层位	岩性	取心角（°）	弹性模量（GPa）	抗压强度（MPa）	Kaiser点强度（MPa）	σ_H（MPa）	σ_h（MPa）	σ_v（MPa）
大北302	7244.5	K_1bs	褐色细砂岩	0	21.52	118.69	118.23	205.39	172.70	188.33
				45	20.7	122.37	56.07			
				90	12.11	85.38	44.52			
				垂直	12.37	80.66	46.62			
大北204	5970.02	K_1bs	褐色细砂岩	0	28.87	127.2	14.55	170.24	145.65	160.78
				45	18.7	57.56	40.35			
				90	26.56	136.59	31.96			
				垂直	17.69	108.87	26.11			
大北203	6427.15	K_1bs	褐色细砂岩	0	15.91	77.02	42.97	152.86	136.46	145.83
				45	25.81	115.62	74.93			
				90	22.2	127.99	21.82			
				垂直	14.79	89.69	36.3			
博孜1501	4963.57~4999	K_1s	砂岩	90	25.52	356.2	/	/	/	/

二、岩石力学参数计算模型拟定

在一定数量岩石力学实验的基础上，利用实验中同时测量得到的纵横波波速数据做分析，获得岩石动态弹性参数，最终得到适合于克拉苏构造带储层的岩石力场参数计算模型和岩石弹性参数的动静态转换模型。

抗压强度的计算模型如下

$$UCS = 2\sqrt{1-\sin^2(CFA)} \times \frac{USHE}{1-\sin(CFA)} \quad (2-38)$$

式中　UCS——单轴抗压强度；
　　　CFA——内摩擦角；
　　　USHE——抗剪强度。
内摩擦角可用公式

$$CFA = (\pi/12) \cdot \left[2 \times \left(1 - \frac{v}{1-v}\right) + 1\right] \quad (2-39)$$

计算。
式中　v——泊松比。
抗剪强度可通过

$$USHE = 0.025 \times E \cdot K \cdot [0.008 \cdot V_{sh} + BCC \cdot (1 - V_{sh})] \times 1.020245 \times 10^{-4} \quad (2-40)$$

计算。
式中　E——弹性模量；
　　　K——体积模量；
　　　BCC——岩石固有强度系数，砂岩的为 0.0045，石灰岩的为 0.0026；
　　　V_{sh}——泥岩体积含量。
杨氏模量的计算模型

$$E = \frac{\rho_b}{V_s^2} \cdot \frac{3V_p^2 - 4V_s^2}{V_p^2 - V_s^2} \quad (2-41)$$

式中　V_p——纵波速度，m/s；
　　　V_s——横波速度，m/s；
　　　ρ_b——岩石体积密度，g/cm³。
泊松比的计算模型

$$v = \frac{V_p^2 - 2V_s^2}{2(V_p^2 - V_s^2)} \quad (2-42)$$

体积模量与剪切模量计算模型

$$K = \rho_b \cdot \left(V_p^2 - \frac{4}{3}V_s^2\right) \quad (2-43)$$

$$G = \rho_b \cdot V_s^2 \quad (2-44)$$

抗拉强度计算模型

$$UTI = UCS/12.0 \quad (2\text{-}45)$$

弹性模量与泊松比的计算中要用到纵波速度 V_p 和横波速度 V_s，其计算公式为

$$V_p = \sqrt{(\lambda + 2G)/\rho} \quad (2\text{-}46)$$

$$V_s = \sqrt{G/\rho} \quad (2\text{-}47)$$

式中　ρ——岩石密度，由密度测井得到；
　　　G——岩石剪切模量。

纵波速度 V_p 和横波速度 V_s 与纵波 DTC、横波时差 DTS 有如下关系

$$V_p = \frac{1}{\text{DTC}} \quad (2\text{-}48)$$

$$V_s = \frac{1}{\text{DTS}} \quad (2\text{-}49)$$

岩石杨氏模量与泊松比的动静态转换关系为

$$E_{\text{sta}} = 0.8424 E_{\text{dyn}} - 11.089 \quad (2\text{-}50)$$

$$\nu_{\text{sta}} = 0.9696 \nu_{\text{dyn}} + 0.0149 \quad (2\text{-}51)$$

式中　E_{sta}——静态弹性模量；
　　　E_{dyn}——动态弹性模量；
　　　ν_{sta}——静态泊松比；
　　　ν_{dyn}——动态泊松比。

第三节　一种改进的等效深度压力预测方法

等效深度法的核心理论依据是压实理论。压实理论认为当岩石压实到一定深度之后，由于岩石排水不畅，岩石的内压增高造成憋压，并在此基础上提出了等效深度法用以计算地层压力（李明诚，2004）。所谓等效深度，就是"孔隙度相同的地层，其有效上覆压力也相同"。1943 年 Terzaghi 提出了有效应力的概念（Terzaghi，1943），并且在岩石力学中得到了推广应用；有效上覆压力为上覆地层压力与地层流体压力的差值。

在忽略大气压对地层压力的影响下，地层某一深度的上覆压力为

$$p_{\text{ob}} = \rho_r g H \quad (2\text{-}52)$$

式中　p_{ob}——上覆岩层压力，MPa；
　　　ρ_r——上覆岩层平均密度，g/cm^3；

g——重力加速度，m/s²；
H——深度，km。

则，地层某一深度的静水压力为

$$p_w = \rho_w g H \quad (2\text{-}53)$$

式中 p_w——上覆岩层压力，MPa；
ρ_w——上覆岩层平均密度，g/cm³；
g——重力加速度，m/s²；
H——深度，km。

假设埋深不同的 A 点和 B 点具有相同的孔隙度，且 A 点处地层孔隙压力正常，依据等效深度法则可以得出

$$(\rho_r g H - \alpha p_P)_A = (\rho_r g H - \alpha p_P)_B \quad (2\text{-}54)$$

式中 α——Boits 系数，对于泥岩 Boits 为 1。

$$p_{PA} = \rho_w g H_A \quad (2\text{-}55)$$

则，B 点处的孔隙压力为

$$p_{PB} = \rho_{rB} g H_B + \rho_w g H_A - \rho_{rA} g H_A \quad (2\text{-}56)$$

式中 H_A、H_B——A、B 点的埋深；
ρ_{rA}、ρ_{rB}——A、B 以上岩层的平均密度。

因此，理论上根据公式（2-56）可以预测某一深度的流体孔隙压力，但在实际生产过程中，需要建立一个连续的孔隙流体压力剖面对这个地层的孔隙压力变化进行研究，等效深度点计算在实际应用中很难实现，因此，为了建立连续的孔隙压力剖面，提出了压实趋势线的概念。

首先要假设在正常压力系统下泥岩随着埋藏深度的增加孔隙度是逐渐减小的，所以根据孔隙度递减公式

$$\phi = \phi_0 \times e^{-C_P H} \quad (2\text{-}57)$$

式中 ϕ_0、ϕ——表层泥岩和任意深度泥岩的孔隙度；
C_P——声波压实校正系数；
H——任意点的深度。

对于沉积压实作用形成的泥岩、页岩，声波时差与孔隙度之间的关系满足 Wyllie 时间平均公式

$$\phi = \frac{\Delta t - \Delta t_m}{\Delta t_f - \Delta t_m} \quad (2\text{-}58)$$

式中 ϕ——岩石孔隙度，%；
Δt——某一深度地层声波时差，μs/m；

Δt_m——岩石骨架声波时差，μs/m；

Δt_f——岩石孔隙流体声波时差，μs/m。

在正常沉积的条件下可以推出下式

$$\Delta t = \Delta t_0 \mathrm{e}^{-C_\mathrm{p}H} \tag{2-59}$$

或

$$\ln\Delta t = \ln\Delta t_0 - C_\mathrm{p}H \tag{2-60}$$

式中 Δt_0——表层泥岩声波时差。

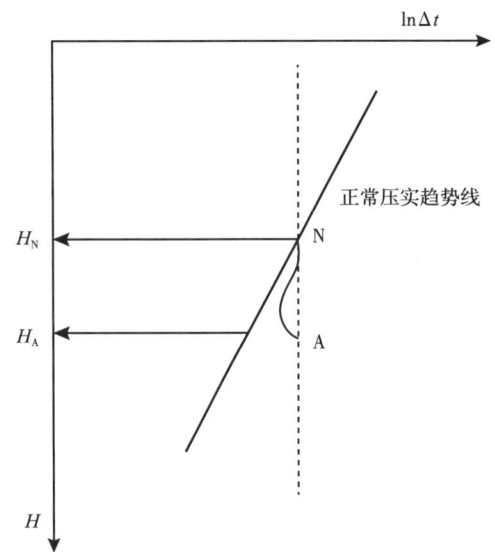

图 2-5 等效深度法估算地层孔隙压力

所以利用式（2-60）可以建立正常压实趋势线，确定异常压力地层段（图 2-5）。

原始的等效深度法中建立的压实趋势线只是为了确定声波值异常的深度段，方便查找异常压力点，并没有参与异常孔隙压力的量化计算，所以进一步对等效深度进行改进。

目前对于库车山前构造带地层压力异常的成因尚无明确定论。贾承造于 2002 年提出库车山前的高压是由于强烈的构造挤压使岩石颗粒接触更加紧密，这样导致孔隙内流体量不变的情况下，孔隙空间减小，而巨厚膏盐层的屏蔽作用又导致逐步增高的压力无法外泄，从而形成地层异常高压。

库车前陆盆地受构造挤压作用强烈，常规孔隙压力预测方法适应性较差，无法满足地质研究和工程应用需求。结合克拉苏构造带特殊的地质构造背景条件，在常规等效深度法的基础上，建立了一种改进的等效深度孔隙压力计算方法，基本实现过程如下。

在正常压实的情况下，岩石的声波时差会随着深度的增加有规律的逐渐减小。声波测井相对于密度测井和电阻率测井受井眼、地质条件等环境影响较小，因此，通常选用声波时差建立地层压实趋势线（Terzaghi，1943）。首先根据已有的资料选取数据可靠深度点及四个点对应的声波时差值对公式（2-61）进行拟合求参数建立压实趋势线（图 2-6 所示）。

$$\Delta t_\mathrm{nor} = \Delta t_0 \mathrm{e}^{(-C_\mathrm{p}H)} \tag{2-61}$$

式中 H——埋藏深度；

Δt_0、C_p——趋势线常数；

Δt_nor——某一深度压实趋势线上声波时差数值，μs/m。

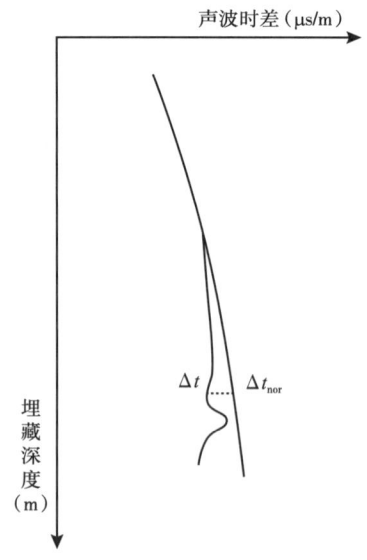

图 2-6 改进的等效深度声波压力预测示意

通过建立正常压实趋势线，并从正常压实出发，计算泥岩地层在实际测井数据偏离正常压实趋势线时地层孔隙压力的大小，公式如下：

$$p_f = p_{ob} - (p_{ob} - p_w)\left(\frac{\Delta t_{nor}}{\Delta t}\right)^c \qquad (2-62)$$

或

$$\frac{(p_{ob} - p_f)}{(p_{ob} - p_w)} = \left(\frac{\Delta t_{nor}}{\Delta t}\right)^c \qquad (2-63)$$

式中　c——Eaton 系数，经验值；

　　　p_w——某一深度处的上静水压力，MPa；

　　　p_{ob}——某一深度处的上覆岩层压力，MPa；

　　　p_f——某一深度处的孔隙压力，MPa。

在不考虑流体压缩对声波传播的影响，由公式（2-63）可以看出，流体孔隙压力的变化造成了声波时差的变化，并且存在一定的关系；所以定义 k 为压实系数

$$k = \left(\frac{\Delta t_{nor}}{\Delta t}\right)^c \qquad (2-64)$$

将公式（2-64）代入公式（2-62）化简得

$$p_f = (1-k)p_{ob} + p_w k \qquad (2-65)$$

式中　k——岩石的压实程度系数，常数。

当通过测井、地震等手段获取到连续的声波或地层速度曲线后，即可利用上述方法求取连续的地层孔隙压力分布曲线。

第四节　现今应力场评价方法

地应力方向和大小是油气储层地质力学（Geomechanics）模型中的重要参数，其在石油工业中越来越受到地质科学和工程技术领域的重视（Zoback et al.，1984，1994，2007，2012；李志明，1997；Gutierrex，1998；宋惠珍等，1999；柳贡慧等，2001；刘向君等，2004；肖芳锋等，2010，Finkbeiner，2010；金衍，2011；Hennings et al.，2012；Vassilellis，2012；陈勉，2013；Zhang，2014）。对于常规油气资源，地应力场的研究主要是用于解决如钻井井壁稳定性和完井方案优化等工程问题（Moos, et al.，2012；Willson, et al.，1999；Paul et al.，2006；柳贡慧等，2001；陈勉，2004；刘向君等，2004）。近年来，随着致密裂缝性油气藏的规模开发，地应力场的应用逐渐拓展到裂缝和断层的渗透性分析（Barton，1995；Zoback et al.，2007，2012）、水力压裂改造储层的地质机理和定量优化（Zoback et al.，2012；Vassilellis，2012；Suarez-Rivera 2013）、气藏流动参数与地应力耦合建模（Thomas et al.，2003；Philip et al.，2005；Jalali et al.，2008）、裂缝性储层描述（Beekman et al.，2000；Zoback，2007；季宗镇等，2010；王珂等，2013）、井位和井轨迹优化等方面（刘向君等，2004；Franquet et al.，2008；Hennings et al.，2012；Zare-

Reisabadi,2012；Himmelberg et al.，2013）。同时这种复杂油气田开发中，对地应力的需求分一维和三维两个方面，一是油气井钻井优化和产量提高等应用中也从钻井后利用井筒资料评价应力场为地质研究和工程实施提供依据（Plumb et al.，2000；Franquet et al.，2011；Jin et al.，2014），同时综合地质构造和三维地震资料的三维地应力场建模不断进步，以研究储层尺度内的地应力建模及应用问题（Beekman et al.，2000；Kartobi et al.，2012）。但三个主应力大小（垂向应力、水平最大主应力、水平最小主应力）及水平最大主应力方位的确定是所有油气田储层地质力学建模中的核心问题（Barton et al.，1997；李志明，1997；Zoback et al.，2003，2007；陈勉，2004；Fernandez-Ibanez et al.，2007；Teichrob et al.，2010）。目前地应力大小和方向的确定主要有岩心实验法（邓金根等，1997；Holt et al.，2001；Pestman et al.，2001；张广清，2002）、水力压裂法（Zoback et al.，1977，1978，1987，2003；Teufel et al.，1984；Karfakis，1986；葛洪魁，1998）、利用简单线弹性理论的直接计算法（Teufel et al.，1984；Thiercelin et al.，1994；刘向君等，2004；陈勉等，2008；Teichrob et al.，2010）及井筒破裂行迹反演法，最后一种方法通常是在综合前几种方法的基础之上利用井筒的电阻率成像、超声波成像、偶极子横波等资料，提取井壁垮塌、诱导缝、横波各向异性等信息，最后反演得到更精确的地应力方向和大小信息（Bell et al.，1979；Zoback et al.，1984，1985，1995，2003；Plumb et al.，1985；Moos et al.，1990；黄雨蕊，1994；Brudy et al.，1999；Sinha et al.，1996；李朋武等，2005；赵海峰等，2010），同时一些学者亦考虑天然裂缝、断层、地层倾角及井斜等对现今地应力大小和方向的影响（Liu et al.，1992；Peska et al.，1995；Lin et al，2010；孙宗颀等，2004；Chang，2014）。

塔里木盆地库车坳陷克拉苏构造深部区带，蕴含着丰富的天然气资源，但同时由于多期构造运动（贾承造等，1997，2002；刘志宏等，2000；汤良杰等，2004）、超深的油气埋藏、巨厚的膏盐岩盖层（朱光有等，2009；杜金虎等，2012），使得该区域地质背景极为复杂。受沉积、埋藏压实和构造挤压等多种因素影响，克拉苏深部砂岩储层致密，属于低孔低渗储层，孔隙度为6.0%~9.0%，渗透率为0.1~1.0mD，天然裂缝是储层渗透率保持和增长的主要贡献者（朱光有等，2009；张福祥等，2011；杜金虎等，2012；赵力彬等，2012）。目前已逐步认识到，对于这种深层致密裂缝性砂岩的储层描述和评价中，构造应力场及其与裂缝、断裂之间的关系等是不可或缺的重要地质属性（李军等，2011；张惠良等，2012；张凤奇等，2012），而且近年来的勘探开发实践也表明，该区大部分气井需要储层改造提产，实现效益开发，而地应力是储层改造设计中最重要的参数之一。因此在克拉苏深部区带，储层地质力学的研究已成为了这种复杂油气藏背景下认识储层和改造储层的又一重要手段。同样现今地应力的方向和大小是首先要确定的参数，得到这几个重要参数后才能实现对在应力场控制下的裂缝和断裂力学行为和流体流动能力的评价（Barton et al.，1994，1995；Hennings et al.，2012；Johri，2013），进而更深入了解油气藏特征，明确地应力场对储层发育的控制作用。

近十年来，地震技术和盐构造建模技术的进步，及盐下深层油气富集规律的认识（杜金虎等，2012；王招明，2014）推动了库车坳陷克拉苏盐下深层天然气资源的不断发现，因此在地质构造（雷刚林等，2007；李忠等，2007；谢会文等，2012）、地震处理解释技术（满益志等，2008；董文等，2011；符力耘等，2013）、油气运聚成藏（朱光有等，2009；张凤奇等，2012）方面的研究较多，但在油气储层地质力学方面的研究较少，主要是从盆地级的构造应力场数值模拟，探索了基于构造模型的三维有限元应力场模拟方法，讨论了盆地级构造应力场与油气成藏和聚集之间的关系（王喜双，1999；张乐，2007；张凤奇等，2012）。而对于面向库车坳陷深层砂岩储层的地应力场研究及在储层改造、气田开发中的应用研究较少。本章中以井壁破裂行迹反演应力方法（Zoback et al.，1984，1985，1995，2003）为主，利用水力压裂数据点做刻度，结合经典应力计算模型，阐述了克拉苏区带井筒一维地应力和大小的确定方法，并分析了已有天然裂缝对现今主应力方向和大小的影响，提出了一种裂缝衰减地应力的计算模型，消除了地应力获取信息中天然裂缝的影响，提高了地应力大小和方向的求取精度。同时在多井约束的基础上，基于三维构造模型，分析了地应力大小和方向在储层纵横向上的分布规律。

一、水平应力方位预测方法

根据研究目前区域已钻井中的资料情况，可以利用三种方法判别水平最大主应力方位：①偶极横波各向异性；②井壁剪性垮塌方位统计；③井壁诱导缝走向拾取等。偶极横波各向异性方法是利用声学测井中的横波分裂现象来判断水平向最大主应力方位的（Tang, et al.，1999；Plona，1999）。假设在强构造应力储层中，地层的各向异性主要是由水平向两个地应力的不均衡造成的，则地层中入射的横波信号会分裂为质点分别沿着两个水平主应力方向振动的两个正交分量，由于在水平最大主应力方向上地层岩石表现为相对刚性，这个方向的横波分量速度更快，称为快横波，而在水平最小主应力方向上地层岩石变形为相对柔性，这个方向的横波分量速度较慢，称为慢横波，因此这个条件下通过对偶极横波数据处理得到的快横波方位，即为水平最大主应力方位。但由于一般情况下，造成地层各向异性的因素除地应力外，还有天然裂缝发育、岩石矿物颗粒排列等多种因素（Plona，1999）。因此还需要在频率域中做横波信号分析，分析快慢横波的频散曲线，如果二者在某个低频位置交叉，则认为此各向异性由应力场诱发（Sinha，1996）。而对于多种因素诱发各向异性的大多数地层，这种频散曲线会变得很复杂，从中提取由地应力场造成的横波各向异性技术难度较大。因此偶极横波求取地应力方位方法的优点是，从地层本质属性出发，确定地应力值，而且理论上说能够得到整个测量段内连续的应力方位剖面，但缺点是从多种各向异性因素中分离原地应力信息过程繁琐。

利用井壁剪切破裂现象判别地应力方位，是一种较早被发现和应用的方法，20世纪60年代工程作业者在南非的金属矿井中就已发现，某个深度的井眼总是会沿着某一个特定的方向扩大，形成椭圆状（李志明，1997）。

当直井眼钻开后，井壁周围次生应力的分布在柱坐标系中表示如下（Zoback，2007）

$$\begin{aligned}
\sigma_{rr} &= \frac{\sigma_H + \sigma_h - 2p_p}{2}\left(1 - \frac{R^2}{r^2}\right) + \frac{R^2 \Delta p}{r^2} + \frac{\sigma_H - \sigma_h}{2}\left(1 + \frac{3R^4}{r^4} - \frac{4R^2}{r^2}\right)\cos 2\theta \\
\sigma_{\theta\theta} &= \frac{\sigma_H + \sigma_h - 2p_p}{2}\left(1 + \frac{R^2}{r^2}\right) - \frac{R^2 \Delta p}{r^2} - \frac{\sigma_H - \sigma_h}{2}\left(1 + \frac{3R^4}{r^4}\right)\cos 2\theta \\
\sigma_{r\theta} &= \frac{\sigma_H - \sigma_h}{2}\left(1 - \frac{3a^4}{r^4} + \frac{2a^2}{r^2}\right)\sin 2\theta
\end{aligned} \quad (2\text{-}66)$$

式中　σ_H、σ_h——分别为水平方向上的最大和最小主应力；

　　　σ_{rr}、$\sigma_{\theta\theta}$、$\sigma_{r\theta}$——分别为离井轴 r 距离并与 σ_H 按反时针方向成 θ 角处的径向应力、周向应力和轴向应力；

　　　R——井半径；

　　　Δp——井中泥浆柱压力和地层孔隙压力之差。

由式（2-66）知，当 $\theta=90°$ 或 $270°$ 时（水平最小主应力方位），周向应力 $\sigma_{\theta\theta}$ 最大，此时如果井中泥浆柱压力小于某一特定值，井周应力集中达到岩石抗压强度，满足 Mohr-Coulomb 破裂准则，岩层发生剪变破裂，因此在这种情况下与井壁垮塌破裂方位垂直的方向即认为是水平最大主应力的方向。

对于井壁垮塌行迹，可以利用贴井壁测量的电阻率成像或倾角测井资料中的多臂井径数据判断垮塌方位。也可以利用电阻率成像或井下超声波成像信息，直接读取井壁破裂的深度和方位信息。

同样从式（2-66）可知，$\theta=0°$ 或 $180°$ 时（水平最大主应力方位），周向应力 $\sigma_{\theta\theta}$ 最小（近似等于零），对于克深这种水平应力各向异性较大的地层，井壁上随着 θ 角度向垂直方向变化，周向应力迅速增大，在水平最大主应力方位的位置上形成拉伸环境，可能在该位置上最先破裂，出现所谓的钻井诱导缝（Drilling Induced Fractures）。这种诱导缝开度小，沿井壁的径向深度也很有限，因此在井壁声、电成像中表现为声、电阻抗明显差异的雁列式细条纹。这种钻井诱导缝的走向严格与最大主应力方位一致。

另外对于克拉苏深层地层水平最大主应力方位求取，由于井筒条件复杂，在方位判断中还需要排除一些如键槽、井眼冲洗等工程因素的影响，因此在实际数据处理中采取了形状系数校正和非对称系数校正两个数据处理手段，提高了应力方位判断的精度。

形状系数校正的主要作用是用来准确确定垮塌和垮塌方位，在四臂测井情况下，最大的极板长度 $C_{\max}$ 即被视作是垮塌方位，然而，对于六臂测井来说，两个测量极板可能同时陷入一个垮塌中，所以，这个最大的极板直径值不一定是垮塌的方位。在这种情况下，这个真实的垮塌方向可能是在最长极板和第二长极板之间的方位。

那么形状系数就可以通过分析器六个极板在井筒中与井筒截面的相对位置，以帮助降低确定垮塌方向的误差。该系数为

$$Sc = [(C_{\max} - C_{\mathrm{int}})]/C_{\min} = (C_{\max} + C_{\min} - 2C_{\mathrm{int}})/C_{\min} \qquad (2\text{-}67)$$

式中　$C_{\max}$、C_{int}、$C_{\min}$——分别为最长、居中、最短的极板直径数据。

当 Sc 大于 0 时，$C_{\max}-C_{\mathrm{int}}$ 一定是大于 $C_{\mathrm{int}}-C_{\min}$ 的，这就意味着一条极板刚好位于垮塌处，如图 2-7a，那么就可以将 $C_{\max}$ 的方位当做垮塌的方位。当 Sc 小于 0 时，$C_{\max}-C_{\mathrm{int}}$ 一定是小于 $C_{\mathrm{int}}-C_{\min}$ 的，这就表明两个极板是同时陷入垮塌位置，如图 2-7b 所示，因此，垮塌方位基本上就和最小极板 $C_{\min}$ 的方位是垂直的。

同时，其 Sc 值的大小程度也可以帮助来筛选有效的应力型垮塌。即形状系数 Sc 的值如果没有超过一个限定的值，说明该处拾取的井径扩大的程度很小，不满足垮塌的标准，或者说也可能是干扰噪声。

对于非对称系数校正，由于在六臂倾角测井中，每一个测量臂都是独立进行的，所以就可以利用非对称系数 Ac 来区分拾取出来的垮塌的对称与非对称。在一个圆形平面中，

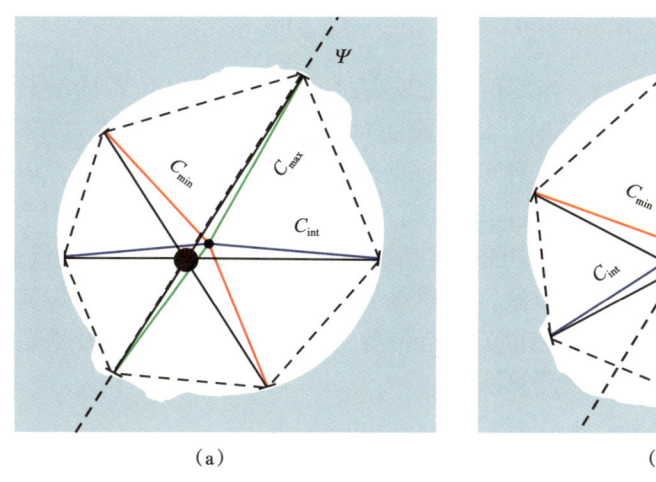

图 2-7 井眼形状系数校正示意图

圆内有三条弦，其相应垂直平分线应该是相交于一个点，那么非对称系数就是基于这样一个平面几何规则建立的。在实际钻井测量中，如果井筒某位置的横截面不是圆形的（图 2-8），每条弦的垂直平分线 S_1、S_2、S_3 并没有相交于一个点，而是构成了一个三角形。那么当测量仪器处在一个非对称垮塌中时，其中每条弦的垂直平分线 S_1、S_2、S_3 相交构成了一个三角形，那么这个三角形就可以衡量该横截面的对称程度，并且这个三角形高的两倍就等于非对称系数值，定义为

$$Ac = |P_1 - P_2 + P_3 - P_4 + P_5 - P_6| \tag{2-68}$$

式中 P_1、P_2、P_3、P_4、P_5、P_6 是每个极板的原始长度（图 2-8），由于在不同实际井情况下，不同井眼的大小也一致，相应基数不同，那么 Ac 绝对值将不具有通用性，就引入 Ac 所占总的延伸量的百分比使其标准化，定义为 Acn

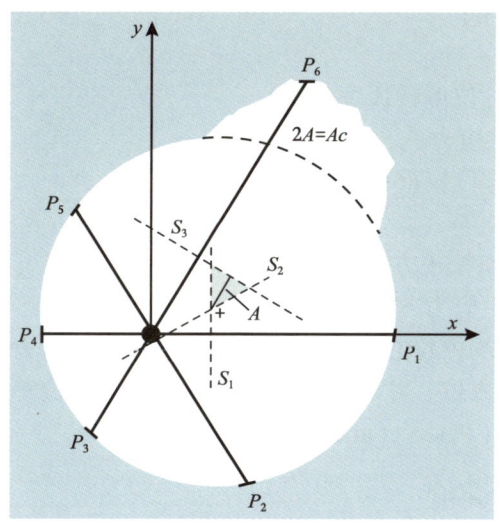

图 2-8 井眼形非对称系数校正示意图

$$Acn = 100 * Ac / (C_{\max} - C_{\min}) \quad (2-69)$$

通过标准化的非对称系数 Acn，当其值相对较高时，那么井眼某位置的横截面就是越不对称；相反地，如果其值相对较低时，该横截面对称性越好。但是，在这里需要注意，在 Acn 值越小接近于 0 时，还有另外一种可能是两条极板同时陷入在垮塌中，但是同时这样 Sc 值也是负值。所以在 Acn 很小并且同时出现 Sc 值为负的时候，需要特别小心，尽可能单独检查该点处极板所在井筒横截面中的位置情况，这种情况就需要更多人机交互分析。

基于以上井筒资料应力方位分析方法，还建立了利用地质构造特征和断裂信息预测储层平面应力方位分布的方法。通过对克拉苏构造带各气藏构造走向、倾向及地层倾角与三轴应力之间的关系分析，建立如下预测算法

$$ohz = \sin(dip) \times oz \quad (2-70)$$

当 az 大于 90° 且小于 270° 时，a 取 -1，否则 a 取 1

$$f\_az = \frac{\sin(450 + f - az) \times ohz + \dfrac{a \times ohx}{B}}{2ohz \times \cos(450 + f - az)} \quad (2-71)$$

f_az 截断值取 400 与 -100

$$f\_az\_A = 450 - \frac{f\_az \times 180}{\pi} \quad (2-72)$$

当 $f\_az\_A > 360$ 时，取 $f\_az\_A - 360$

$$Haz = f\_az\_A + f \quad (2-73)$$

式中　ohz——垂向应力沿地层走向的分应力；
　　　dip——地层倾角；
　　　oz——垂向应力方向；
　　　az——地层倾向；
　　　f_az——局部应力方位偏转弧度；
　　　ohx——水平最大主应力；
　　　B——区域主应力方位权重系数；
　　　f——区域主应力方位；
　　　f_az_A——构造形态校正方位；
　　　Haz——水平最大主应力方位。

以上几种一维地应力场评价方法均是针对直井眼而言，对大斜度井或水平井来说还要考虑井眼轨迹改变后井眼方位、井斜、破裂位置、地应力方位等四个因素之间的关系，才能得到非直井的应力方位（Peska et al., 1995）。

二、一维应力大小评价

储层中的原地应力场表征为一个三度二阶张量，在任意笛卡儿坐标系中包括三个正应

力和六个剪切应力分量,剪应力关于对角线对称,而当坐标轴与三个主应力方向平行时,剪应力为零,该应力张量的特征值和特征向量与主应力大小和方向对应,如式(2-74)所示。此时利用一个垂直方向的应力和两个相互垂直的水平向应力,即可描述地壳深部任意点上的应力状态,这一观点在在靠近地球表面到地壳 20km 深度范围内均成立(Zoback, 2007),因此对于克拉苏构造带已发现的油气储层中,三个主应力大小(垂向应力 σ_V、水平最大主应力 σ_{Hmax}、水平最小主应力 σ_{hmin})和水平最大主应力方位角等4个参数即可完全描述其对应位置上的应力状态。

$$\sigma = \begin{bmatrix} \sigma_{11} & \sigma_{12} & \sigma_{13} \\ \sigma_{21} & \sigma_{22} & \sigma_{23} \\ \sigma_{31} & \sigma_{32} & \sigma_{33} \end{bmatrix}_{\text{笛卡儿坐标}} = \begin{bmatrix} \sigma_H & 0 & 0 \\ 0 & \sigma_h & 0 \\ 0 & 0 & \sigma_V \end{bmatrix}_{\text{主坐标}} \qquad (2-74)$$

式(2-74)中三个主应力大小的最重要意义是,其三者之间的大小关系决定着储层应力状态。地壳内部已存在的各种断层处于稳定状态时,其三个主应力中的最大应力 σ_{max} 和最小应力 σ_{min} 的比值应满足式(2-75)(Jaeger et al., 1979)

$$\frac{\sigma_{max}}{\sigma_{min}} = \left[\left(\mu^2 + 1 \right)^{1/2} + \mu \right]^2 \qquad (2-75)$$

则根据 Anderson 断层与应力分类模式,当式(2-74)三个主应力中的垂向应力分别处于最大、中间、最小应力时,其储层位置上的现今应力状态分别为潜在的正断层型、走滑型和逆断层型应力状态。特定的地应力状态控制着储层内裂缝、断层等地质体的力学行为,影响着储层渗透性和流体的流动特征,这是地应力大小与方向与油气勘探开发最直接的关联性。

垂向应力 σ_V 的值相当于上覆岩层的重力,因此理论上可以通过从地表至目标深度 z 的岩石密度积分,如式(2-76)左边等式所示,式中 g 为重力加速度。但对于库车坳陷深层区带来说仅有少数几口早期的探井中测量了全井筒体积密度数据,其余井中仅在目的层及其以上部分层段测量密度,因此计算首先根据邻井和区域地层岩性认识,确定密度测井开始深度 z_0 以上层段的平均密度 $\bar{\rho}$,后依据式(2-76)中右边等式计算 σ_V。

$$\sigma_V = \int_0^z \rho(z) g dz \approx \bar{\rho} g z_0 + \int_{z_0}^z \rho(z) g dz \qquad (2-76)$$

水力压裂法是目前深层直接测量水平最小主应力的最准确方法。水压致裂过程中,在一定的液体流速和黏度(Zoback, 2007)条件下,水力裂缝产生后,突然停止向井筒中泵入液体,此时测得的瞬时停泵压力约等于地层最小主应力 σ_{min},克深区带储层地应力状态均为潜在走滑型,因此这种方法得到的最小主应力即为水平最小主应力 σ_h。但当压裂液黏度较高或其中含有悬浮支撑剂,此时由于摩擦损耗较高,往往容易造成对真实最小水平主应力的低估,需要同时分析压裂全过程中的裂缝延伸压力(FPP)、裂缝闭合压力(FCP)、瞬时停泵压力(ISIP)等多种数据,并做压力与时间开方曲线趋势分析,并根据施工过程中的液体滤失等现象正确识别裂缝闭合压力点,以确定真实的水平最小主应力值。

水力压裂法求地应力的缺点是成本高,易受井筒和工艺条件限制,而且该方法只能得到测量段内的点数据，而在油气田储层改造和开发方案中需要得到沿井筒的地应力剖面。因此对于克深储层水平最小主应力 σ_h 的求取，采取的方法是，利用水力压裂施工数据确定特定位置上的 σ_h 实测点数据，以这些实测数据作为约束和刻度的依据，结合考虑上覆载荷、热应变、构造应变等多因素的孔隙弹性应力模型（Prats，1981）如式（2-77），计算得到储层一维连续 σ_h 剖面。

$$\sigma_h = \frac{\nu}{1-\nu}\sigma_v - \frac{\nu}{1-\nu}\alpha p_p + \alpha p_p + \frac{E}{1-\nu^2}\varepsilon_h + \frac{\nu E}{1-\nu^2}\varepsilon_H \tag{2-77}$$

式中　ν——泊松比；

　　　α——Biot 孔弹性系数；

　　　p_p——孔隙压力；

　　　ε_H 和 ε_h——分别为最大、最小水平主应力方位上的应变。

水平最大主应力是最难以确定的一个应力参数，在 20 世纪 50 年代后期开始的 30 年时间内大多也利用水力压裂法（Hubbert et al.，1957；Haimson et al.，1969；Amadei et al.，1986）求取。根据 Hubbert 和 Willis 提出的裸眼完井条件下井壁压裂产生垂直裂缝时的破裂条件[式（2-78）]，当地层破裂压力 p_f，最小水平主应力 σ_h，岩石抗拉强度 T_0，地层孔隙压力 p_p 等已知时即可确定水平最大主应力。

$$p_f = 3\sigma_h - \sigma_H + T_0 - p_p \tag{2-78}$$

但克深区带由于井深（大于 6000m），天然裂缝发育，井眼状况复杂，因此式（2-78）所示算法不适用于克深区带的水平最大主应力计算。Zoback（2007）认为大于 2000m 的深部地层中，当钻孔形成后由于套管、天然裂缝、井壁不规则等综合因素导致压裂时裂缝的开启不再遵循井周应力集中原理，而且压裂中无法确定破裂压力 p_f 是否与水力裂缝的开启压力完全对应，因此式（2-78）适合较浅层岩土工程领域内的应力测量，而并不适合描述石油工业领域深层条件。对于克深这种条件下的水平最大主应力求取，最适合的方法是利用从井壁成像和多井径资料中得到的井壁诱导缝和剪切垮塌信息反演（Zoback et al.，2003）原场地应力数据，因为井壁诱导缝和剪切垮塌是地层刚刚被钻开瞬间，井周应力重新分配时发生的，因此真实地记录了原地应力各向异性特征，因此这种表征张性诱导和剪切破裂的井壁行迹获得的前提下，结合已有的最小水平主应力、岩石强度、井筒压力等已知信息，即可反推得到更准确的水平最大主应力值。

井壁张性诱导缝总是在水平最大主应力方位上出现，在水平最大主应力位置（$\theta=0°$ 或 180° 时）上井壁的轴向应力 $\sigma_{\theta\theta}$ 最小，如式（2-79）所示，随着 Δp 增加，当 $\sigma_{\theta\theta}=0$ 时，井壁即处于拉伸状态可能出现张性诱导裂缝，则当井壁出现明确的张性诱导缝即可由式（2-80）计算水平最大主应力 σ_H

$$\sigma_{\theta\theta} = 3\sigma_h - \sigma_H - 2p_p - \Delta p \tag{2-79}$$

$$\sigma_H = 3\sigma_h - 2p_p - \Delta p \tag{2-80}$$

另外井壁剪切垮塌形成的破裂行迹也很有利于反算水平最大主应力值，Barton 等（1988）

认为特定的水平应力状态、岩石强度和井筒压力条件下，将形成垮塌宽度一定的破裂行迹，也即在钻井过程中剪切垮塌可能在一定时间内连续向径向不断加深，但垮塌宽度将保持稳定，根据这一认识得出式（2-81）的计算方法

$$\sigma_H = \frac{(C_0 + 2p_p + \Delta p) - \sigma_h(1 + 2\cos\varphi)}{1 - 2\cos\varphi} \quad (2\text{-}81)$$

式中　C_0——地层岩石抗压强度；
　　　φ——井壁垮塌宽度。

克深区带由于地应力各向异性强，砂岩储层致密，岩石固结好，强度高，而且已钻井中电阻率和声波成像资料较全，因此适合利用以上两种井壁破裂行迹来求取水平最大主应力大小。但以上计算方法的局限是，每个井筒内仅能得到有限的井壁破裂行迹的数据点，在克深地区井筒中储层段最多仅能得到5~6个破裂数据点，因此如何得到连续地应力剖面，还是需要能够利用测井资料求解的计算模型，类似式（2-77），也可得到计算 σ_H 的计算模型，如式（2-82）所示，但其中的应变因子 ε_H 和 ε_h 求取较为困难，对于克深区带，主要是通过以上所述的几种方法，首先求得井筒中特定位置上可靠的 σ_h 和 σ_H，然后利用这些关键点数据刻度由式（2-82）计算的地应力剖面，确定出每个构造上或局部构造位置上相对应的 ε_H 和 ε_h 值，实现水平最大和最小主应力在一维剖面上的连续计算，从而实现井对比及分布规律认识。

$$\sigma_H = \frac{\nu}{1-\nu}\sigma_v - \frac{\nu}{1-\nu}\alpha p_p + \alpha p_p + \frac{\nu E}{1-\nu^2}\varepsilon_h + \frac{E}{1-\nu^2}\varepsilon_H \quad (2\text{-}82)$$

克深储层内天然裂缝的发育是造就现今应力场的又一重要因素，天然裂缝对地应力场分布的影响将在下述中图示说明。天然裂缝结构面的存在将引起井壁破裂机理的变化，而利用井壁破裂反推地应力方向和大小时必须考虑裂缝面对井壁破裂的影响。因此当某一特定产状的天然裂缝在井壁有规律的出现时，利用类似式（2-83）的方法反演地应力必须考虑天然裂缝的影响。认为可以将天然裂缝作为增加地层各向异性的弱面来对待，在利用井壁岩石破裂来反推地应力大小时，应该将弱面作为一项计算参数之一。根据Jaeger等（1979）提出的理论，当地层存在弱面时，井壁破坏发生，其井周最大有效应力 σ_1 受弱面黏聚力 S_w 和弱面内摩擦系数 μ_w 影响。与基质岩石不同，破裂准则为

$$\sigma_1 - \sigma_3 = \frac{2(S_w + \mu_w \sigma_3)}{(1 - \mu_w \cot\lambda)\sin 2\lambda} \quad (2\text{-}83)$$

式中　σ_3——井周最小有效应力；
　　　λ——弱面法向与最大应力方位之间的夹角。
　　由于 $\mu_w = \tan\varphi_w$（φ_w 为弱面内摩擦角）。

三、三维应力场建模

关于储层三维空间的地质力学建模，一般采用构造格架搭建的基础数值模拟方法，如

有限元模拟（Koutsabeloulis et al., 2009; Zee, 2013）和边界元模拟（Thomas, 1993）等。近年在克拉苏构造带开展了一些利用有限元法模拟现今地应力场的尝试。

油气田地应力场的有限元模拟，就是使用有限单元法，利用已有地应力测试资料和地震资料来反演油气田的地应力场，即油气田各个位置的地应力大小和方向。油气田地应力场的有限元模拟首先要根据区域地质调查结果，建立研究区的地质力学模型；然后通过不断改变边界力作用方式和大小量值（包括大小和方向）来模拟计算区域应力场，使区域地质体的应力计算结果与已有地应力实测结果（最大主应力大小和方向）相吻合，进而得出真实反映研究区应力场的模拟结果。

利用地震资料、钻井资料和测井资料，精细描述拟研究区域的岩性、地质界面等信息，建立接近实际的地质模型。根据弹性理论，地质体可被视为复杂的弹性体。弹性体受到体力和面力作用而发生形变，外力势能以形变势能的形式储存于弹性体中。采用变分原理中的最小势能原理，即可建立起外力与弹性体应力之间的关系。弹性体形变势能的变分可表述为

$$\delta U = \frac{1}{2}\iiint (\sigma_x \varepsilon_x + \sigma_y \varepsilon_y + \sigma_z \varepsilon_z + \tau_{yz}\gamma_{yz} + \tau_{zx}\gamma_{zx} + \tau_{xy}\gamma_{xy}) \mathrm{d}x\mathrm{d}y\mathrm{d}z \tag{2-84}$$

弹性体所受外力的外力势能的变分可表述为

$$\delta W = \frac{1}{2}\iiint (Xu + Yv + Zw)\mathrm{d}x\mathrm{d}y\mathrm{d}z + \iint (\overline{X}u + \overline{Y}v + \overline{Z}w)\mathrm{d}S \tag{2-85}$$

最小势能原理可表述为

$$\delta \Pi = \delta U - \delta W = 0 \tag{2-86}$$

油气田地质体受到重力、构造挤压、剪切等外力作用，以地应力的形式在其中产生内力。明确地质体的重力、构造作用力，即可求取地应力。采用有限元方法将地质模型离散为可以计算的数值模型，进行计算即可获取拟研究区域的地应力场。在实际计算中，以单井实测地应力大小和方向为基本约束，通过反演分析确定计算模型的应力边界条件。地质体受到的地应力较为复杂，一般可分解为正应力和剪应力。

但在克拉苏构造带气藏地应力场数值模拟中遇到了三个难题，一是由于储层埋深大，上覆存在膏岩等特殊岩性体，地表结构复杂，构造高陡，以疏松泥岩、粉砂岩为主，因此垂向应力难以模拟；二是储层内部构造高部位与翼部落差较大，而且断层组合关系复杂，即有喜马拉雅期构造动力造成的新断裂，也有古应力造成的先存断裂，而且断裂的定量化识别和描述难度极大，因此有限元数值模拟所需的地质构造模型难以搭建；三是克拉苏深层气藏中由于断裂、裂缝、强构造应力等对气藏砂体的分割作用，使得储层相对一般砂岩气藏而言，具有较强的非均匀性和各向异性，导致数值模拟中的弹性参数难以正确赋值。而从式（2-77）和式（2-81）地质力学参数计算模型可知，地应力、岩石弹性参数、强度等均与岩石物理性质之间有密切关系，通过三维地震和测井响应的联合反演技术可以得到较高精度的纵波、横波、密度等岩石物理信息，可以利用这些岩石物理信息预测三维空间地质力学参数（金衍等，2004）。

但是由于克拉苏构造带三维地震品质有限,能应用于定量化评价的信息精度低,因此还可以应用基于有效应力比的方法(Zoback,2007),式(2-87)和式(2-88)分别表示水平最小主应力有效应力比 $ESR_{\min}$ 和水平最大主应力有效应力比 $ESR_{\max}$。

$$ESR_{\min} = \frac{\sigma_h - p_p}{\sigma_V - p_p} \qquad (2-87)$$

$$ESR_{\max} = \frac{\sigma_H - p_p}{\sigma_V - p_p} \qquad (2-88)$$

式中 σ_H、σ_h——分别为最大、最小水平主应力;

σ_V——垂向应力;

p_p——孔隙压力。

由于目前克拉苏构造气藏内部有一定数量的已钻井,因此可以利用丰富的井筒信息获得水平最大、最小主应力、垂向应力和孔隙压力等数据,然后得到井筒位置上的有效应力比 $ESR_{\min}$ 和 $ESR_{\max}$,并利用已有的构造模型将多井有效应力比网格化,建立沿着气藏不同位置上的有效应力比趋势体。垂向应力可以根据对地层岩性的认识结合地震解释成果,建立垂向应力和深度之间的关系,然后计算储层空间中的垂向应力分布趋势。孔隙压力可以利用气藏建模中的压力场模拟结果。最后利用式(2-87)和式(2-88)即可得到气藏空间水平最小、最大主应力的分布特征评价结果。图 2-9 为补充三维建模结果。

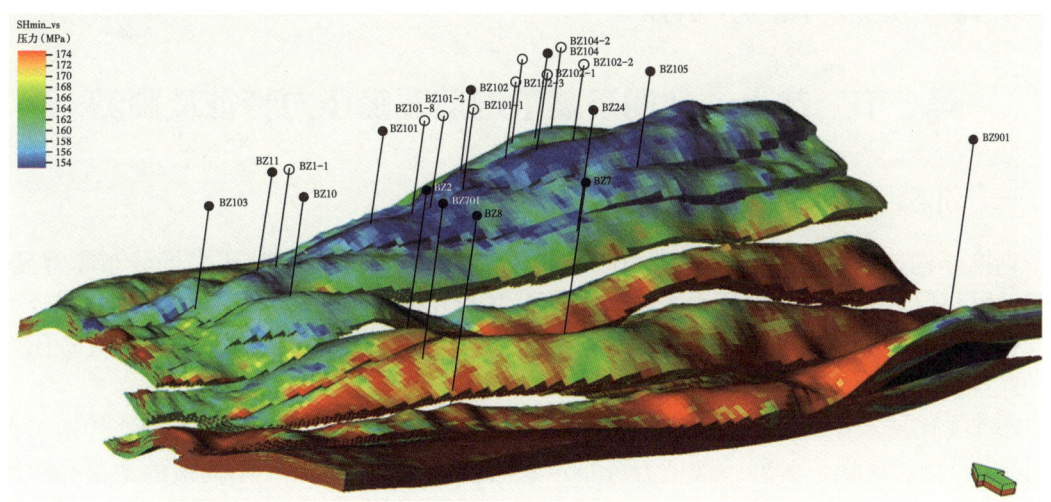

图 2-9　博孜 1 井区块白垩系最小水平主应力三维分布图

第三章　克拉苏构造带盐上、盐间及盐下构造层地质力学特征及应用

本章介绍克拉苏构造带盐上巨厚砾岩、砂泥岩地层和盐间软泥岩、膏盐岩、纯盐层以及盐下裂缝性砂岩的地质力学分布特征，根据不同的地质力学特征，提出针对性的井壁稳定性解决方案，解决了砾石层、膏盐岩的钻井井壁失稳问题，并明确了盐下地层的现今应力场分布特征。第一节介绍盐上、盐间及盐下地层孔隙压力的分布特征，并建立钻前孔隙压力的预测方法，解决孔隙压力预测难题，为钻井液密度设计提供基础参数。第二节介绍盐上构造层岩石力学特征和地应力的分布特征，及其对井壁稳定性的影响，提出针对砾石层的井壁稳定性解决方案，建立了相应的钻井液密度图版，解决砾石层的漏失和井壁垮塌难题。同时针对盐上高含泥地层，介绍其随井眼钻开不同的时间阶段井壁稳定性变化情况，建立随时间变化的井壁稳定性预测方法，并对钻井液密度和化学性能提出建议，解决高含泥质地层的井壁失稳问题。第三节分析盐间软泥岩、膏盐岩以及纯盐层的三轴应力变化特征，在特殊地应力作用下的井壁失稳分析，提出相应的解决对策。第四节介绍盐下裂缝性砂岩储层现今应力场的分布特征。

第一节　盐上、盐间及盐下地层孔隙压力特征及预测

一、孔隙压力的层间及井间分布特征

克拉苏构造带由于复杂的构造和油气成藏背景，导致地层孔隙压力场分布非常复杂，纵向上层与层之间存在多套压力系统，平面上井与井之间、断块与断块之间均存在较大差异，自东向西分为克拉2、克深、大北、博孜等四段，每段中形成相对独立的气藏压力系统（图3-1）。

图3-1中所示压力曲线连井图，其中从左至右分别为克拉2气田、克深2构造、大北201断块、博孜区块上典型一维压力分布示意曲线，从中可知几个不同段的地层孔隙压力的共性是，自新近系吉迪克组以上层段孔隙压力均为正常压力场，从吉迪克组底部开始出现压力异常，孔隙压力升高，进入古近系库姆格列木群膏盐岩层段压力突变异常升高，在膏盐岩层的中下部孔隙压力升至最高，进入白垩系后压力下降，到白垩系以下地层，孔隙压力继续降低。各段的不同之处是，从吉迪克组下部开始各段的压力系数不同，至膏盐岩层和目的层段由于气藏背景差异和埋藏深度差异，压力绝对值相差较大。

克拉苏构造带每个气藏均进行了实际气藏压力测试，表3-1和图3-2为各个气藏实测压力数据。从实测数据得出，克拉苏构造带克拉至博孜段，整体表现为东高西低趋势，东

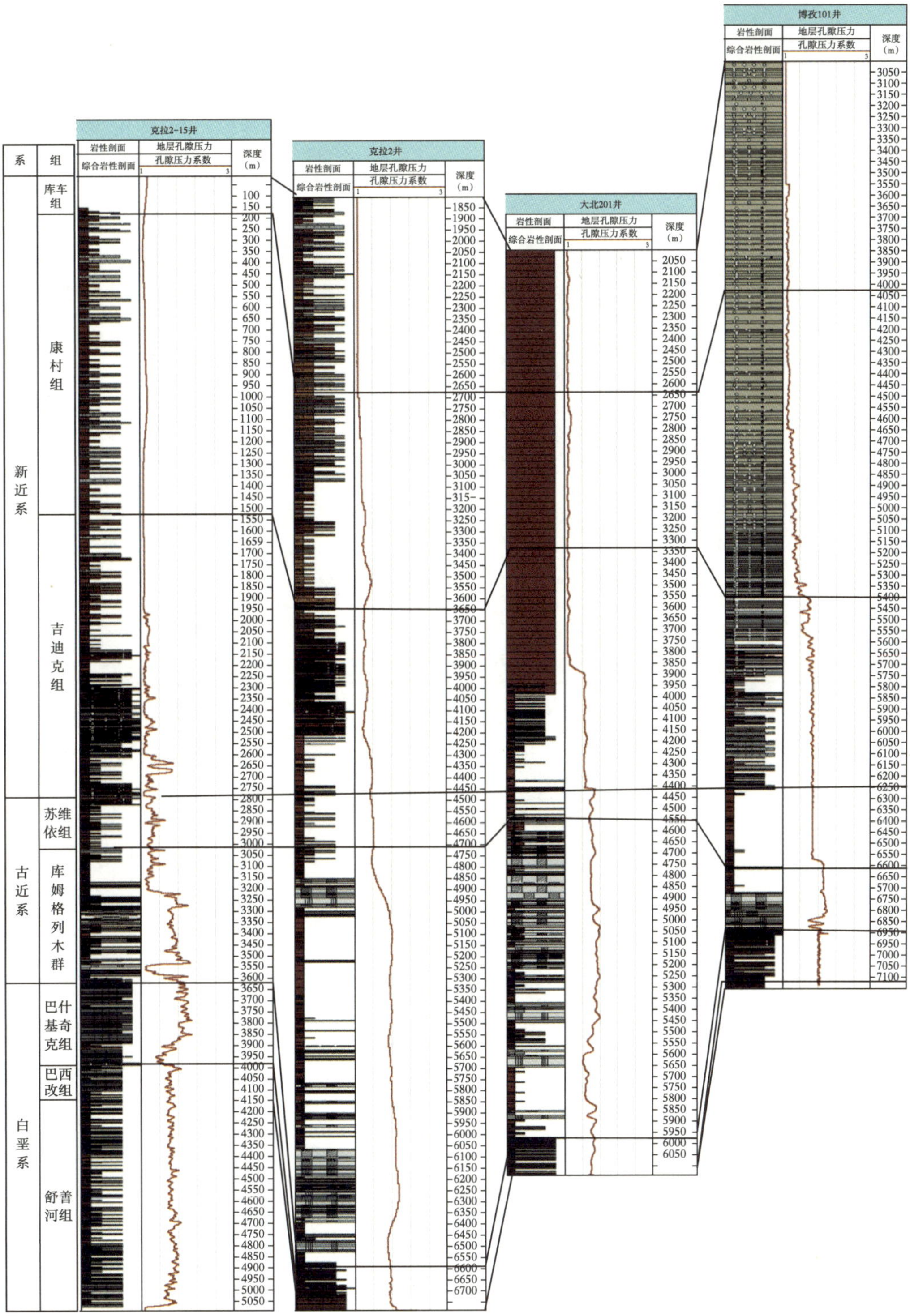

第三章 克拉苏构造带盐上、盐间及盐下构造层地质力学特征及应用

图 3-1 克拉苏构造带各气藏典型井纵向压力分布图

部克拉 2 气藏压力系数最高，为 2.11，向西克深 2、克深 8、克深 9 构造带压力系数有所降低，为 1.73~1.82，再往西部的克深 5 和大北构造带地层压力系数降低为 1.65 左右，而处于克拉苏构造带西段的博孜段压力系数略有升高，为 1.77~1.82。但各气藏的压力绝对值差异较大，且压力绝对值分布特征与压力系数分布特征不同，绝对值整体表现为西高东低，构造西部的博孜区块地层压力最高，向东逐渐降低，但西部的大北气田地层压力也较低，略高于东部的克拉 2 气藏。

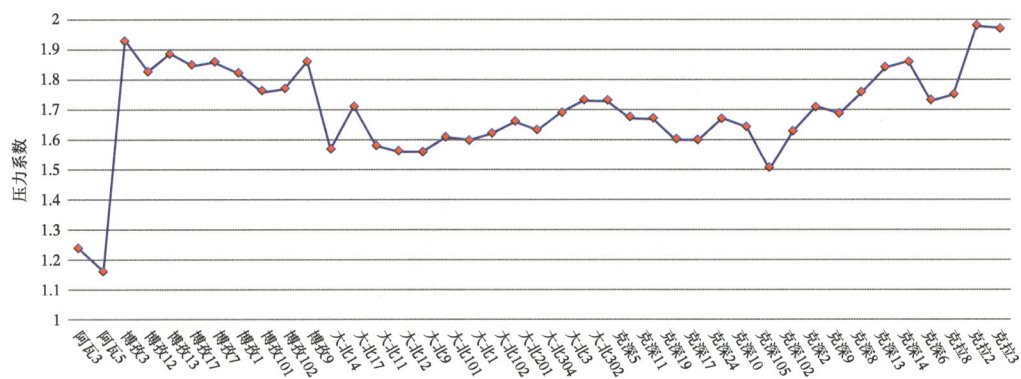

图 3-2　克拉苏气田实测压力数据分布图

表 3-1　克拉苏构造自西向东各气藏实测压力数据表

区块	气藏中深海拔（m）	气藏中部埋深（m）	气藏中深压力（MPa）	气藏中深温度（℃）	中深压力系数
阿瓦 3	-1596.37	3537.00	42.87	89.86	1.24
阿瓦 5	-1182.15	3163.50	35.93	78.39	1.16
博孜 3	-4101.89	6128.89	115.76	128.65	1.93
博孜 12	-4961.30	6951.18	124.73	140.22	1.83
博孜 13	-5423.31	7218.25	133.80	126.55	1.89
博孜 17	-4483.42	6463.28	117.20	134.99	1.85
博孜 7	-5933.51	7582.00	138.60	134.59	1.86
博孜 1	-5320.00	7057.74	125.72	131.65	1.82
博孜 101	-5330.00	7029.92	121.14	123.78	1.76
博孜 102	-5190.00	6835.79	118.49	123.11	1.77
博孜 9	-6394.00	7860.08	143.70	150.00	1.86
大北 14	-4719.30	6410.10	98.86	127.55	1.57
大北 17	-4562.60	6140.77	103.28	125.44	1.71
大北 11	-4220.00	5823.13	90.21	116.78	1.58

续表

区块	气藏中深海拔（m）	气藏中部埋深（m）	气藏中深压力（MPa）	气藏中深温度（℃）	中深压力系数
大北12	-3758.16	5707.16	87.16	114.06	1.56
大北9	-3402.90	5123.09	81.11	101.85	1.61
大北101	-4071.00	5766.66	90.32	123.25	1.60
大北1	-3775.00	5550.12	88.32	125.06	1.62
大北102	-3783.00	5461.70	89.08	125.73	1.66
大北201	-4337.50	5944.70	95.08	127.79	1.63
大北304	-5482.00	6939.47	115.13	148.56	1.69
大北3	-5618.50	7020.00	119.00	146.29	1.73
大北302	-5825.00	7201.18	121.87	146.18	1.73
克深5	-4930.00	6654.95	109.17	152.00	1.67
克深11	-4728.80	6480.33	106.35	150.57	1.67
克深19	-6379.00	7916.60	123.95	168.97	1.60
克深17	-5485.85	7238.66	113.87	158.23	1.60
克深24	-4889.00	6517.60	107.08	152.94	1.67
克深10	-4761.00	6434.98	103.51	155.56	1.64
克深105	-5485.85	7231.29	106.59	163.79	1.50
克深102	-5485.85	7195.78	115.30	168.44	1.63
克深2	-5375.30	6933.30	116.06	162.51	1.71
克深9	-6288.11	7744.84	128.49	183.36	1.69
克深8	-5565.10	7094.00	122.31	169.91	1.76
克深13	-6285.75	7554.03	136.53	184.06	1.84
克深14	-5850.86	7140.86	130.01	174.65	1.86
克深6	-4440.27	5851.77	99.53	146.93	1.73
克拉8	-2289.00	3826.00	65.70	101.84	1.75
克拉2	-2346.59	3826.59	74.36	100.29	1.98
克拉3	-1726.76	3470.00	67.03	116.00	1.97

克拉苏构造带不仅各个气藏压力存在较大差异，在每个气藏内部，不同的构造部位地层孔隙压力也存在一定差异，图3-3至图3-6分别为克拉2、克深2、克深8、大北201气藏不同部位井的孔隙压力连井对比。

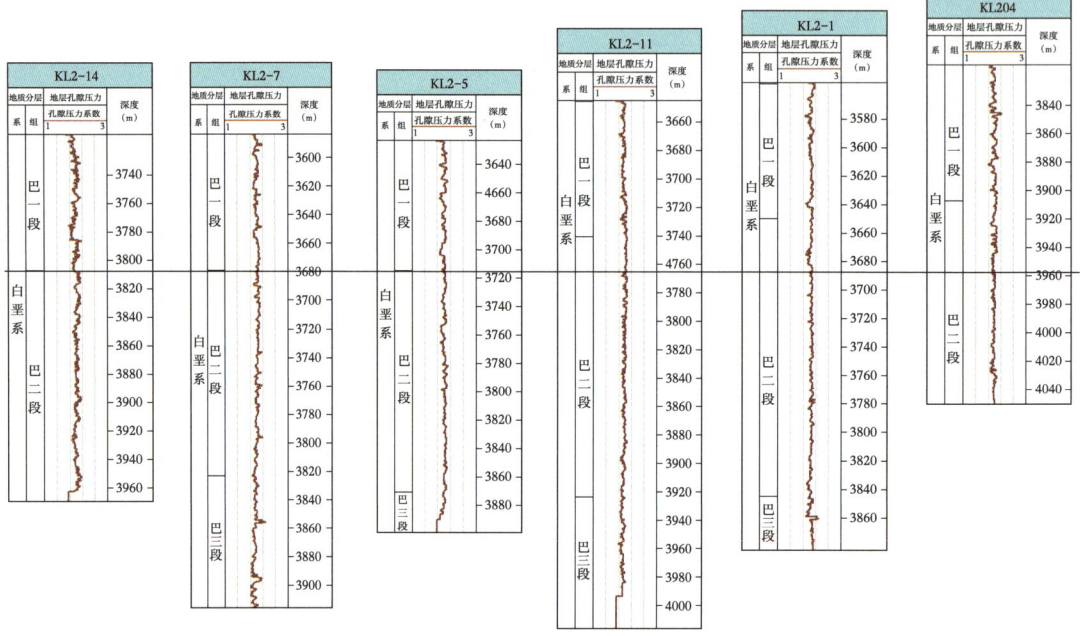

图3-3　克拉2气藏不同部位单井巴什基奇克组孔隙压力分布连井剖面

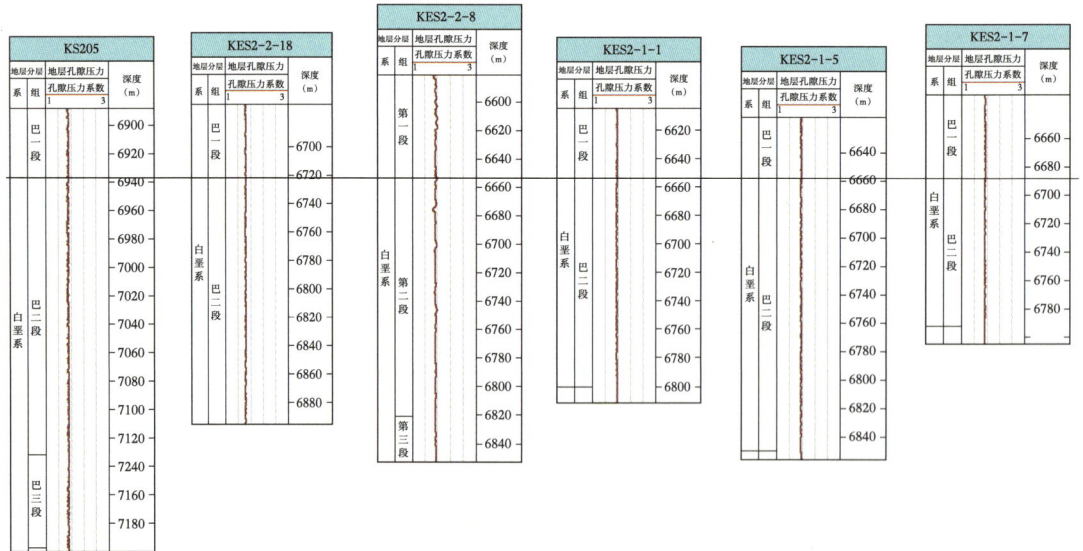

图3-4　克深2气藏不同部位单井巴什基奇克组孔隙压力分布连井剖面

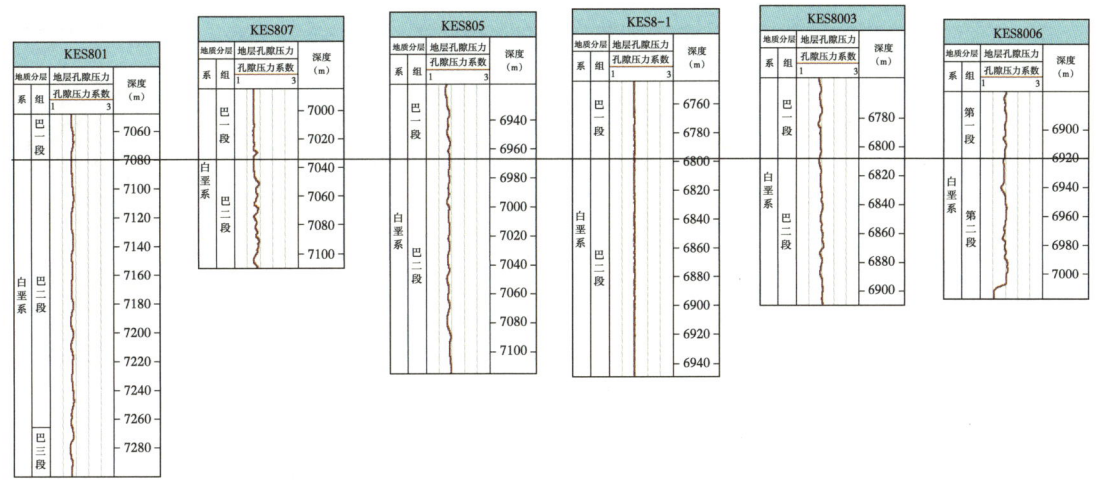

图 3-5 克深 8 气藏不同部位单井巴什基奇克组孔隙压力分布连井剖面

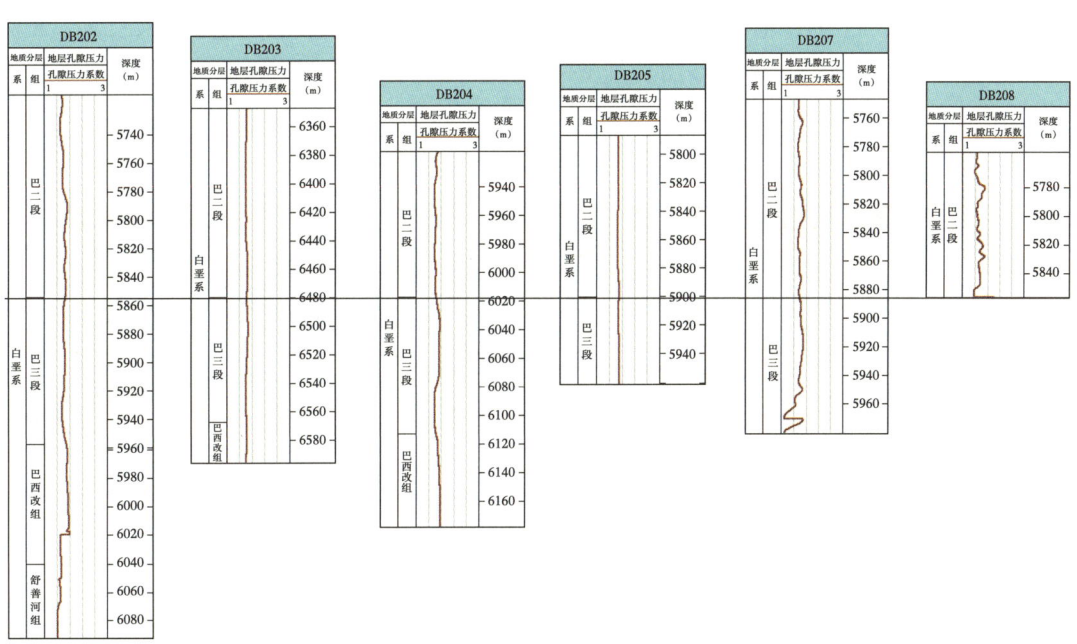

图 3-6 大北 201 气藏不同部位单井巴什基奇克组孔隙压力分布连井剖面

描述各个气藏内部不同构造部位的气藏压力变化特征，结合整个气藏孔隙压力模拟平面分布结果描述气藏内部压力分布，图 3-7 至图 3-10 分别为克拉 2、克深 2、克深 8、克深 5 四个气田白垩系巴什基奇克组平均压力系数分布。

从图 3-3 和图 3-7 看出，克拉 2 气藏内部，地层压力系数整体表现为轴部高翼部低、南部高北部低的特点，但轴部呈现 KL2-8 和 KL2-2 为中心的两个高点，位于构造中部的 KL2-5 井地层压力系数相对较低，构造西部的 KL2-14 和构造最东端的 KL204 井则压力系数最低。

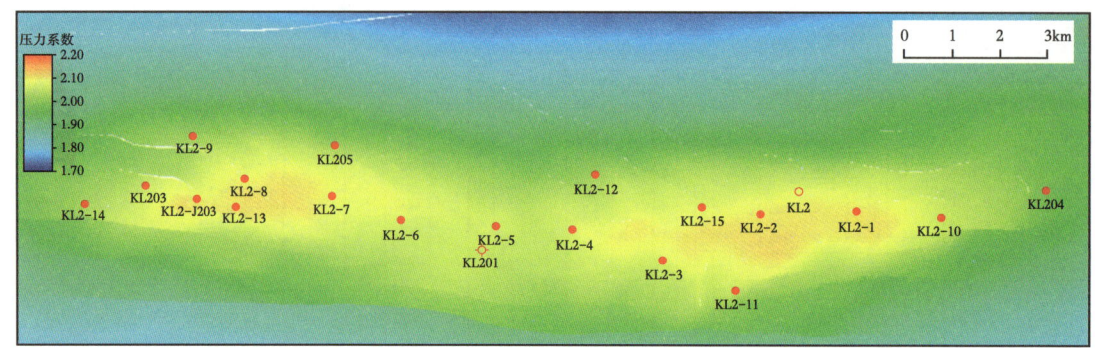

图 3-7　克拉 2 气藏巴什基奇克组孔隙压力系数平面分布

从图 3-4 和图 3-8 看出，克深 2 气藏的压力系数分布特征与克拉 2 气藏不同，克深 2 气藏整体表现为轴部低而翼部高、东部低而西部高的特点，以东部的 KS2-1-11 井压力系数最低，西部的 KS202 井西北的压力系数为最高，同时在构造轴部呈现以 KS2-2-18、KS206、KS2-2-1、KS2-1-11 为中心的四个低压力系数带，与之相对应的，则是以 KS202、KS2-2-14、KS2-2-4、KS208、KS203 等五个相对高压力系数分布带，整体分布规律较为显著。

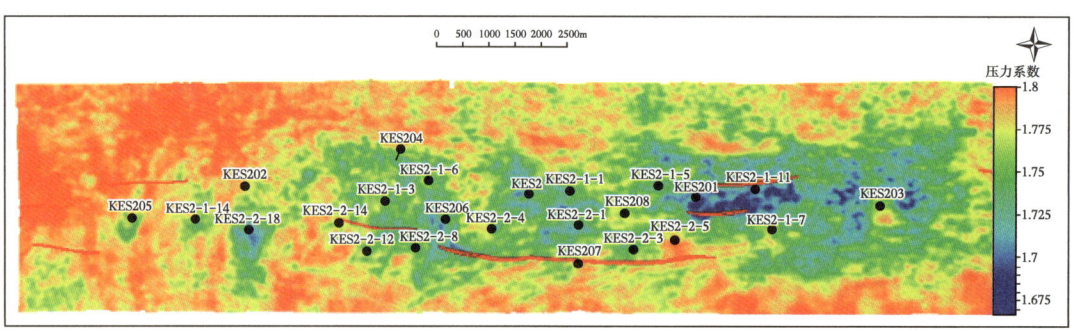

图 3-8　克深 2 气藏巴什基奇克组孔隙压力系数平面分布

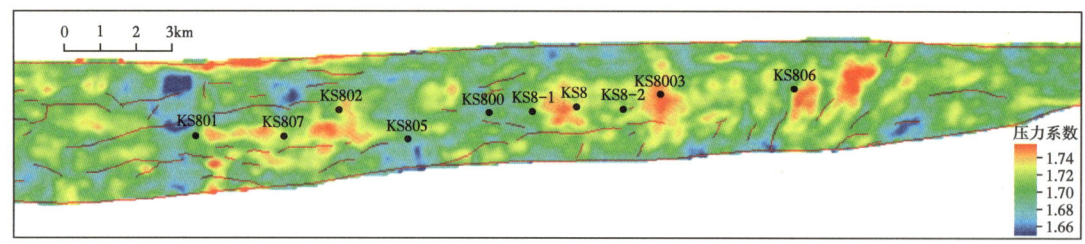

图 3-9　克深 8 气藏巴什基奇克组孔隙压力系数平面分布

图 3-5 和图 3-9 反映的是克深 8 气藏的压力系数分布特征，可以看出，克深 8 气藏的整体压力系数分布呈零星点团状分布，轴部相对较高、翼部相对较低，呈现以克深 807、克深 8、克深 806 以东三个相对高压力系数分布带，与之对应的是克深 801、克深 805 及

克深8001三个相对低压力系数分布带，并且在高压力系数带内存在相对低值，而在低压力系数带内存在相对高值，分布极不均匀。

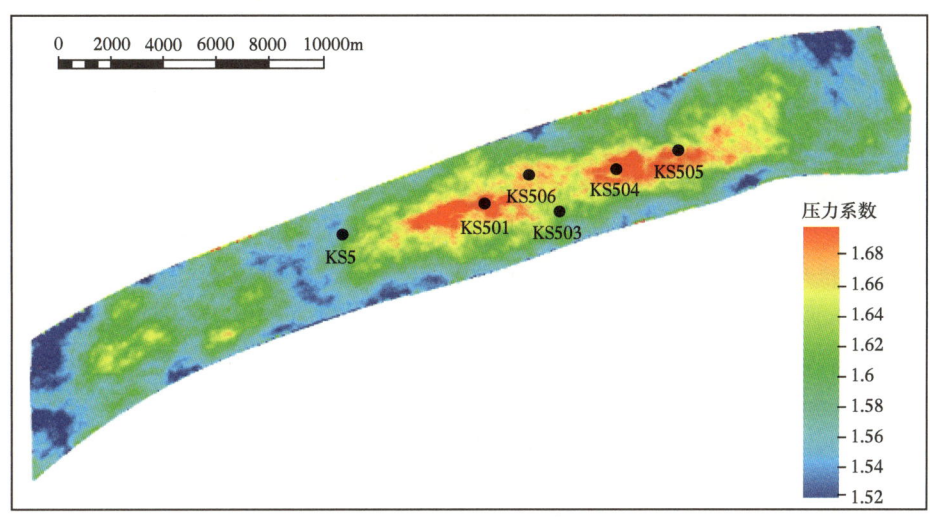

图3-10　克深5气藏巴什基奇克组孔隙压力系数平面分布

图3-6反映的是位于克拉苏构造带较西部的大北201断块压力系数连井对比，从单井看，位于构造中部的DB204、DB205井压力系数相对较高，而位于构造西部和东部的DB201和DB207等井压力系数相对较低，同时在巴什基奇克组内部的两个岩性段也存在细微差异，巴二段压力系数较低，下部的巴三段压力系数略有升高，而白垩系的巴西改组有所降低。

图3-10为克深5气藏的压力系数分布图，该气藏位于克深2和大北2气藏之间，同样的，构造轴部压力系数高翼部低、东部高西部低，东西方向上分带特征明显，克深5以东为高压带、以西为低压带，东部高压带之间以克深501和克深504井周围为最高，其他井周围压力系数次之，西部低压带则出现了两个相对的高压带，目前尚未有井钻遇证实。

克深构造带的克深2、克深5和克深8气藏内部所钻遇的气层均为巴什基奇克组的三个岩性段，而三个岩性段的压力系数差异不大，即目的层内部压力无明显上下分段特征。

二、气井钻井孔隙压力预测

由于资料来源的不同，地层孔隙压力获得途径可分为：利用地震层速度预测、利用测井资料解释（检测）、利用钻井资料解释（监测）和实测地层孔隙压力四种方法。

钻前压力预测：主要是利用地震层速度资料，并根据它与地层孔隙压力的关系模型计算地层孔隙压力。过去常用的方法有"直接计算法"和"等效深度法"。近年来，国内外提出了一些新的"单点预测模型"和"综合预测模型"，预测精度有所提高。

随钻压力监测：利用钻井过程中测量的随钻信息实时监测异常地层孔隙压力带并确定其值。过去常用的有dc指数法、σ法、标准化钻速法、泥页岩密度法。近年来随着技术的进步，相继出现了随钻测井（LWD）资料法、随钻地震（SWD）资料法等。

测井压力检测：利用钻后测井资料评估地层孔隙压力，是目前公认最好也是应用最广的方法。常用的有泥页岩声波时差法、泥页岩电阻率（电导率）法、泥页岩密度法等。

实测压力：通过一定仪器直接测量地层孔隙压力，目前是最准确的一种方法。常用的方法有：钻杆测试（DSTS）、重复地层测试（RFT）、多层位测试器（FMT）测试及MDT等。

克拉苏气田地层压力由于分布的极不均匀，钻前预测尤为重要。利用第二章第三节所述改进的等效深度法预测克拉苏构造带新部署井的钻前孔隙压力，分别采用常规的等效深度法和改进等效深度法预测了克深2气田孔隙压力。图3-11所示为利用传统等效深度法预测单井和剖面的压力分布特征。图3-11a是克深2气田某井的声波曲线，可以看出，利用传统的等效深度法建立的线性关系趋势线（图中黑线所示），然后直接计算等效深度，从而获取孔隙压力，但是声波值受井筒因素影响较大，存在较多的野值（偏离趋势线很多，但不是真实地层压力的响应），这些野值计算出来的地层压力与实际偏离较大，计算结果偏小或偏大许多。另外，线性关系的趋势线无法针对不同的地层建立不同的压实趋势线，同时地层压力的纵向变化及层间差异也无法有效反映出来，因而误差较大，无法用于实际钻进中的钻井液密度设计，如图3-11b所示。

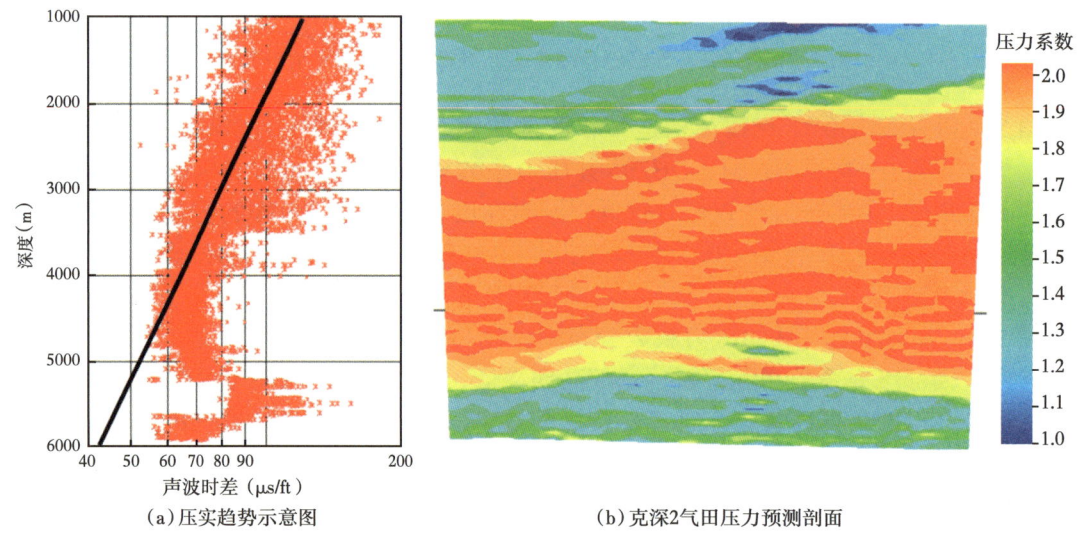

（a）压实趋势示意图　　　　　　　　（b）克深2气田压力预测剖面

图3-11　传统等效深度法计算的孔隙压力成果图

而利用改进的等效深度法是首先通过多点法建立一个非线性压实趋势线，然后建立一条拟声波曲线，再通过实际声波与拟声波之间的比值来预测孔隙压力，并且可以根据实际地层压力变化趋势分段建立趋势线，从而实现准确的压力预测。该方法可以实现对原始声波或速度数据野值的剔除，准确反映地层压力的纵向及层间变化特征，图3-12所示为利用新方法计算的单井压力和剖面压力分布特征。图3-12a为利用井筒声波测井数据改进的压实趋势线示意图，图3-12b为利用改进的方法预测的克深2气田孔隙压力的剖面，3.1.12c为克深2气田克深2井利用实际测井数据评价的孔隙压力剖面。该方法预测的结果能够较好的反映地层压力的变化情况，地层压力在新近系康村组以上为正常压力，压力系数小于1.2，从新近系吉迪克组中下部开始出现异常压力，压力系数大于1.2，古近系苏维依组压力系数为1.4，进入膏盐岩段压力骤升至1.8~2.1，进入白垩系压力系数略有下降，为1.7~1.8。通过实测数据验证，利用该方法预测的结果与实测剖面吻合性非常高，生产指导性更强。

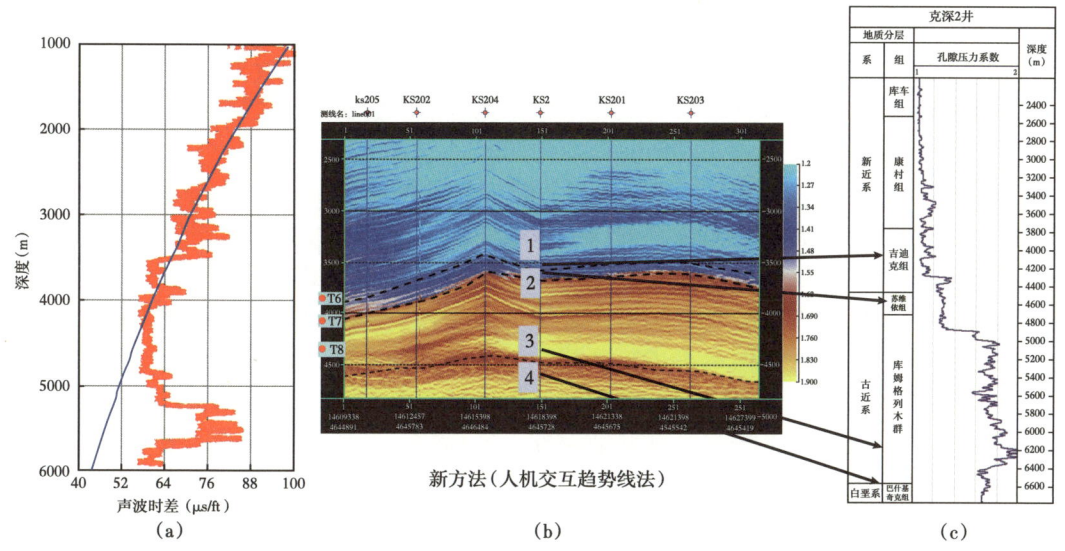

图 3-12　基于改进的等效深度法预测的克深 2 气田孔隙压力成果

从上述克拉苏构造带实测地层压力数据可知，地层压力在构造的不同部位、不同气藏及其内部、从上至下、由东到西变化较大。

针对克拉苏构造带复杂的地层压力变化，在基于改进的等效深度法基础上，建立了井震联合的地层压力预测流程，具体实现过程如图 3-13 所示。

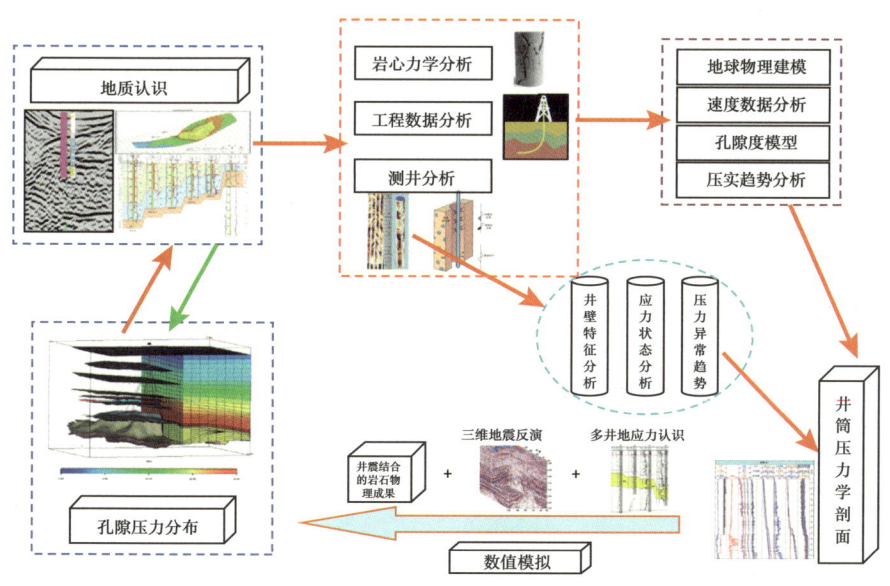

图 3-13　井震联合地层压力预测技术路线图

该方法首先利用地质地震构造认识和成像测井资料分析基础上得到区域应力场基本状态，再利用岩心力学分析、工程数据分析和测井资料分析得到相应的岩石力学和地质力学计算模型，并利用已钻井中的各种资料得到单井地应力及三压力纵向分布情况，然后利用三维地震技术与资料，以岩石力学模型为桥梁，以已钻井压力剖面分析为约束得到地下三维空间地应力场及地层压力分布规律的定量描述，最后再利用新的地质认识和工程实测数据进行校验，最终得到与地质背景和工程状况相符合的地应力及地层压力场。

实际数据验证该方法预测结果有效可靠，采用井震联合方法获取声波或速度数据，对克拉苏构造带新部署井进行全井段钻前压力预测。

图3-14为利用改进的等效深度法预测的新部署井的压力剖面，并与实际钻井液密度做比较，图中连续分布的实线为预测的压力系数曲线，而非连续的棍状分布的短线则为实际钻井液密度，图中最左侧道内为钻井层位和预测的某一段的最高压力系数值。通常，验证预测结果的准确性最直接的证据是实测地层压力系数，但由于非目的层无实测数据，此处借用实际使用钻井液密度做参考进行预测结果准确性的验证，可以看出，整个井段的钻井液密度与预测的压力系数曲线吻合性较好，在古近系库姆格列木群的膏盐岩段，由于需要克服蠕变特性，故采用了较高的钻井液密度，所预测的井均未出现溢流等复杂情况，表明预测结果准确，能够指导钻井液设计。

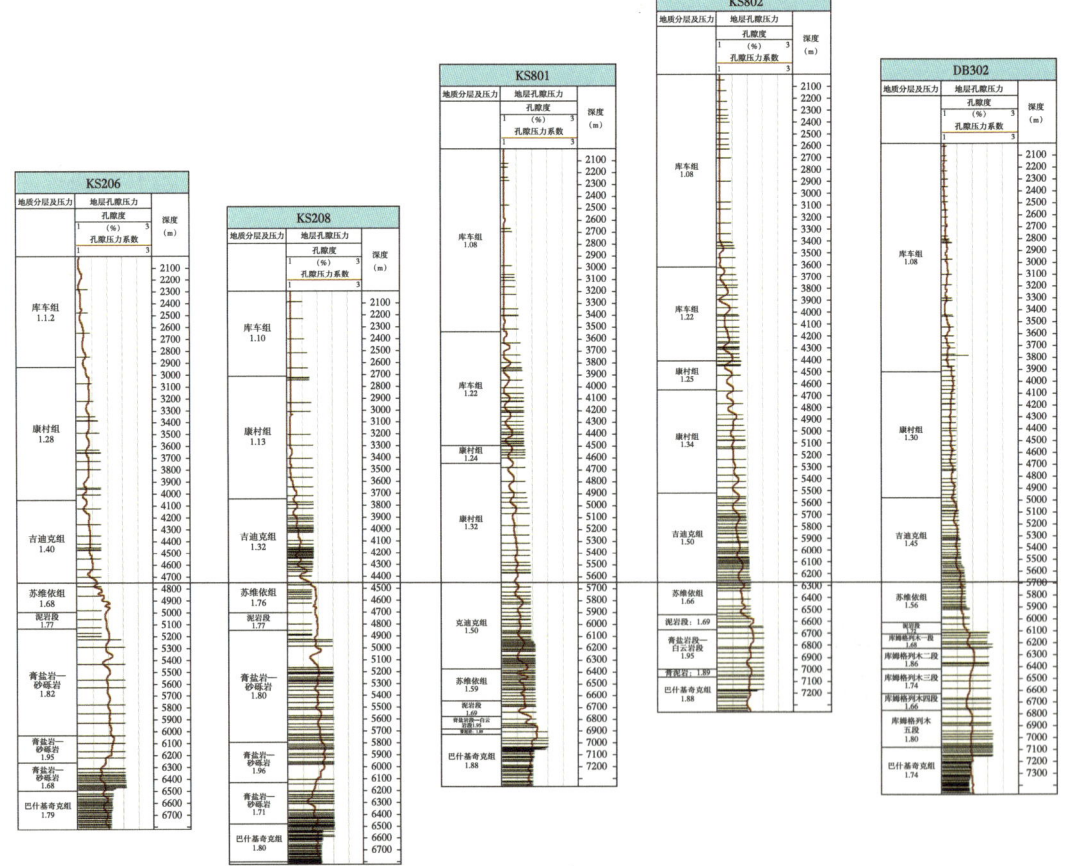

图3-14　利用改进的等效深度法开展新部署井压力预测连井剖面

在目的层即白垩系巴什基奇克组，试油时均获取了实测压力数据，预测与实测对比，绝对误差最高为 0.14，最低为 0.03，平均 0.06，相对误差最大为 8.05%，最小为 1.75%，平均为 3.53%。据统计，该方法预测精度远超其他预测方法，实用性大大增强。

第二节　盐上构造层地质力学特征及对井壁稳定性的影响

一、盐上构造层岩石力学和地应力特征

克拉苏构造带盐上地层主要钻遇第四系和新近系库车组、康村组、吉迪克组及古近系苏维依组，其岩性为层状泥岩、粉砂质泥岩、细砂岩、泥质细砂岩和巨厚的砾岩层。

塔里木油田在克拉苏构造带大北 102 野外露头剖面采取了岩心，并开展了岩石力学实验，具体采样点及其层位和岩性分布见表 3-2。

表 3-2　克拉苏盐上地层岩石力学实验采样表

样品编号	地质层位	岩性
11BC-1	库车组中部	灰色细砾岩
11BC-2	库车组下部	灰色中—细砾岩
11BC-3	康村组中部	棕褐色细—中砾岩
11BC-4	康村组中部	棕褐色细砾岩
11BC-5	苏维依组上部	浅红色泥岩

由于砾石层的基本特征是结构松散、胶结比较弱，呈大小不等的颗粒状，且地层一旦被钻开，很容易破坏原来的地层平衡状态，使井壁失去约束而不稳定，其通常表现为钻进时发生塌孔、钻井液漏失严重或者发生卡钻等事故。由于砾石土层的组成较为复杂，砾石一般由硬度为 7~8 级的岩浆岩和变质岩组成，且粒径不均，整个砾石层中不同粒径的颗粒所占比例也不一样，因此在砾石钻进中存在一定的困难。因此研究砾石层的破坏形式和规律是关键。

由于砾石颗粒较大，砾石颗粒本身的硬度极高且砾石颗粒大小不均匀，所以砾岩在破坏的时候基本上都是胶结物的破坏，导致砾石颗粒剥落脱离。砾岩中砾石颗粒和胶结物之间的胶结随着深度的增加逐渐加强，但是相对于砾石颗粒本身的强度，这种胶结的强度还是很弱的，尤其是胶结面。

胶结情况是影响砾石层性质的基本因素。通常情况下，胶结情况的好坏可以凭肉眼鉴别，也可用铁锹等物撬动，很难撬动的说明胶结情况好，反之，则胶结情况差。从其胶结物来说，一般有泥质、硅质、石英质、铁质、铁锰质等胶结物。

从图 3-15 中可看出，随着深度的增加胶结强度也在逐渐增加。在库车组，胶结物和砾石颗粒之间的胶结面可以很明显看出有缝隙，而在康村组胶结物和砾石颗粒之间的胶结强度有所增强。在砾岩中，到处存在图 3-15 中的胶结面，在岩体学中存在如此之多的弱面应该把岩体当成散体来处理。

(a) 库车组中部灰色细砾岩（BC1）   (b) 库车组下部灰色中砾岩（BC2）

(c) 康村组中部中砾岩（BC3）   (d) 康村组中部细砾岩（BC4）

图 3-15　大北 102 剖面砾石电镜扫描

通过三轴力学实验发现，砾岩的破坏大部分是沿着砾石颗粒和胶结物之间的胶结面破坏的。

库车组小砾岩的单轴抗压强度大致在 7MPa，从图 3-16 中可以看出砾石的破坏并没有发生在砾石颗粒本身上。砾岩的单轴抗压破坏形式基本上还是和常规岩石的破坏形式一致——劈裂。其破坏面成波浪线形状，沿着砾石颗粒的胶结面前进，破坏面会避开砾石颗粒。越是大块的砾石颗粒其胶结面发生破坏的可能性越大。

图 3-16　库车组小砾岩单轴抗压试验（破坏后）

库车组小砾岩拟三轴实验（两块岩心，一块加围压 8MPa，一块加围压 10MPa）破坏形式比较特殊。砾岩颗粒从胶结物中剥离出来，其本身没有发生破坏。

图 3-17 中 12、15 号岩心都是库车组井下岩心，取心深度分别为 1077m 和 928m，其中 15 号岩心所加围压是 10MPa，12 号岩心所加围压为 8MPa。在加围压 10MPa 的情况下，砾岩岩心颗粒分散开来，砾石颗粒与颗粒之间的胶结发生破坏。12 号岩心所加围压为 8MPa，比较大块的砾石颗粒之间的胶结面发生破坏，砾石颗粒本身没有发生破坏。

图 3-17　砾石三轴实验破坏前后对比

在上述砾石层岩石力学实验数据的刻度下,建立了盐上地层的岩石力学及地应力剖面,如图3-18所示,博孜101井盐上地层库车组岩石强度、模量相对较低,康村组逐渐升高,进入吉迪克组及苏维依组泥岩层降至最低;库车组三轴应力机制为正断型,康村组中下段至苏维依组随着地层孔隙压力逐渐升高,逐渐过渡为走滑型。

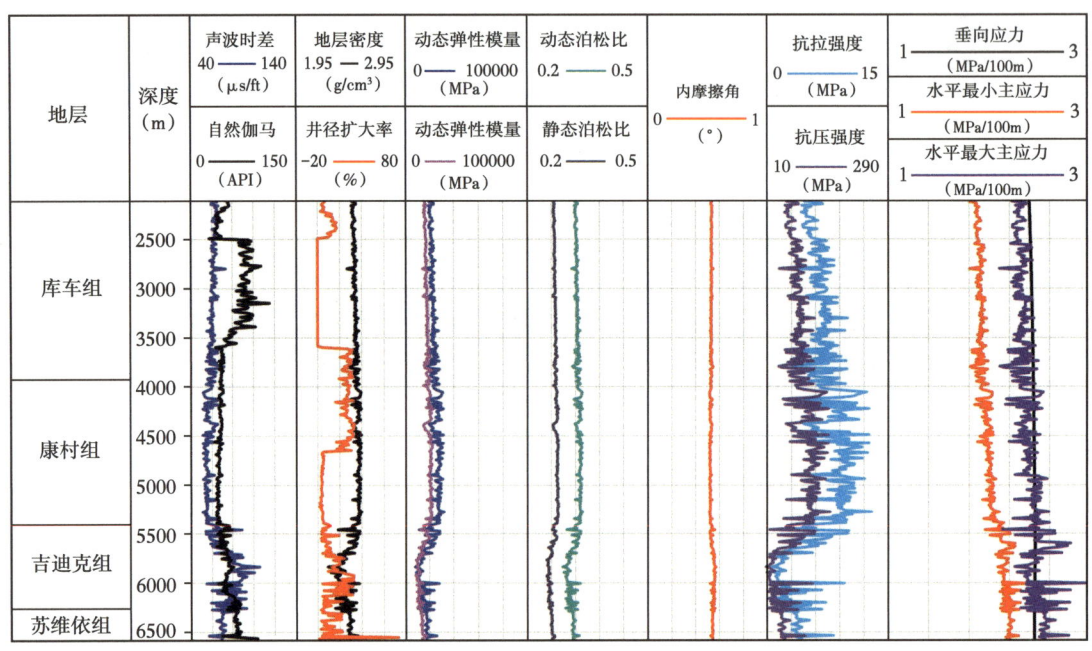

图3-18　博孜101井盐上地层岩石力学及地应力剖面

对于盐上地层的主应力方位,通过克深2构造带自西向东4口井的分段研究(图3-19),盐上地层的主应力方位从远离盐顶的库车组至紧靠盐层的苏维依组,从北西向逐渐向东西向偏转,苏维依组基本偏转为东西方向,研究认为,远离盐层,主应力方位受盐层滑脱影响较小。但克深202井出现了例外现象,该井库车组和吉迪克组均为北北西方向,位于两层中间的康村组主应力方位则有向东西偏转迹象,而紧靠盐顶的苏维依组亦为北北西方向,其受盐层的影响没有其他3口井大。

通过盐上岩石力学参数测井解释,剖面上,克拉苏地区地层力学结构不同,可分为均匀型和凸字型两种。均匀型岩石力学层(博孜3构造)的盐上岩石力学参数差别不大,古近系库姆格列木群上泥岩段、古近系苏维依组、新近系吉迪克组、新近系康村组和第四系杨氏模量约为18GPa,泊松比约为0.28。而凸字型(博孜1构造)岩石力学层中新近系康村组、新近系吉迪克组杨氏模量为高值,康村组杨氏模量为26.0GPa,吉迪克组杨氏模量为36.7GPa,新近系康村组泊松比为0.25,吉迪克组泊松比为0.24(图3-20)。

如图3-21所示,通过盐上岩石力学参数测井解释,剖面上,博孜地区地层力学结构不同,可分为均匀型和凸字型两种。均匀型岩石力学层(博孜3构造型)的盐上岩石力学参数差别不大,而凸字型(博孜1构造型)岩石力学层中康村组、吉迪克组杨氏模量为高值,泊松比为低值。盐上岩石力学层结构控制盐下储层对膏岩层厚度的应力敏感性;在均

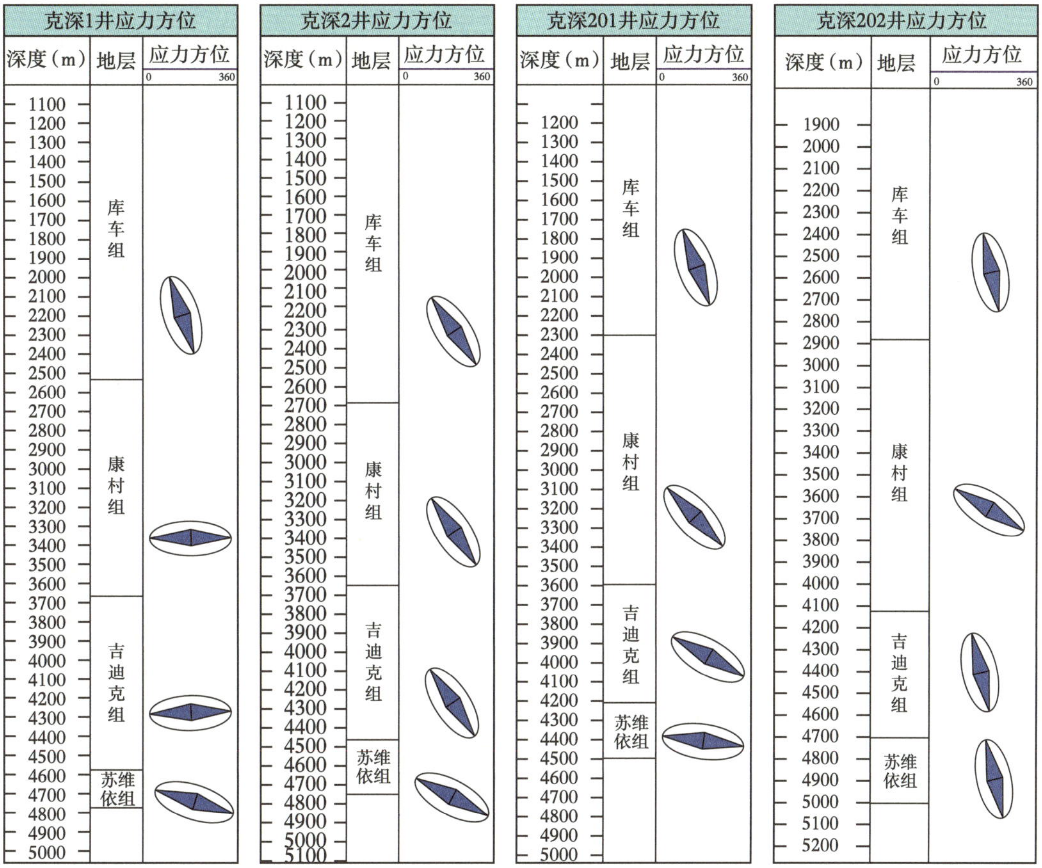

图 3-19 克深 2 构造盐上地层主应力方位分布

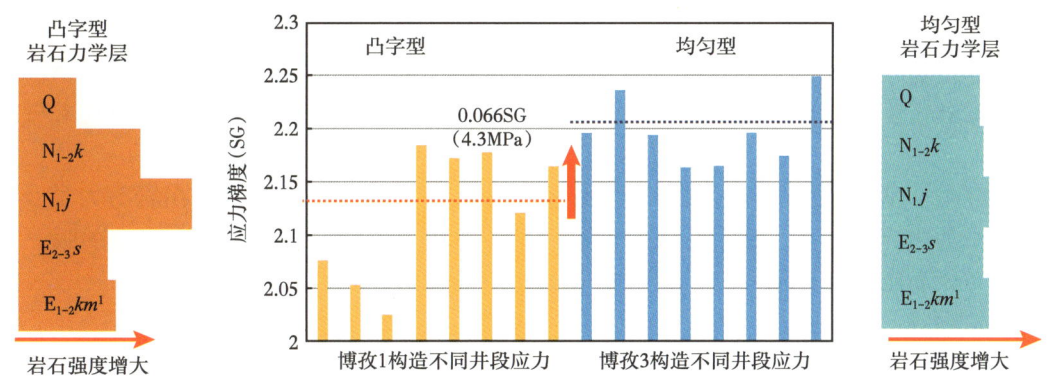

图 3-20 盐上岩石力学层结构对水平最小主应力梯度的影响

匀型岩石力学层的盐下地层对膏盐层厚度的应力敏感性强，在凸字型岩石力学层剖面中，盐下应力受膏盐层厚度影响较小，而均匀型岩石力学层中，膏盐层厚度变化显著影响应力分布；相对于凸字型（博孜 1 型）岩石力学层结构，均匀型（博孜 3 型）岩石力学层结构的盐下地层水平最小主应力增大 2%~2.5%，水平最大主应力增大 2.2%~3.0%（4~5MPa）。

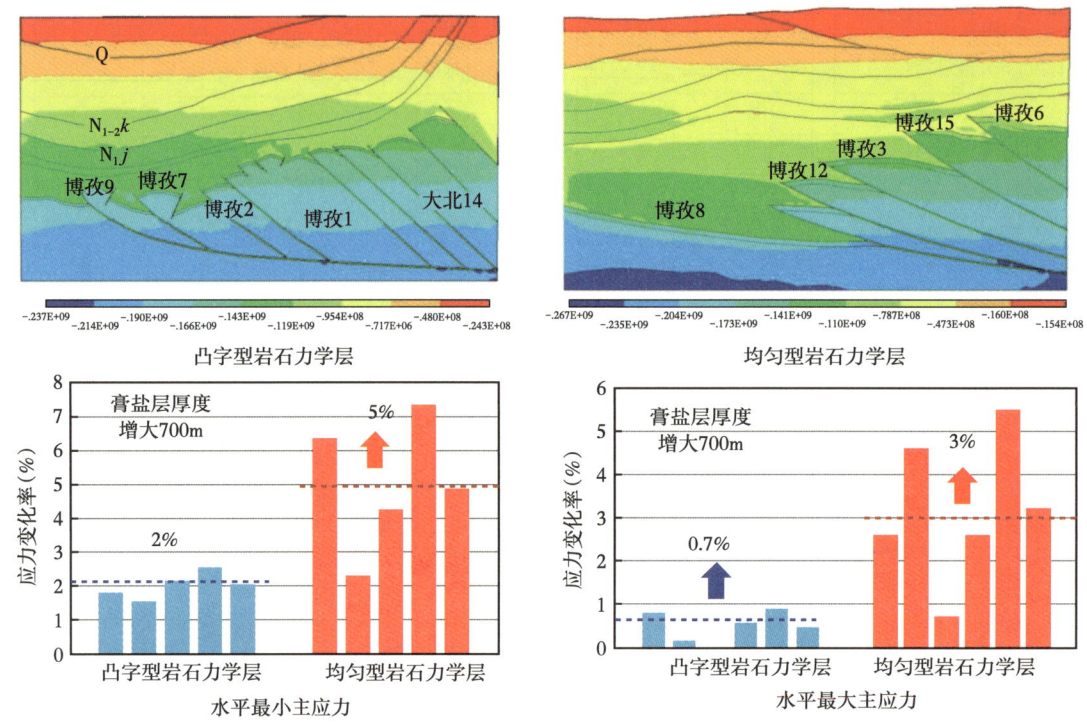

图 3-21 盐上岩石力学层结构对盐下储层应力的影响

二、砾石层井壁稳定性

据统计，克拉苏构造带盐上库车组和康村组砾石层是造成井壁失稳的主要因素，其钻井复杂主要表现为卡钻、溢流和漏失。统计表明，砾石层卡钻占钻井复杂的15%，漏失占据78%，另有7%的溢流现象，因此治理井壁失稳问题，首要任务是防止井壁坍塌和井壁漏失。井壁坍塌的根本原因是由于钻井液密度过低不能平衡地层坍塌压力，而井壁漏失则由于钻井液密度过高，在砾石层产生微裂缝，因此控制合理的钻井液密度是解决井壁失稳的关键。

研究中，从砾石层的粒径大小、粒级配伍、胶结程度等多重因素，在岩石力学及地应力参数作为边界条件下，利用有限元模拟的方式，给定了砾岩层的钻井液密度图版。

针对库车组的砾石层模拟，根据实际钻井所用参数，设定边界条件为：

模拟深度：2000m

砾石描述：中—细砾岩　　砾石最大半径：4cm

砾石最小半径：0.8cm　　充填基质半径：0.1~0.2cm

胶结程度：较差　　地层压力当量密度：1.10g/cm³

钻井液当量密度：1.15g/cm³　　最大水平主应力：47MPa

最小水平主应力：36MPa　　井眼尺寸：44cm

模拟结果如图 3-22 所示，图中从左到右为井眼裂缝形成到井壁失稳破坏的过程，图中半径不同的白色圆点即为不同大小的砾石，结果显示，蓝色点状部分是张性裂缝（井眼附近),红色点状部分是剪切裂缝(比较少,不是很明显),可以看到,裂缝首先在近井附近形成。从图 3-22 可以很明显看出,如果井壁周围存在砾石大颗粒,那么裂缝一般会在砾石颗粒周围形成,并随着裂缝的发展会造成砾石颗粒的脱落。由于地应力的作用,当裂缝形成后会沿着最大主应力方向传播。图 3-22 中,裂缝在砾石颗粒周围很快形成,并和附近砾石颗粒周围所形成的裂缝迅速贯通。由于模型中所加载的最大地应力方向是横向的,所以裂缝传播的总体趋势是横向传播。最终砾石颗粒周围的裂缝贯通起来,造成井壁剥落掉块。

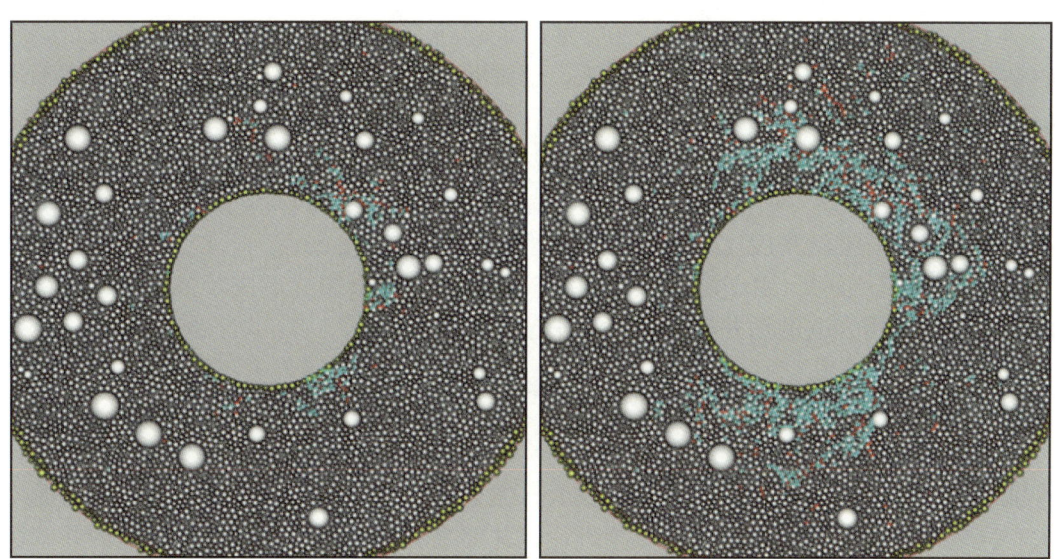

图 3-22 库车组砾石层井壁失稳有限元模拟结果

利用上述方法,分别采取不同的钻井液密度进行有限元模拟,在此基础上,建立了钻井时井壁产生的裂缝和钻井液密度图版,如图 3-23 所示,裂缝是随着钻井液密度的增大而减小,但是当钻井液密度增大到一定程度,裂缝条数基本不再变化,反而有增长的趋势,即井壁产生了压裂效应。因此可以根据图版,选定合适的钻井液密度。

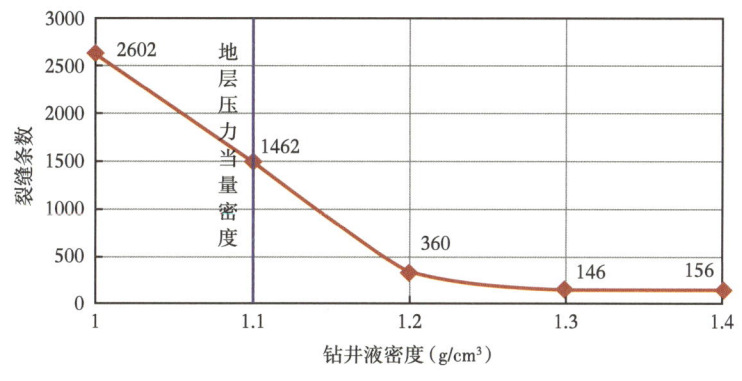

图 3-23 砾石层钻井密度与井周裂缝条数关系图版

通过上述研究，提出了一套关于克拉苏砾石层井壁失稳的因素及解决方案：

（1）钻井过程中，砾石层的破坏是从井壁附近的砾石大颗粒周围开始的。由于砾石颗粒和基质之间的弱胶结，最初的裂缝总是从砾石颗粒周围形成。

（2）当微裂缝形成以后，会沿着最大主应力方向传播，并迅速和附近砾石颗粒周围的裂缝联通，形成较长的裂缝，造成井壁剥落掉块。

（3）井壁周围的砾石颗粒会造成井壁强度的大幅度下降。钻遇砾石层井壁很容易掉块，形成以最小水平主应力方向为长轴的崩落椭圆，但是井筒并不是规整的椭圆，在井筒周围的砾石颗粒聚集的区域也非常容易形成掉块。

（4）钻井液的密度对维护砾石层的井壁稳定起到了非常重要的作用。钻遇砾石层所使用的钻井液密度要比地层压力当量密度大，否则井壁极易坍塌。但是钻井液的密度不易过大。密度过大一方面会造成井漏，另一方面，单从力学角度上讲钻井液密度在维护井壁稳定方面也有一定的范围，过了这个范围效果就不太明显。

（5）钻井液密度大小一般根据砾石层的深度和地层压力来设计。根据模拟的结果，钻遇砾石层一般钻井液的密度比地层压力当量密度高 0.1~0.25g/cm³。

（6）钻遇砾石层时，由于砾石层的胶结较差，井壁上微裂缝形成较多，会造成钻井液的渗透，应该使用合适的钻井液体系，防止钻井液漏失。

三、高含泥地层随时间变化的井壁稳定性

大量的实钻结果表明，克拉苏构造吉迪克组高含泥地层的井壁失稳受钻井液密度、化学性能和钻开时间等几方面的因素影响较大，考虑泥岩地层存在微裂隙的影响，对泥岩井壁失稳问题的分析，采用双孔介质模型进行，并建立了高含泥地层随时间变化的井壁稳定性预测模型。

在进行双孔介质模型和双孔化弹性模型解析时，主要是分析在上述诸多因素和时间的作用下井周的径向应力和切向应力的演化公式，其基础公式是由如式（3-1）所示的胡克定律转变而来的。

$$\sigma_{ij} = \frac{\overline{E}}{1+\overline{v}}\left(\varepsilon_{ij} + \frac{\overline{v}}{1-2\overline{v}}\varepsilon_{ii}\delta_{ij}\right) + \overline{\alpha}^{\mathrm{I}} p^{\mathrm{I}} \delta_{ij} + \overline{\alpha}^{\mathrm{II}} p^{\mathrm{II}} \delta_{ij} \quad （3-1）$$

式中　σ_{ij}——总的应力张量；

ε_{ij}——总的应变张量；

ε_{ii}——体积应变；

E——杨氏模量；

v——泊松比；

δ_{ij}——克罗内克函数；

α——加权孔隙压力系数；

p——压力；

Ⅰ——基质孔隙；

Ⅱ——裂缝孔隙。

通过对极坐标下应力分解和数学变化，建立双孔介质化弹性模型的径向应力公式（3-2）

和切向应力公式（3-3）。

$$\sigma_{rr} = -\sigma_m + \sigma_d \cos 2(\theta - \theta_r) + \sigma_m \frac{R^2}{r^2} H(t)$$

$$+ L^{-1} \left\{ \begin{array}{l} \dfrac{1}{s} \dfrac{2G}{K_v} \dfrac{p_o - p_m - x\psi}{m^I - m^{II}} \left[\begin{array}{l} h^I(1 - m^{II}) \left(\dfrac{1}{\xi^I r} \dfrac{K_1[\xi^I r]}{K_0[\xi^I R]} - \dfrac{R}{\xi^I r^2} \dfrac{K_1[\xi^I R]}{K_0[\xi^I R]} \right) \\ -h^{II}(1 - m^I) \left(\dfrac{1}{\xi^{II} r} \dfrac{K_1[\xi^{II} r]}{K_0[\xi^{II} R]} - \dfrac{R}{\xi^{II} r^2} \dfrac{K_1[\xi^{II} R]}{K_0[\xi^{II} R]} \right) \end{array} \right] \\ + \dfrac{\sigma_d}{s} \left[\begin{array}{l} Gh^I C_1 \left(\dfrac{1}{\xi^I r} K_1[\xi^I r] + \dfrac{6}{(\xi^I r)^2} K_2[\xi^I r] \right) \\ -Gh^{II} C_2 \left(\dfrac{1}{\xi^{II} r} K_1[\xi^{II} r] + \dfrac{6}{(\xi^{II} r)^2} K_2[\xi^I r] \right) \\ -(Gh + K_v) C_3 \dfrac{R^2}{r^2} - 3C_4 \dfrac{R^4}{r^4} \end{array} \right] \cos 2(\theta - \theta_r) \end{array} \right\} \quad (3-2)$$

$$\sigma_{\theta\theta} = -\sigma_m - \sigma_d \cos 2(\theta - \theta_r) - \sigma_m \frac{R^2}{r^2} H(t)$$

$$+ L^{-1} \left\{ \begin{array}{l} \dfrac{1}{s} \dfrac{2G}{K_v} \dfrac{p_o - p_m - x\psi}{(m^I - m^{II})} \left[\begin{array}{l} h^I(1 - m^{II}) \left(\dfrac{K_0[\xi^I r]}{K_0[\xi^I R]} + \dfrac{1}{\xi^I r} \dfrac{K_1[\xi^I r]}{K_0[\xi^I R]} - \dfrac{R}{\xi^I r^2} \dfrac{K_1[\xi^I R]}{K_0[\xi^I R]} \right) \\ -h^{II}(1 - m^I) \left(\dfrac{K_0[\xi^{II} r]}{K_0[\xi^{II} R]} + \dfrac{1}{\xi^{II} r} \dfrac{K_1[\xi^{II} r]}{K_0[\xi^{II} R]} - \dfrac{R}{\xi^{II} r^2} \dfrac{K_1[\xi^{II} R]}{K_0[\xi^{II} R]} \right) \end{array} \right] \\ - \dfrac{\sigma_d}{s} \left[\begin{array}{l} Gh^I C_1 \left(\dfrac{1}{\xi^I r} K_1[\xi^I r] + \left(1 + \dfrac{6}{(\xi^I r)^2}\right) K_2[\xi^I r] \right) \\ -Gh^{II} C_2 \left(\dfrac{1}{\xi^{II} r} K_1[\xi^{II} r] + \left(1 + \dfrac{6}{(\xi^I r)^2}\right) K_2[\xi^{II} r] \right) - 3C_4 \dfrac{R^4}{r^4} \end{array} \right] \cos 2(\theta - \theta_r) \end{array} \right\} \quad (3-3)$$

式中 σ_m——平均抗压应力，MPa；

σ_d——偏应力，MPa；

θ，θ_r——分别为极坐标和极坐标旋转角，弧度；

p_o，p_m——分别为静水压力和钻井液柱压力，MPa；

G——剪切模量，MPa；

R，r——分别为钻头尺寸和井壁失稳影响半径；

Ψ——化学应力，与应力单位一致，等于(RT/V^w)*ln(a_m^w/a_o^w)；

$L^{-1}\{\}$——表示逆拉普拉斯变换；

s——拉普拉斯变换参数；

K_o，K_1——贝塞尔（Bessel）函数的零阶和一阶修正；

C_1, C_2, C_3, C_4, h^{I}, h^{II}, m^{I}, 和 m^{II}——聚合常量；

K_v——强度系数；

$H(t)$——时间依赖性。

然后对井周径向应力和切向应力在双孔介质和力学与化学耦合求解，并将井筒应力由极坐标转换为笛卡尔坐标，从而建立如下所示的地层坍塌压力和破裂压力随时间变化的计算公式：

坍塌压力计算公式如式（3-4）

$$p_{\mathrm{m}} = \left\{ \frac{\eta(3\sigma_1 - \sigma_3) - 2\mathrm{USHE}\left[\cot(45° - \varphi/2)\right] + \alpha p_{\mathrm{P}}\left[\cot^2(45° - \varphi/2) - 1\right]}{\left[\cot^2(45° - \varphi/2) + \eta\right]} - (\sigma_n \tan\varphi_f + C_f - \tau_f) \right\} * \frac{K_m + K_f}{K} * Bn + \varepsilon H(t) \quad (3\text{-}4)$$

式中　η——地区经验系数，无量纲；

　　　σ_1——所述水平最大主应力，MPa；

　　　σ_3——所述水平最小主应力，MPa；

　　　USHE——地层抗剪强度，MPa；

　　　α——毕奥特系数，无量纲；

　　　p_{P}——所述地层孔隙压力，MPa；

　　　φ——所述标定后的地层内摩擦角，(°)；

　　　σ_n——所述裂缝面的正应力，MPa；

　　　τ_f——所述裂缝面的剪应力，MPa；

　　　φ_f——所述标定后裂缝面的内摩擦角，(°)；

　　　C_f——所述标定后裂缝面的内摩擦系数，无量纲；

　　　K_m——所述标定后的基质渗透率，mD；

　　　K_f——所述标定后的裂缝渗透率，mD；

　　　K——所述标定后的地层总渗透率，mD；

　　　ε——井筒钻开时间作用系数，无量纲；

　　　$H(t)$——所述井筒钻开时间；

　　　Bn——所述钻井井斜作用系数，无量纲。

$$Bn = \left\{ \sin\omega\sqrt{1 + \left[\sin\left(\frac{\pi}{2} - \theta\right)\right]^2} \times \cos\omega\sqrt{1 + \left[\sin\left(\frac{\pi}{2} - \theta\right)\right]^2} - \sin\left(\frac{\pi}{2} - \theta\right) \right\};$$

　　　ω——钻井井斜角，(°)；

　　　θ——钻井方位角，(°)。

破裂压力计算公式如式（3-5）

$$p_f = \left[(3\sigma_3 - \sigma_1 - \alpha p_{\mathrm{P}} + \mathrm{UTI}) + (\sigma_n \tan\varphi_f + C_f - \tau_f)\right] * \frac{K_m + K_f}{K} * Bn - \varepsilon H(t) \quad (3\text{-}5)$$

式中　UTI——岩石抗张强度，MPa。

式(3-4)和式(3-5)将复杂的应力变换过程进行简化,可直接应用于评价地层的坍塌压力和破裂压力,更简便易行。

克深801井是克深8构造带的一口评价井,设计目的层为白垩系巴什基奇克组。该井使用1.80g/cm³钻井液钻至6147.45m新近系吉迪克组时(图3-24中阴影部分所示),

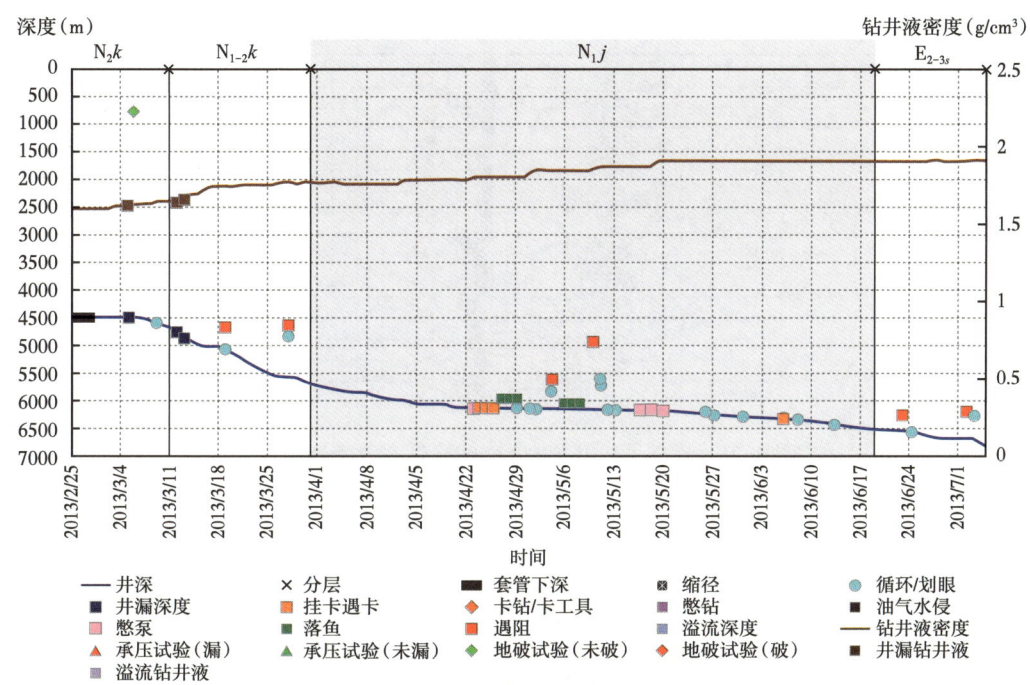

图3-24 克深801井吉迪克组钻井井史分析

井筒发生憋泵、卡钻、遇阻、划眼等各种复杂现象,最终钻具被卡死,采用多种解卡方式未能解卡,最终采用震击方式,井筒落鱼。从现场掉块看,井壁剪切崩落和弱层理面掉块同时发生,在吉迪克组底部地层疑似弱层理掉块居多,且起出的钻头泥包现象严重(图3-25)。

利用上述方法,对该井进行了坍塌压力分析,图3-26为克深801井5900~6500m钻井液密度窗口,图中显示在5970m、6150m、6380m附近存在较高的地层坍塌压力,值为1.75~2.0g/cm³当量密度。

对6147.45m地层单独进行坍塌压力分析,如图3-27所示,该井井斜仅为0.5°,即井点位于圆心处,采用极端的应力条件,假设最大水平主应力梯度为2.9MPa/100m,最小水平主应力梯度为2.10MPa/100m,垂向应力梯度为

图3-25 克深801井吉迪克组钻头泥包现象

2.45MPa/100m，同时假定钻遇高倾角地层，倾角设定为 60°，模拟的地层坍塌压力最高为 1.82g/cm³，因此分析认为目前所使用的钻井液密度能够平衡地层坍塌压力，即地质力学不是引起井壁垮塌的主要原因。

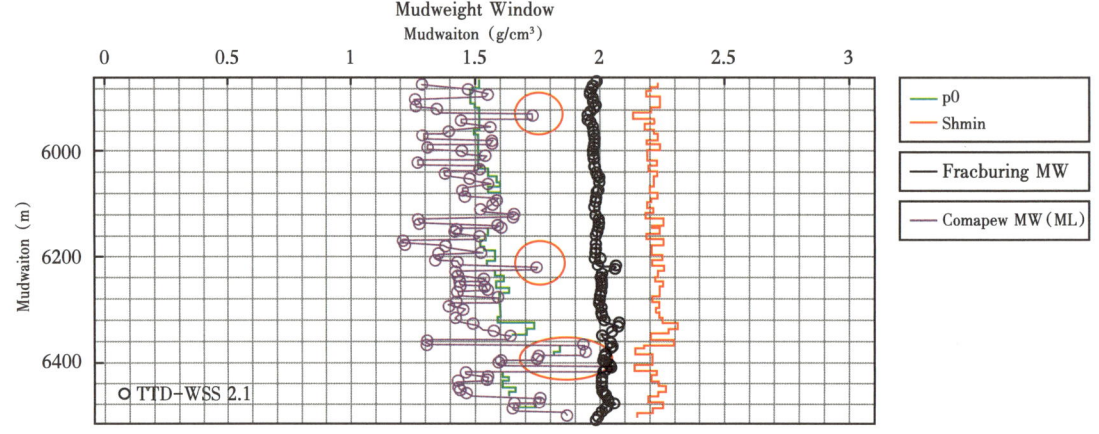

图 3-26　克深 801 井 5900~6500m 钻井液密度窗口

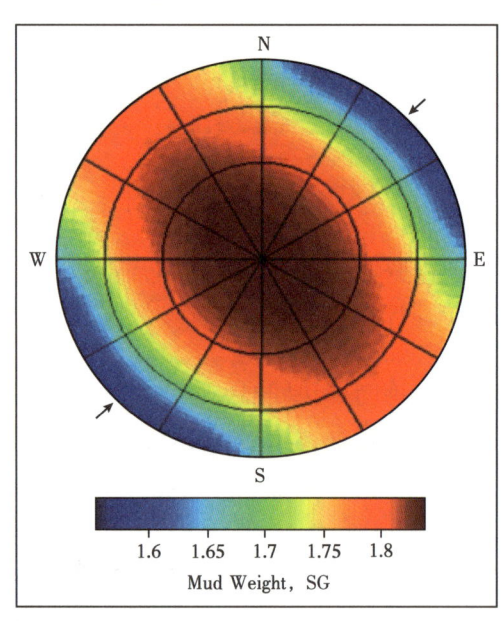

图 3-27　克深 801 井 6147.45m 坍塌压力结果

另一方面，吉迪克组主要为泥岩，在钻进过程中的钻井液水化学作用较强，导致井壁垮塌，对比该井与该区块另一口井克深 8 井发现，克深 801 井的钻井液性能较克深 8 井发生较大改变，如图 3-28 所示，图 3-28a 为克深 8 井钻井液中的氯根含量，图 3-28b 为克深 801 井，其中氯根降低为 20000mg/L，根据钻井液密度、活度和时间三者作用关系，当氯根降低一半时，活度则升高一倍，随着时间的推移，井壁失稳加剧，此时即使将钻井液密度提高也无济于事，如图3-29所示，实际中钻井液的高温高压失水也有所增加，从而增加了钻井液水化作用，成为导致井壁失稳的工程原因，也是主要原因，而克深8井在同一地层钻进时的钻井液氯根含量为96000mg/L，且失水较低。

该井在下部的地层钻进中，将钻井液氯根含量提升至63800~171000mg/L，失水降低至5.6mL，复杂现象解除，顺利钻进。

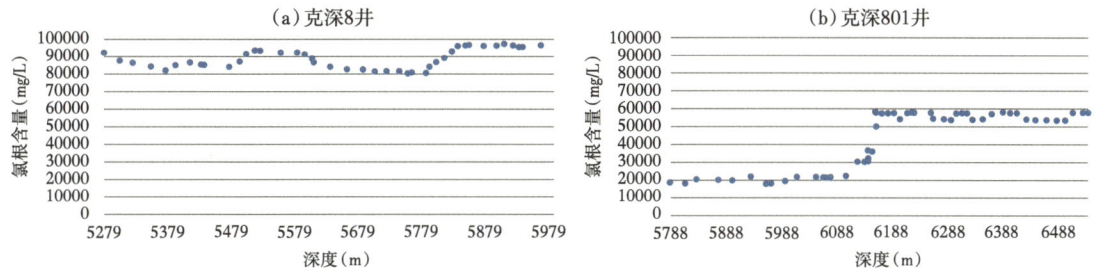

图3-28 克深8井和克深801井吉迪克组钻井液氯根含量变化

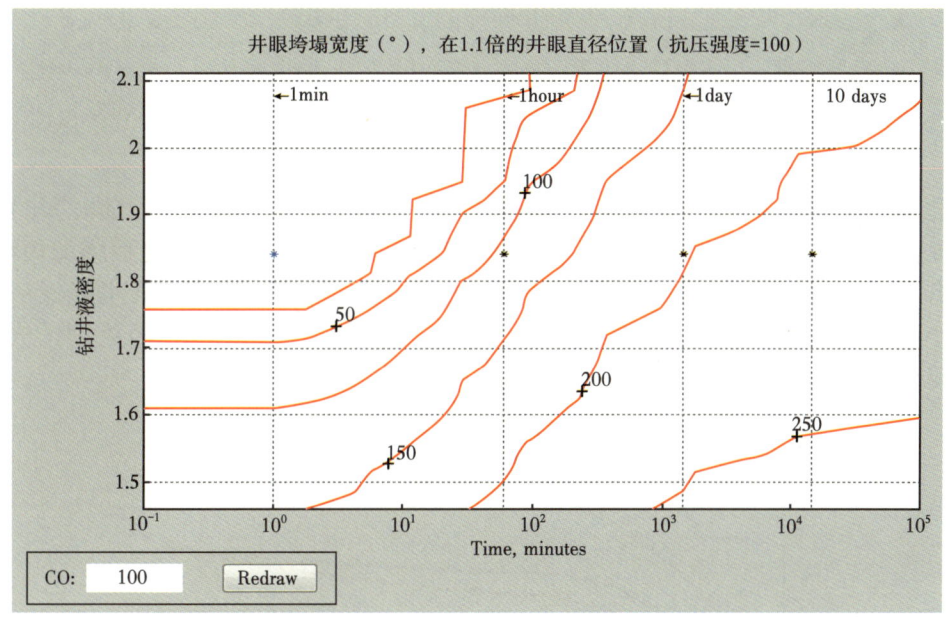

图3-29 井壁垮塌宽带随时间和钻井液密度变化曲线

该项研究从地质和工程两个方面找到导致井壁失稳的主控因素，解决了克拉苏构造带非目的层泥岩段的井壁失稳难题，该构造的另一口克深807井采用上述钻井液密度和氯根含量进行钻进时，非常顺利，仅有局部遇阻问题，如图3-30所示，顺利钻进至目的层。

对上述实例中的井壁失稳问题归结为钻遇泥岩地层，地层与钻井液的水化作用是导致井壁失稳的主控因素，用实验结果进行解释，如图3-31所示，当活度差（即钻井液矿化度）一致时，改变压差（即钻井液密度），泥岩水化应力变化不大，即无法有效改善井壁垮塌，当活度差提高二倍时，泥岩的水化应力呈大幅度增加，即井壁失稳加剧，因此证实了

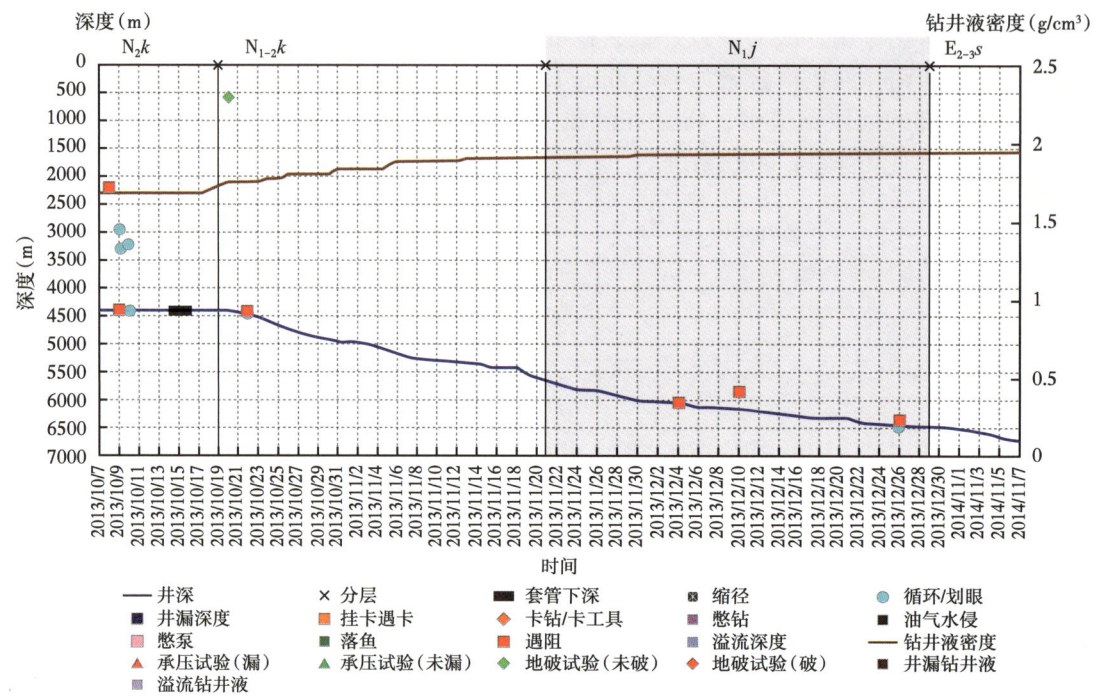

图 3-30　克深 807 井吉迪克组钻井井史图

泥岩水化问题是井壁失稳的主控因素，图 3-31 也说明了泥岩的水化应力随时间的增加而增加，尤其在井筒钻开 24 小时之前，泥岩水化应力剧烈增加，24 小时之后增加相对缓慢。对于钻井工程来说，当钻遇泥岩失稳时，应该首先从提高钻井液矿化度（即降低钻井液活度，减小活度差）角度考虑，而不是一味的提高钻井液密度，且应该尽早处理，从而解决井壁失稳难题。

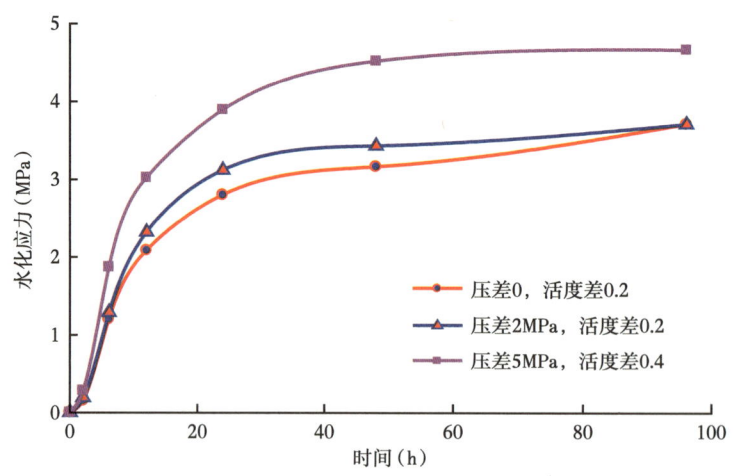

图 3-31　不同压差和活度差条件下水化应力随时间变化曲线

第三节 盐层地质力学特征及井壁失稳分析与对策

一、盐层地质力学特征分析

克拉苏构造带盐层由于特殊的构造背景和地质成因,具有复杂的地质力学特征,如盐间的高压水层等,对钻井井控造成巨大风险,因此对盐层的地质力学特征评价的前提是准确预测盐间高压盐水层的分布,同时由于盐层的岩性十分复杂,软泥岩、膏盐岩、膏泥岩、石膏、纯盐岩等高蠕变岩性混杂,必须在精细评价岩性基础上预测高压盐水层的深度,进而建立地应力模型。

但对于特殊岩性及盐水层识别具有如下难点:盐间水层薄,岩性十分复杂;盐间资料少且品质差,分布规律研究困难较大;无针对盐间水层的测井资料判别标准;其所处位置压力、应力、强度等力学特性尚不明确。

以大北 204 井为例,其古近系库姆格列木群($E_{1-2}km$)录井显示钻遇软泥岩、膏泥岩、石膏、盐岩、泥质盐岩、膏盐岩、粉砂岩、白云岩等复杂岩性,由于钻井过程中卡钻、划眼现象频发,该段地层仅测量了自然伽马、电阻率和声波时差曲线,对岩屑进行归位后,如图 3-32 所示,不同的岩性与三条测井曲线存在一定的响应特征,具体见表 3-3。

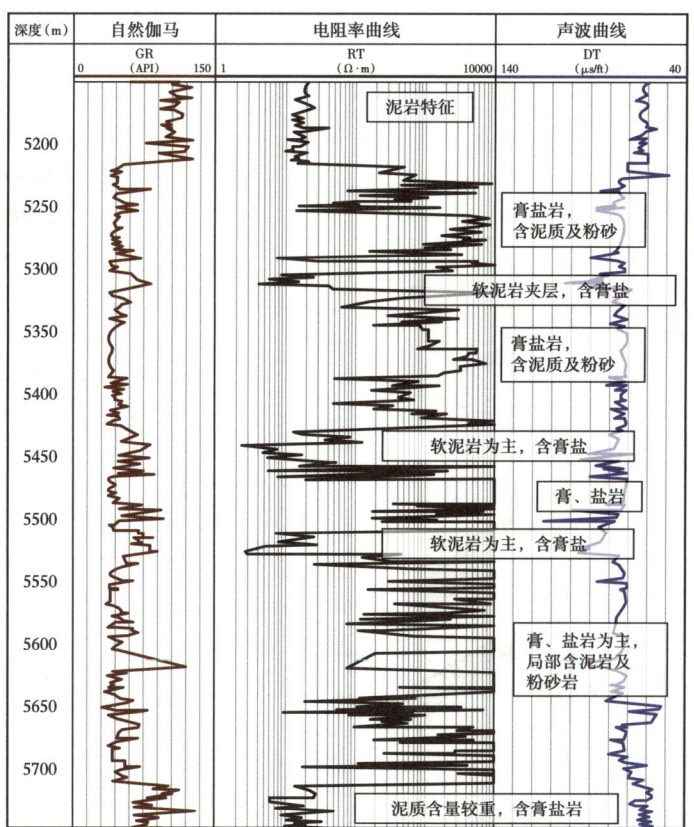

图 3-32 大北 204 井膏盐岩测井及对应岩性示意

表 3-3　大北 204 井库姆格列木群不同岩性的测井响应特征

岩性	电阻率	自然伽马	声波时差
压实泥岩	10Ω·m 左右	高	60μs/ft
软泥岩	1~10Ω·m	高	80~100μs/ft
石膏、盐岩	大于 1000Ω·m	低	70~80μs/ft
复合岩性	介于纯石膏和纯盐之间		

通常，需要先进行特殊岩性的识别，然后进行高压盐水层的识别，具体思路如下：

利用自然伽马、电阻率和声波时差（根据井况有时会测量井径、自然电位等）曲线，结合表 3-2 各种不同岩性的测井响应特征，建立测井响应解析式方程，通过解方程，获取各种岩性的相对含量。在实际操作过程中，由于测井曲线较少，岩性种类较多，这种情况下会产生各种岩性评价结果与实际不符，此时，需要利用岩屑录井数据，如碳酸盐岩含量等对处理的结果进行标定，从而获取准确的岩性组分含量。

一般认为有孔隙才有压力，而泥岩、石膏和盐岩通常被认为是孔隙度很低。能够产出盐水的地层，孔隙度应该达到一定级别，故认为盐水存在于复合岩性中夹杂的砂岩、粉砂岩地层中。因此对于盐水层的识别，首先是在上述岩性识别的基础上，利用常规孔隙度计算方法计算出孔隙度，再根据岩性识别结果，将泥岩、石膏和盐岩等的孔隙度置零，剩下的部分再与识别的砂岩对应，即为高压盐水层可能存在的层段。

基于上述认识，评价了大北 203 井的复合盐层及高压盐水大致分布层段，如图 3-33 所示，图中最右侧道为特殊岩性示意图，图中包括泥岩、膏岩、盐岩及混合岩性，紧邻其

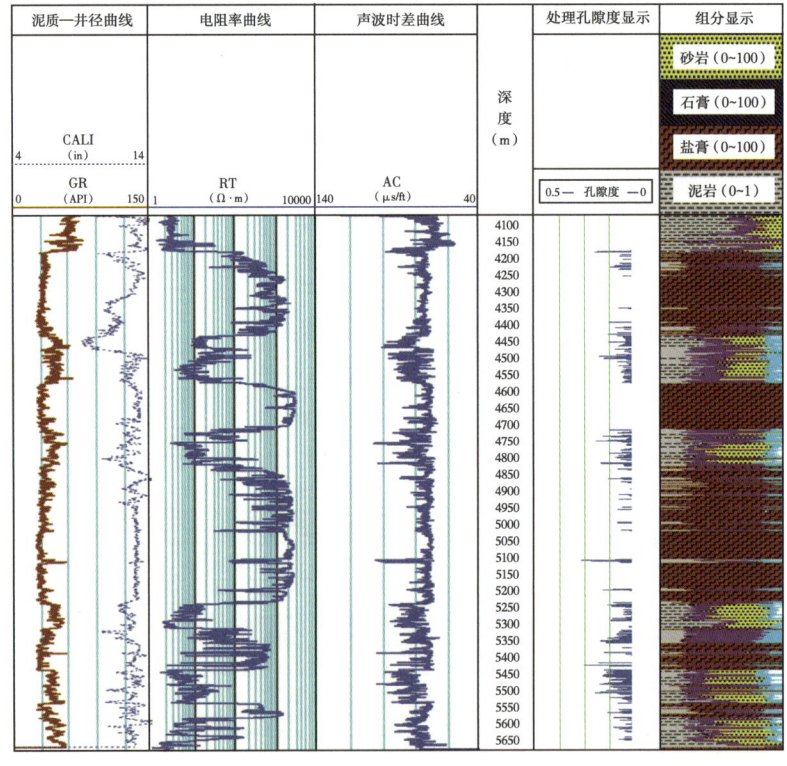

图 3-33　大北 203 井特殊岩性及高压盐水层识别成果

左侧道为有效孔隙度道，图中蓝色充填的即为有效孔隙度的分布，孔隙度分布层段即为高压盐水层可能的分布位置，可以看出，如上所述，高压盐水均分布在复合盐岩中的砂岩、粉砂岩和泥质砂岩地层中。

实际钻井中，当有盐水浸入钻井液时，录井显示为出口密度降低、氯根迅速升高，可能导致钻进井涌、溢流等复杂情况，并且录井上通常识别不到盐间的砂岩或粉砂岩地层，进行有效预测难度较大。

高蠕变地层的井眼变形以塑性变形为主，三轴地应力具有一致性特征，即三轴应力各向同性，基于此，在岩性评价的基础上，对克拉苏库姆格列木群的地应力特征进行评价，如图 3-34 所示，为克拉苏大北 201 井的应力及井壁稳定性三压力特征。

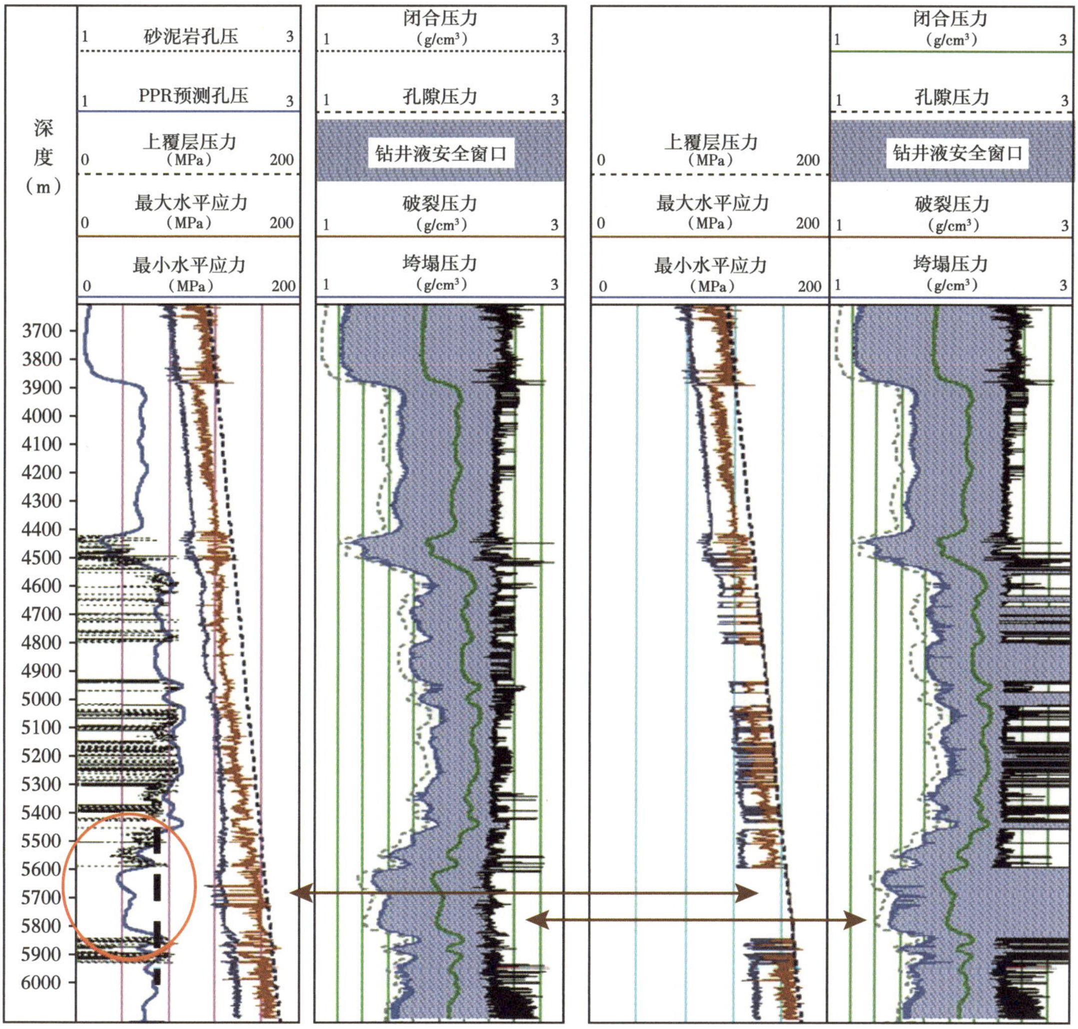

图 3-34 克拉苏大北 201 井应力及井壁稳定性特征调试过程

从图 3-34 可以看出，4800~4900m、5600~5850m 两段地层三轴应力各向同性，均等于上覆岩层压力即垂向应力，与此同时，地层破裂压力表现为较高的特征，也就是说，高蠕变地层仅发生塑性变形，脆性形变非常小，这与前人研究结果一致。

但是，如上所述，如果膏盐岩段存在砂泥岩层，对砂泥岩层（非软泥）仍要采用弹性模型。这样，在特殊岩性段既要保留弹性模型的结果，还要考虑塑性形变导致的井眼变形，从而获取相对精确的地应力分布特征。

二、盐层井壁失稳表现形式及工程对策

统计分析了大北、克深等构造 40 余口井井壁失稳形式，并对井壁失稳机理进行了分析。结果表明，克拉苏构造带古近系软泥岩和膏盐岩钻井复杂情况主要有井漏、溢流和卡钻，图 3-35 所示为大北 201 井的钻井井史复杂分析。

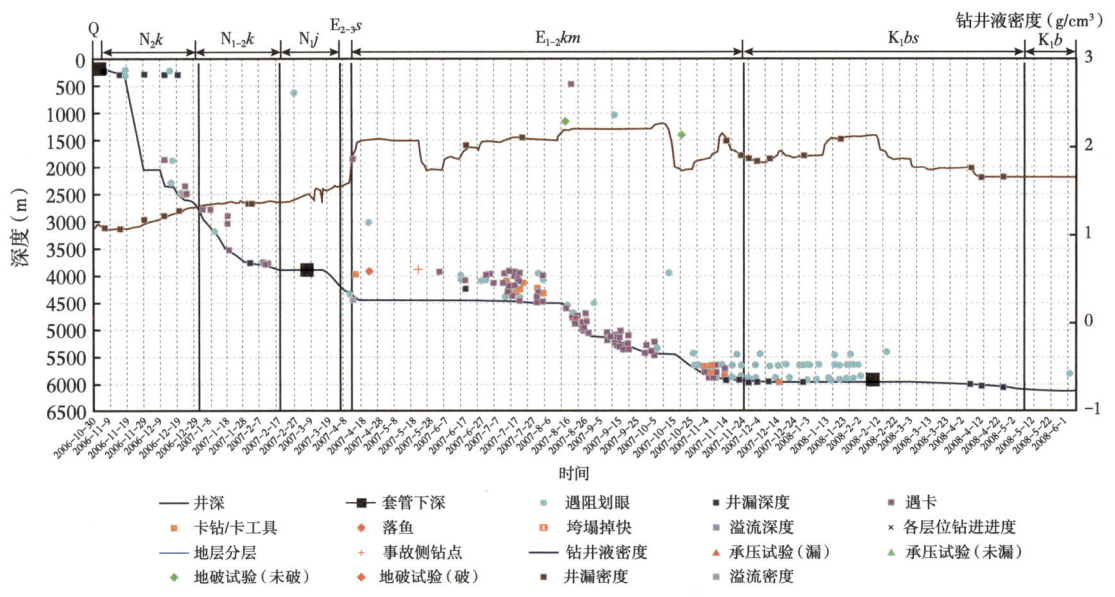

图 3-35　大北 201 井钻井复杂分析图

不仅膏盐岩地层会造成钻井复杂现象频发，同时在后期井的生产中也会发生管柱变形现象，给油气田生产造成巨大损失。表 3-4 为近年来塔里木盆地的套管变形情况不完全统计，可见套管变形段均发生在高蠕变的盐岩、石膏、软泥岩及复合岩层，耗费大量的人力物力和时间进行修井作业，严重的导致井报废，损失巨大。

表 3-4　塔里木油田近年来的部分套管变形统计表

井号	套管下深（m）	变形点（m）	岩性	损失时间（d）
大北 102	5303	4970	膏质泥岩、泥膏岩	9.1
克深 5	2735.62	1522~1547	膏盐岩段	4.5
却勒 4	5998.2	套管鞋变形	泥膏岩与泥岩	3.8
乡 1	5329	3994~5329	盐岩、盐膏岩	33.4
YT5-1T	5257	5255.8~5258.5	石膏互层、细砂岩	1.7
英买 11	4737	4736	砂岩夹石膏层	20.9

其中,容易产生井漏的岩层主要以泥岩、膏质泥岩、含膏泥岩、泥质粉砂岩、细砂岩为主,胶结方式多以泥质胶结比较疏松再加上由于构造挤压带来的盐岩蠕变导致了多处的裂缝性井漏,地层岩性分布复杂、非均质性严重也极易造成地层倾角的剧烈变化导致地层挤压剪切破坏,最终形成了纵向的开裂也是井漏多发的原因。溢流现象的发生则是由于盐间存在异常高压水层,而实际的钻井液密度未能平衡盐水层的高压,致使溢流现象频发。地层卡钻现象发生的主要因素归结为膏盐岩地层的蠕变缩径,钻井液密度不能平衡蠕变。

针对卡钻、漏失和溢流,优选合理的钻井液密度则是解决问题的关键。由于膏盐岩地层三轴应力各向异性小,实际钻井中,采用与垂向应力相等的钻井液密度进行钻进,而垂向应力用密度积分计算约为 2.35~2.50MPa/100m(不同构造带井深存在差异),采用此钻井液密度在克拉苏构造带克深区块应用,均顺利钻进,仅有少量遇阻划眼和钻井液漏失损耗,解决了克拉苏构造带古近系库姆格列木群复合岩层钻进复杂难题,表 3-5 为克拉苏构造带依据优化后的钻井液所钻新井膏盐岩段的实际泥浆与钻井复杂事故不完全统计。

表 3-5 克深区带部分井库姆格列木群钻井情况统计表

井名	地层岩性	钻井液密度(g/cm³)	事故复杂
克深 907	膏泥岩、石膏、膏盐岩	2.49~2.50	少量划眼
克深 905	膏泥岩、石膏、膏盐岩	2.49	少量遇阻,钻井液损耗
克深 508	软泥岩、膏盐、盐岩	2.37	正常钻进,少量钻井液损耗
克深 24	软泥岩、膏盐、盐岩	2.35	正常钻进

而对于套管变形来说,由于是长期作用的过程,不能只考虑钻井液密度问题,应该从井身结构和套管强度的优化进行预防。进行套管结构优化的根本在于增加套管抗外挤强度,实际中,准确评价地层岩性,从而有的放矢,选好必要高强度下入层段,减少大段下入高强度套管带来的成本增加。

ECS(元素俘获测井)是评价复杂岩性的有效手段,图 3-36 为克拉苏构造带克深 10 井利用 ECS 评价的库姆格列木群岩石矿物组分及岩性图,结果显示,该段主要的岩性为软泥岩、膏泥岩、膏盐岩和纯盐层,均为高蠕变岩性,图中右侧两道为该段的三轴应力和强度特征,可见,该段的地应力与前面所述基本一致,三轴应力趋于一致,无应力各向异性,因此该段地层需要加强套管强度,最终工程上采用双层结构的方式进行了强度加固,如图 3-37 中红色方框所示,保证该井的井筒完整,为后期作业提供了井筒条件保证。

综合以上论述,对于高蠕变地层,由于其复杂的地应力特征,对于工程设计,可从以下几个方面进行优化设计。

(1)采用饱和钻井液体系时,在控制工程允许缩径速率的基础上根据钻井液密度图版设计不同温度下合理的钻井液密度。

(2)采用欠饱和钻井液体系时,在综合考虑缩径速率和氯根浓度的同时,根据计算图版设计合理的钻井液密度。

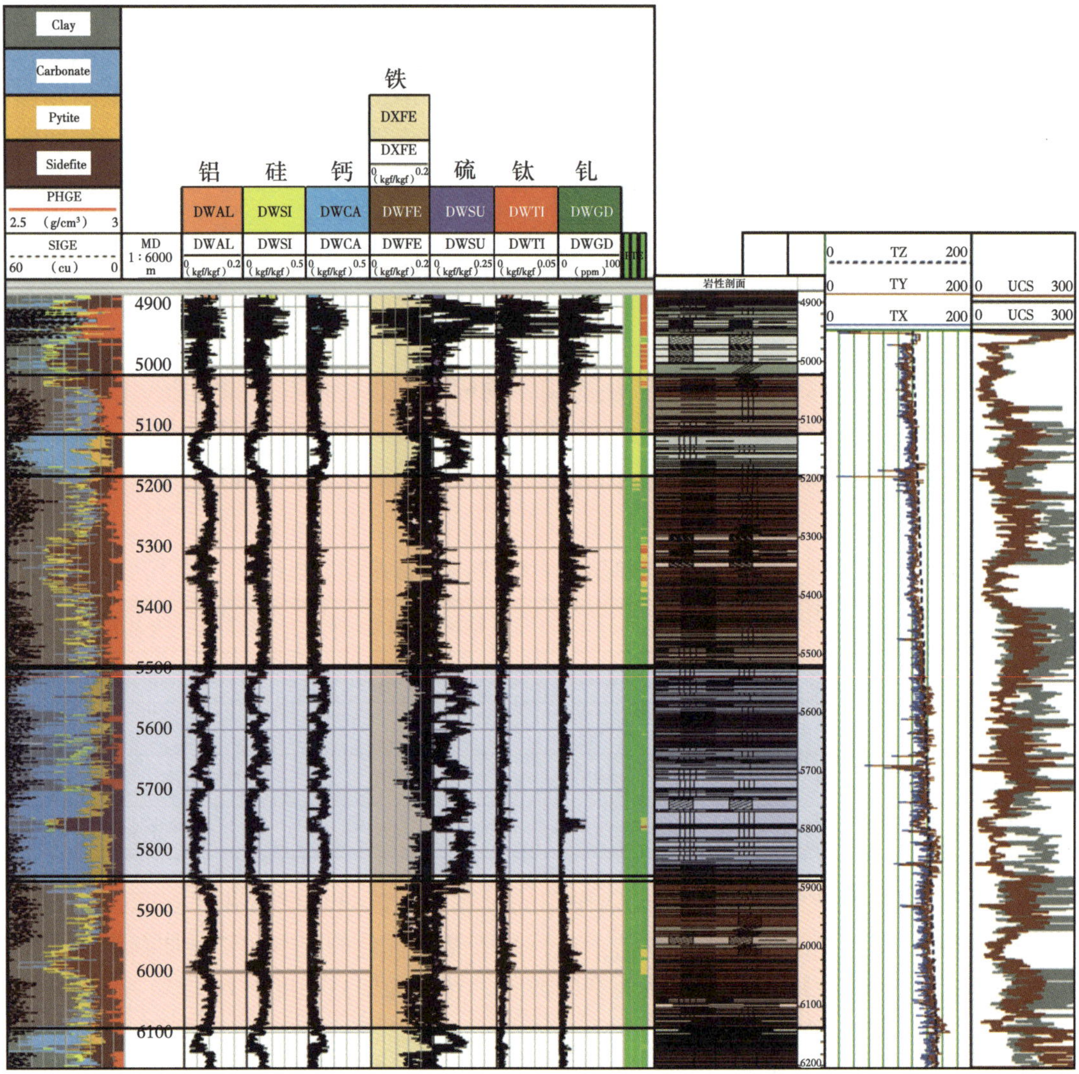

图 3-36 克深 10 井库姆格列木群岩石矿物组分及应力、强度剖面

（3）控制满足工程安全缩径率的条件下，实用钻井液密度与地应力非均匀系数有关，非均匀系数越小，钻井液密度越低，钻井越安全。

（4）复合盐膏层钻进中，注意卡层准确，同时结合膏盐岩地质内幕研究，将有效指导钻井液密度和体系的优选，并随钻调整。

（5）发现有任何缩径的井段都要进行短程起钻到复合盐层顶部，以验证钻头能否通过。钻穿盐层和软泥岩层，应短起至套管内，静止一段时间，再通井观察其蠕变情况，检查钻井液密度是否合适。

（6）复合盐层段钻进，应切实加强地层对比，卡准地质层位。钻穿复合盐层后应立即停钻下技术套管封隔，降低钻井液密度钻开下部地层，严防井漏。

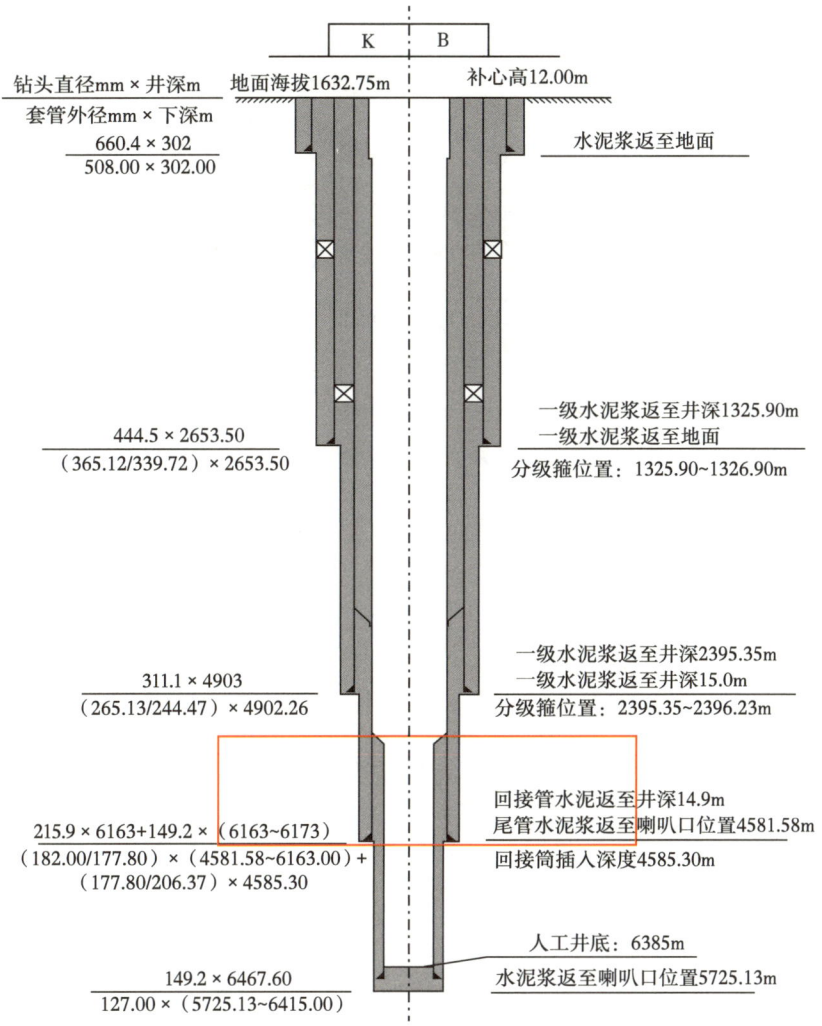

图 3-37 克深 10 井井身结构图（下部膏盐岩层段双层套管结构）

第四节　盐下储层现今应力场分布特征

应用第二章第四节中的理论和方法评价了克拉苏构造带主力气田现今地应力场分布特征。如图 3-38 所示为克拉苏构造带现今应力方位图，由图中可知，区域水平应力方位以北东和北西方向为主，但在不同位置的分布特征复杂。如克拉 2 构造以北东为主，大北构造以北西为主，而在克深段则两个方向皆有，根据第一章中的论述，该区应力场受多种地质因素干扰，分布极为复杂。

关于应力状态，就目前的勘探开发资料显示，现今应力场以潜在走滑型应力场为主。图 3-39 所示为一个基于断层滑动理论的应力四边形（Zoback et al., 2003）分析结果示意，克拉苏构造带气藏现今地应力值落于图中"SS"位置，其表示走滑型应力场机制。

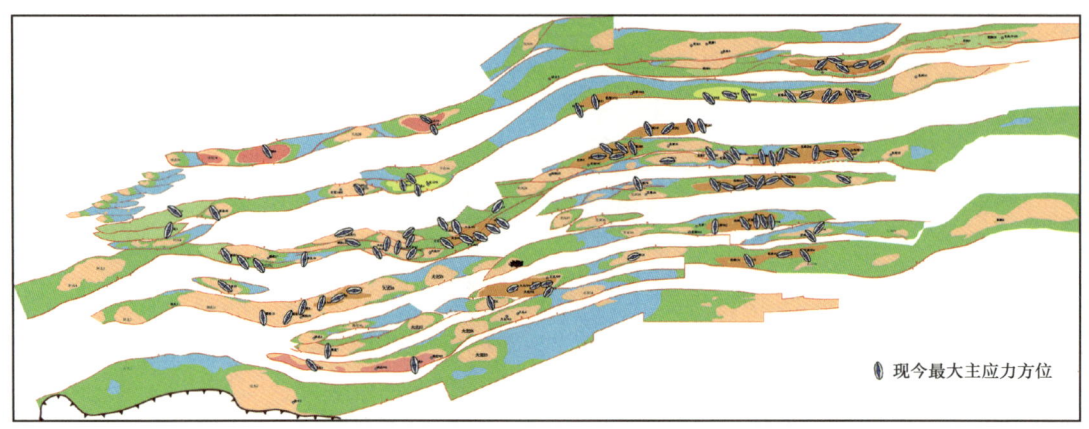

图 3-38　克拉苏构造带白垩系巴什基奇克组现今最大主应力方位分布图

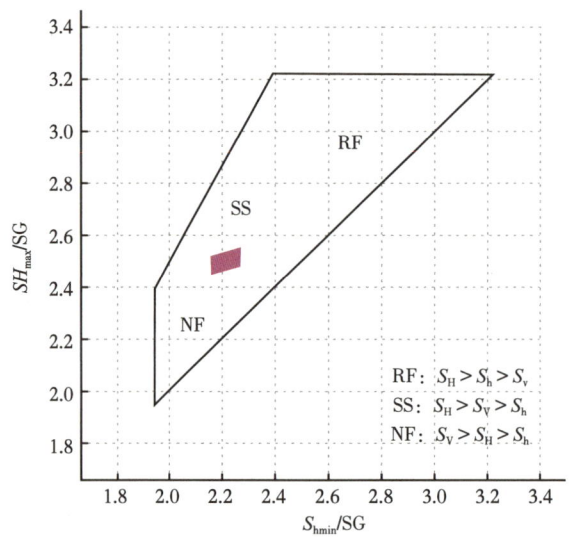

图 3-39　克拉苏构造带现今应力状态示意

图 3-40 所示为克拉苏构造带不同气藏典型井三轴应力剖面连井对比，图中每个井剖面中左边三条曲线为三轴应力，右边蓝色曲线为水平应力差。可知三轴应力关系均为 $\sigma_H > \sigma_V > \sigma_h$，其中垂向应力普遍在 2.45~2.5MPa/100m，水平最大主应力分布范围为 2.5~2.7MPa/100m，水平最小主应力分布范围为 2.05~2.2MPa/100m，水平应力差分布范围为 15~30MPa。

除了上述理论和方法外，克拉苏深层气田地应力场的评价又具有一定的特殊性，主要与其复杂的构造演化史和广泛发育的天然裂缝有关。图 3-41a 为克深 2 构造利用井筒数据确定的水平最大主应力方位，图中蓝色白底剪头为对水平最大主应力方位的指示。图中显示应力方位的分布特征非常复杂，以北东和北西向为主，但不同构造位置上的应力方位偏转幅度很大，甚至在同一构造上无法得出一个对应力方位分布特征的合理总结。图 3-41b 为对应上面每个井点位置上的天然裂缝走向统计图，发现天然裂缝走向在构造不同位置也有很大变化，而且70%的井点上水平最大主应力方位与裂缝走向小角度相交，不同构造位置上，应力方位的偏转，也伴随着天然裂缝走向的偏转。

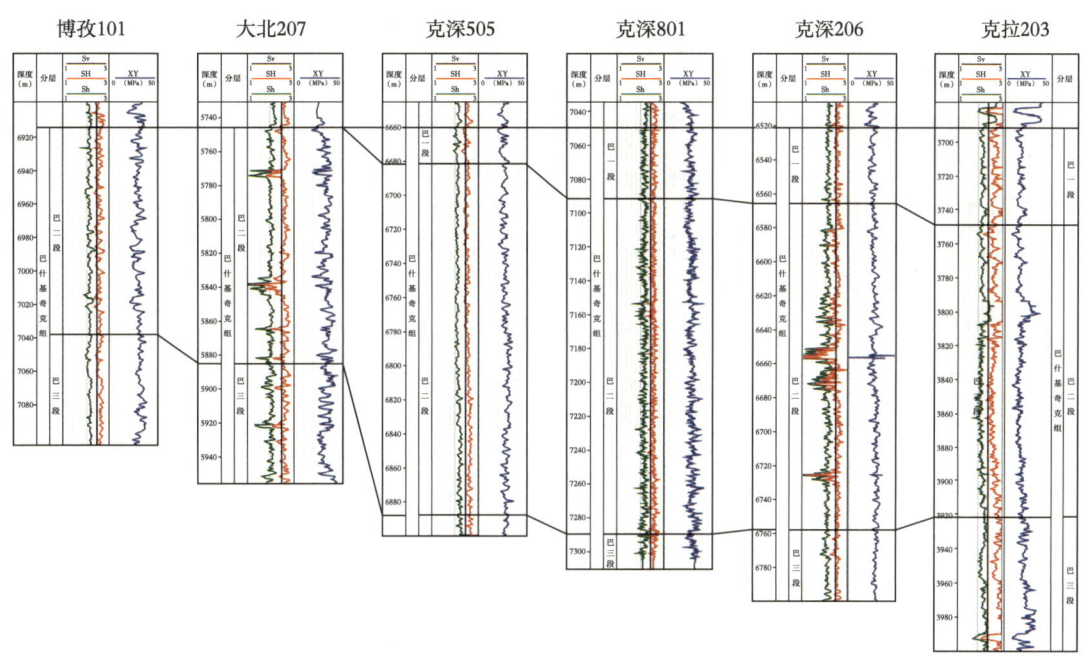

图 3-40　克拉苏构造带不同气藏典型井三轴应力剖面连井对比

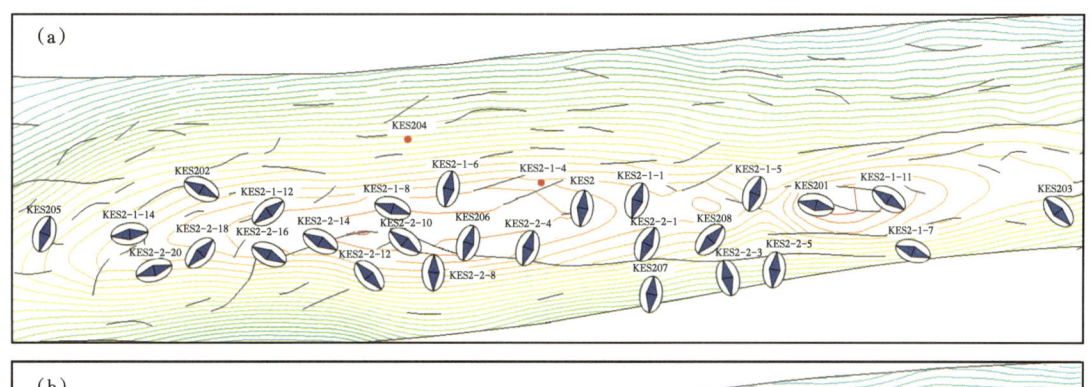

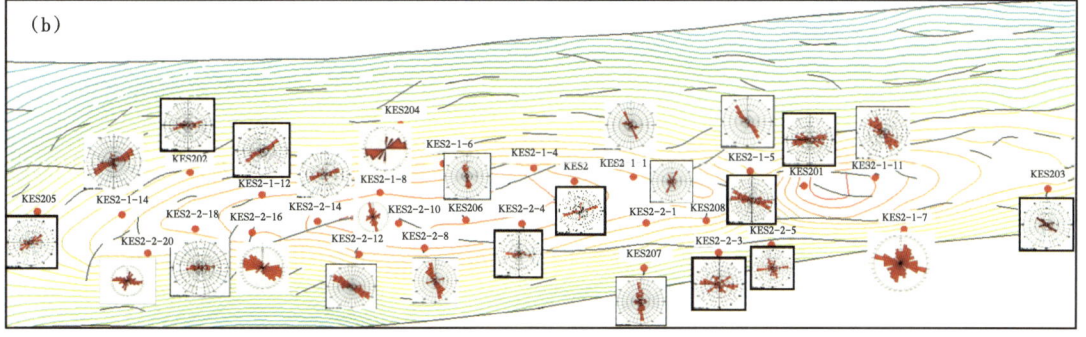

图 3-41　克深 2 构造已钻井位置处应力方位和天然裂缝走向对比

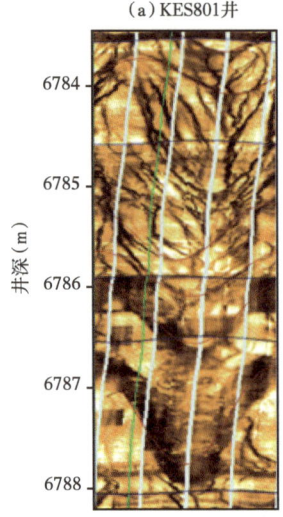
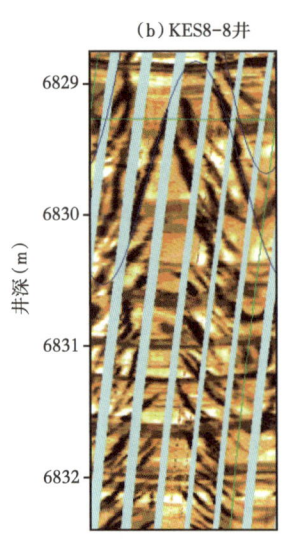

另外从已钻井中的成像资料中也观察到沿天然裂缝发育位置发生的破裂，如图 3-42 所示，在 KES801 井的 6786~6788m 井段发现了沿着天然裂缝的剪切破裂，在 KES8-8 井的 6829~6833m 井段发现了一组围绕天然裂缝的钻井诱导缝图。说明天然裂缝的发育影响了水平应力的方位、各向异性和其在储层中的分布特征。

据此原理，在应力大小和方向评价中考虑天然裂缝的影响。图 3-43 所示为三口位于不同构造位置的井筒中地应力特征的连井剖面，描述了克深气田现今应力状态及其与天然裂缝的关系。每口井的应力剖面中第一道

图 3-42　克深气田井筒成像中沿天然裂缝的破裂示意

为水平最大主应力方位，第二道为天然裂缝走向，第三道为三个主应力曲线，第四道为两种情况下水平应力差，其中红色曲线（$\sigma_H-\sigma_h$）NF 表示考虑天然裂缝影响时的水平应力差，黑色曲线（$\sigma_H-\sigma_h$）M 曲线不考虑裂缝弱面影响时的水平应力差。图中第一道和第二道显示：构造东部的 KES201 井水平最大主应力方位为近东西向，随深度增加应力方位有向南北方向偏转的趋势，从这口井中勾绘的天然裂缝走向也是近东西向。在构造中部（这里出现一个构造鞍部）一口井 KES2-2-1 中水平最大主应力方位为北东方向，该井位处的天然裂缝走向也为北东和南北方向。图 3-43 中左边应力剖面属于构造西部的 KES2-1-12 井，其水平最大主应力方位为北西向，同时其天然裂缝走向也偏转为北西向。

图 3-43 阐明在克深气田水平应力方位与天然裂缝发育特征密切相关，在不同构造位置上水平主应力方位的偏转往往伴随天然裂缝方向的变化。图 3-43 应力剖面中第三道显示克深气田三个主应力关系为——垂向应力为中间应力，即该区应力机制为潜在的走滑型，三个主应力大小范围分别为 σ_H=2.5~2.7MPa/100m，σ_V=2.45MPa/100m，σ_h=2.1~2.2MPa/100m。另外天然裂缝的存在直接影响了原地应力的各向异性程度，图中第 4 道显示有无天然裂缝影响下的水平应力差，如只考虑储层基质，水平应力差为 15~25MPa，而考虑天然裂缝的影响计算结果，水平应力差范围为 20~30MPa。天然裂缝的存在增加了原地应力的各向异性，水平应力差更高。

图 3-44 所示为克深 2 构造不同位置一维应力剖面连井图。单井剖面中所示的两道曲线分别是水平最小主应力和两个方向水平主应力的差值，其中曲线是以对称方式显示，曲线充填宽度越大，值越大。从连井图可知位于构造东部高点上的克深 206 井所处位置水平最小主应力值低于处于鞍部（KES2-1-1 井）和处于低部位（KES2-1-7 井）的应力值，水平应力差也略低。水平最大主应力方位在构造东边高部位上应力方位主要以北西向为主，在构造中部（鞍部）上应力方位以南北向和北东向为主，在构造西边高部位上应力方位为北西向，在构造西边翼部，应力方位为北东向。

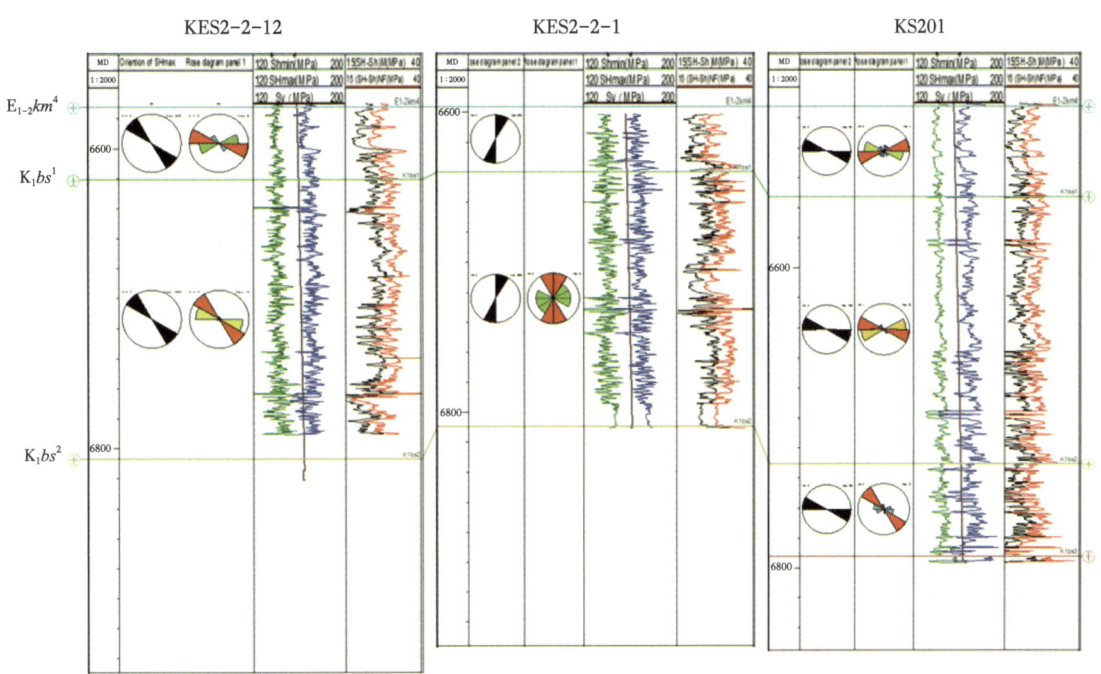

图 3-43 过 KES2-2-12—KES2-2-1—KS201 井一维应力剖面连井图

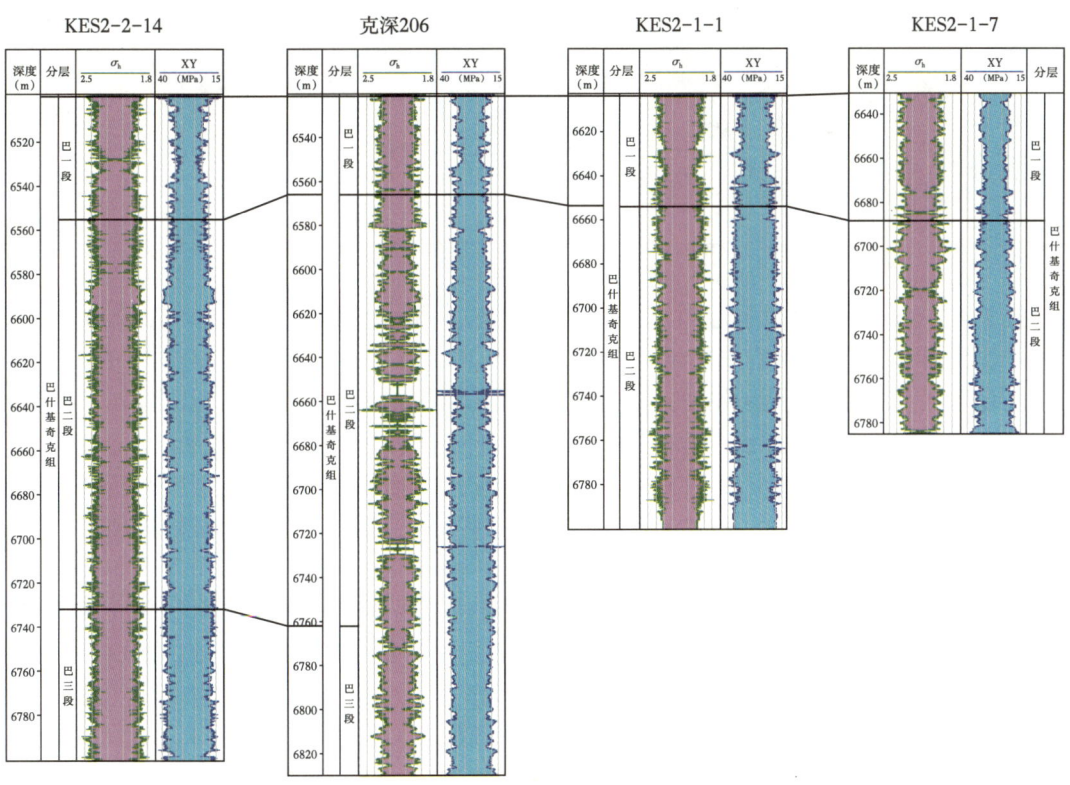

图 3-44 过 KES2-2-14—克深 206—KES2-1-1—KES2-1-7 井一维应力剖面连井图

图 3-45 所示为克深 2 构造白垩系砂岩储层中水平最小主应力的分布特征。总体来说 σ_h 大小在构造东西两个高部位呈现低值，构造东部应力值低于构造西部，在克深 208 井位附近的鞍部应力表现高值，在构造陡峭位置应力也较高。

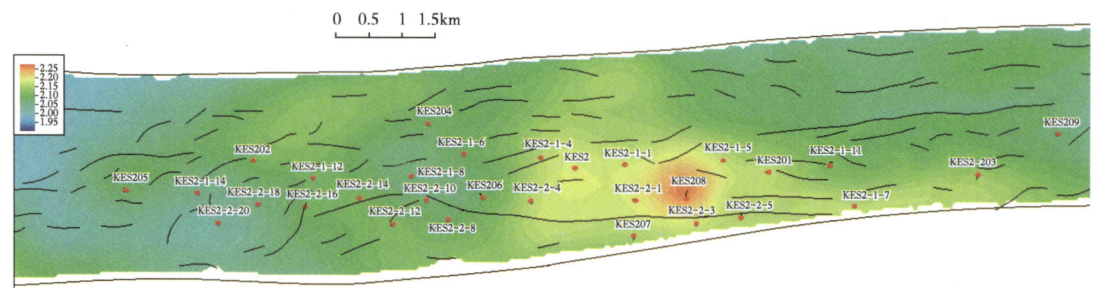

图 3-45　克深 2 构造水平最小主应力在白垩系的平面分布特征

图 3-46 所示为克深 2 构造白垩系砂岩储层中水平两向主应力差的分布特征。其中有一个明显特征，在克深 208 井构造鞍部附近出现了一个水平应力差的低值区，这是由于该区水平最小主应力值高，水平应力差值更低，这一现象将对储层裂缝的活动性有重要影响，水平最小主应力值高，水平应力差值低，使先存天然裂缝的活动性降低。

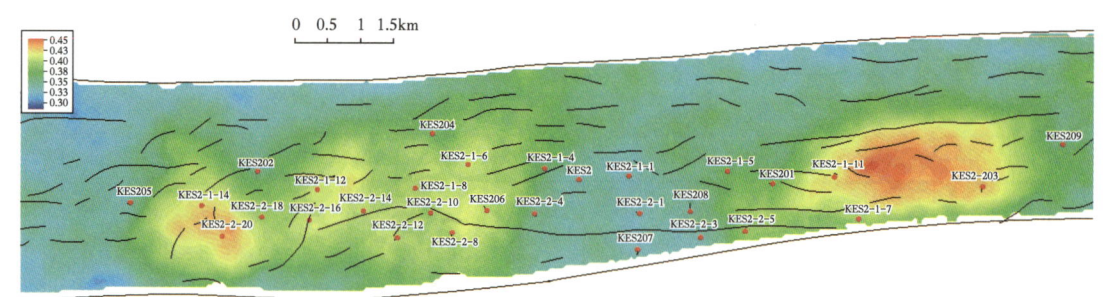

图 3-46　克深 2 构造水平应力差在白垩系的平面分布特征

图 3-47 所示为克拉 2 构造典型井一维应力剖面和水平最大主应力方位分布示意图，从应力剖面可知，位于构造东高部位的克拉 203 井和位于中部的 KL2-3 井中的水平最小主应力值略低于位于构造低部位的井。克拉 2 气藏水平最大主应力方位以北东向为主，在构造翼部、鞍部受构造位置变化和先存断裂的影响主应力方位有较大幅度偏转。

图 3-48 和图 3-49 所示为克拉 2 构造白垩系储层水平最小主应力和水平主应力差的分布特征，可知克拉 2 气藏地应力场分布特征较克深 2 构造简单，气藏东部应力低值，而在翼部应力值高，气藏西部应力值高于东部。

图 3-50 所示为克深 5 构造已钻井应力剖面连井对比和水平最大主应力方位特征示意。构造东西两边作对比，位于东部的克深 501 井应力低于克深 505 井；南北两边对比，位于构造南部的克深 503 井；应力低于位于构造北部的克深 506 井。位于构造高部位的井应力值低于位于构造翼部的井。从应力方位的特征示意图可知，克深 5 构造水平最大主应力总体为北西方向，随着向东，构造形态的偏转，东部的应力方位向东西方位偏转，而北西位置的克深 11 构造应力方位向南北向偏转。

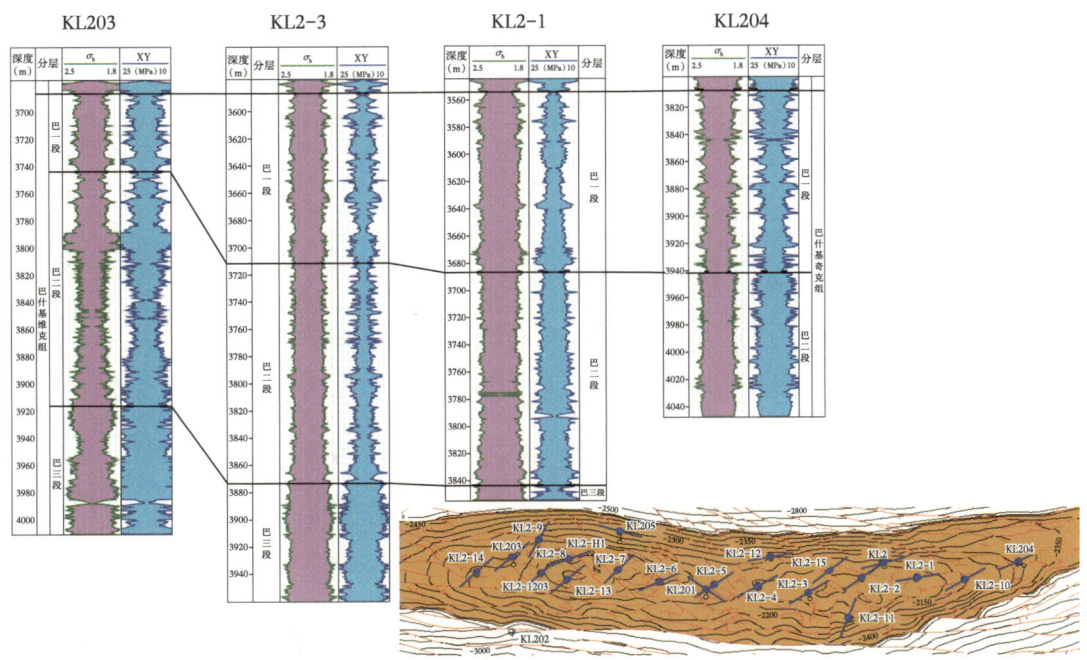

图 3-47 克拉 2 构造不同位置一维应力剖面及应力方位示意

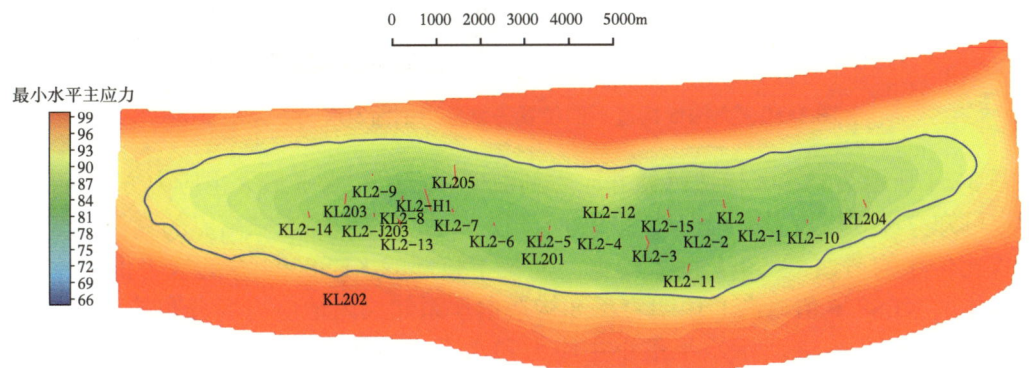

图 3-48 克拉 2 构造水平最小主应力在白垩系的平面分布特征

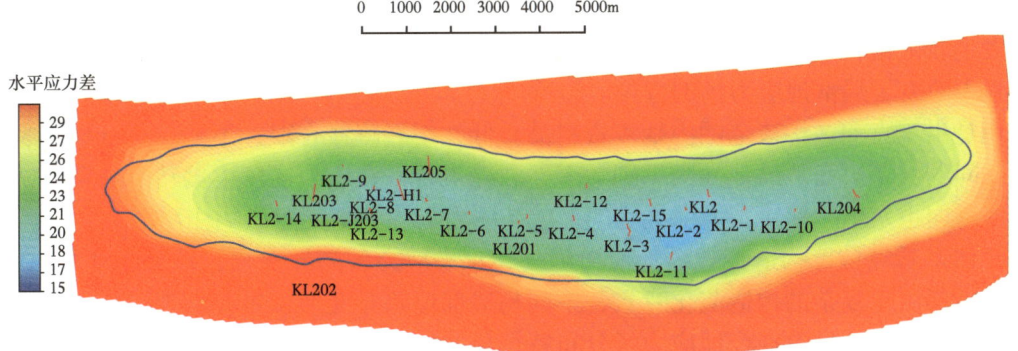

图 3-49 克拉 2 构造水平应力差在白垩系的平面分布特征

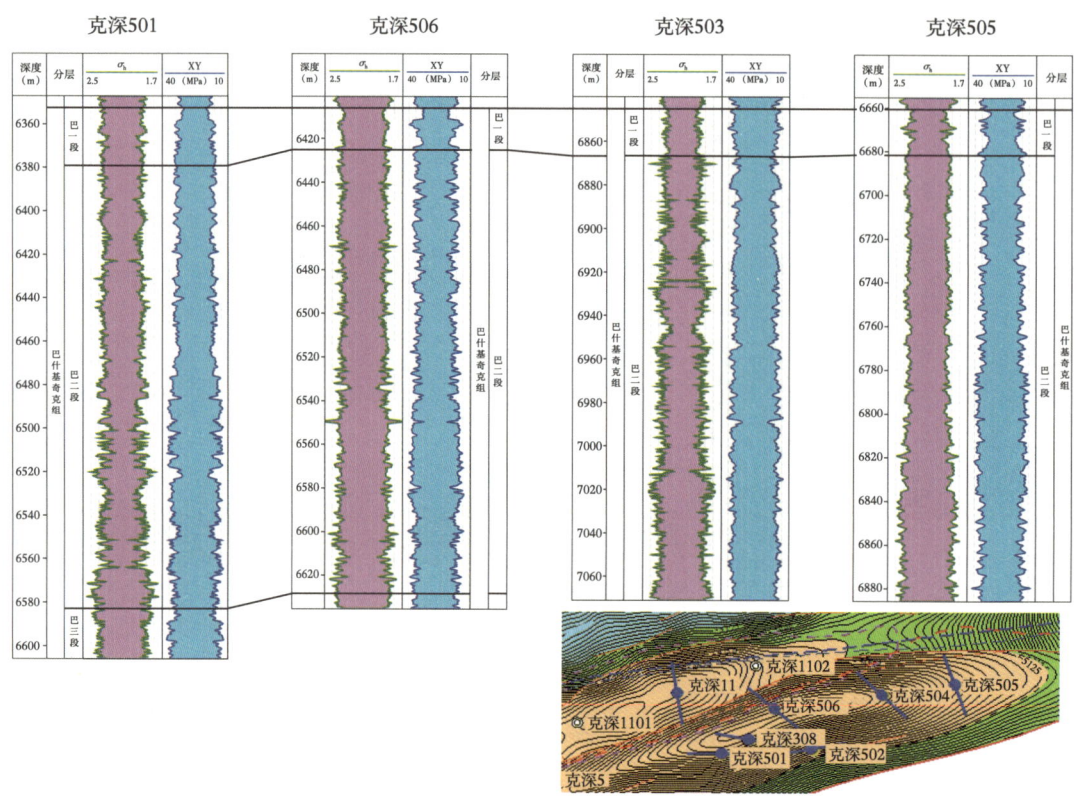

图 3-50　克深 5 构造不同位置一维应力剖面及应力方位示意

图 3-51 所示为克深 8 构造已钻井应力剖面连井对比和水平最大主应力方位特征示意。从图中可知克深 8 构造不同构造部位应力值相差不大，位于构造东高点的克深 807 井的应力值仅比位于构造西部的 KES8-8 略低。而位于鞍部的 KES8004 井的应力值仅比位于构造高部位的 KES8-6 值略高。说明克深 8 构造白垩系储层内地应力场分布较为均匀（同样可见图 3-52 和图 3-53 所示水平最小主应力和水平应力差在白垩系砂岩平面中的分布特征），构造变形对地应力场的各向异性和非均匀性影响均较小。

图 3-51 底部关于克深 8 构造的水平最大主应力方位，显示该构造地应力方位分布复杂，在同一构造应力方位偏转幅度大，以局部构造为中心向周围随构造形态的变化，应力方位发生较大偏转，主要原因可能是构造变形所产生的断层和裂缝破裂面在吸收、释放应力过程中改变了局部地应力场的方位。

但是由于克深 8 构造范围内地震资料品质低，断裂解释有限，不能完全分析断裂与应力场之间的关系。而从已钻井内识别的天然裂缝来看，在应力场发生偏转的位置上，天然裂缝的走向也发生了偏转，说明裂缝的形成与应力场之间有交互影响作用。

总体来看克拉苏构造带现今地应力值高，水平应力各向异性强，地应力非均匀性强。构造带内部由于复杂的构造演化背景、不同构造部位差异变形、先存断裂、巨厚膏盐岩等综合作用的影响，导致现今地应力场分布特征异常复杂。构造带内不同气藏内部自成应力体系，一般在局部构造东部、南部、构造高部位和断裂发育处地应力值低，而在局部构造西部、北部、鞍部、构造翼部和陡峭部位地应力值较高。这种特殊的地应力场分布特征，使砂岩储层进一步复杂化，甚至在某些局部构造内，使气藏在构造形态和断裂发育的基础上又增加了一种由地应力场引起的区划效应。

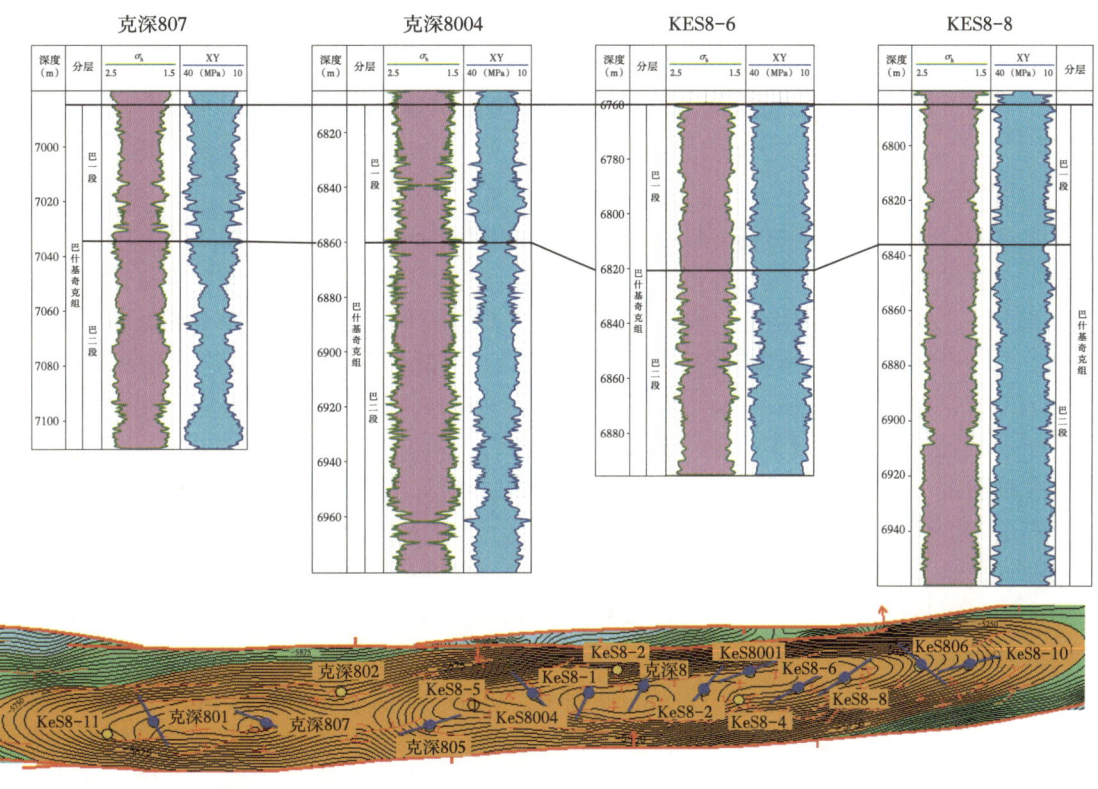

图 3-51　克深 8 构造不同位置一维应力剖面及应力方位示意

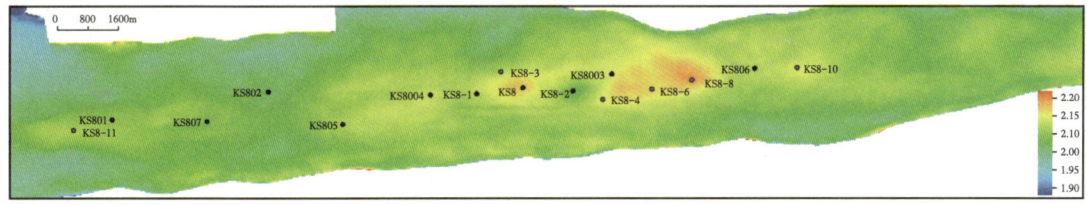

图 3-52　克深 8 构造白垩系水平最小主应力分布特征

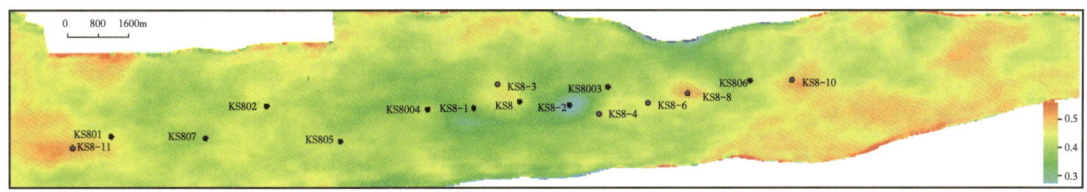

图 3-53　克深 8 构造白垩系水平应力差分布特征

第四章 地质力学参数场对气藏储层品质的影响

本章中讨论了以地应力场为核心的地质力学参数场对油气藏储层品质的影响机理,并通过其在克拉苏构造带气田开发过程中的应用,厘定了利用地质力学属性定量化评价储层品质的方法,解决了复杂构造、高压、高应力、大埋深和裂缝发育条件下的低孔砂岩气藏描述中的一个难题,为以常规岩石物理技术为核心的储层评价提供了一个有益的补充。

地应力是地壳运动的根本动力源,直接为油气运移提供了所需的势能,间接控制油气聚集所需的圈闭和其他储集空间的形成(Rouchet, 1980; 王喜双等, 1997)。同时近年来随着裂缝性油气藏的不断开发,学术界和产业界逐渐认识到地应力场也是储层原始渗透性能及渗透率变化的主控因素之一,其对油气藏内流体的流动和井口产能有深远的影响,通过对油气田地应力场的认识,可以更全面地优化开发方案,以提高产量和延长油气效益开采时间(Teufel et al., 1991; Zoback, 2007; Hennings et al., 2012)。

裂缝性致密砂岩气藏中,天然裂缝与储层渗透性和气藏产能密切相关(Harstad et al., 1995, 1998; Rodgerson, 2000; Aguilera et al., 2008; Zhang et al., 2014)。天然裂缝不仅提高了致密砂岩气藏的渗透率和孔隙度,而且还显著增加了渗透率的各向异性,控制着储层中流体的流动(Harstad et al., 1998)。裂缝在储层内部发育的密度、产状、延伸及胶结等对致密气藏产能起关键作用(Willemse et al., 1997; Harstad et al., 1998; Gale et al., 2007; Busetti et al, 2012; Gonzalez et al., 2013; Wickham et al., 2013),同时气藏开发过程中随压力衰减,天然裂缝本身发生的动态变化,也深刻影响储层渗透率的变化和产能的波动(Kasap et al., 2003; Tao et al., 2009; Cho et al., 2012; Aybar et al., 2014)。除了天然裂缝的几何特征和发育密度之外,天然裂缝在现今应力场状态下的力学行为也逐渐被认识到是影响产能的重要因素(Teufel et al., 1991; Chen et al., 2001; Zoback, 2007; Hennings et al., 2012)。在不同期次的应力场作用下形成了特定几何产状和空间延伸的天然裂缝网络(Harstad et al., 1998; Laubach et al., 2004, 2006; Gale et al., 2007),而天然裂缝和断层的规模发育同时又影响了现今应力场的分布特征(Tamagawa et al., 2008; Chang, 2014),最终现今应力场控制天然裂缝的力学响应,一定程度上决定了裂缝在动静状态下的渗透性、传导性(Teufel et al., 1991; Barton et al., 1995; Zoback, 2007; Tao et al., 2009)。因此天然裂缝在现今应力状态下的地质力学响应研究,对于复杂致密气藏的深入认识,流动与力学参数全耦合建模及效益开发等都具有重要的现实意义。

岩石弹性参数及其在开发中的变化对油气藏渗流性能也有着较大影响(贺振华等, 2006)。克拉苏构造带主力天然气产层为白垩系长石岩屑砂岩和岩屑长石砂岩(顾家裕等, 2001),脆性矿物含量较高。在矿物成分、埋深、温度和压力等多种条件影响下该区岩石杨氏模量较高（一般高于 30000MPa），泊松比较低（一般低于 0.26）（Zhang et al., 2014）。这种相对脆性的岩石力学特征有利于裂缝的发育和渗透率的保持，Grigg（2004）发现美国 Fort Worth 盆地石炭系 Barnett 页岩中，高杨氏模量和低泊松比的储层部位具有更高产量。但并非所有高脆性岩石为有效储层，同样在 Barnett 地层中，其云质灰岩储层具有很高的脆性，但在实际开发中发现该类岩性地层非常致密，且难以被改造，开发效果较其他低脆性的页岩地层更差（Bruner et al., 2011; Jin et al., 2014）。另外即使是脆性矿物岩石，其随深度的增加，储层中压力和温度达到一定条件时，岩石将从脆性向延展性或柔韧性转化（Kwasniewski, 1989）。就岩石杨氏模量而言，在同一储层条件下杨氏模量高于一定值时储层渗透性能将受到抑制（Zhang et al., 2015），因此储层岩石弹性参数对储层渗流能力是一把"双刃剑"。

为了更好地理解强应力背景下裂缝性砂岩储层地质力学响应对气藏综合表现的影响，开展了一个地质、地质力学和气藏工程结合的一体化研究：①讨论了常规岩石物理手段在克拉苏构造带深层储层评价中面临的问题和矛盾，引出利用地质力学技术进一步认识复杂气藏中的深入研究。②发现在同一气藏内地质力学属性具有明显的自分层特征，进而提出了地质力学层的概念及划分方法，以便系统认识地应力场等地质力学属性对储层品质的影响机理。③通过分析平面分区、纵向分层的地质力学参数场控制下天然裂缝和断层的力学行为与气井产能之间的关联性，揭示了裂缝性储层在现今应力场作用下渗透性能的主控因素。④将气藏地应力场、岩石力学参数和天然裂缝地质力学响应三个方面综合，建立了一种适用于克拉苏构造带的储层品质地质力学综合判别指数 RGI（Reservoir Geomechanical Index），为储层评价和气藏全面认识提供了重要的技术补充。

第一节　常规岩石物理手段评价储层中的矛盾

对于克拉苏构造带的储层评价和气藏认识，一些学者针对地质构造、储层性质和油气成藏等（贾承造等，2002；能源等，2013；徐振平等，2011；管树魏等，2010；雷刚林等，2007；余一欣等，2008；汤良杰等，2004）方面有较深入的研究，深入阐述了该区块的地质构造、储层特征及其石油地质意义。但是该区在储层地质力学方面的研究很少，有学者针对库车坳陷构造背景做了一些地应力场数值模拟研究，但研究对象的尺度较大，对于储层油气成藏和运聚有意义（王喜双等，1999；张乐等，2007），而缺少对于面向气藏开发尺度更精细的储层地质力学研究。而在近年的生产实践中发现常规的储层岩石物理参数描述和评价方法对这种复杂裂缝性储层品质和产能变化已不甚敏感，给气藏认识和开发方案优化带来了困难。

克拉苏构造带深层气藏中砂岩厚度大，基质孔隙度和渗透率低，天然裂缝在增强流体流动性能中占有重要地位。但一直以来，对天然裂缝对储层品质和产能的影响机理并不了解，因此在一段时间内的气田评价中遇到了一个问题，即常规岩石物理属性对储层品质的响应不敏感，利用常规物性参数不能很好反映出储层品质差异。图 4-1 和表 4-1 指示了 KES2-2-8 井和 KES208 井储层测井资料解释结果和气井完井改造后的无阻流量对比。

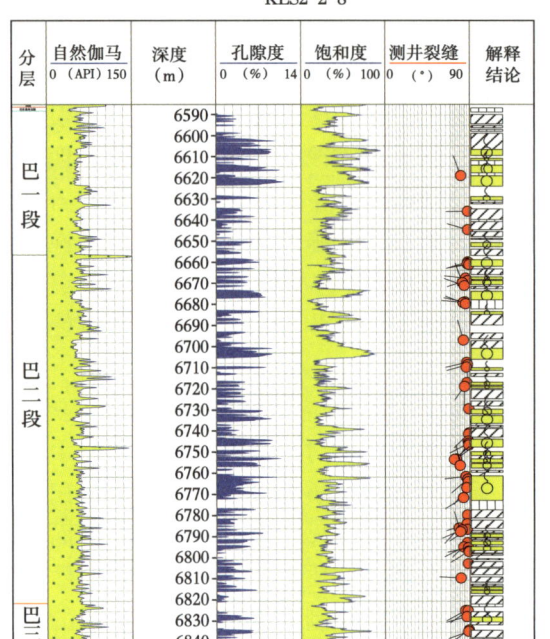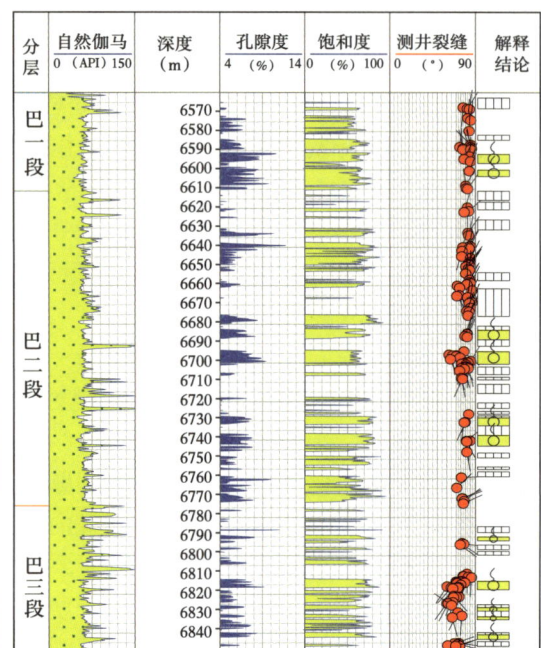

图 4-1 克深 2 构造两口典型气井岩石物理解释结果对比

表 4-1 克深 2 构造两口典型气井物性及产能对比

井名	自然伽马（API）	测井孔隙度（%）	含气饱和度（%）	天然裂缝（条）	无阻流量（$10^4 m^3/d$）
KES2-2-8	62	7	69	55	466
KES208	69	6	62	137	10

如图 4-1 和表 4-1 所示，KES2-2-8 井测井解释孔隙度平均为 7%，气层厚度 178.5m，天然裂缝 55 条。KES208 井测井解释孔隙度平均为 6%，气层厚度 143.5m，天然裂缝 137 条。两口井储层岩性均为岩屑长石砂岩，其中石英、长石含量相对稳定。从以上数据可以看出，两口井常规岩石物理属性近似一致。但两口井完钻后的初期产能相差近 40 倍，KES2-2-8 井改造后无阻流量为 $466\times10^4 m^3/d$，KES208 井改造后无阻流量为 $10\times10^4 m^3/d$。从表 4-1 可知，两口井储层品质差异很大，但常规岩石物理属性解释结果却很接近，说明常规基于岩石物理的储层评价对于克深 2 构造上气井的解释存在一定局限。

图 4-2 和表 4-2 是克深 5 构造四口气井的岩石物理解释结果和初期测试结果对比。图 4-2 中每口井的岩石物理剖面从左至右，分别为自然伽马、孔隙度、饱和度、天然裂缝解释和测井气层评价等。从图中可知四口气井中反映岩石物理性质的曲线形态相似，说明岩石物理分析结果接近。

表 4-2 显示了克深 5 构造四口气井几种地层属性的对比结果，从中可知该构造气井孔隙度在 5.5%~6.2%，含气饱和度在 63% 左右，天然裂缝在 66~132 条。其中克深 506 井的孔隙度、泥质含量、含气饱和度均处于中值水平，而天然裂缝的条数较高，但是该井的初次测试产能明显低于其他气井，说明克深 5 构造中，常规岩石物理方法评价储层也存在难点。

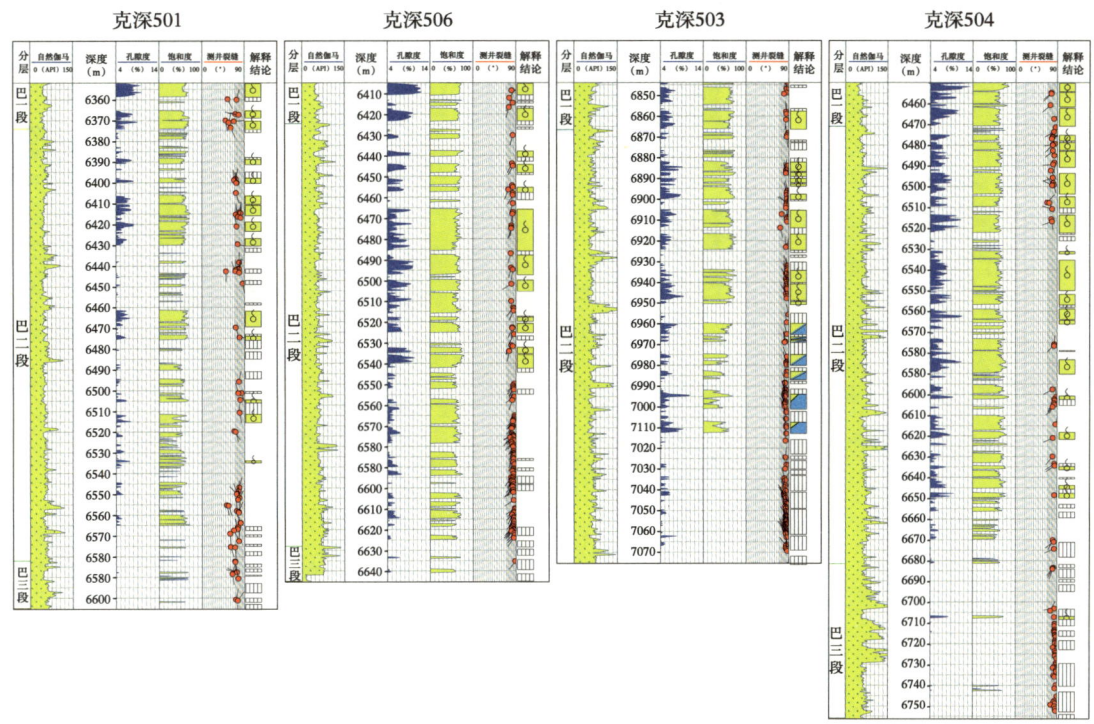

图 4-2　克深 5 构造四口典型气井岩石物理解释结果对比

表 4-2　克深 5 构造四口典型气井物性及产能对比

井名	自然伽马（API）	测井孔隙度（%）	含气饱和度（%）	天然裂缝（条）	无阻流量（$10^4 m^3/d$）
克深 501	56	5.5	64.7	66	208
克深 506	63	6.2	64.9	110	11
克深 503	71	5.6	62	132	50
克深 504	78	6.2	63.9	88	511

图 4-3 所示为克深 6 构造四口已钻井岩石物理剖面，从中可知四口井岩性剖面相近，物性特征克深 6 井和克深 602 井相似，克深 601 井和克深 603 井相似，但克深 601 井和克深 603 井存在明显含水层可暂不对比其产能，克深 602 井和克深 6 井白垩系上部地层岩石物理特征相似，但从表 4-3 可知两口井之间产能差异巨大。

表 4-3　克深 6 构造四口典型气井物性及产能对比

井名	自然伽马（API）	测井孔隙度（%）	含气饱和度（%）	天然裂缝（条）	无阻流量（$10^4 m^3/d$）
克深 601	67	6	48	23	无产能
克深 602	68	6	61	28	3.5
克深 6	66	7	67	159	370
克深 603	74	6	45	0	无产能

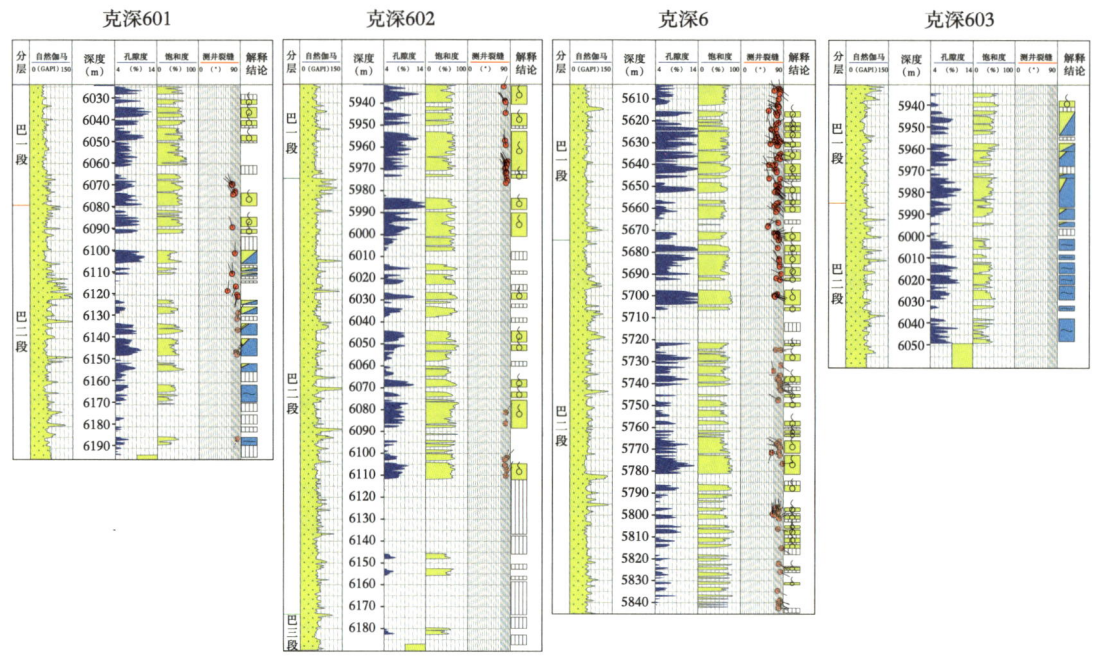

图 4-3　克深 6 构造四口典型气井岩石物理解释结果对比

图 4-4 和表 4-4 所示为克拉苏构造带西部博孜区块三口气井岩石物理解释剖面和与产能数据，从中可知三口井岩石物理性质相似，但就岩石物理剖面而言，博孜 101 井和博孜 102 井优于博孜 1 井，其中博孜 101 井和博孜 102 井天然裂缝均较发育，博孜 1 井由于未测成像测井，因此没有天然裂缝解释结果。但三口井的初期产能情况为：博孜 1 井最好，博孜 101 井次之，博孜 102 井最差。

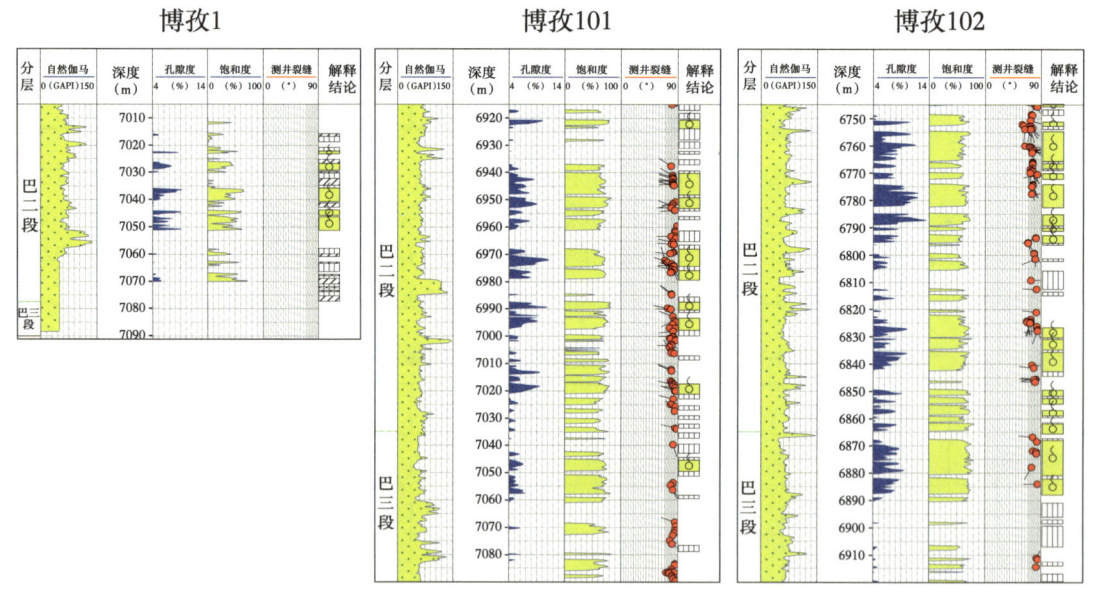

图 4-4　博孜区块三口典型气井岩石物理解释结果对比

表 4-4 博孜区块三口典型气井物性及产能对比

井名	自然伽马（API）	测井孔隙度（%）	含气饱和度（%）	天然裂缝（条）	无阻流量（$10^4 m^3/d$）
博孜 1	68	5.4	63	\	40.9
博孜 101	71	5.9	68	107	23.36
博孜 102	72	6.7	67	82	12

另外将克深 2 构造典型井岩石物理特征与克深 8 构造岩石物理特征对比，如图 4-5 和表 4-5 所示，两个区块的典型井岩石物理剖面特征非常相似，常规测井解释孔隙度和饱和度值基本无差异，但克深 2 和克深 8 构造气井投入开发一年后的累计产量却差别较大，克深 8 构造累计产量明显高于克深 2 构造。产量高低不仅未反应在岩石物理剖面上，而且与天然裂缝的数量也不成比例关系，说明常规岩石物理解释在解决克拉苏深层气藏评价中存在一定的局限性，其中诸多问题尚待商榷。

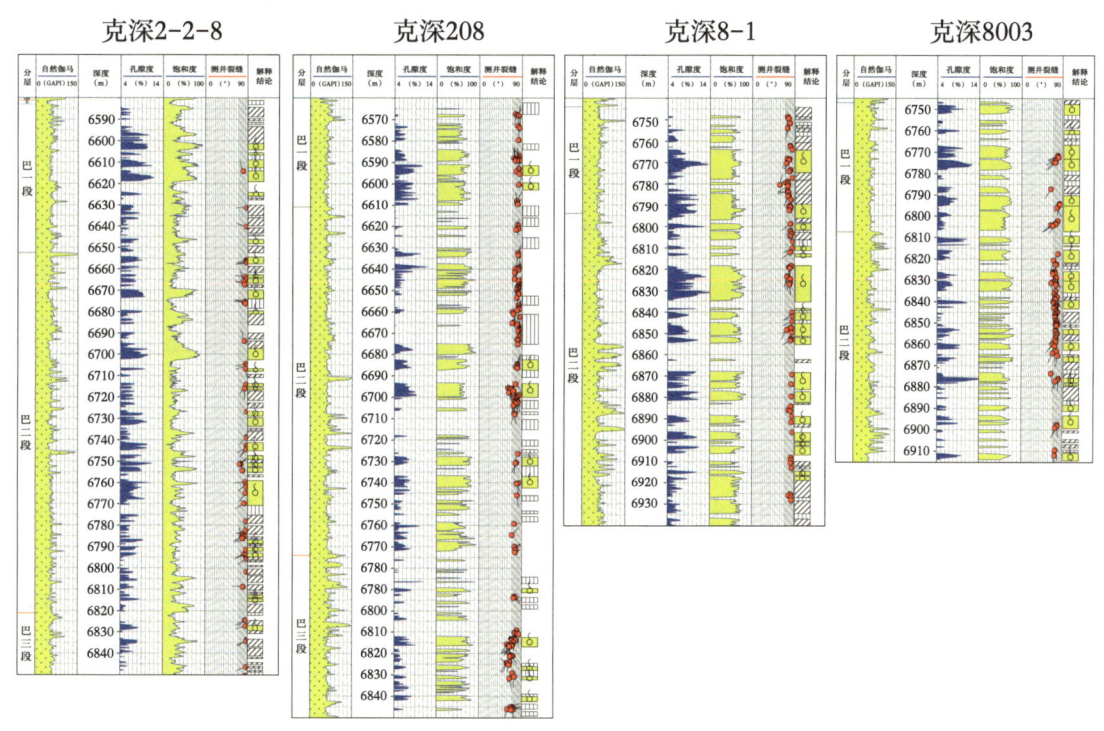

图 4-5 克深 2 构造与克深 8 构造典型井岩石物理特征对比

表 4-5 克深 2 构造和克深 8 构造典型井岩石物理特征与产能对比

井名	自然伽马（API）	测井孔隙度（%）	含气饱和度（%）	天然裂缝（条）	无阻流量（$10^4 m^3/d$）	年平均产量（$10^4 m^3$）
克深 2-2-8	62	7	69	55	466	14489
克深 208	69	6	62	137	10	1042.86
克深 8-1	67	7	64	98	479	25264
克深 8003	68	7	67	81	518	24021

第二节 储层地质力学属性对比

本章第一节论述了克深气田的几个气藏中,常规岩石物理性质对储层品质差异不甚敏感。图4-6所示为克深2构造上KES2-2-8井和KES208井的地质力学属性对比,图中第一道至第六道曲线分别为杨氏模量E、泊松比ν、水平最小主应力σ_h、水平应力差σ_{H-h}、天然裂缝剪应力与正应力之τ/σ_{ne}等。对比显示,高产井KES2-2-8具有高杨氏模量、低泊松比、低水平最小主应力、高水平应力差、高τ/σ_{ne}等特征,而低产井KES208中的各项地质力学参数正好相反。

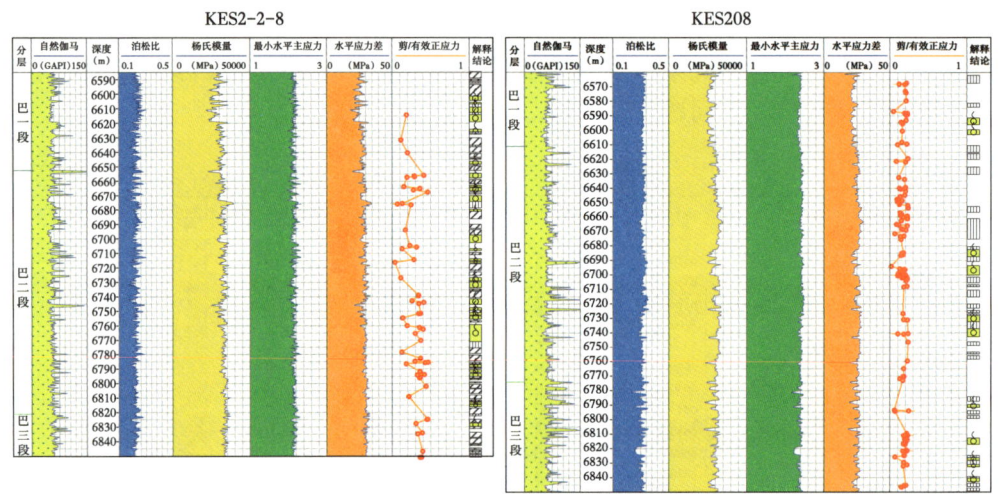

图4-6 克深2构造KES2-2-8井和KES208井地质力学参数对比

克深5构造气井之间的常规岩石物理解释结果相似(图4-2),但其中克深506井初期产能较低。图4-7为克深5构造4口气井的岩石力学参数(泊松比、杨氏模量和抗压强度),

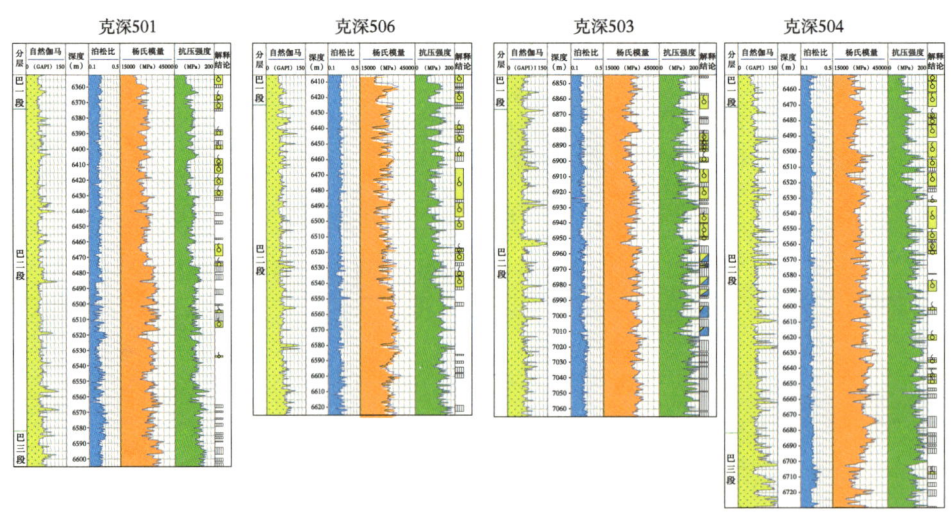

图4-7 克深5构造四口气井岩石力学参数对比

从中可知克深 506 井与其他三口井相比具有杨氏模量降低、泊松比较高、抗压强度较高的特点。

图 4-8 为克深 5 构造四口气井地应力参数对比，从中可知克深 506 井具有水平最小主应力梯度较高、水平应力差较低、天然裂缝剪应力与正应力之比 τ/σ_{ne} 低等特征，由于克深 506 井位于构造北部，接近北部较陡峭地层，因此其水平最小主应力较高，水平应力差较低，这个特征将影响天然裂缝渗透率的保持，这是导致该井初期产能较低的原因之一。

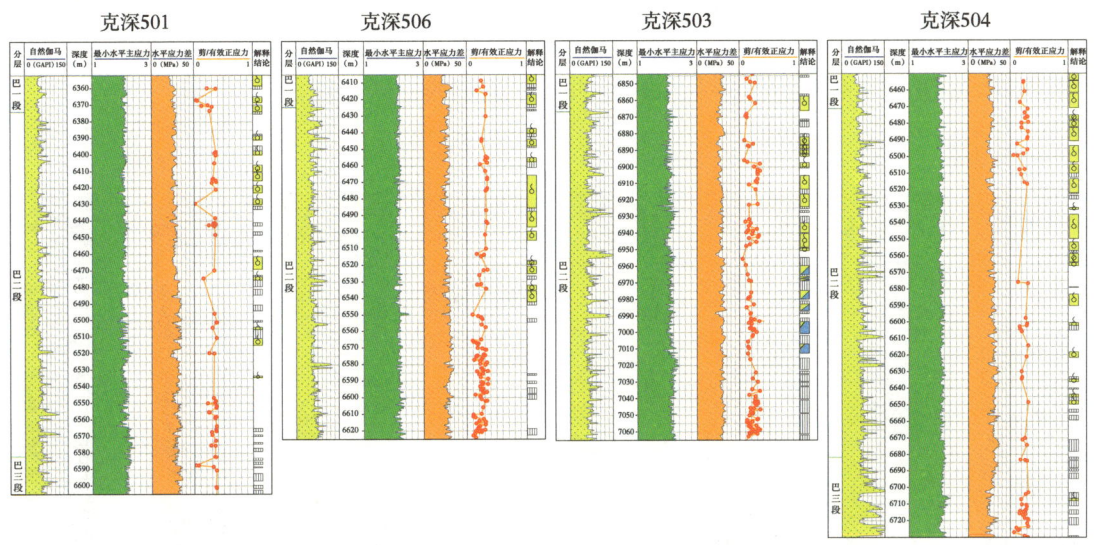

图 4-8　克深 5 构造四口气井地应力参数对比

图 4-9、图 4-10 和图 4-11 为克深 6 构造气井地质力学属性的对比图。从图 4-9 中可知克深 6 构造气井岩石力学参数差异较大，与其他气井相比，克深 6 井具有较低杨氏模量、较高泊松比和低的的抗压强度（仅为其他气井的 1/2）。

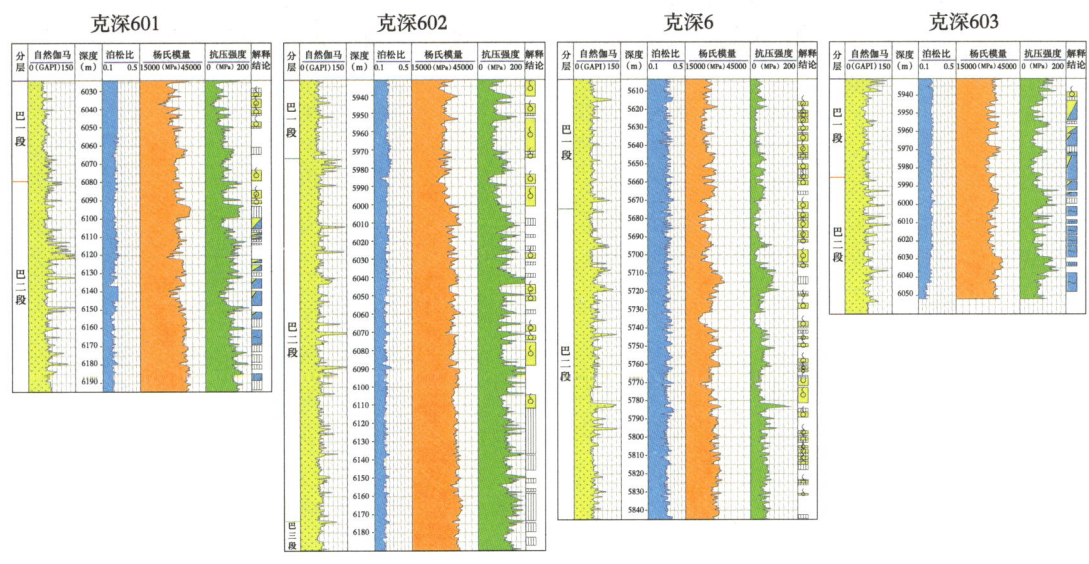

图 4-9　克深 6 构造四口气井岩石力学参数对比

图 4-10 为克深 6 构造克深 6 井、克深 601 井、克深 602 井和克深 603 井的成像测井资料对比,从图中可以明显看到,克深 6 井的井壁图像与其他三口井的井壁图像存在明显差异。克深 601 井、克深 602 井和克深 603 井等三口井的井壁图像中均发现有明显的剪切破裂行迹(图像中的黑色宽条纹),且这种破裂行迹几乎在同一个方位出现,贯穿于整个白垩系井段。这种现象的出现表明井眼处应力集中较强,地层应力无释放的有效途径,钻井中井眼打开后,立刻释放出来,形成了井壁上有一定宽度、深度且有规律的大量破裂行迹。由于地应力集中,没有有效破裂面释放应力,因此这几口井位置上的储层品质较差。而克深 6 井位置处虽然也有这种行迹,但是其对比差和宽度都远低于其他三口井,说明克深 6 井储层位置应力较低,储层品质较好,具有较好的初期产能。

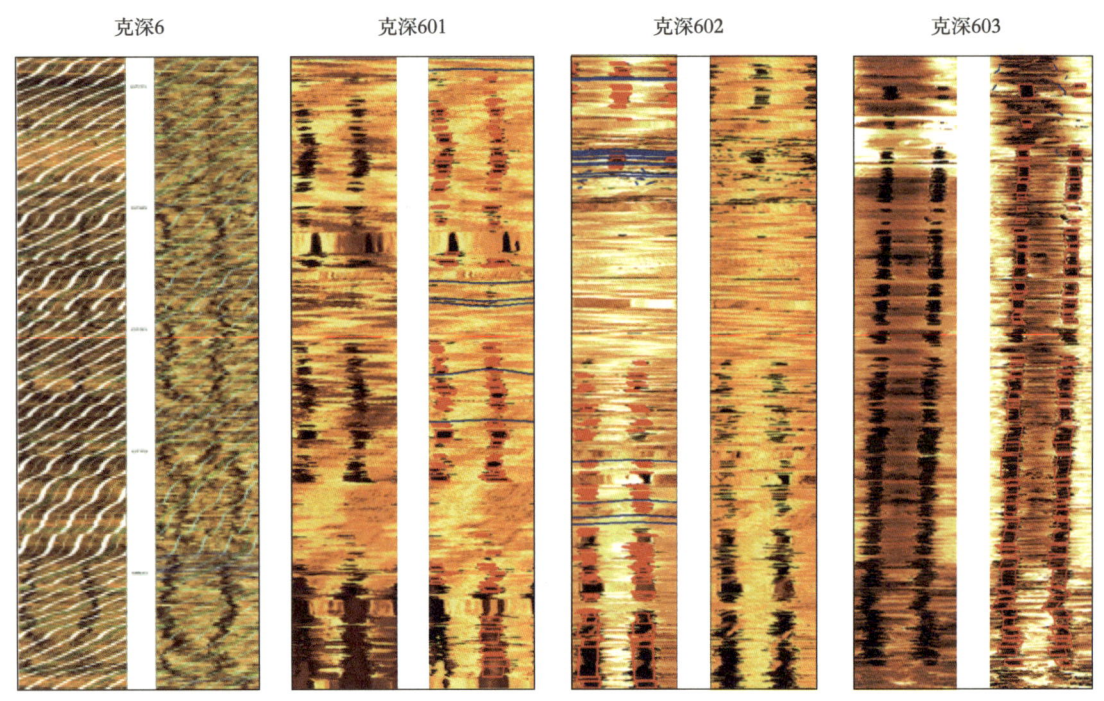

图 4-10 克深 6 构造四口井成像测井图像特征对比

图 4-11 所示为克深 6 井四口井地应力剖面连井对比,剖面图中从左至右分别为水平最小主应力、水平最大主应力和水平应力差,其中各曲线数值以对称方式显示,曲线充填越宽,其值越大。可知克深 6 井水平最小主应力明显小于其他各井,水平应力差也明显呈现低值。结合图 4-10 所示的井壁破裂行迹和图 4-9 所示的克深 6 构造岩石力学参数剖面,说明克深 601 井、克深 602 井和克深 603 井等位置处地应力高且水平应力各向异性强,应力集中,不利于储层中天然裂缝的产生,储层渗透性能差。说明克深 6 构造由于构造差异变形导致的应力场集中和复杂化,最终使气藏储层表现为强的非均匀性和各向异性(克深 2 构造鞍部位置与之类似)。对于此类气藏的开发,需要从构造、储层地质力学和气藏工程三个方面的结合优化开发方案,解决开发难题(将在后面第六章中论述)。

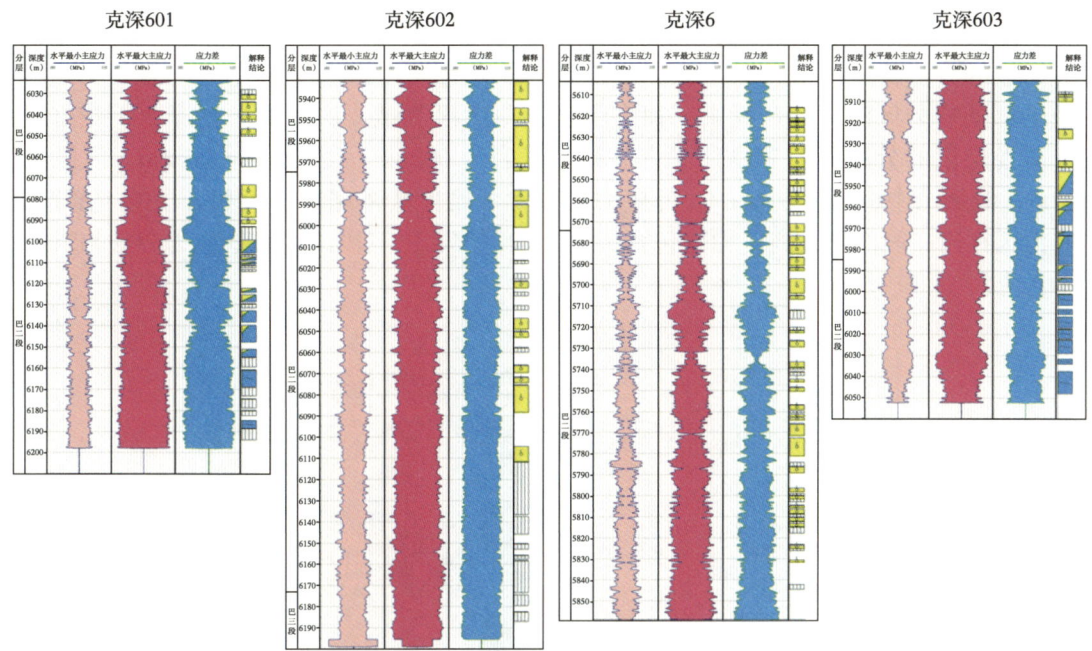

图 4-11 克深 6 构造四口井地应力剖面对比

第三节 地质力学层概念及划分

克拉苏构造带白垩系气层厚度在 200~400m 范围，但其在纵向上储层品质存在较大差异（王招明，2014），地质力学属性的影响是造成这种差异的一项重要因素，由于膏盐岩层遮挡和构造应力挤压的共同作用，使得盐下同一背斜气藏内的砂岩力学特征纵向成层性分布，这种分层在基质孔隙度一致的条件下，将导致不同深度裂缝性储层渗流能力存在较大差异。2000 年 Plumb 等提出了地层岩石力学模型（Mechanical Earth model）的概念，并将岩石力学分层应用于钻井井壁稳定性评价中，但其未进一步阐述地应力分层的特征及其对于储层品质的影响。王鹏昊等（2013）通过对塔里木盆地部分区域岩石力学剖面分析，研究了不同岩层中岩石力学特征的差异对构造变形的影响，但关于这种复杂构造背景下地质力学层的划分和其在储层有效性评价中的应用研究目前鲜有报道。

一、地质力学属性的自分层特征

第二节中阐述了不同构造之间，或者同一构造不同部位上的地质力学差异，将引起气藏储层品质的变化。在开发实践中同样发现在同一气井中的不同层组段上地质力学差异也引起了储层品质的变化。图 4-12 所示为克深 2 构造西部的一口气井——克深 205 井地应力剖面与不同层产能之间的对比，该井在白垩系巴什基奇克组一段和二段上部测试产能较高（如图中产能结果所示），而在巴什基奇克组三段测试结果产能较低。

同时分析其地应力数据，图中中间三道曲线 OHY、XY 和 YMOD 分别为水平最小主应力、水平应力差和杨氏模量。图中地质力学曲线采用对称方式显示，曲线越宽，则表示该属性值越大，曲线越窄，则表示该属性值越小。从中可知这三种地质力学属性在纵向上有明显的分层特征，可以分为低、中、高三种应力段（图4-12最左边应力分层显示），在最上部低应力区测试，产量高，而在下部高应力段测试，产量低。克深205井白垩系三个岩性层段的分层分别为巴什基奇克组一段底为6938m，二段底为7132m，三段底为7197m，但从图中应力分层所示，低应力区包含了巴什基奇克组一段和二段的上部地层，中应力区在巴二段内部，高应力区包含了巴二段下部和巴三段，说明地应力分层与岩性分层不对应。

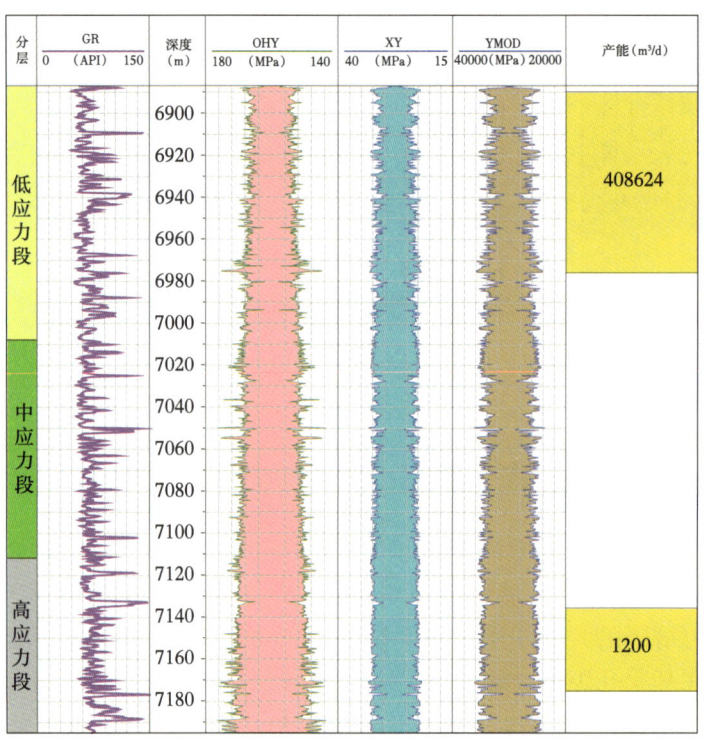

图4-12　克深205井地应力剖面与产能对比

图4-13所示为克深501井地应力剖面特征，图中中间三道曲线水平最小主应力、水平应力差和杨氏模量呈现明显分层特征。上部应力低，而下部巴三段应力高，同样低应力段包含巴一段和巴二段的上部，低应力段对应地层孔隙度明显高于下部，而高应力段孔隙度明显较低，说明地层中地应力场驻留的不均性，影响了不同层段上的储层品质。同样克深501井的三个应力段与岩性分层完全不同，地应力以自身差异而分层分布于储层内。

同样在克深8构造也发现非常明显的地质力学属性的分层特征，以克深801井为例说明（图4-14）。从图4-14中可知水平最小主应力、水平应力差和杨氏模量均呈现低、中、高的三个层，其中低应力段对应的孔隙度最高，中应力段次之，最下部的高应力段对应物性最差。同样应力分层穿越岩性层段。低应力段包含了巴什基奇克组一段和二段的上部地层，中应力段为巴二段的下部地层，高应力段包含巴二段下部部分地层和巴三段。说明

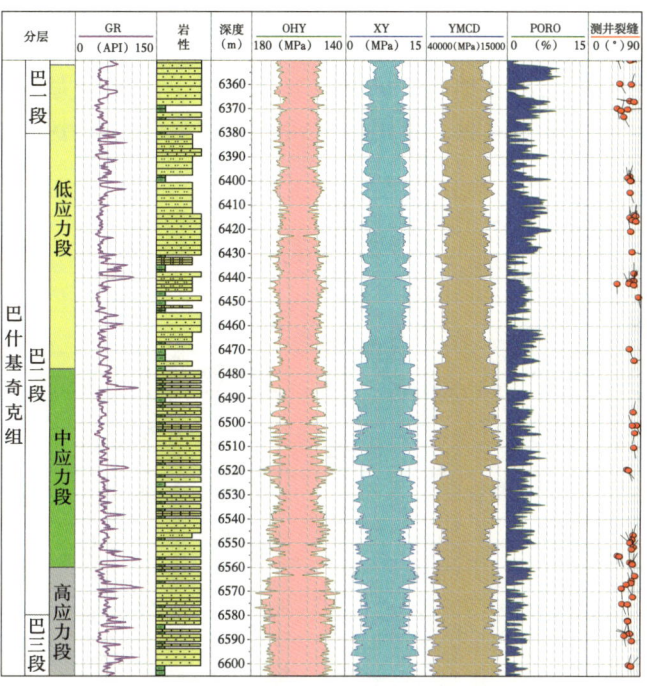

图 4-13 克深 501 井地应力剖面与物性对比

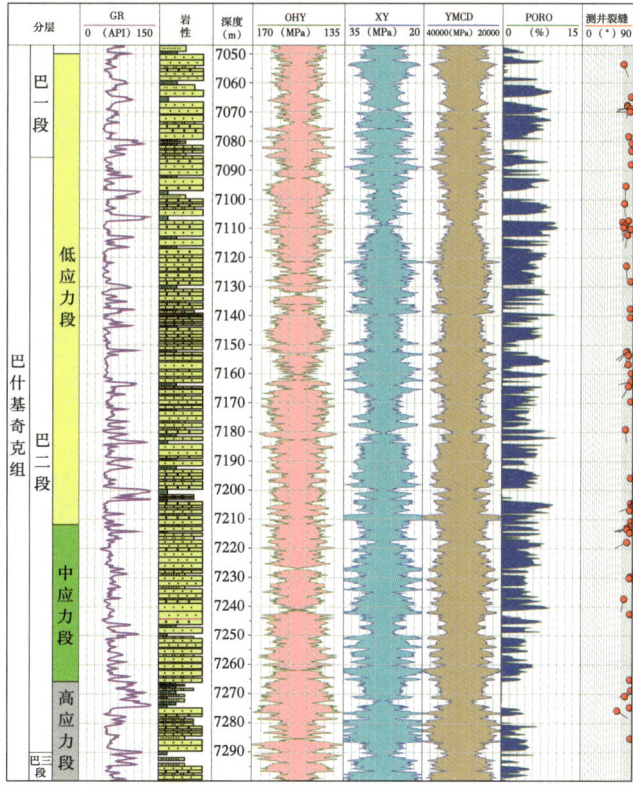

图 4-14 克深 801 井地应力剖面与物性对比

地质力学属性在克拉苏构造带深层白垩系表现出穿越岩性层段的自分层性质，且这种性质直接影响了纵向上的储层品质差异。

在克拉苏构造带西部的博孜地区，同样也有较为显著的地质力学属性的分层特征。以博孜101-2井（图4-15）为例说明，利用沉积相—岩性组合、最小与最大水平主应力及应

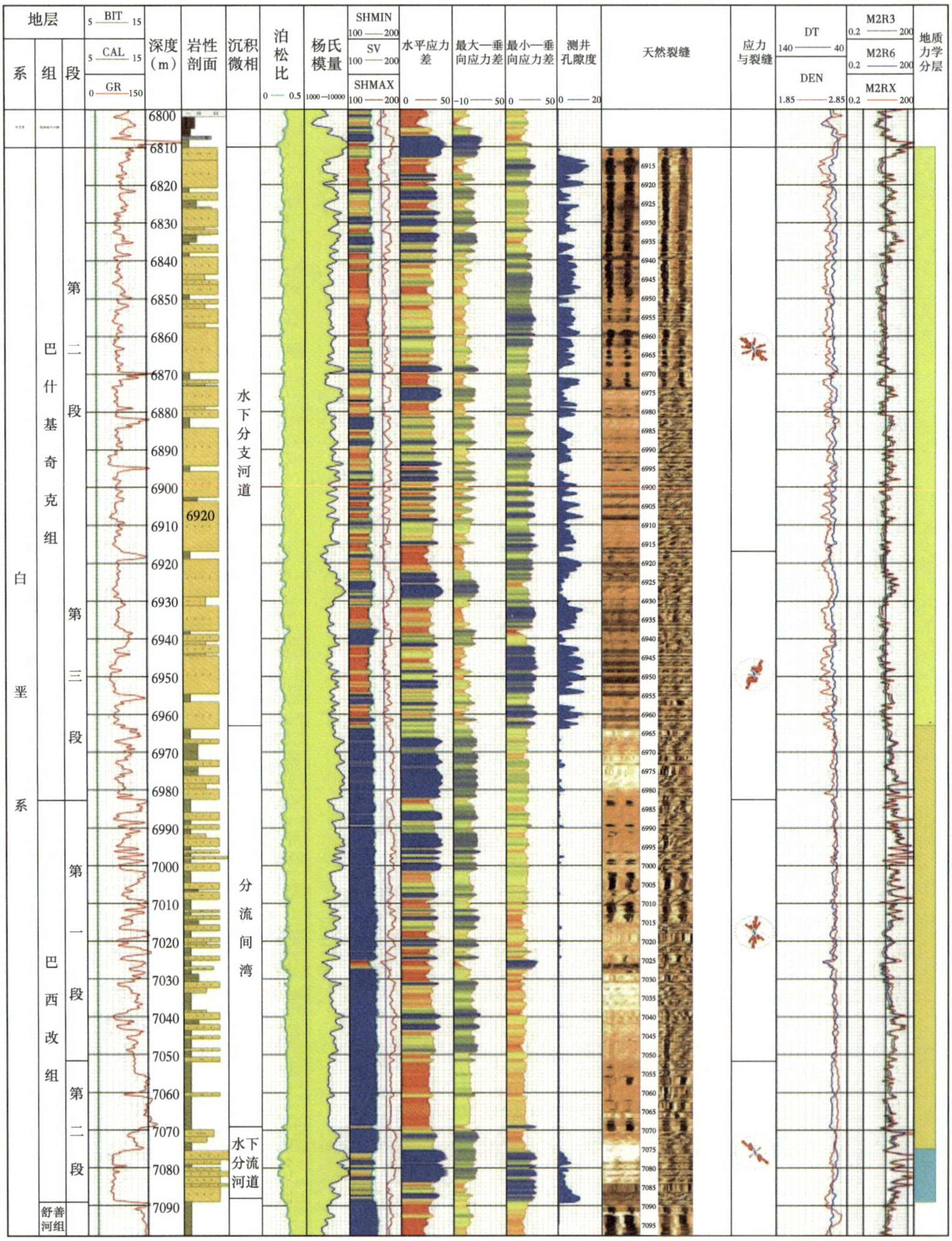

图4-15　博孜101-2井地质力学层划分

力差、杨氏模量、泊松比等参数可以将巴什基奇克组和巴西改组划分为两套地质力学层。其中6810~6963m段地层沉积微相为水下分支河道，砂地比高，物性高，现今水平应力较低，裂缝发育。6963~7090m段地层沉积微相以分流间湾为主，砂地比较低，物性差，水平应力高，裂缝欠发育，储层相对较差。

二、地质力学层的划分及意义

根据以上克拉苏构造带深层气藏中地质力学属性的自分层特征，在前人对岩石力学分层研究和应用（Plumb et al., 2000）的基础上，提出了以地应力分层为核心的地质力学层概念及划分标准。

储层地质力学层指的是由于储层岩性背景和构造运动的共同作用，导致储层中地应力和岩石力学参数呈现自分层特征，依据这种分层规律，可将储层划分为多个序列，这种地质力学层同时反映储层岩石在构造运动过程中保存下来的地应力场信息和岩石力学变形特征，直接影响储层孔隙度和渗透率的分布。

下面以克拉苏几个已开发气田中典型井连井地质力学层剖面，说明地质力学层划分的依据及其规律性。图4-16为克拉2气田四口气井地质力学层连井对比图，从中可知三种地质力学属性（水平最小主应力、水平应力差和杨氏模量）均有规律性的分层特征。同样图中地质力学属性曲线采用对称方式显示，其越宽表示属性值越大，反之亦然。在第一段，低应力段中三种属性值均低，且曲线变化较平直，低应力段一般包括巴一段和巴二段的上部。第二段为中应力段，其中几项属性有随深度逐渐变大的趋势。在低应力段和中应力段，几项属性表现为在构造高部位低值，而在构造翼部表现为高值。但在高应力段几项地质力学属性均表现为突然增大的特征，且整段内值均比较高。

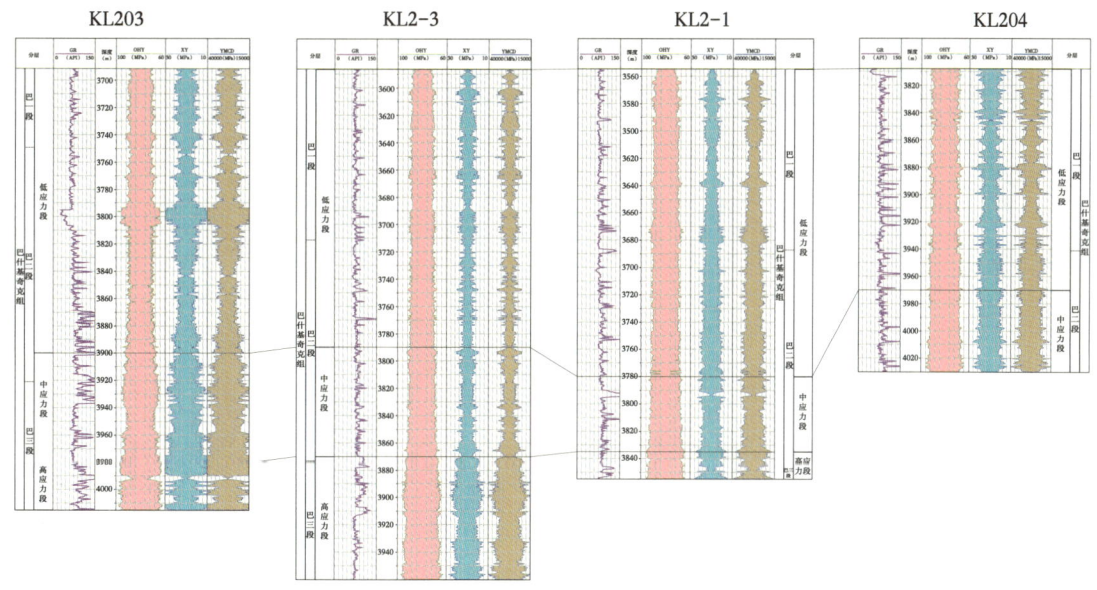

图4-16　克拉2气田典型井地质力学层连井对比

图 4-17 为克深 5 构造典型气井地质力学层对比。由图可知克深 5 构造三个应力段的分层特征很明显，与克拉 2 气田相比，其低应力段在同一井内的比例较长，而中应力段和高应力段相应比例较短，克深 5 构造低应力段内曲线具有一定的起伏变化特征。

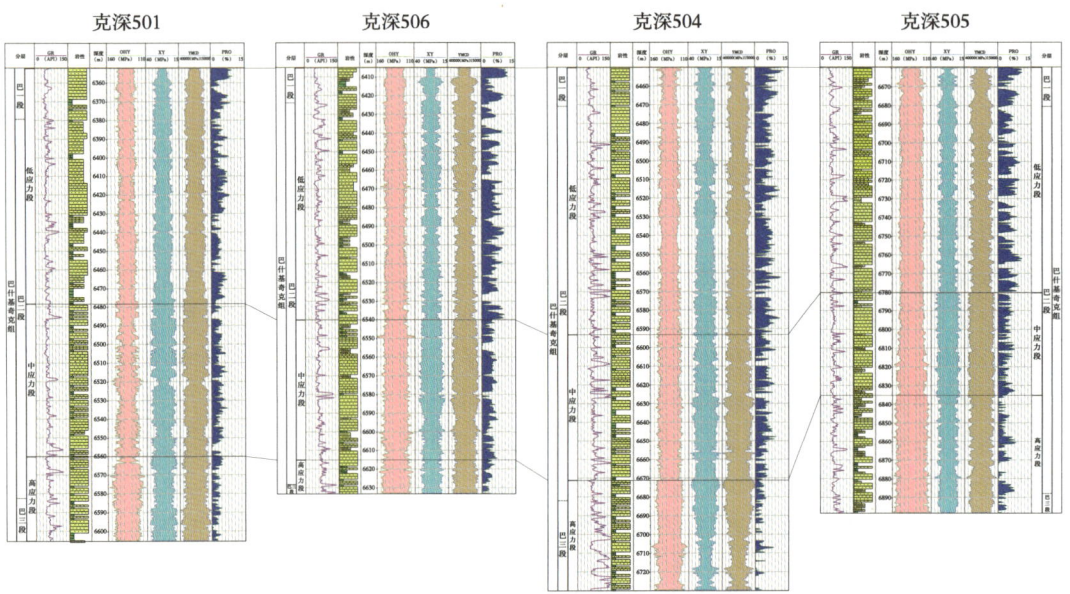

图 4-17　克深 5 气田典型井地质力学层连井对比

图 4-18 为克深 8 构造典型气井地质力学层对比。由图可知克深 8 构造三个应力段的分层特征很明显，与克深 5 构造相比，低应力段在同一井内的比例较长，而中应力段和高

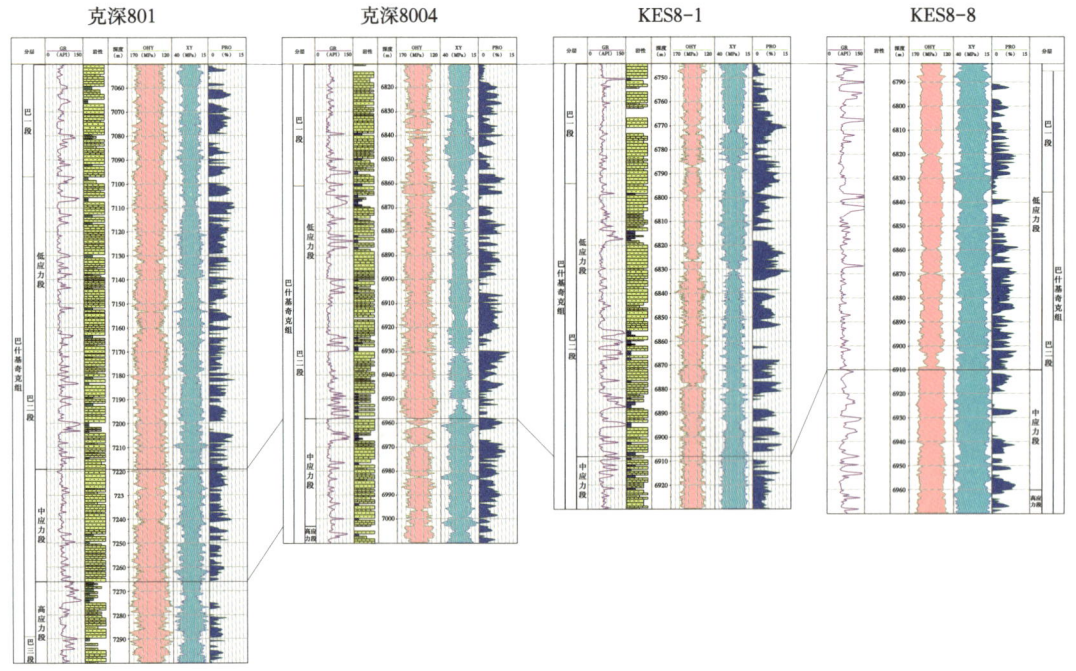

图 4-18　克深 8 构造典型井地质力学层连井对比

应力段相应比例较短，低应力段在白垩系内的长度比例与克拉 2 气田相当。低应力段与中应力段对比，水平最小主应力差异不大，甚至有减小趋势，但其水平应力场和杨氏模量有增大趋势，同样克深 8 构造低应力段内曲线具有一定的起伏变化特征。

图 4-19 为克深 6 构造典型气井地质力学层对比。由图可知克深 6 构造三个应力段的分层特征并不明显，与其他几个构造相比，克深 6 构造低应力段在同一井内的比例最短（克深 6 井除外），而中应力段和高应力段相应比例较长，克深 6 井白垩系低应力段长度较长。克深 6 构造井间地应力差异大，克深 6 井水平最小主应力和水平应力差均较小，其余三口井应力呈明显高值，克深 6 构造几个应力段内部纵向应力曲线起伏变化剧烈。

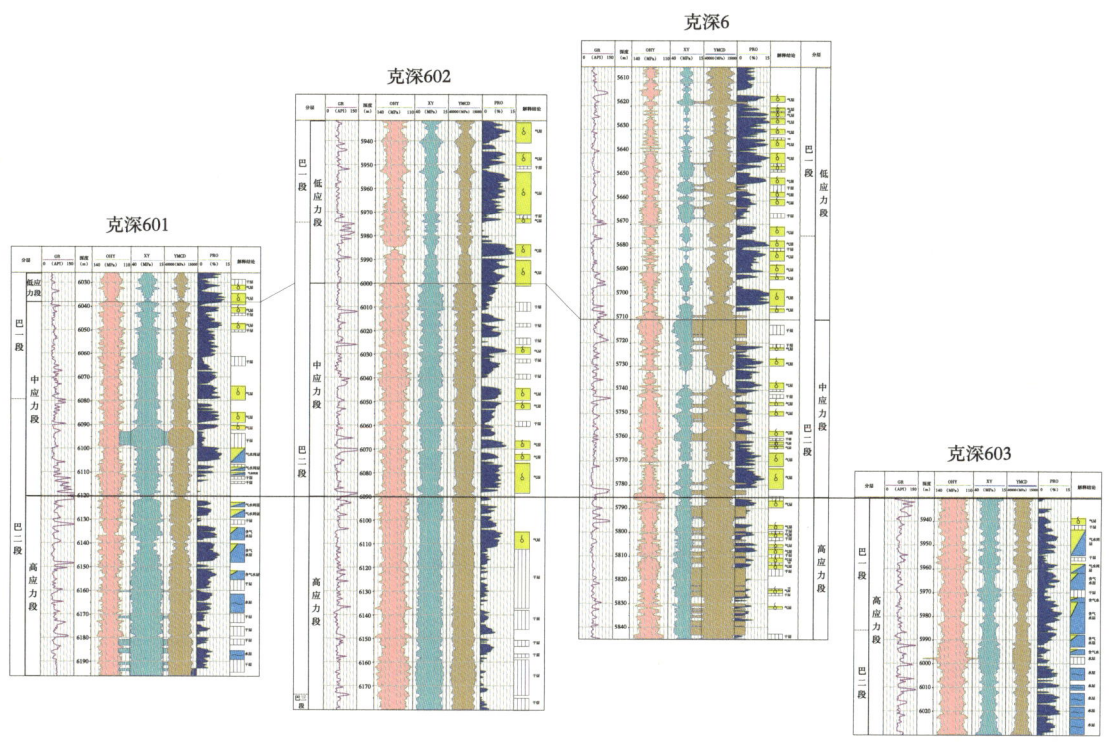

图 4-19　克深 6 构造典型井地质力学层连井对比

图 4-20 为克深 9 构造典型气井地质力学层对比。与其他几个构造相比，低应力段的长度比例居中，与克深 5 构造相似，其中克深 905 井地应力段最长，克深 907 井目前完钻白垩系层段全部在低应力段内，克深 9 构造几个应力段内部纵向应力曲线起伏变化较平缓。

克拉苏构造带气藏中的地质力学层特征和规律，不仅反映了储层地质力学自身赋存的性质，也是储层品质及其变化的一种反映。对于地质力学层的认知和其划分的不断完善，将有利于气藏的认识和评价，同时对于完钻井深优化、完井方案优化、压裂改造优势段选取等有重要的积极作用，也有利于气藏开发方案的优化。

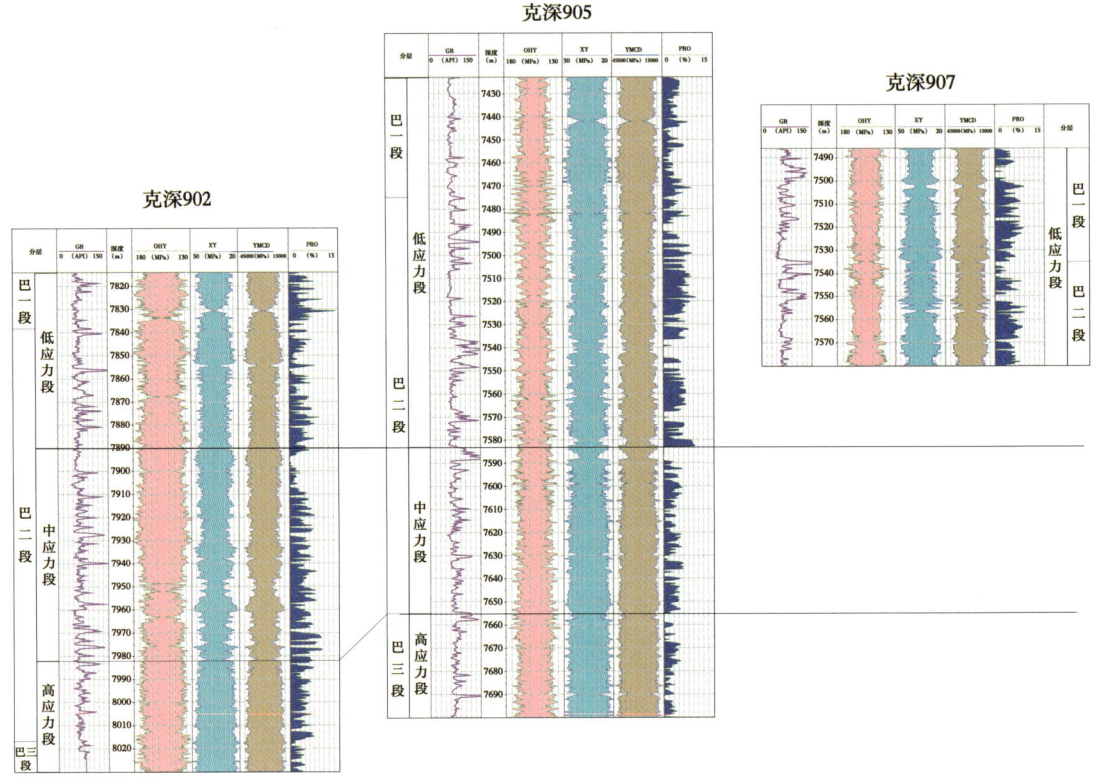

图 4-20　克深 9 构造典型井地质力学层连井对比

第四节　模拟气藏条件大岩样地质力学实验

克拉苏构造带深层克深区带气藏物性较差，基质渗透率极低，断裂破碎带天然裂缝是储层渗透率和导流能力的主要贡献者（张惠良等，2012；王招明，2014）。而在这种复杂构造和强应力背景下的储层中，天然裂缝的渗透性与其所受地应力场密切相关，原地应力场分解到裂缝表面的剪切应力与垂直于裂缝的正应力之间的关系是一个重要的渗透率决定因素，如剪应力与正应力的比值大于一定值，裂缝渗透率将呈数量级增加（Townend et al.，2000）。另外对页岩气储层压裂过程中的微地震事件调查，发现了一种沿断层带和天然裂缝的缓慢剪切错动现象，而且发现压后获得高产的位置都与这种缓慢剪切错动密切相关（Zoback et al.，2012）。同时在 Barnett 页岩储层体积压裂改造研究中，揭示了这种裂缝性储层在压裂中的剪切变形是改善整个储层渗透性的关键因素之一（Johri et al.，2013），因此天然裂缝在气藏条件下的剪切变形能力与气藏渗透率有直接的关联性。为了了解克拉苏深层气藏天然裂缝在地应力场作用下的剪切变形特征，开展了一个利用大尺寸露头岩石样品模拟天然裂缝受力变形的地质力学实验。

一、设计目的及实施方案

实验的主要目的是观察现今应力场条件下的天然裂缝力学行为，因此模拟地层条件下的应力与裂缝之间的关系是最重要的设计依据。白垩系巴什基奇克组砂岩是克拉苏构造带的主要储层，实验岩样从库车河地质剖面出露的下白垩统砂岩露头获得，具体取样地点位于距离库车县城 120km 的天山大峡谷附近（图 4-21），库车河地质剖面是塔里木盆地中—新生代地层出露最齐全、最具代表性的地质露头剖面。本次实验取样过程中使用较大型机械径向开挖，一定程度保持获取未经风化侵蚀、致密、成岩程度高的样品，样品成分主要以岩屑长石石英砂岩和长石岩屑石英砂岩为主，与地下气藏岩石属性相似，整块岩石样品完整无天然裂缝，体积为 0.5m×0.5m×0.5m。

图 4-21　库车河剖面露头大尺寸岩样示意

从第三章第四节可知克拉苏深层气藏水平最小主应力值分布范围为 120~150MPa，水平最大主应力值分布范围为 140~180MPa，水平主应力差一般为 15~30MPa，地应力绝对值高，水平应力各向异性强。水平最大主应力方位以北东和北西向为主，不同构造和不同构造部位方位变化较大（图 4-22）。天然裂缝走向的优势方位以北东和北西两个方向为主，但在不同构造部位上的变化比较大。图 4-22 所示为克深 2 气藏不同井位天然裂缝的走向分布特征，图 4-22a 为各井点上天然裂缝的走向统计，图 4-22d 为所有天然裂缝倾向投影图（以南北倾向和南西、北东倾向为主，大部分倾向范围为 SE150°—EW270°，其次为 NW330°—EW90°），储层内天然裂缝产状分布相当复杂。图 4-22b、c 为井筒天然裂缝密度和倾角统计，井筒内天然裂缝密度峰值为 1 条/m，裂缝倾角以高角度为主，其中倾角小于 50° 的占 25%，大于 50° 的裂缝占 75%。

由于气藏岩石地应力绝对值极高，目前尚无实验室能加载如此高的应力设备（本次实验由位于美国盐湖城的 TerraTek 实验室承担）。根据实验目的，实验方案中以满足水平应力差和天然裂缝与应力场夹角两个指标为主要依据。岩样上加载的应力为水平最大主应力 σ_H 为 24MPa，垂向应力 σ_V 为 16.5MPa，水平最小主应力 σ_h 为 7MPa。

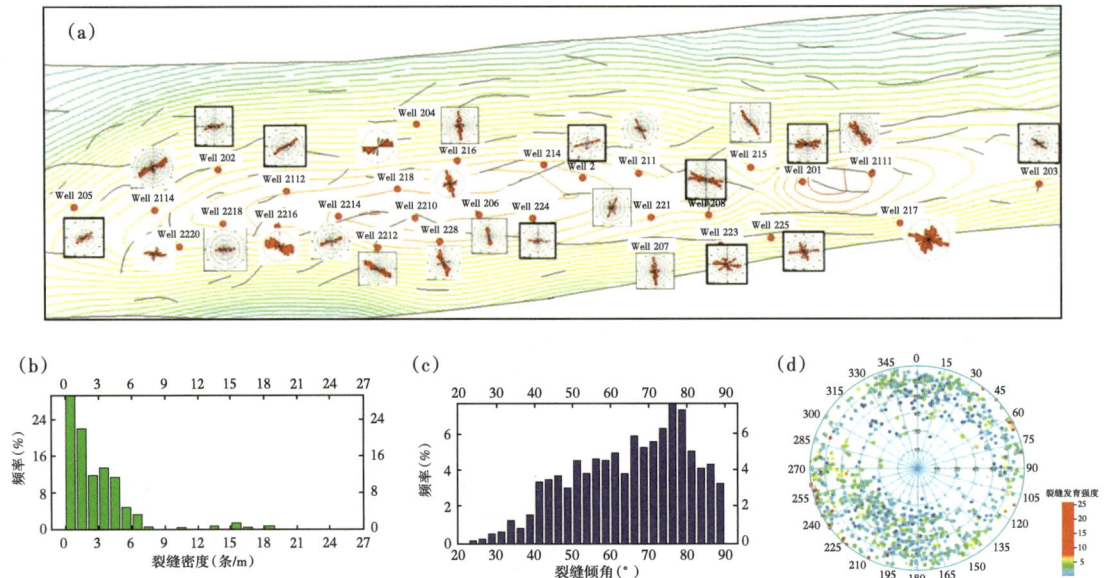

图 4-22 克拉苏构造带克深 2 气田已钻井中天然裂缝产状分布描述

在岩样中切割 3 条缝（图 4-23），模拟天然裂缝，岩样中心钻孔，模拟井筒，三个人造切割面中的两个互相平行，并且到井筒距离相等，这两个平行面与水平最大主应力成 45° 夹角，另外一个切割面与前两个面斜交，与水平最大主应力垂直。通过岩样中加载的不同方向的应力与切割面的关系，模拟地下气藏中地应力场与天然裂缝之间的复杂性。

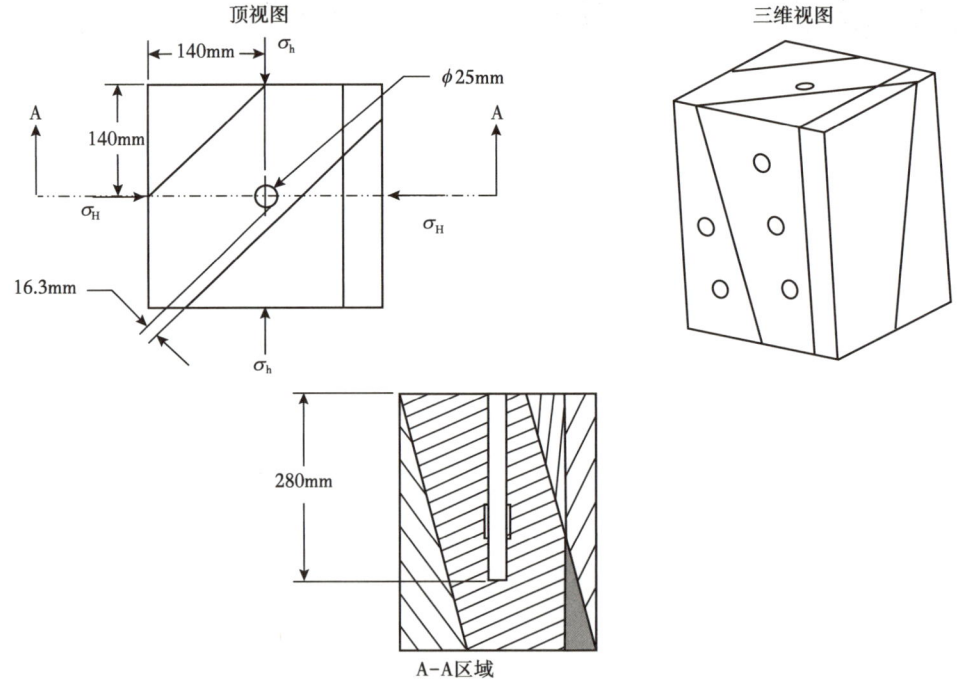

图 4-23 岩样中加载应力方位、井筒、天然裂缝关系

为满足实验室装置容积并便于加载三轴地应力，将岩石样品切割为 79mm×279mm×381mm 大小的长方体，图 4-24 所示为实验加载装置，样品置于密闭容器后，通过阵列液压传导器，由垂向和水平向增压器提供三个方向不同的应力加载，模拟三轴地应力场。在实验过程中既可以观察增加三轴应力后破裂面的特征，也可以模拟利用注入增压器向"模拟井筒"增加压力，观察通过井筒改变岩体储层空间压力和应力场对天然裂缝的影响。

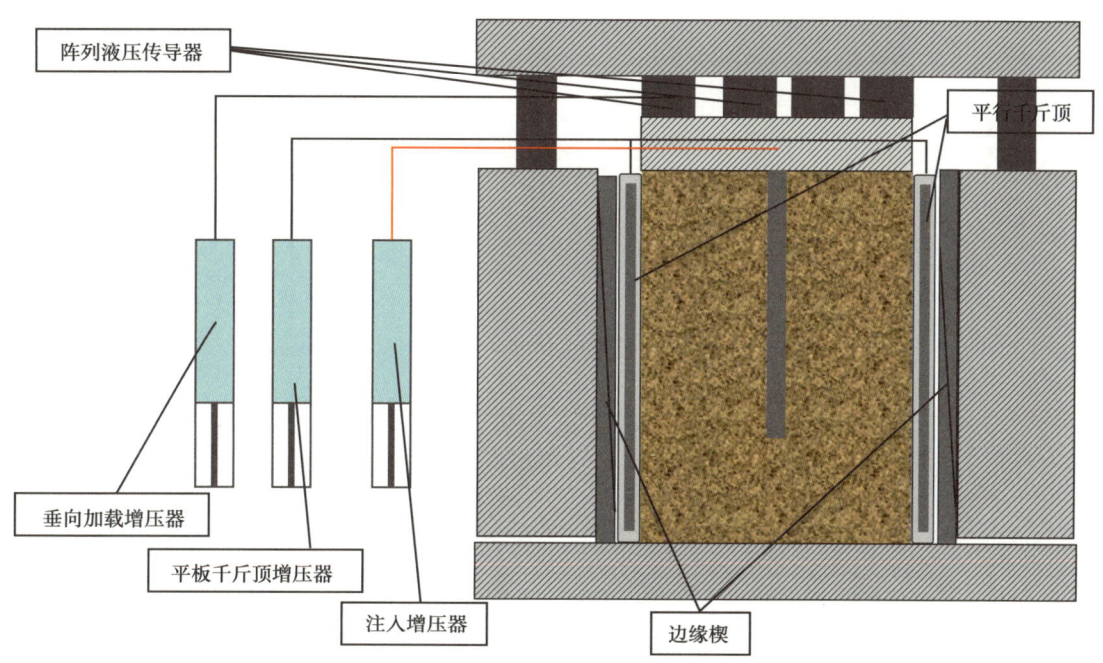

图 4-24　岩样三轴应力加载装置示意图

二、实验过程观察

对于实验过程的观察，主要手段是模仿油气藏微地震事件监测的原理和方法。采用声发射传感器记录应力和压力加载过程中裂缝面及周围产生的弹性波信号，来间接反映天然裂缝在各种力场状态下的形变行为。为了有效采集声发射信号，在岩石东西两侧和顶底面嵌入声发射传感器，如图 4-25 所示，图中标有数字编号的圆圈位置即为声发射传感器嵌入位置，由于可以分别从岩样东西两侧和顶底面接收信号，因此有利于分析三维空间受力后的储层特征和裂缝变形。

实验首先通过测量加载三轴应力后岩样中声发射传播速度，以观察含裂缝砂岩储层在地应力场作用下岩石物理性质的变化特征。图 4-26 所示为三轴应力加载及速度测量过程，其中纵坐标为加载应力值，横坐标为各应力值加载的时间，UT_1—UT_4 分别是应力开始加载（0.7MPa），三轴应力都为 24MPa，垂向应力 σ_v 为 16.5MPa，水平最小主应力 σ_h 为 7MPa 等四个时间上的速度测量阶段。应力加载的过程是首先整体加载到 24MPa，然后降低垂向应力 σ_v 值至 16.5MPa，然后降低水平最小主应力 σ_h 至 7MPa，从而模拟岩样处于走滑型应力场及强水平应力各向异性。

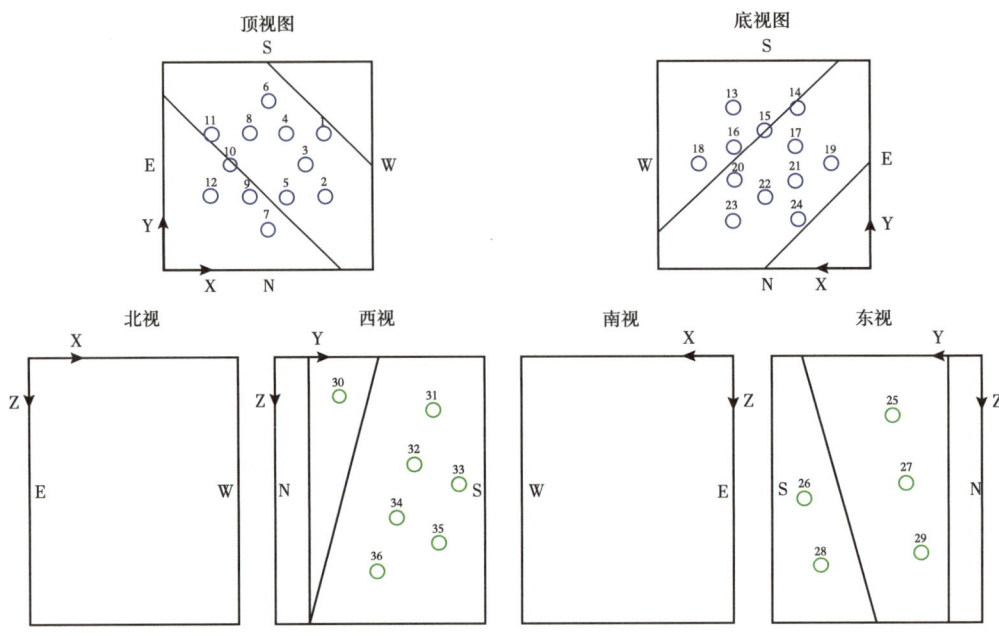

图 4-25　岩样侧面和顶底面 36 个声发射传感器嵌入示意图

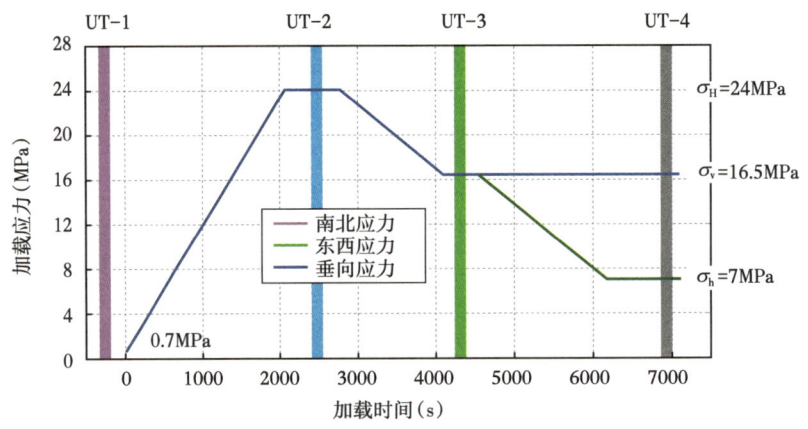

图 4-26　三轴应力加载过程及四个阶段速度测量

图 4-27 为以上四个阶段速度测量结果，每个图中纵坐标为声波传播距离，横坐标为接收时间，从图中可知四个阶段岩样速度分别为 1.658km/s、2.810km/s、2.765km/s 和 2.624km/s。结果表明在应力加载初期，由于天然裂缝界面存在一定间隙，因此岩样整体速度低。而当加载了 24MPa 的围压后，裂缝在岩样中的作用被降低，速度整体提高。而当水平最小主应力降低至 7MPa，水平应力各向异性增加后，岩样速度明显降低，说明天然裂缝对岩石的分割和各向异性作用显现。

图 4-28 示意在不同应力加载阶段，岩样整体速度变化特征（图 4-28a）和声发射事件发生数量变化（图 4-28b）。从图中可知当岩样中出现水平应力各向异性的事件段时，岩样

第四章 地质力学参数场对气藏储层品质的影响

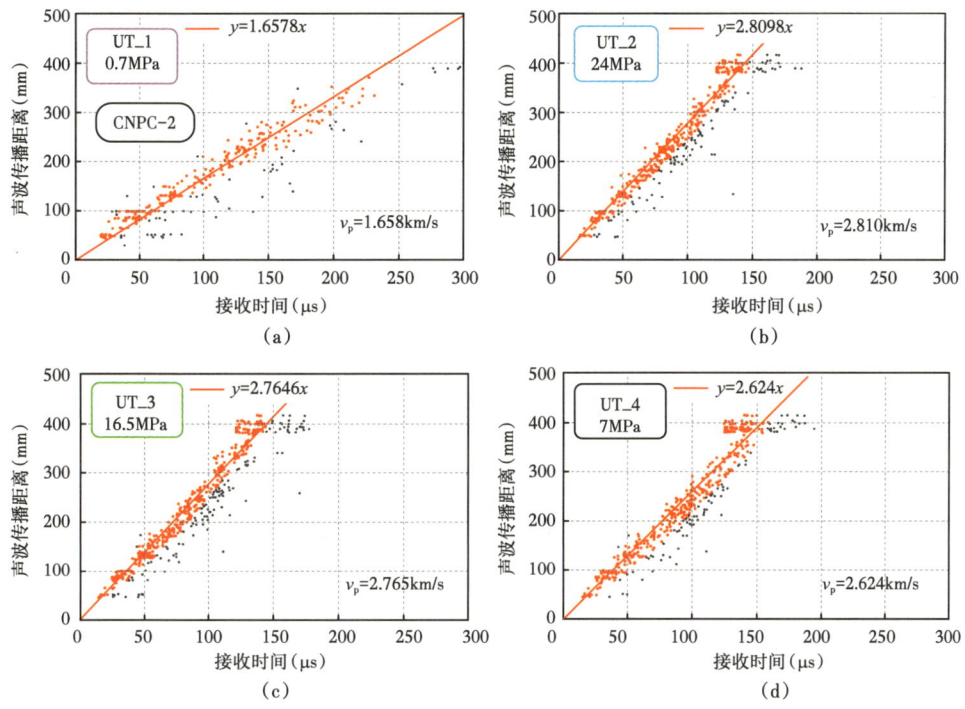

图 4-27 不同应力加载阶段岩样速度测量结果

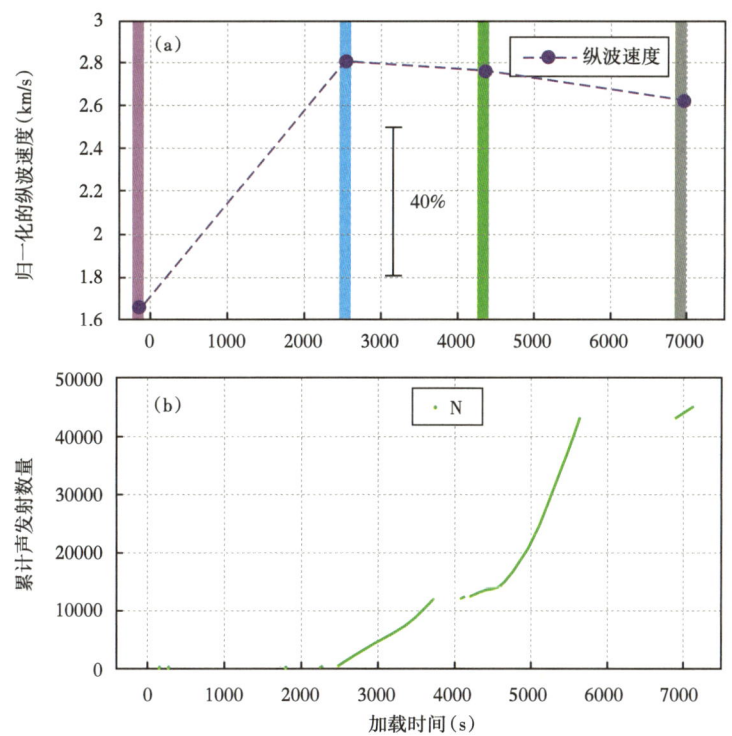

图 4-28 不同应力阶段的速度变化和声发射事件数量对比

111

速度开始明显降低，声发射事件骤然增加，此时的声发射事件均位于天然裂缝界面附近，如图 4-29 所示，将声发射事件在岩样三维空间回放发现它们在时间上与水平应力的各向异性化相对应，空间上主要是发生在已有裂缝界面的可能变形区域，说明在各向异性的水平应力加载时，沿着已有天然裂缝界面发生了尺度很小的剪切变形事件。

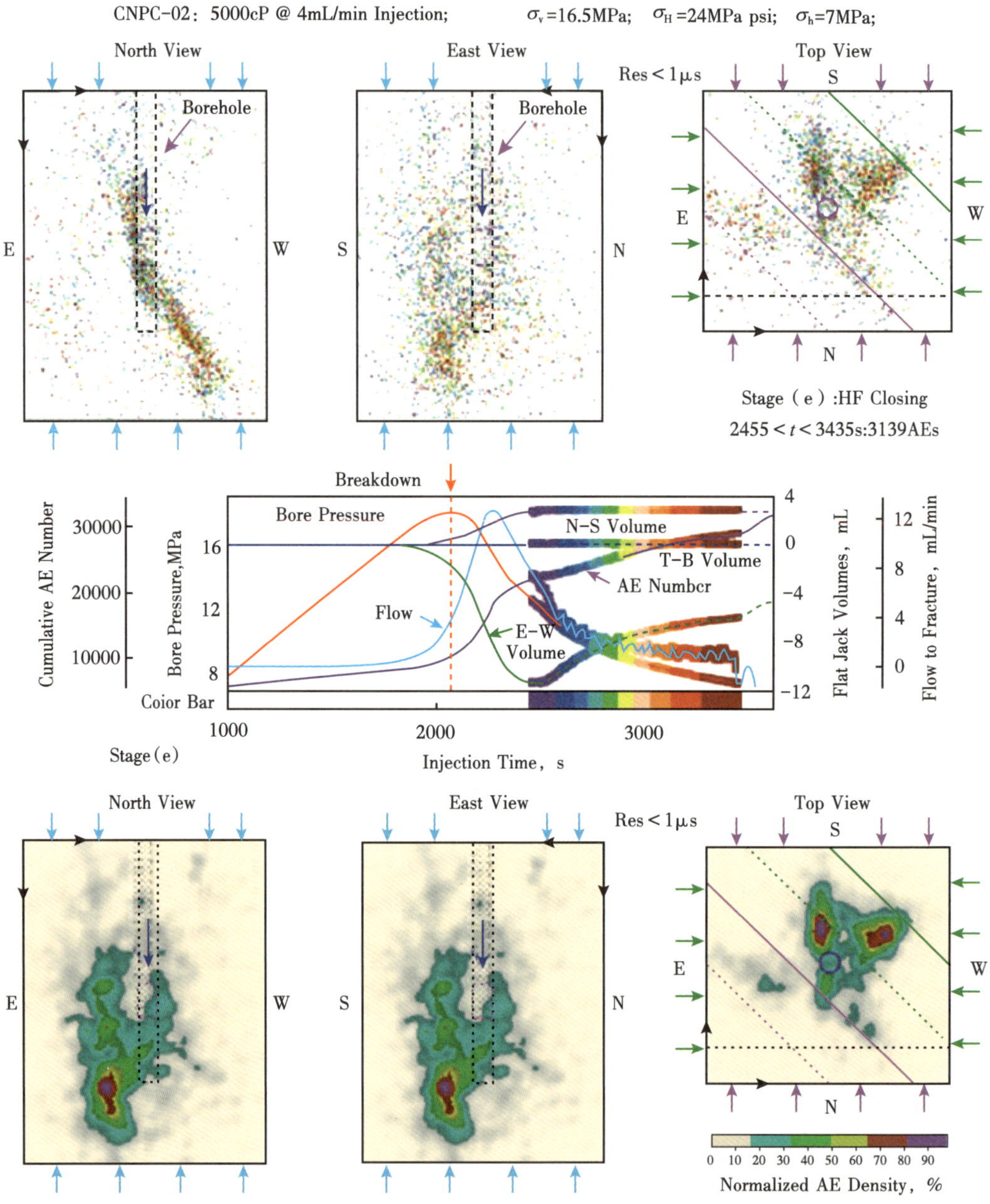

图 4-29　应力加载阶段的声发射事件回放

另外在应力加载完成后，通过"模拟井筒"向岩样中注入流体施加额外孔隙压力的过程中，发生了天然裂缝界面相对移动的现象。图 4-30 所示为在测量过程中垂直方向 σ_V、

水平最大主应力 σ_H 方向和水平最小主应力 σ_h 方向上的岩样位移特征。图中蓝色曲线（上）为岩样在水平向最大主应力方位上的位移量，绿色曲线（中）为垂直方向位移量，红色曲线（下）为水平最小主应力方位上的位移量，水平两个正交方向上的位移量一致，但方向相反，而在垂直方向上几乎没有位移变化。可知在水平面上的 σ_H 方向发生膨胀，而在 σ_h 方向两侧发生收缩，这种近似相等且相对移动，表明岩样中与水平主应力斜交的裂缝面发生了剪切错动。

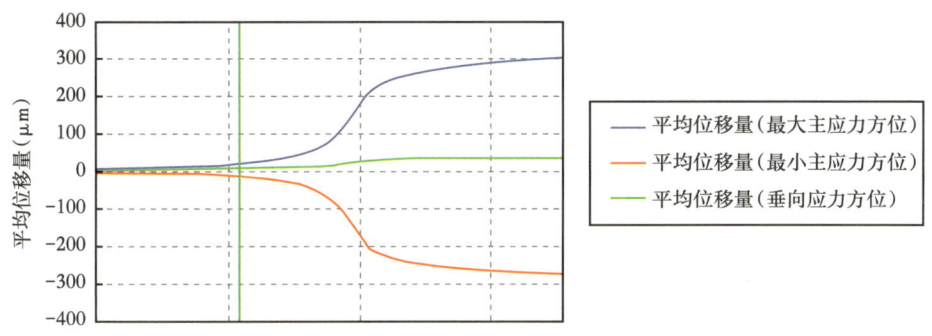

图 4-30　提高孔隙压力改变应力场测试中岩样不同方向位移测量

实验结束，停止向"模拟井筒"注入压力，然后撤去加载的各向应力，利用高精度数字激光扫描仪获得岩样内部的三维重构图（图 4-31），图中显示了不同三维角度时岩样内部裂缝结构，图中淡蓝色的平直界面为人造裂缝，而红色不规则薄片状细缝为注入压力后产生的新裂缝。从实验中的声发射监测和实验后的三维重构结果可知，整个实验中产生大

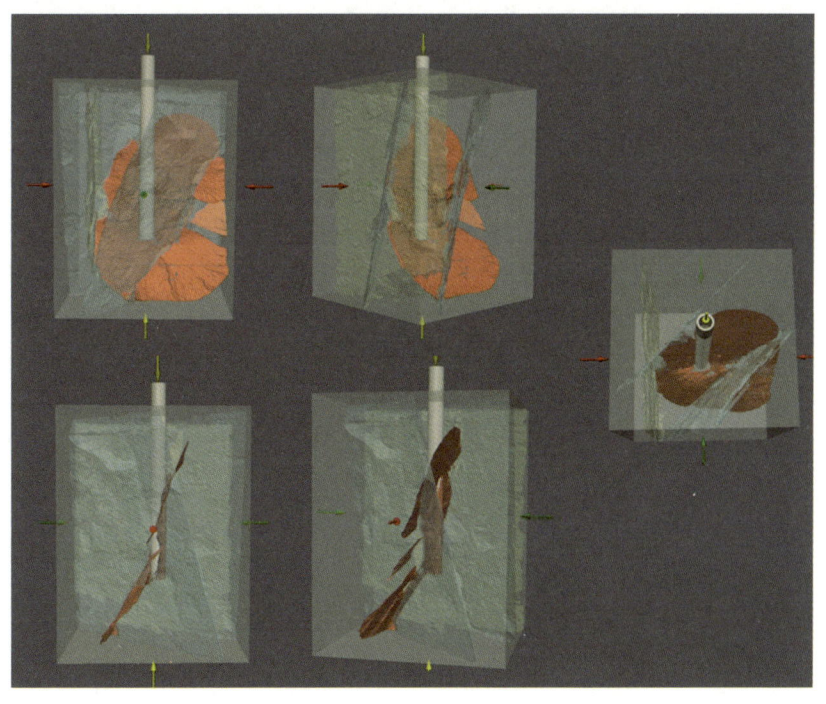

图 4-31　应力加载和压力注入实验结束后岩样内部破裂变形结构三维重构示意

量声波信号和发生变形破裂的位置大多围绕已有的结构面而开展。新的裂缝产生与延展的位置主要在井筒与裂缝面之间的区域，而且穿过裂缝面后新裂缝的延伸非常有限。当穿越已有界面时，新裂缝的发育改变了方向，其走向与缝面走向大角度相交，说明在穿越裂缝面时，局部应力场受裂缝干扰而改变（Maxwell et al.，2009）。新裂缝在穿越原有裂缝面时，分散成花瓣状且雁列式排开，这种裂缝的形成，主要是由于破裂过程中张性和剪切作用的共同发生而导致（Warpinski，1984）。

三、实验结论

通过对大尺寸地质剖面露头岩石样品的人造界面切割、各向异性应力加载和压力注入实验，实现了裂缝性砂岩在强各向异性地应力场作用下的裂缝力学行为的物理模拟，观察了以裂缝为中心的岩石样品形变过程，得到如下结论：

（1）在应力场的控制下，具有裂缝界面的岩石围绕裂缝面的力学行为和岩石物理性质都将随应力场的变化而变化。当水平两个方向的应力差异增加时，穿越已有裂缝界面的声波速度将明显降低，说明在裂缝的储层中增加地应力场的各向异性，将在一定程度上有利于储集空间的保持。

（2）在对存在裂缝界面的岩石样品施加了较强的各向异性应力场之后，在裂缝界面附近出现了大量的声发射信号，说明岩石内部小的形变和破裂均是围绕着已有的破裂结构面发生的，这说明对于裂缝性储层而言，在其油气藏的演化、定型和开发过程中的相关地质力学机理与均质油气藏是截然不同的。

（3）实验中，在加载各向异性应力场并同时注入压力时，发现岩样在水平最大主应力和水平最小主应力方向上分别出现膨胀和收缩位移，且相对的位移量相等。说明在实验过程中岩样内部与水平最大主应力斜交的先存裂缝面发生了相对剪切错动，表明在克拉苏区带深层裂缝性砂岩气藏中，天然裂缝在强水平应力场作用下也具备一定的潜在剪切变形能力，有利于储层渗透性的改善。

（4）在模拟压力注入实验结束后，发现新产生裂缝的延伸部分均与裂缝面和地应力方位大角度相交，说明在压力注入过程中地应力场在裂缝界面附件发生了改变，证明在克拉苏构造带气藏内部天然裂缝与地应力场之间存在一种交互影响的复杂关系，地应力场控制天然裂缝的力学行为和渗透性能，在钻井、完井改造和开采的过程中天然裂缝又将可能对其附近一定范围内的局部应力场形成干扰，从而影响开发效果。因此对于这种类型的油气藏，掌握地应力与裂缝之间的交互影响特征，将有利于采取合理措施，优化开发生产。

（5）由于强各向异性应力场和裂缝界面的共同影响，在压力注入实验中新产生的裂缝发育位置主要在井筒与裂缝界面之间的位置上，在穿越裂缝时由于在原有界面上的剪切错动事件的发生，能量一定程度上被吸收，因此新裂缝的延伸非常有限，且新裂缝的性质以张性和剪切混合而成，裂缝开启性有限，裂缝面较细且薄，因此其导流能力和连通性能受限。

（6）实验结果表明，在类似克拉苏构造带气藏内强各向异性应力场控制下的裂缝性砂岩具有一定的潜在剪切变形能力，在较高的水平应力差作用下围绕天然裂缝不仅发生了几何和力学行为的改变，同时其岩石物理性质也受到影响。在模拟井筒压力注入过程中，主要在天然裂缝的位置上发生了破裂变形，且裂缝是破裂结构中的主体，对于导流和连通性质起决定性作用。结合第一章第二节区域应力场变迁描述，说明自上新世以来的剧烈构造活动，在克拉苏构造带气藏中保留的强各向异性地应力场对裂缝首先进行了天然的改造，使裂缝和一些断层周围的渗透率、导流能力和连通性得以改善和保持，这也许是为什么在克拉苏构造带8000m深的低孔砂岩中仍有较高产能的优质气藏保存的重要原因之一。

第五节　天然裂缝地质力学响应对气井产能的影响

对于天然裂缝力学行为与储层产能之间的关系研究，应追溯到20世纪90年代，Teufel等（1991）研究北海Ekofisk油田裂缝性白垩岩储层地质力学与油田产能变化关系时，发现该油田开发过程中随孔隙压力下降，储层中沿着原有孔隙和裂缝发生了不同程度的剪切破裂，这种剪切破裂增加了裂缝密度，减小了基质块体的尺寸，从而在天然裂缝发生闭合的同时仍然保持了较好渗透性，Ekofisk油田在20年开发过程中尽管储层不断压实，但仍具有较好的产能。Barton等（1995）发现在现今应力场中处于临界活动的状态裂缝和断层将影响储层中流体的流动，从而提出了临界应力裂缝（断层）假说。Townend等（2000）提出断层的水力传导性能并不取决于作用在断层面上的有效正应力，而是取决于剪应力与有效正应力之比，当断层处于临界应力状态时，其渗透率比周围基质岩石渗透率要高出4个数量级。Zoback（2007）详细论述了地下深部储层中不同应力环境下断层和天然裂缝地质力学响应及其对储层渗透性能的影响。Tamagawa等（2008）介绍了一个裂缝性储层中，由于断层活动的扰动，使得其周围应力集中，水平应力场各向异性增加，提高了断层周围伴生天然裂缝的剪切变形趋势，从而增加了裂缝性储层的渗透率。Dwi等（2007）发现裂缝性储层中由于天然裂缝面的剪切滑动，提高了储层的渗透率，从而使产能增加。Tao等（2009）应用一种全耦合孔隙弹性位移不连续模型研究裂缝性储层在开发中的渗透率变化，发现裂缝渗透率并不总是随开发衰减而降低，在强应力各向异性储层中，天然裂缝可能在开发过程中发生剪切变形，从而使渗透率变好。Hennings等（2012）介绍了一个裂缝性气田中，西南部位属于走滑应力场控制，其天然裂缝渗透性更好，气井产能普遍较高；而气田另一部分由逆断层型应力场控制，虽然天然裂缝的数量相当，但其产量远低于走滑型应力场的区域。

一、天然裂缝潜在的剪切变形能力分析

从第二章的论述中可知，天然裂缝的发育影响了现今应力场的分布，而地应力又控制天然裂缝在现今条件下的力学特征。一般情况下，在石油天然气聚集的沉积储层中，两个水平向主应力和一个垂向应力作用到天然裂缝面时，将分解为一个垂直裂缝面的有效正应力 σ_{ne} 和一个平行裂缝面的剪应力 τ，这两个力是控制天然裂缝地质力学特征的主要因素。根据Amonton定律（Zoback，2007），每个裂缝结构面处于临界剪切变形破坏时应满足如下关系

$$\frac{\tau}{\sigma_{ne}} = \mu \quad (4-1)$$

式中　μ——摩擦系数。

τ/σ_{ne} 为剪应力与正应力之比，影响裂缝面的滑动，不仅是反映裂缝结构面滑动的参数，也是表征渗透性能和流体的流动属性。

对于式（4-1）中的正应力与剪应力，可以通过裂缝结构面与主应力场之间的关系定义

$$\tau = n_{11}n_{12}\sigma_1 + n_{12}n_{22}\sigma_2 + n_{13}n_{23}\sigma_3 \tag{4-2}$$

$$\sigma_{ne} = n_{11}^2\sigma_1 + n_{12}^2\sigma_2 + n_{13}^2\sigma_3 - p_p \tag{4-3}$$

式中 n_{ij} 为方向余弦

$$n_{ij} = \begin{bmatrix} \cos\gamma\cos\lambda & \cos\gamma\sin\lambda & -\sin\lambda \\ -\sin\gamma & \cos\lambda & 0 \\ \sin\gamma\cos\lambda & \sin\gamma\sin\lambda & \cos\gamma \end{bmatrix} \tag{4-4}$$

式中　γ——裂缝面法向与最小应力 σ_1 方位的夹角；

λ——裂缝在 σ_1-σ_2 平面内走向投影与最大应力 σ_1 方位的夹角。

上面几个方程描述了天然裂缝面在现今应力和压力系统下的力学特征，对于同一条裂缝，当向裂缝面注入流体（压裂或注水过程）增加孔隙压力，则裂缝面上的有效正应力逐渐减小，根据式（4-1），裂缝面剪切错动趋势逐渐增加，当剪切应力与正应力关系满足经典破坏准则（如 Mohr-Coulomb 准则）时，天然裂缝将发生剪切破坏，储层渗透性可能显著增加。

图 4-32 为天然裂缝在现今地应力场中剪切变形特征的示意，其中图 4-32a 为储层中天然裂缝受应力场控制，图 4-32b 为天然裂缝在应力场中，其裂缝面在正应力和剪应力作用下表现的剪切变形特征。如果裂缝发生剪切变形，则由于天然裂缝面的粗糙面相互抵触，将增加裂缝间隙，从而提高裂缝渗透率。当天然裂缝未发生实际的剪切错动，但是相对其潜在剪切变形能力越强，则同样能够增加储层渗透性（Townend et al.，2000）。

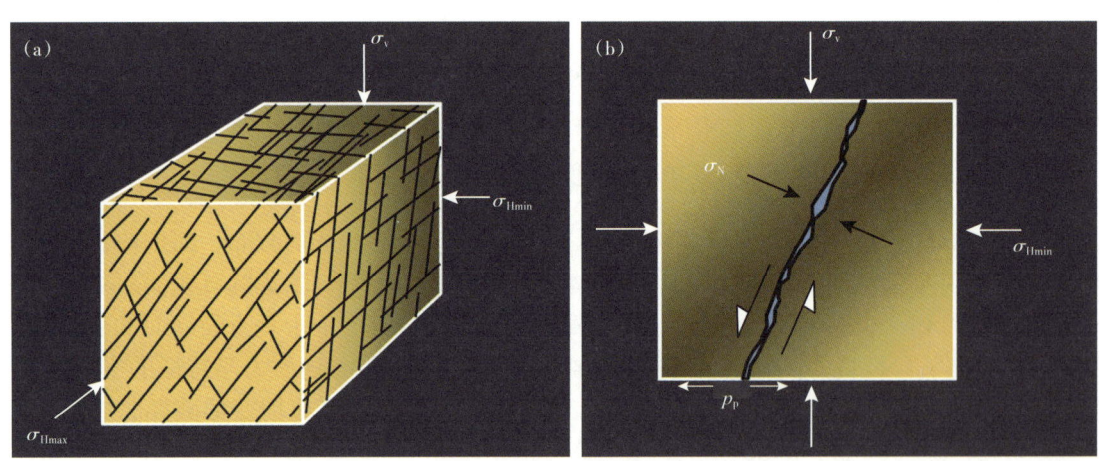

图 4-32　天然裂缝在应力场中的剪切变形特征示意

从前述大岩样地质力学实验结论中可知，白垩系砂岩中的天然裂缝具备一定的剪切变形能力，图 4-33 为实验后的裂缝界面照片，其中红色部分为天然裂缝发生剪切变形破坏

后的界面，相对于实验初期的切割平面，其存在一定的粗糙度，说明克拉苏构造带气藏条件下的天然裂缝剪切变形特征能够被用作分析和评价储层渗透性的一项参数。

图4-33　库车河剖面露头大岩样地质力学实验天然剪切变形示意

另一方面，当开采过程中孔隙压力不断下降，储层能量逐渐衰减，导致储层周围应力环境改变，水平向最大和最小主应力值随压力下降，但两者之间的关系［式（4-1）］变化可能增加或减小，从而改变储层渗透性。如果在不同应力压力条件下改变剪应力与正应力比值 τ/σ_{ne} 能够影响到储层渗透率，那么对于同一应力场背景下的不同产状天然裂缝，也将因其 τ/σ_{ne} 改变而表现出不同的渗透性。如图3-41所示，以克深2构造为例，其气藏内部现今应力场和天然裂缝产状分布都很复杂，因此其井间和层间的裂缝力学相应特征分布亦应该有较大的变化，进而深刻影响到储层的渗透性和流体流动。

二、天然裂缝地质力学响应与气井产能

本章第二节中论述了几种储层地质力学属性对于储层品质和气井产能的影响，但这里认为天然裂缝的地质力学响应是几项参数中最关键的产能影响因素。对于图4-1中所示的KES2-2-8井和KES208井具有非常相近的岩石物理特征，但是初期产能差异巨大。图4-34至图4-37分析了克深2构造四口已钻井中天然裂缝的地质力学响应特征，通过改变孔隙压力模拟四口井的天然裂缝发生剪切变形的数量和所需的孔隙压力场环境，从而对比裂缝在地质力学层面上的差异。

图4-34至图4-37所示为通过改变储层孔隙压力，模拟四口井中天然裂缝发生剪切变形的特征。而从上述式（4-1）至式（4-3）的讨论中，可知天然裂缝的剪切变形能力将直接影响储层渗透性能的强弱。图4-34和图4-35为第一组KES2-2-1井和KES208井的天然裂缝地质力学特征，每口井的裂缝图形中包括三个元素，最左边为天然裂缝在地层纵向上的分布，中间为模拟天然裂缝发生剪切滑移现象的示意图，其中斜线代表裂缝摩擦系

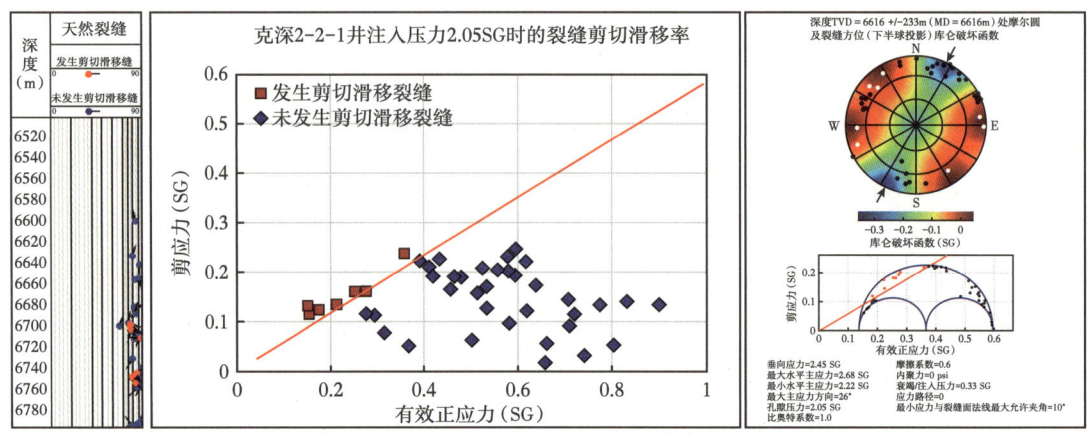

图 4-34　KES2-2-1 井天然裂缝剪切变形特征

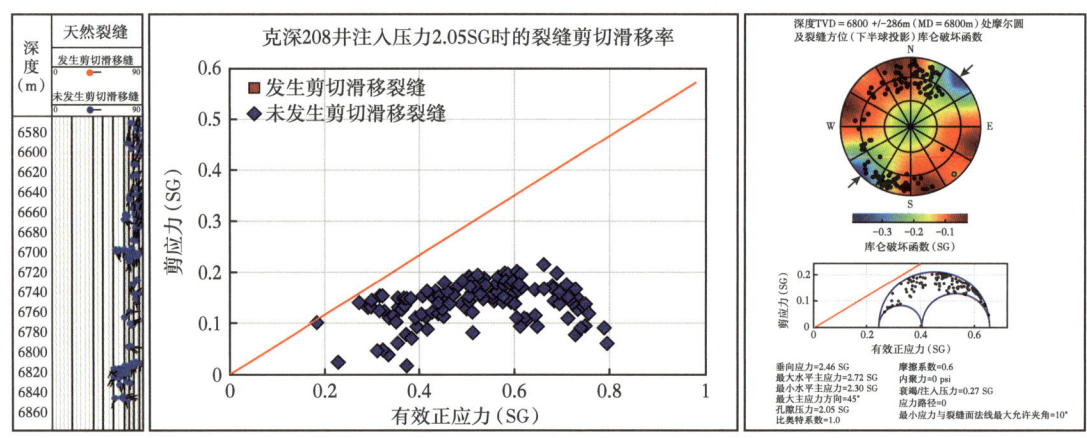

图 4-35　KES208 井天然裂缝剪切变形特征

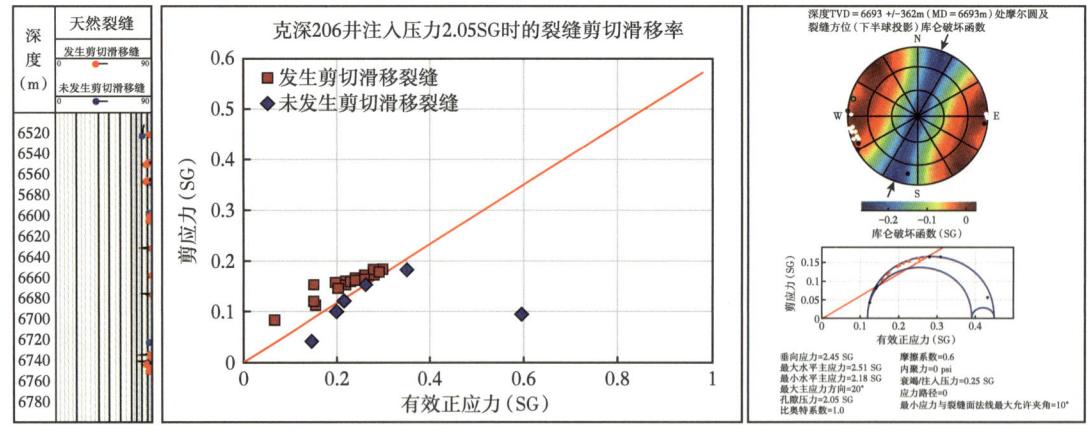

图 4-36　KES206 井天然裂缝剪切变形特征

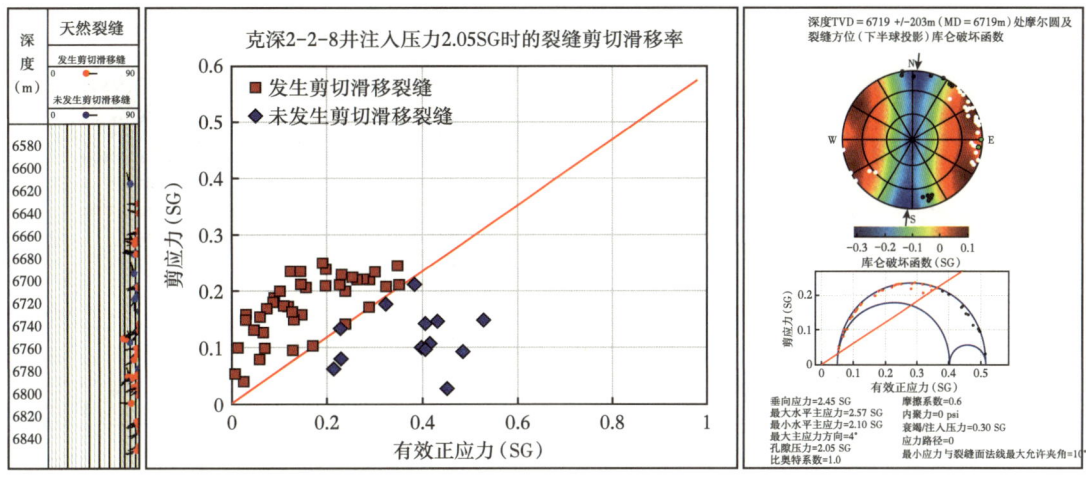

图 4-37 KES2-2-8 井天然裂缝剪切变形特征

数，蓝色点代表未发生剪切变形的裂缝，红色点代表已发生剪切变形的裂缝。右上角为极射赤平投影图，其中的点代表投影于平面的天然裂缝产状信息，黑点代表未发生剪切变形的裂缝，白点代表已发生剪切变形，右下角为三维莫尔圆，表示天然裂缝在剪应力和正应力的作用下的受力特征。

图 4-34 和图 4-35 中所示第二组 KES2-2-1 井和 KES208 井的天然裂缝地质力学特征。对比图 4-34 至图 4-37，可知第一组和第二组在相同注入压力条件下，天然裂缝发生剪切变形（或处于临界应力状态）的特征明显不同，当模拟裂缝面所受孔隙压力梯度为 2.05MPa/100m 时，图 4-34 和图 4-35 中两口井的天然裂缝发生剪切变形的数量较少，其中 KES2-2-1 中只有 19% 的天然裂缝发生剪切滑移，而 KES208 井中的天然裂缝全部都处于非剪切变形位置。表明该两口井的天然裂缝剪切变形能力非常低，天然裂缝的原始渗透性能较低，地质力学响应也不活跃，因此该井储层品质不佳，产能低。

相同情况下，图 4-36 中所示 KES206 井中的天然裂缝有 72% 发生了剪切变形（或已越过临界应力状态），图 4-37 所示 KES2-2-8 井中的天然裂缝已有 76% 发生了剪切变形。这两口井所在储层位置水平最小主应力值较低，水平应力各向异性强，裂缝与应力夹角小，此时天然裂缝整体剪切变形能力强，原始渗透性好，地质力学响应活跃，使井筒周围储层品质和连通性较好，气井产能高。

在对同一口井的重复改造中，天然裂缝被激发后发生剪切变形的程度也制约着单井提产的效果。图 4-38 为克深 506 井在前后两次储层改造中天然裂缝被激发的特征示意图，图中两图分别为克深 506 井前后两次改造时裂缝特征，图的左边为三轴应力曲线，中间为天然裂缝解释蝌蚪图，右边为裂缝的赤平投影图和三维莫尔圆示意图。第一次改造中井口注入压力梯度为 1.92MPa/100m，仅有 5% 的天然裂缝发生剪切变形（图 4-38a），改造后产量不足 $10×10^4 m^3/d$。而在第二次改造中注入压力达到 2.01MPa/100m，其中 90% 以上的天然裂缝被激发，重复改造后气井产量达到 $30×10^4 m^3/d$。由此可以看出，改造中天然裂缝产生剪切变形的能力直接影响提产效果。

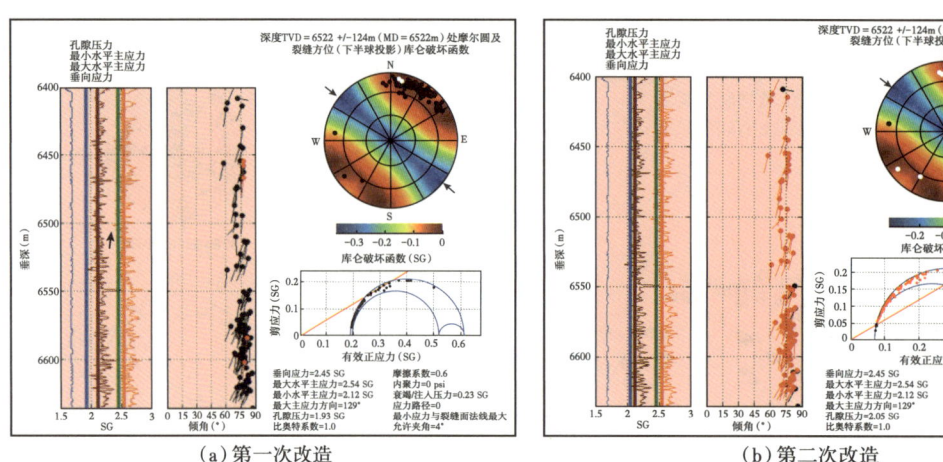

(a)第一次改造　　　　　　　　　　　　　　(b)第二次改造

图 4-38　克深 506 井两次改造天然裂缝剪切变形特征对比

图 4-39 所示为克深 24 井在钻井过程中发生的漏失与天然裂缝剪切变形之间的对比。图 4-39a 为该井钻井井史图,红圈为在钻进至 6138m、6240m 和 6329m 时井筒发生漏失;图 4-39b 为三个深度的天然裂缝力学特征示意图,在相应的钻井液液柱压力作用下,天然裂缝达到了剪切变形条件,其位置与钻井漏失位置一一对应,说明天然裂缝的力学响应活跃,渗透性增加,导致钻井液漏失。

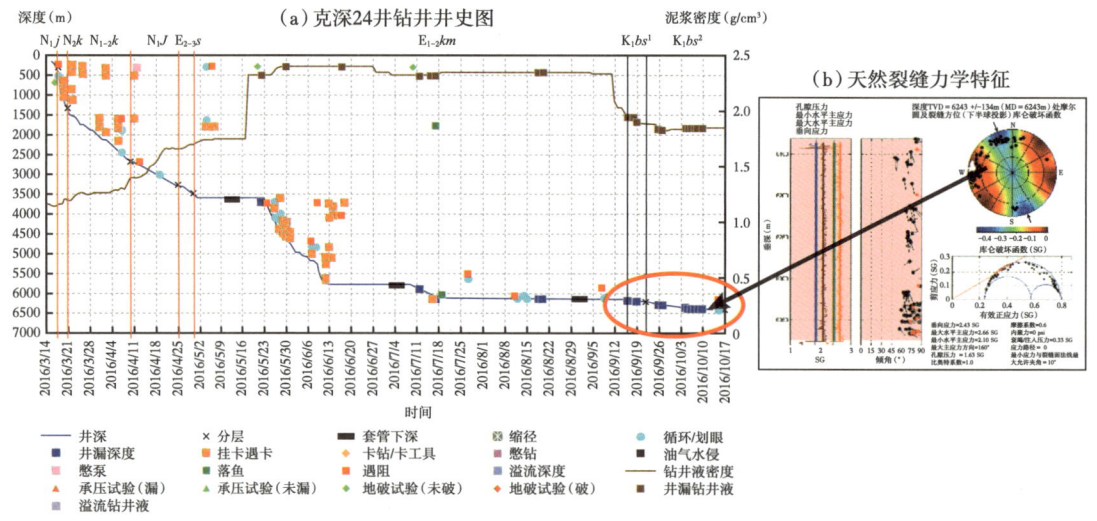

图 4-39　克深 24 井天然裂缝剪切变形与钻井漏失对比

图 4-40 为克深 2 构造已钻井中天然裂缝剪切变形特征与单井初期产量之间的对比,上图为克深 2 区块构造图,左纵坐标为单井产量值,右纵坐标为天然裂缝剪应力与正应力之比 τ/σ_{ne},横坐标为克深 2 构造从西至东的气井井号。图中点连线为 τ/σ_{ne} 值,红色直方图高低为对应气井单井产能。可知每口气井中的 τ/σ_{ne} 值与产能之间有较好的正相关关系,

在构造轴部、构造高部位及断层发育处，由于应力低值、裂缝与水平最大主应力之间小夹角，τ/σ_{ne} 值高，气井初期产能较高；而在构造翼部、鞍部和构造陡峭处，由于地应力高值、裂缝与水平最大主应力之间夹角大，τ/σ_{ne} 值低，气井初期产能较低。

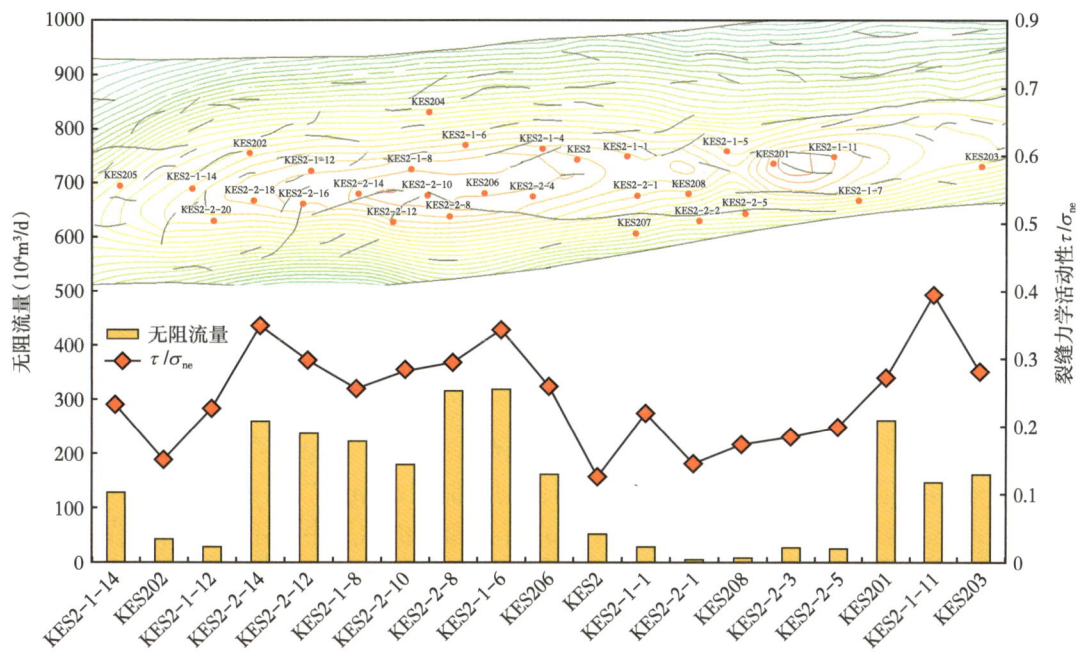

图 4-40　克深 2 构造已钻井中天然裂剪切变形与单井初期产量对比

同理，在气井开发过程中，随储层孔隙压力不断降低，一方面裂缝面的有效正应力可能增加，导致裂缝渗透率降低，但另一方面，储层内部水平主应力也随之下降，可能导致裂缝面 τ/σ_{ne} 值升高，促使储层渗透率提高。图 4-41 为克深 2 构造气井在开发一年后，随

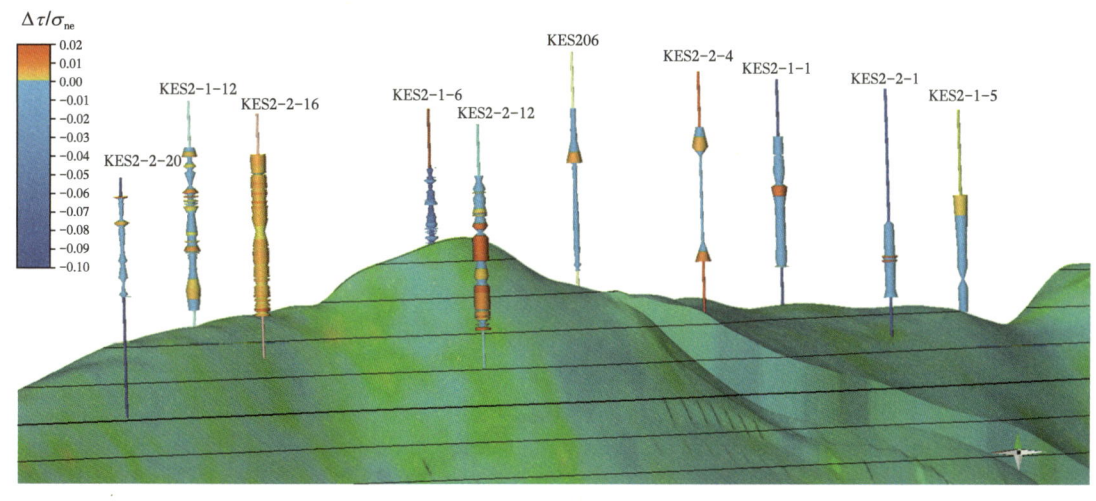

图 4-41　克深 2 构造气井开发中裂缝剪切变形的动态变化

孔隙压力的变化，剪应力与正应力之比的变化。图中井筒位置上的圆柱状图标为天然裂缝分布示意，其颜色表示 τ/σ_{ne} 值的变化特征，暖色调（偏红色）表示 τ/σ_{ne} 值随开发逐渐升高，而冷色调（偏蓝色）表示 τ/σ_{ne} 值随开发逐渐降低。由图可知 KES2-2-16 井天然裂缝 τ/σ_{ne} 值随开发过程有明显增加，其余井中大部分裂缝的 τ/σ_{ne} 值随开发过程大多呈降低趋势。KES2-2-16 井的邻井 KES2-2-20 井和 KES2-1-12 井中 70% 天然裂缝 τ/σ_{ne} 值均降低，这两口井完钻后，产能明显低于周围其他气井。而 KES2-2-16 井中几乎所有的天然裂缝 τ/σ_{ne} 值随开发增加，表明该井产能保持程度较好。

综上所述，天然裂缝的地质力学响应是影响储层品质和气田产能的最重要因素。在现今应力场和特定孔隙压力场条件下天然裂缝的剪切变形能力与气井产能呈正相关关系，在同一孔隙压力条件下，具有更多剪切变形（或达到临界应力状态）的天然裂缝气井产能更高。

第六节　储层地质力学综合评价指数 RGI

从以上论述中可知，对于克拉苏构造带深层气藏而言，储层现今地应力场、岩石力学参数和天然裂缝地质力学响应等三个方面属性均对储层品质和气井的产能有重要的影响。通过储层地质力学的综合研究可以弥补常规岩石物理评价储层中的不足，可以作为气藏认识中的另一项属性，提供有益补充。但由于储层地质力学属性中包含的因素多，对储层评价和气藏描述中的定量化研究带来困难，因此在本节中提出了一种适用于克拉苏构造带的储层品质地质力学综合判别指数 RGI（Reservoir Geomechanical Index）计算模型，利用该模型可以定量化评价储层地质力学属性的相对值，利用该值可以对比层间和井间储层品质，更全面的认识气藏。另外由于储层地质力学属性与气藏出砂、压裂参数、产能等均有直接关联性，因此该计算模型的应用还可以直接促进完井改造方案和开发方案的优化。

一、RGI 计算模型

从本章第二节中论述可知，对于克拉苏气田深层气藏，水平最小主应力 σ_h、水平应力差、杨氏模量 E、泊松比 ν、天然裂缝的剪切应力与正应力之比 τ/σ_{ne} 值等多种地质力学属性都对储层品质和气井产能有重要影响。其中最小水平主应力值越低对于优质储层的发育越有利，而天然裂缝的 τ/σ_{ne} 值越高，对于储层渗透率的保持有重要的贡献。

克拉苏构造带储层主要由白垩系长石岩屑砂岩和岩屑长石砂岩构成，岩石力学性质整体表现偏脆性，这种相对脆性的岩石力学特征有利于裂缝的发育和渗透率的保持。同时在美国 Fort Worth 盆地石炭系 Barnett 页岩中的实践表明，具有高杨氏模量和低泊松比的储层位置产量更高（Grigg，2004），因此基于杨氏模量和泊松比的岩石脆性指数，可以用作评价储层品质的参数之一。

$$BI = \frac{E_n + \nu_n}{2} \qquad (4\text{-}5)$$

式中　BI——岩石脆性指数；

　　　E_n、ν_n——归一化后的杨氏模量和泊松比。

$$E_n = \frac{E + E_{min}}{E_{max} - E_{min}} \qquad (4\text{-}6)$$

$$\nu_n = \frac{\nu_{max} - \nu}{\nu_{max} - \nu_{min}} \qquad (4\text{-}7)$$

式中 E_{max}、E_{min}、ν_{max} 和 ν_{min}——分别是杨氏模量和泊松比在区域上的最大值和最小值。

从式（4-5）中可知杨氏模量越大，储层脆性越好，但实际上，杨氏模量对于储层来说是一把"双刃剑"，同样在 Barnett 地层中，其云质灰岩储层具有很高的脆性，但在实际开发中发现该类岩性地层非常致密，且难以被改造，开发效果较其他低脆性的页岩地层更差（Bruner et al., 2011; Jin et al., 2014）。另外即使是脆性矿物岩石，其随深度的增加，储层中压力和温度达到一定条件时，岩石将从脆性向延展性或柔韧性转化（Kwasniewski, 1989）。就岩石杨氏模量而言，在同一储层条件下杨氏模量高于一定值时储层渗透性能将受到抑制（Zhang et al., 2015）。

根据以上论述，说明水平最小主应力 σ_h、天然裂缝的剪切应力与正应力之比 τ/σ_{ne}、岩石脆性 BI 及杨氏模量 E 是四项可作为定量评价储层品质的地质力学属性。其中水平最小主应力 σ_h 和杨氏模量 E 是影响储层品质的反向指标，即其值越大，表示储层品质越差。而天然裂缝 τ/σ_{ne} 和岩石脆性 BI 是影响储层的正向指标，其值越大储层品质越好。根据这四项属性对储层的影响，建立一个储层地质力学综合评价指数 RGI（Reservoir Geomechanical Index）计算模型，如式（4-8）

$$\text{RGI} = \sum_{i=1}^{4} W_i G_i \qquad (4\text{-}8)$$

式中可压裂性指数 RGI 由四种地质力学属性组成，其中 G_i 为不同地质属性的归一化值。G_1 为最小水平主应力 σ_h，G_2 为裂缝剪应力与正应力之比 τ/σ_{ne}，G_3 为脆性 BI，G_4 为杨氏模量 E。W_i 分别为每种地质属性的权重系数。分解式（4-8）得到

$$\text{RGI} = W_1 G_1 + W_2 G_2 + W_3 G_3 + W_4 G_4 \qquad (4\text{-}9)$$

其中

$$G_1 = \frac{\sigma_{hmax} - \sigma_h}{\sigma_{hmax} - \sigma_{hmin}} \qquad (4\text{-}10)$$

$$G_2 = \frac{\tau/\sigma_{ne} - \tau/\sigma_{nemin}}{\tau/\sigma_{nemax} - \tau/\sigma_{nemin}} \qquad (4\text{-}11)$$

$$G_3 = \frac{BI - BI_{min}}{BI_{max} - BI_{min}} \qquad (4\text{-}12)$$

$$G_4 = \frac{E_{max} - E}{E_{max} - E_{min}} \qquad (4\text{-}13)$$

其中下角为"max"和"min"的参数分别为上述四种地质参数在区域上的最大值和最小值。四种参数的权重应满足 $W_1+W_2+W_3+W_4=1$。

储层地质力学评价指数 RGI 建立的目的是为常规岩石物理的储层评价提供补充，完善对克拉苏构造带深层复杂条件下的储层评价方法，更全面地认识气藏，为科学开发方案的制定提供基础依据。同时 RGI 模型中的地质力学属性是地层出砂、储层改造和井眼轨迹优选中的直接参数，因此 RGI 的评价也可以为出砂风险评估、完井方案优化和井型井眼轨迹优选提供参考资料。

二、RGI 在气藏评价中的应用

储层地质力学综合评价指数 RGI 计算模型的研究，目的是更好地表征储层地质力学属性与储层品质之间的关联性，更全面地反映气藏特征。适合于克拉苏构造带气藏的 RGI 模型，应该能够很好的表征储层品质，并反映井间和层间储层品质的差异。式（4-8）中 RGI 模型能否有效表征克拉苏构造带储层品质差异？下面以几个气藏中的实例对比说明。

图 4-1 所示 KES2-2-8 井和 KES208 井之间的储层品质差异不能由常规岩石物理性质正确反映。图 4-42 为两口井的 RGI 模型处理结果，其中第一道至第八道曲线分别代表两口井的储层杨氏模量、泊松比、水平最小主应力、水平应力差、裂缝剪应力与正应力之比、岩石脆性、RGI 值和孔隙度。图中蓝色曲线代表 KES208 井，红色曲线为 KES2-2-8 井。从孔隙度曲线可知，两口井中相对的物性差异很小。而储层地质力学综合模型 RGI 充分考虑了影响克深气田产能的关键因素——现今原地应力和裂缝剪切变形能力，而这两种地质因素在 KES2-2-8 井和 KES208 井中有明显差异。

图 4-42 中第 7 道所示，KES2-2-8 井 RGI 指数为 0.66，KES208 井 RGI 指数为 0.49，可知该值的大小有效指示了储层压裂的难易程度差异。这个实例说明 RGI 模型能够更好地反映不同地质背景下储层品质差异，因为其中包含了这种高应力裂缝性致密储层的两个重要因素最小水平主应力和天然裂缝，即从岩石本身的岩石力学性出发考虑岩石在构造运动中保留下来的变形特征，又从外部力学环境考虑了地应力场和天然裂缝对储层渗透性能的影响。因此，RGI 模型能更好地反映井间和层间的储层品质，有助于更完善认识气藏。

克深 2 构造由于构造应力场复杂，应力场与天然裂缝之间的关系也较复杂，因此地质力学属性对储层品质和气井产能反映较好，图 4-43 为克深 2 构造不同位置气井初期产能与该位置处的地质力学综合指数 RGI 关系对比，图 4-43a 为气井 RGI 和产能的对比，其中横坐标为井号，左纵坐标为无阻流量，右纵坐标为 RGI 值，黄色三角点连线为气井初期无阻流量，蓝色菱形点为 RGI 值。可知随着气井 RGI 值的增加，对应气井的产能也逐渐提高，说明在克深 2 构造气井 RGI 与气井初期产能之间有好的正相关关系（图 4-43b）。将图 4-43 中所示规律与图 4-40 和图 4-41 中气井位置对比，可知在构造高部位、断层发育处（构造的南西位置），由于水平最小主应力值低，水平应力各向异性强，裂缝走向与水平最大主应力方位之间的夹角小，因此这些位置上的 RGI 值高，储层渗透率保持较好，气井初期产能高。在构造鞍部和翼部，由于水平最小主应力相对高，裂缝走向与水平最大主应力的夹角大，RGI 值低，储层渗透性能较低，气井初期产能较低。

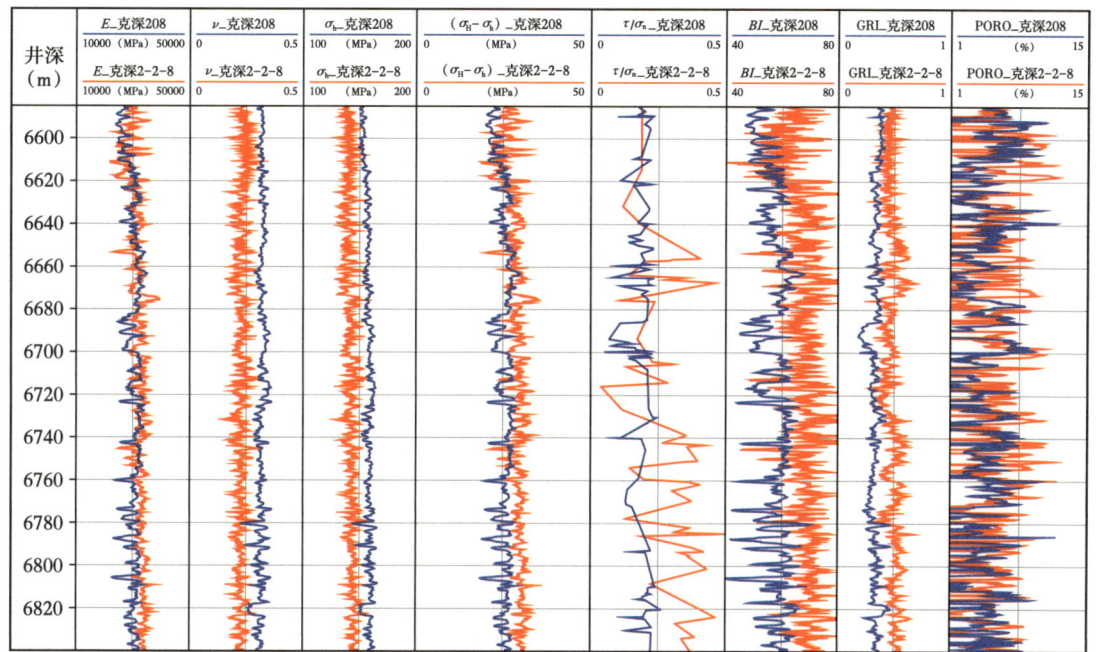

图 4-42　克深 2 构造两口典型井 RGI 指数对比

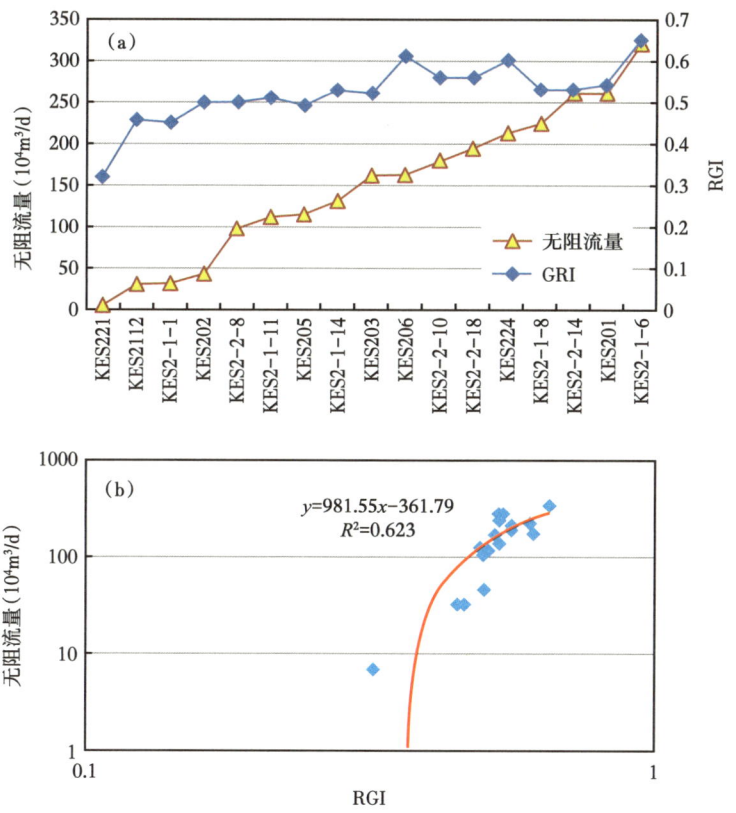

图 4-43　克深 2 构造已钻井中 RGI 指数与产能对比

储层地质力学综合指数 RGI 是气藏评价中的一项重要参数，因此在气井完井改造中也是一项优化改造方案的重要属性。以克深 506 井完井方案优化为例，RGI 值可提供相应的完井方式优选、参数优化、主控因素评价等优化依据。图 4-44 为克深 5 构造三口井储层地质力学属性对比图，每口井剖面中从左至右数据曲线分别为水平最小主应力、水平应力差、裂缝剪应力和正应力之比 τ/σ_{ne} 和 RGI 指数，其中曲线同样以对称方式显示，曲线越宽，其值越大。从图中可知由于克深 506 井地应力较高，裂缝活动性减低，因此相对于克深 501 井和克深 504 井其 RGI 值较低，前两口井 RGI 在 0.6 左右，而克深 506 在 0.5 左右，另外在白垩系内地质力学属性具有明显的分层特征，底部高应力段的 RGI 值明显低于上部，且上部地层高 RGI 值的位置，天然裂缝活动性好，便于改造（克拉苏构造带油气井均针对天然裂缝进行改造），可以依据这种分段性和 RGI 高值区选择改造层段和射孔位置。依据该认识优化后的改造方案获得了成功（将在第六章第二节中详述）。

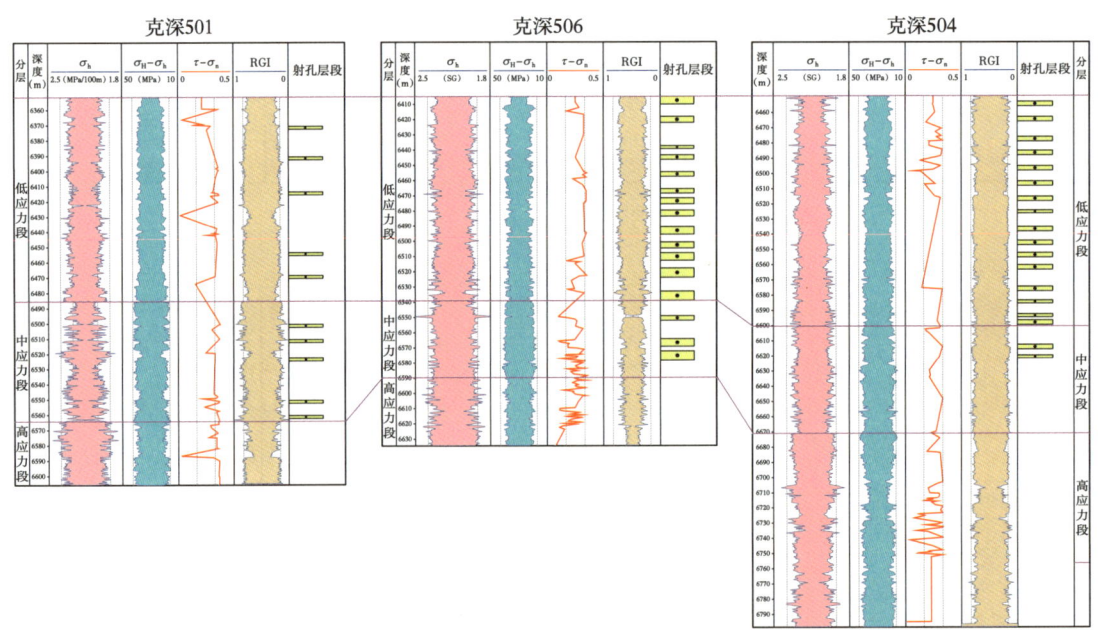

图 4-44　克深 5 构造气井 RGI 指数对比

图 4-45 为克深 10 井地质力学综合属性图，图中从左至右曲线分别为水平最小主应力、水平应力差、杨氏模量、RGI 指数和天然裂缝 τ/σ_{ne}，最后两道分别为射孔位置和试油层段。从图中可知该气井地质力学属性的优势段为 6270~6380m，该井地质力学综合指数 RGI 为 0.58，在克深区带属于中等。该井第一次测试中，选择的测试段为下部 6315~6365m，该段 RGI 值属于整个井段中较好的位置，天然裂缝的 τ/σ_{ne} 值也较高，该次测试，射孔位置 RGI 和天然裂缝 τ/σ_{ne} 值均较高，因此产能较好。第二次测试为 6180~6365m 井段，该段地质力学综合属性优势段在 6270~6320m 段，但该次测试射孔段以白垩系上部储层 6180~6260m 段（不含天然裂缝）为主，射孔位置 RGI 值不高，可能是影响该段测试未获得理想产能的因素之一。

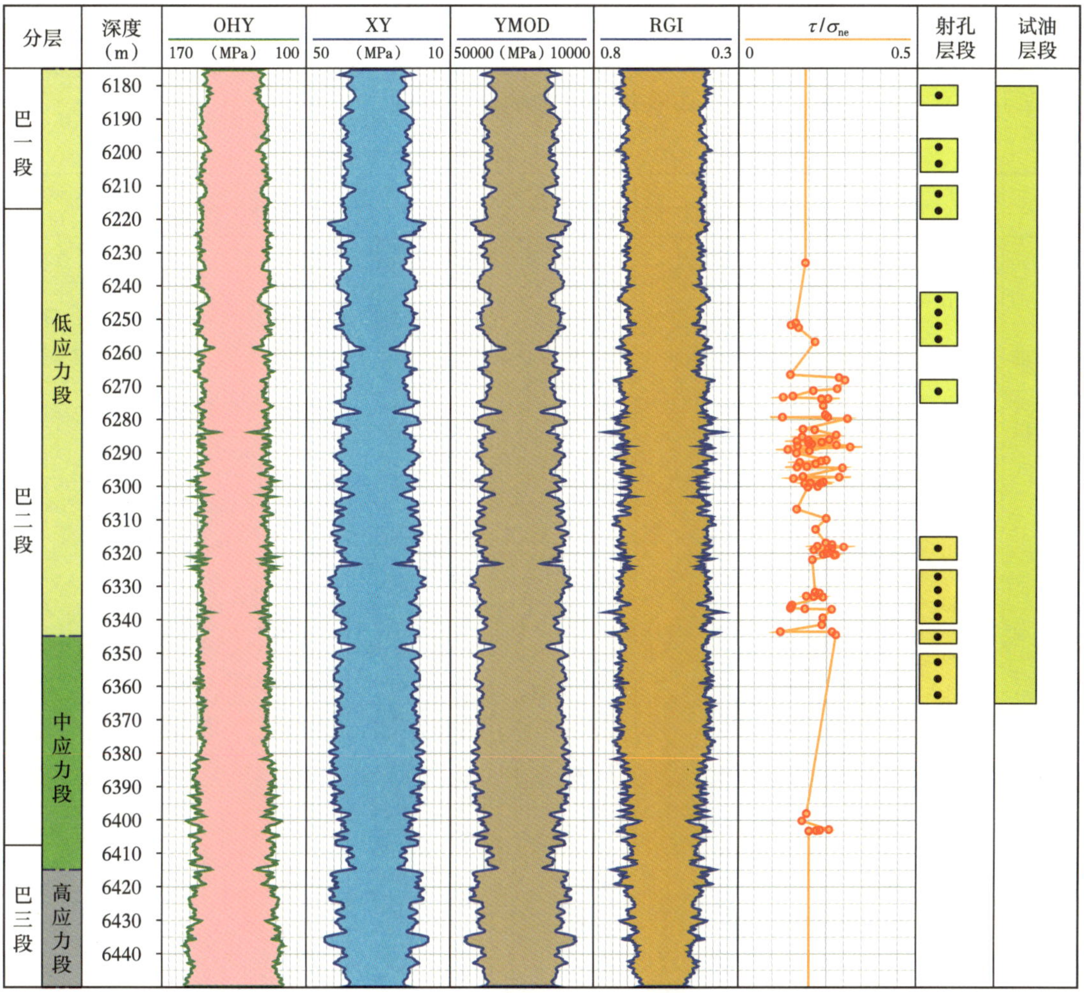

第四章　地质力学参数场对气藏储层品质的影响

图 4-45　克深 10 井地质力学综合属性图

图 4-46 为克深 11 井地质力学综合属性图，同样图中从左至右曲线分别为水平最小主应力、水平应力差、杨氏模量、RGI 指数和天然裂缝 τ/σ_{ne}，最后两道分别为射孔位置和试油层段。从图中可知该气井地质力学属性的优势段为 6260~6380m，该井地质力学综合指数 RGI 为 0.61，在克深区带属于较高水平。该井未在 RGI 值低的位置射孔。如 6290~6300m 段，虽然该段也存在多条裂缝，但裂缝与地应力夹角大，应力值高，天然裂缝的 τ/σ_{ne} 值低，RGI 值最低。测试中选择 6158~6345m 段，该段在克深 11 井白垩系属地质力学属性优势段，射孔位置的 RGI 值和天然裂缝 τ/σ_{ne} 值均较高，是该井测试获得理想产能的因素之一。

通过本章对油气田地质力学属性与储层品质之间的关系研究，首先认识到在克拉苏构造带地质力学属性不仅影响钻井井壁稳定性和完井改造工程参数，而且对储层本身的品质和气井的产能有直接的影响。影响储层品质的储层地质力学属性主要有三种：地应力、岩石力学参数和天然裂缝的力学响应等。其中天然裂缝的力学响应是最关键的一项因素，主要通过现今应力场作用于天然裂缝上，控制天然裂缝的渗透性，从而最终影响储层品质。通过对储层地质力学参数的评价可以定量化的评价其对储层的影响，从另个侧面更全面地认识气藏。掌握储层的综合地质力学属性和评价指数，可以定量化优化完井改造方案，服务于单井提高产能，最终有利于其他开发方案的优化实施。

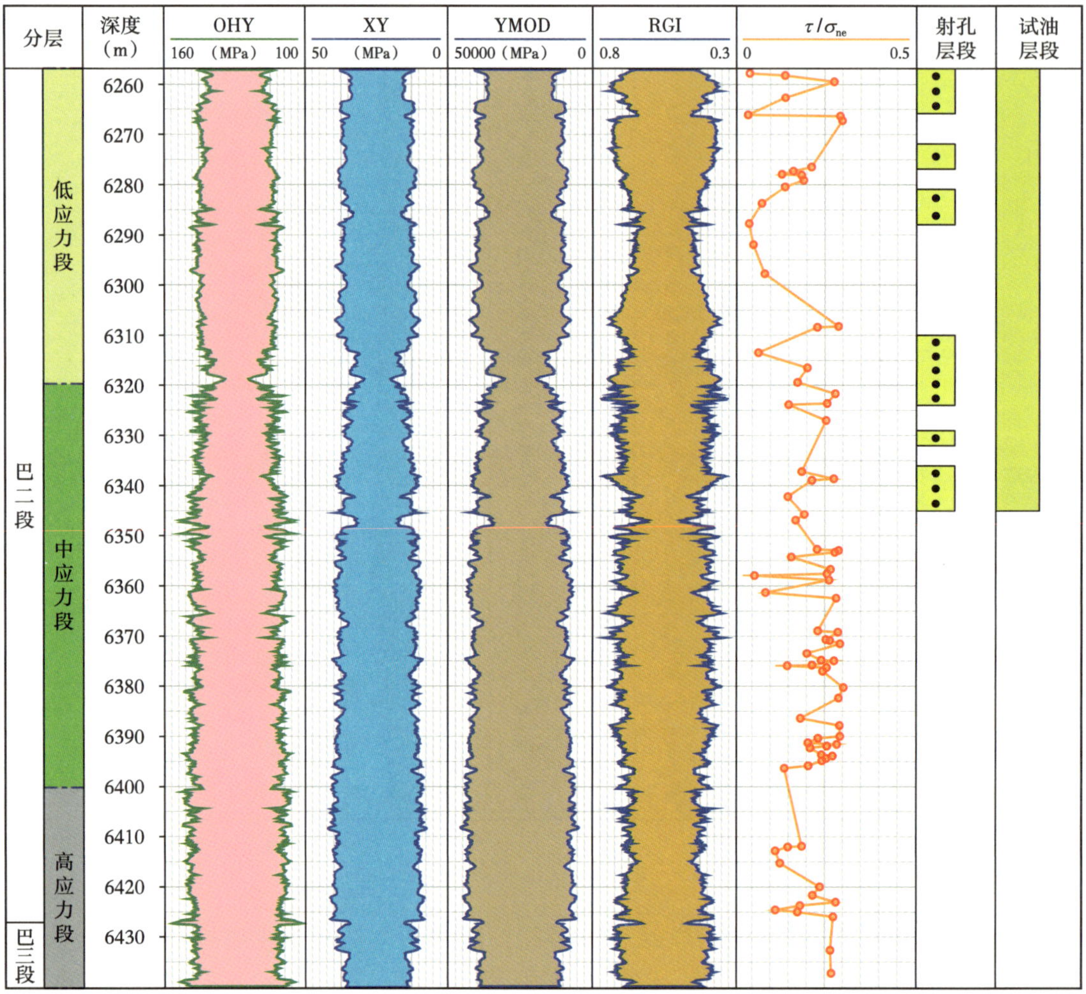

图 4-46　克深 11 井地质力学综合属性图

第五章　断裂地质力学活动性预测

本章为解决克拉苏气田开发中断裂相对连通性和封闭性的评估难题，提出了断裂地质力学活动性概念，建立了断裂力学活动性指数 FGAI（Fault Geomechanical Activity Index）计算模型。讨论了克拉苏构造带气藏中作为"高速通道"的各级断裂在开发中对流体流动的影响和控制作用。这里从地质力学角度研究断裂结构的力学行为，间接评估其导流能力，是从断裂形成和活动的基本机理出发，既遵循实际的构造运动背景，又兼有清晰的数学物理理论。

断裂与地应力场在时空上的配置关系，决定断裂发育的类型，同时也反映断裂将怎样影响油气藏的形成、保存及演化（Fisher et al.，2001；Paul et al.，2007；Zoback，2007）。在油气运移和聚集过程中断裂起通道或封堵的双面作用（Knipe，1992；Sample 等，1993），在油气藏开发中断裂的地质属性也深远的影响流体的流动和储层的渗透性（Barton et al.，1995；Paul et al.，2007；Zoback，2007）。因此对于断层的解释及其相关构造、力学、流体流动等属性的研究一直是油气开发中最重要的问题之一（Bouvier et al.，1989；Faulkner et al.，2010）。

关于克拉苏气田断裂在构造圈闭演化（雷刚林等，2007；漆家福等，2009）和天然气运聚（朱光有等，2009；张凤奇等，2012）中的作用研究较为深入，但对于气田开发中断裂相关储层渗透性和流体导流能力的研究甚少。本研究即是通过研究复杂构造砂岩气藏中断裂在现今应力场中表现出的力学动静态活动行为，分析断层带对储层渗透性能、流体流动和水体侵入等的影响。近年来这种断层与现今应力场之间在空间上配置关系对储层渗透率和流体流动的影响已被学术界和产业界广泛认可（杜新龙等，2013；Xia 等，2022；张星等，2023）。首先断裂（天然裂缝）临界应力假说的提出是研究断层地质力学行为对流体流动影响的一个重要进步，认为断裂和应力场的配置关系深远地影响诸多储层中流体的流动，处于临界滑动状态的断裂位置处具有更好的渗流能力（Zoback et al，1995）。Townend 等（2000）提出断层的水力传导性能并不取决于作用在断层面上的有效正应力，而是取决于剪应力于有效正应力之比，当断层处于临界应力状态时，其渗透率比周围基质岩石渗透率要高出 4 个数量级。Tamagawa 等（2008）利用实例证明由于断裂和应力场的交互影响作用，改变了储层中的渗透性能，由于断层活动的扰动，使得储层周围应力集中，水平应力场各向异性增加，从而提高了断层周围伴生天然裂缝的剪切变形趋势，最终增加了裂缝性储层的渗透率。Hennings 等（2012）在研究印度尼西亚南苏门答腊 Suban 气田地质力学特征时，讨论了在现今应力场中断层和裂缝的地质力学响应与气井产能之间的关系。研究表明地应力场控制下的断层和裂缝的地质力学响应与气田产能关系密切，气田南西部位属于走滑型应力场机制，存在更多的具有高剪应力与正应力之比的断层和天然裂缝，对应高产量的气井；气田北东部位属于逆断层型应力场机制，天然裂缝和断层带上的剪应力与正应力之比较低。相应气井产量较低。根据这一认识优化井位部署，新钻的两口井穿越了具有活跃地质力学响应的断层和裂缝，从而获得高产。近期的一些研究中强调了由断层和天然裂缝组成的断层破碎带对于致密储层品质的影响，提出由于不同级别、不同期次断裂产生过程中与应力场的交互作用，影响了天然裂缝的几何和力学特征，从而影响油气藏综合表现（Johri et al., 2014a; Rotevatn et al., 2014）。Rotevatn 等（2014）展示了埃及 Suez Rift 碳酸盐岩储层中沿着断层连接和破碎区域，出现数量、多产状复杂的天然裂缝，同时增加了断层周围和断层系统内部的流体流动能力。Johri（2014a）提出一种利用断层在地应力场中形变特征预测断层破碎带的方法，并且建立了定量描述断层带几何形状和裂缝伴生发育特征的刻度准则，从而为流体流动模拟和产能预测提供了依据。另外对于页岩气储层压裂改造机理的研究，也认识到具有更高的剪切变形能力的断层和天然裂缝更容易在压裂过程中被激发，而且气井的产量主要也来源于这些具有更活跃地质力学响应的断裂和裂缝带（Zoback et al., 2012; Johri and Zoback, 2013）。

白垩系长石岩屑砂岩和岩屑长石砂岩是克拉苏气田的主力产气层系（顾家裕等，2001），浅层克拉 2 等气藏物性和渗透性较好（贾承造，2002；孙龙德，2004），但在构造不同位置由于所受地应力影响不同，储层物性表现出明显的差异（韩登林等，2011）；深层克深区带气藏物性较差，基质渗透率极低，断裂破碎带和天然裂缝是储层渗透率和导流能力的主要贡献者（张惠良等，2012；王招明，2014）。断裂是天然气聚集的主要通道，是克拉苏气田盐下冲断叠瓦状气藏形成的重要结构体（何登发等，2009，2013）。克拉苏气田断裂分为三级，一级断裂控制整个构造带的展布特征，二级断裂控制各段的分布，三级断裂为各个气藏内部的断裂（王招明，2014）。三级断裂为气藏内部天然裂缝的发育提供了地质力学基础，使这种超深复杂构造储层保持了较好的有效性（张惠良等，2014）。目前气藏开发实践中认识到，气藏内部发育的断裂带是流体流动的一个高速通道，其对开发中的单井产量、气田动态产能变化及水体侵入等都有至关重要的控制作用（杨依超等，2006；张星等，2023）。但长期以来对于该区的地质力学研究较少，尤其对于多期构造运动形成的不同类型的断裂带在现今地应力场环境下的力学行为的研究几乎未开展，断裂的潜在力学活动性和相对渗透性无法定量评价，因此制约了断裂控制下的储层流动和渗透性能的评价，影响了断、缝、孔复合气藏开发机理和水侵模式的认识，为这种复杂构造气藏开发方案优化带来严峻挑战。

本章在克拉苏气田影响断裂活动性的多种地质因素分析基础上，将断裂的三维空间刻画和四维地应力场建模相结合，提出了一种断裂带在不同时空条件下的潜在力学活动性的预测方法。利用该方法预测了克拉 2 气藏和克深气藏边部共 240 余条断裂的力学活动性，分析其对裂缝性砂岩气藏渗透性和流体流动的影响，为气田渗流和水侵机理的确定提供了定量化的证据，进而为气田开发中井位优选和开发方案优化提供了依据。

第一节　断裂与地应力场之间的交互关系讨论

断裂的地质力学活动性指的是断裂结构面在地应力场作用下的力学行为。由于断裂带产状的变化和地下三维空间应力场的分布不同，因此在同一油气藏内不同断裂之间和断裂带上的不同部位所表现的力学行为存在差异,这种力学特征的差异性与油气藏内部的渗透性密切相关,深远地影响着储层内流体的流动。

地应力场是影响断层形成、活动、开启及闭合的关键因素,根据 Anderson 提出的方法,可以确定地应力场与断裂之间的关系(Anderson,1951),图 5-1 为断层形成时在断面上的应力状态,其中 σ_1、σ_2、σ_3 分别为最大、中间、最小主应力。正断层形成时垂向应力 σ_V 为最大主应力,而走滑断层形成时 σ_V 为中间应力,逆断层形成时 σ_V 为最小应力。

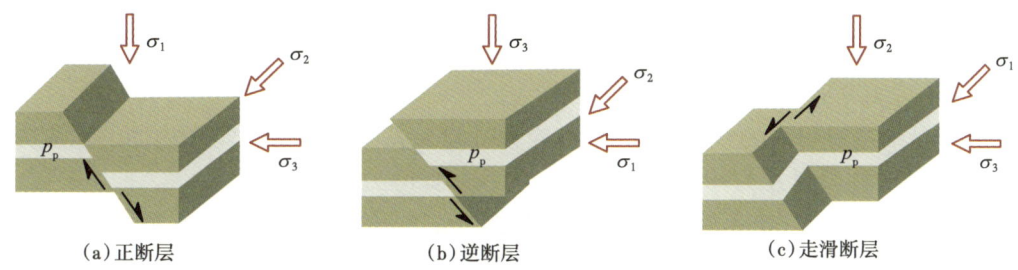

图 5-1 断层形成时的初始地应力状态

同时在构造地质研究中对于地下深部的地应力状态也按 Anderson 模式分类,如果某一地区三个主应力之间的关系为 $\sigma_V > \sigma_H > \sigma_h$($\sigma_H$ 为水平最大主应力,σ_h 为水平最小主应力)则称为正断层型应力场,而当三个主应力关系为 $\sigma_H > \sigma_V > \sigma_h$ 则为走滑型应力场,当三个主应力关系为 $\sigma_H > \sigma_h > \sigma_V$ 则其应力状态称为逆断层型应力场(李德伦等,2001)。当断层形成后,随着地质历史中构造运动的不断发生,地应力大小和方向都可能发生大的变化。很多情况下都不能维持断层类型和应力状态相同的力学环境,如在塔里木盆地库车前陆盆地,发育大量逆冲断层,但在现今条件下该区储层中大多表现为走滑型应力场的特征。

在地质力学中描述地壳应力的实际是一个含 9 个分量的二阶张量,但从靠近地球表面到地壳深处 20km 深度的范围内,地层应力状态均可用一个垂向应力和两个正交水平应力的大小和方向描述(Zoback,2007),即利用图 5-1 中所示的 σ_1、σ_2、σ_3,表示为式(5-1)。对于克拉苏气田储层应力状态也可如此表征,由于其为走滑型应力状态,则 σ_1 为水平最大主应力,σ_2 为垂向应力,σ_3 为水平最小主应力。

$$\sigma = \begin{bmatrix} \sigma_1 & 0 & 0 \\ 0 & \sigma_2 & 0 \\ 0 & 0 & \sigma_3 \end{bmatrix} \quad (5-1)$$

根据 Mohr-Coulomb 准则,断裂发生时地壳中三个主应力满足式(5-2)关系(Jaeger et al.,1979)

$$\sigma_1 = C_0 + \sigma_3 \tan^2\alpha \quad (5-2)$$

式中 C_0——岩石单轴抗压强度;

α——断层面上的法线方向与最大主应力方向间的夹角。

从式（5-2）可知，断裂形成时主要取决于最大和最小主应力之间的关系，而与中间应力无关，即克拉苏气田中影响断裂形成的主要因素是水平主应力之间的差异。

断裂形成以后，在原来的各项同性空间中形成了一个具有倾斜角的结构面，这个结构面上的每个单元的受力更为复杂。根据断裂面的几何产状，通过一定方式的坐标变换，可得到任意断裂面上的应力张量，如式（5-3）

$$\sigma' = N^T \sigma N = \begin{bmatrix} \sigma_{11} & \tau_{12} & \tau_{13} \\ \tau_{21} & \sigma_{22} & \tau_{23} \\ \tau_{31} & \tau_{32} & \sigma_{33} \end{bmatrix} \quad (5-3)$$

式中 N——方向余弦。

这个张量中主对角线的 σ_{ij} 应为三个主应力分量，其中之一为特定断裂面的正应力 σ_n，剪切应力 τ_{ij} 的对称分量互为相等，其中之一为断面剪应力 τ。

虽然如图5-1和式（5-3）所示，断裂和应力场之间有着复杂的交互影响关系，但断层的形成和分布是有规律性的，不管从哪个角度来分析研究它，最终还是集中在岩石破裂的机制方面。断层是岩石破裂的表现，影响岩石破裂因素很多，如应力大小、应力性质、岩石的力学性质及变形的物理条件（围压、温度、孔隙液压及时间因素等）。但对油气田开发而言，基于断裂和地应力场交互关系的逆冲推覆构造、伸展构造和走滑构造的形成和演化模式是研究的重点（李德伦等，2001）。

20世纪60年代后期，国外许多学者进行了一系列岩石脆性破裂实验，并由此建立了岩石破裂的扩容理论，从而较深入地揭示了岩石破裂的规律。

Brace 等（1966，1967）的实验研究表明，在围压和轴向压力作用下，当应力差从0增加到大约岩石破裂强度的一半时，岩石的体积缩小，并表现为弹性变形。当应力差继续增大时，岩石中微裂隙形成，并伴随体积膨胀和非弹性变形。当应力差达到岩石的破裂强度时，微裂隙大量形成，并集中形成一条明显的裂缝面，即断层两盘借以相对滑动的断层面。

当断层面一旦形成且应力差超过摩擦阻力时，两盘就开始相对滑动形成断层，随着应力释放，应力差（$\sigma_1-\sigma_3$）趋向于零或小于滑动摩擦阻力，一次断层作用即告终止。

Anderson（1951）从最简单的情况考虑，假设沿地球表面剪应力为零，断层三个主应力其中之一趋向于直立，另外两个主应力趋向水平，认为断层面都是剪切面，并经常以共轭形式出现。在以上假设条件基础上，提出了正、逆和走滑断层三种应力状态。

Anderson 模式被地质学家所接受，作为分析揭示地表或近地表脆性断层的依据。现在一般认为，断面是一个剪切面，一对共轭断层交线规定了 σ_2 方位，σ_1 与两剪切面的锐角平分线一致，σ_3 与两剪切面的钝角平分线一致，断层面与 σ_1、σ_3 应力主平面的交线规定断层滑向，其指向是锐角区楔形岩块沿 σ_1 向角顶运动，即断层两盘垂直于 σ_2 方向滑动。

正断层应力状态是：σ_1 是垂向应力，σ_2 和 σ_3 是水平应力；形成一对反向陡斜（倾角约60°）的正断层；两断层面的交线方向平行于 σ_2，平行断层走向；断层面上剪切运动方向是岩块垂直压缩平行于 σ_1，岩块水平拉伸平行于 σ_3，上盘岩块下滑，因此有人称为重力断层(图 5-2a),最大应力(σ_1)在铅直方向上逐渐增大,或者是最小主应力(σ_3)在水平方向上逐渐减小(图 5-3a),因此水平拉伸和垂直上隆是最适合于发生正断层作用的应力状态。

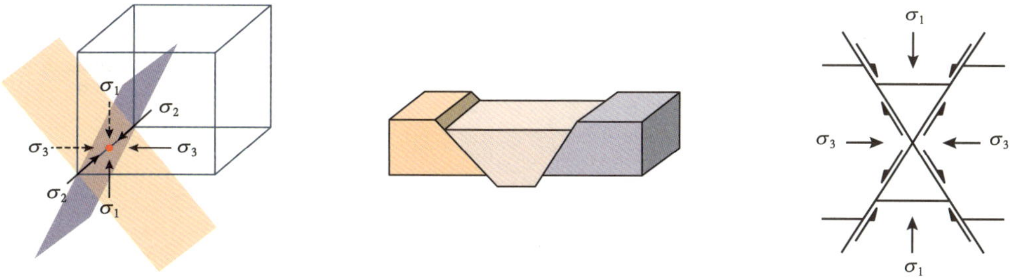

(a)正断层

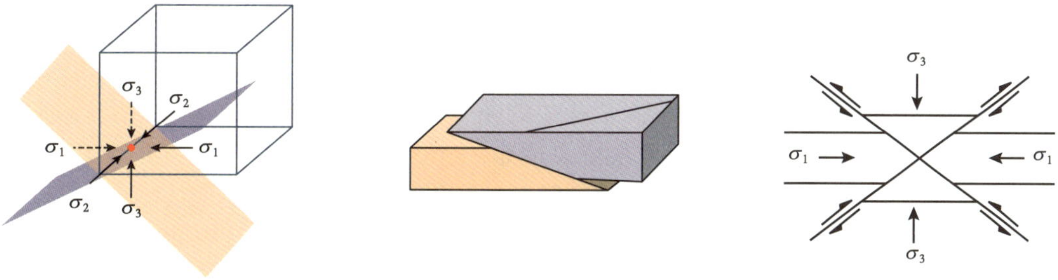

(b)逆断层

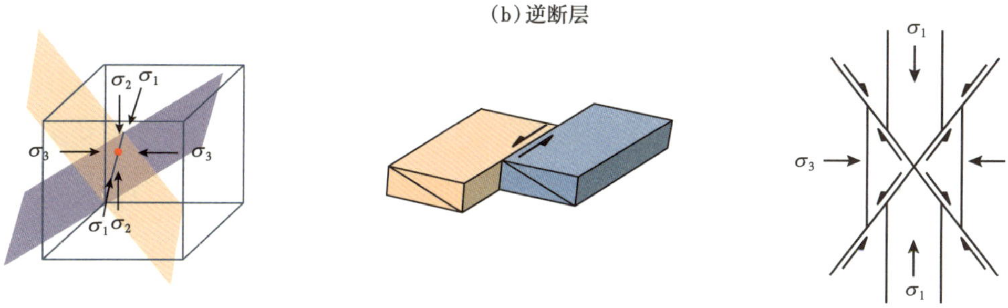

(c)走滑断层

图 5-2 断层形成时的初始地应力状态

低角度逆断层(冲断层)的应力状态是:σ_3 为垂向应力,σ_1 和 σ_2 是水平应力;形成一对反向缓倾斜的逆断层(断层面倾角约 30°左右);两断层面交线仍然平行于 σ_2,平行于断层走向;断层面上剪切运动方向是水平方向压缩且平行于 σ_1,直立方向拉伸平行于 σ_3,断层上盘岩块向上滑动(图 5-2b)。根据形成正断层的应力状态和莫尔圆表明,引起逆断层作用的有力条件是:最大主应力 σ_1 在水平方向上逐渐增大,或者是最小主应力 σ_3 在铅直方向上逐渐减小(图 5-3b),因此水平挤压有利于逆断层的发育。

形成平移断层的应力状态是:σ_2 直立,σ_1 和 σ_3 是水平的;形成一对直立的共轭平移断层,两共轭断层夹锐角对着 σ_1 方向,其交线平行 σ_2,断层面上剪切运动方向是水平压缩平行于 σ_1,水平拉伸平行于 σ_3,锐角区向角顶运动(图 5-2c)。

尽管 Anderson 的断层应力模型不完全符合自然界断层发育的实际情况,但这一模型在研究断层系统时还是有用的,因此地质学家们以此作为分析断层的依据。

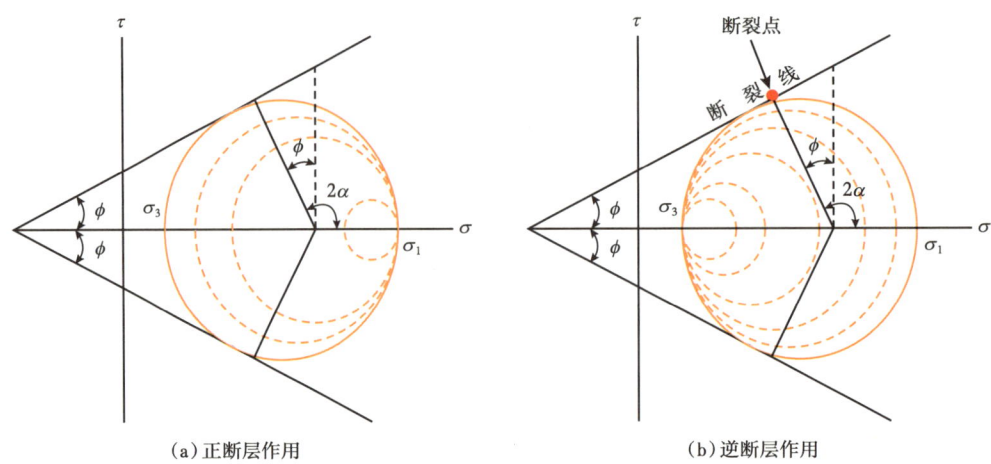

图 5-3 两种断层作用的应力状态莫尔圆（据朱志澄等，1991）

Anderson 的断层应力模型对自然界复杂的条件考虑不够，而 Hafner 分析了地球内部可能存在的各种边界条件引起的应力系统。假定一个标准应力状态并附加类似实际构造状态的边界条件，从而推算出各种应力下势断层的可能产状与性质。

Hafner 提出的标准状态的边界条件是：①岩块表面为地表，无剪应力作用，仅受到一个大气压的压力作用；②岩块底部应力指向上方，等于上覆岩块的重量；③边界上无剪应力作用。

任何标准状态下的岩石，如果受到水平应力作用，最简单的情况是两侧均匀挤压（图 5-4）。在这种情况下，可能出现两组共轭逆断层，其断层面产状，无论在水平面上，还是往深处都无变化。但是两侧均匀挤压并不是常见的，最常见的是不均匀侧向挤压。因此 Hafner 提出三种附加应力状态，假设中间主应力轴水平，以及包含该最大主应力轴的两组共轭剪切面夹角为 60°。

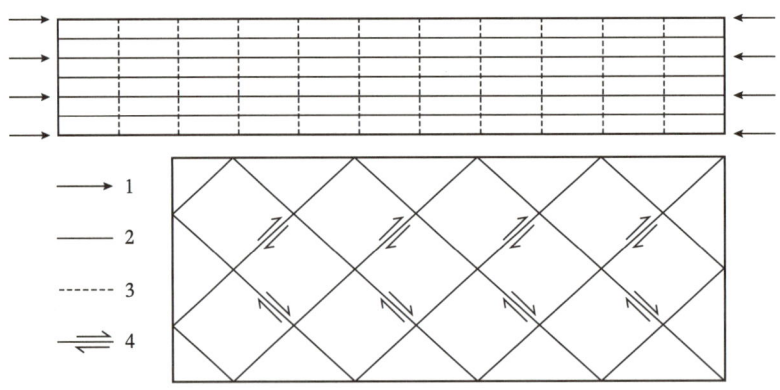

图 5-4 侧向均匀水平挤压势断层分布（据 Hafner，1951；Dahlen 等，1983）
1—应力；2—最大主应力迹线；3—最小主应力迹线；4—势断层

第一种状态为：在标准应力状态之上叠加不均匀侧向挤压，并假设附加的水平挤压应力向下（深）增大，自左而右减小。当附加的侧向挤压大到足以引起破裂时，产生的断层如图 5-5 所示。在图的右端为无断层的稳定区,在图的左端产生一组断层,倾角 30° 左右,向左端倾斜;另一组断层倾角 30° 左右,向右侧倾斜,两组为倾向相反的低角度逆断层。由于最大主应力轴的倾角各点不同,并向右增大,所以倾向稳定区的一组逆冲断层的倾角自地表向下逐渐增大,但断层性质不变,仍为逆断层。

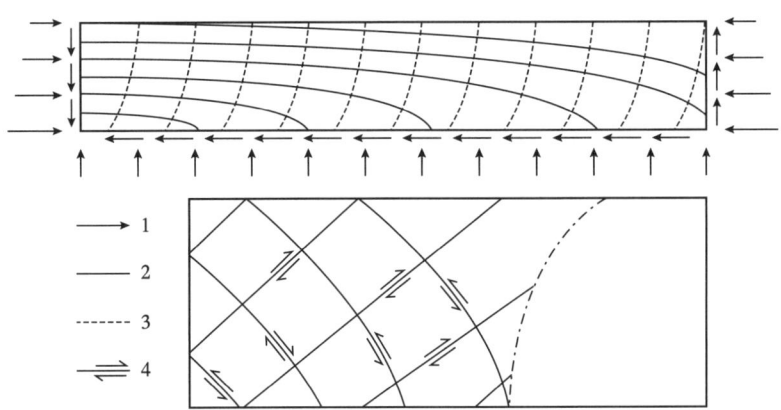

图 5-5　第一种附加应力状态及断层(据 Hafner,1951;Dahlen 等,1983)

1—应力;2—最大主应力迹线;3—最小主应力迹线;4—断层

第二种附加应力状态为:在标准的应力状态上,附加的水平剪应力自左向右呈指数递减及作用在底板上的垂向应力自左而右减小,水平挤压应力在左侧由浅到深由增加再减少而右侧不变。这种情况下,最大主应力轴向右侧倾伏,且稳定区大于断层分布区。产生的断层:一组为向右陡倾的逆断层;另一组的浅部为向左缓倾的逆断层,向下部为向右缓倾斜的正断层。这种附加应力状态不仅表现出断层倾角变化,而且断层类型也发生变化(图 5-6)。

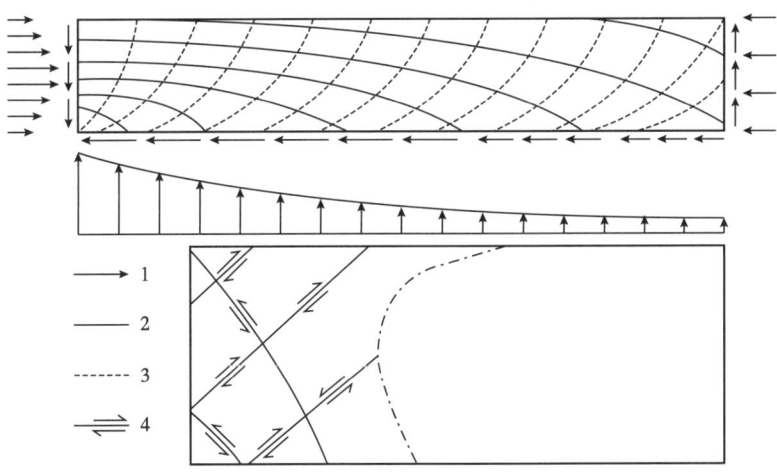

图 5-6　第二种附加应力状态及断层(据 Hafner,1951;Dahlen 等,1983)

1—应力;2—最大主应力迹线;3—最小主应力迹线;4—断层

第三种附加应力状态为：叠加在标准应力状态上的附加应力包括两种，一是作用在岩块底板上呈正弦曲线状变化的垂向力；二是岩块底板上变化的水平剪应力。在这种附加应力状态下，分别在中间及两侧出现稳定区。在中央稳定区上部形成一对高角度正断层；一组断层向右侧变缓为低角度正断层，向左变为高角度逆断层；另一组向左变缓，向右变陡。缓者为正断层（低角度），陡者逐渐变为倾向中央稳定区的高角度逆断层（图5-7）。

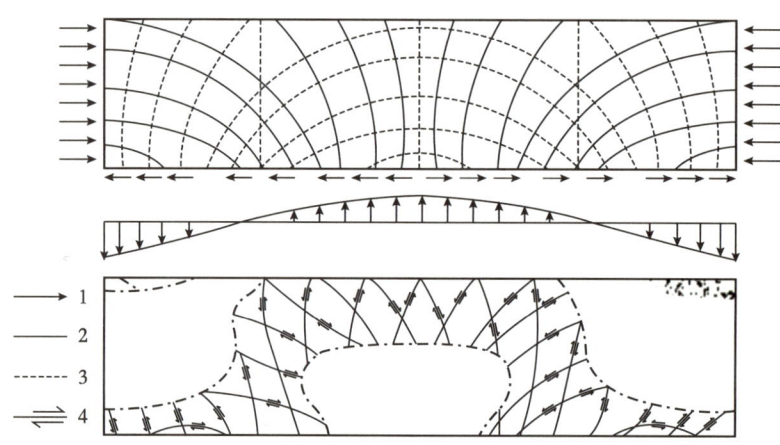

图5-7　第三种附加应力状态及断层（据 Hafner，1951；Dahlen 等，1983）

1—应力；2—最大主应力迹线；3—最小主应力迹线；4—断层

上述三种附加应力状态，表示出各类地壳内应力分布的不均匀以及断层面产状及断层性质的变化情况，该模式有助于查明一定边界应力系统下可能存在的潜在断层。

Anderson 和 Hafner 的断层应力模式，都表示出各类断层的产状方位和主应力轴的关系，假定地质体是均匀的。实际上，地壳内的岩石是不均匀的，在各种大小尺度上，总是存在软弱面，这些软弱面的方位、产状与上述模式的断裂方位并无固定关系，而构造力作用的方向、大小和速率也不一定是持续稳定的，地质边界条件的选择也有一定困难。尽管如此，作为浩大的地质空间，虽然其中存在许多软弱面，如果方位紊乱且规模不大，仍表现为相对的均匀性，因此有可能应用上述模式进行分析。这种分析在以下方面是比较有意义的：第一，如果已知一定区域内断层的性质和方向，可借助模式分析断层形成的应力场；第二，在已知部分断层性质和方位的基础上，结合有关资料初步确立区域应力场，有助于分析可能存在的隐伏（潜在）断层。

第二节　断裂地质力学活动性指数 FGAI 计算模型

塔里木盆地区域构造应力场力源主要来自于两个方面（王喜双等，1997；贾承造等，2004），一方面由于印度板块向北，欧亚大陆特别是西伯利亚板块向南强烈挤压，盆地周缘天山、昆仑山和阿尔金山急剧隆起向盆地内强烈逆掩推覆，产生了强的北北东—南南西向的挤压应力（贾承造等，2004；王喜双等，1997）；另一方面，由于塔里木盆地为一个不规则的刚性菱形块体，印度板块与欧亚大陆板块碰撞并向北推移过程中，不同地区地壳缩短量不同，在盆地边缘或内部形成北东东向左行和北西西向右行大型走滑断裂活动，断裂活动也影响了现今应力场的分布（王清华等，2024）。

库车地区在二叠纪末—三叠纪受古南天山造山带影响，发育一系列冲断构造。其中克拉苏断层与克拉北断层为山前逆冲断裂，断层在二叠纪活动更明显，并且大多在三叠纪停止活动（王河等，2022）。侏罗纪进入应力松弛的断陷盆地构造发展阶段，无明显的断层活动。白垩纪塔里木盆地北缘为古天山隆起，经过侏罗纪的准平原化作用，隆起幅度不大，库车地区已是白垩纪统一的大型陆内坳陷盆地的一部分（唐雁刚等，2021）。

新世末印度板块与欧亚大陆板块开始碰撞拼贴，南天山重新开始褶皱隆起，克拉苏断层与克拉北断层发生复活，切割了中生界并向上滑脱于盐岩层内（马安来等，2022）。上新世—第四纪库车地区由于南天山强烈隆升，产生了由北向南的巨大挤压应力，盆地内发育大量逆冲断层，同时克拉苏断层继续向上突破。因此克拉苏构造带地应力场与断裂是相互作用、交互影响，最终形成现今格局（白莹等，2021）。

对于一个已经存在的断裂面而言，与摩擦滑动相关的结构面的活动性主要取决于断裂所受正应力 σ_n、剪应力 τ 和摩擦系数 μ 之间的博弈。Amontons 在 da Vinci（达芬奇）的摩擦实验基础上，提出当结构面上的剪切应力与正应力的比值超过其摩擦系数时，该断面将发生摩擦滑动。Coulomb 在对结构面摩擦深入研究，提出 Coulomb 破坏函数，简洁表达了原生破裂面由摩擦滑动引起的活动特征（Zoback，2007），破坏函数 CFF 如式（5-4）所示

$$\mathrm{CFF} = \tau - \mu\sigma_n \tag{5-4}$$

当破坏函数 CFF 为负值时，断裂面保持稳定，剪应力不足以克服滑动阻力。但当 CFF 达到或超过零时，在原生断裂面上，剪应力克服正应力，从而发生摩擦滑动。

式（5-4）反映断裂的剪应力与正应力之比 τ/σ_n 是一项断裂活动性强弱的重要指标，同时 Barton 等（1995，1997）证实潜在活动性更好的断层和裂缝具有更好的渗透性，Townend 等（2000）提出断层的水力传导性能并不取决于作用在断层面上的有效正应力，而是取决于剪应力与有效正应力之比，Hennings 等（2012）在研究印度尼西亚南苏门答腊 Suban 气田时也提到剪应力与正应力之比 τ/σ_n 是影响裂缝性储层渗透性的影响因素之一。对于塔里木盆地克拉苏气田走滑型应力场控制下的断裂来说，同样满足上述关系。因此将 τ/σ_n 作为反映断层力学活动性的重要标志指数之一。

为了计算剪应力和正应力，需要在主应力坐标系中确定断裂单元面的法线方向，如图 5-8 所示，$\tilde{n}$ 表示断裂单元的法线，α、β、γ 分别为断面法线方向与三个主应力（最大主应力 σ_H、中间主应力 σ_v 和最小主应力 σ_h）方向之间的夹角。对于断裂面上的每个单元，三个主应力均可分解为一个平行于法线方向和一个平行于断裂面的应力，分别将这三个应力叠加，即可得到对应断裂

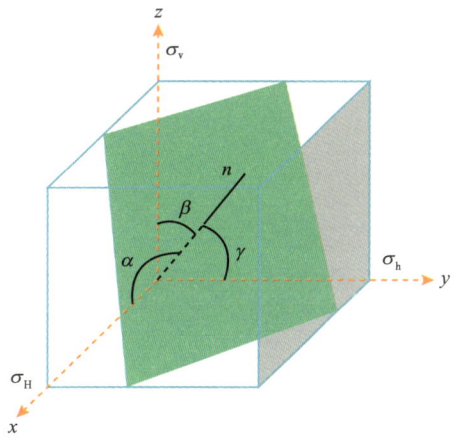

图 5-8 断层面应力状态分析

面的正应力和剪应力,如式(4.4.2)~式(4.4.4)所示。

同时也可用张量变换方法计算正应力和剪应力,这种方法更明晰的阐述了应力张量与断裂几何产状之间的关系。当断层发生时地壳中三个主应力满足式(5-1)关系,而当断层形成并处于稳定状态时 σ_1 和 σ_3 的比值与断面摩擦系数 μ 应满足式(5-5)(Jaeger et al., 1979)

$$\frac{\sigma_1}{\sigma_3} \leq \left[\left(\mu^2 + 1 \right)^{1/2} + \mu \right]^2 \tag{5-5}$$

这样来看断层形成时主要取决于最大和最小主应力之间的关系,而与中间应力无关。当断层形成时,断面的摩擦属性又约束限定了最大和最小主应力之间的差。

理论和实践已证明在特定应力环境下不同产状、不同位置断裂面上承受的正应力、剪切应力以及两者在经典破裂准则下的力学博弈,是表征断裂在油气藏中的地质力学响应的指数之一。从断裂结构面受力分析角度可确定其所受的正应力和剪应力,对于柱坐标系中的应力张量式(5-1),通过张量变换可得到地理坐标系中的应力表达式

$$\sigma_g = R_1^T \sigma R_1 \tag{5-6}$$

其中

$$R_1 = \begin{bmatrix} \cos a \cos b & \sin a \cos b & -\sin b \\ \cos a \sin b \sin c - \sin a \cos c & \sin a \sin b \sin c + \cos a \cos c & \cos b \sin c \\ \cos a \sin b \cos c + \sin a \sin c & \sin a \sin b \cos c & \cos b \cos c \end{bmatrix} \tag{5-7}$$

式中　a——σ_1 的方位;

　　　b——σ_1 的倾向;

　　　c——σ_2 的倾角。

然后计算地理坐标系中任意裂缝面上应力张量

$$\sigma_f = R_2 \sigma_g R_2^T \tag{5-8}$$

其中

$$R_2 = \begin{bmatrix} \cos(\text{str}) & \sin(\text{str}) & 0 \\ \sin(\text{str})\cos(\text{dip}) & -\cos(\text{str})\cos(\text{dip}) & -\sin(\text{dip}) \\ -\sin(\text{str})\sin(\text{dip}) & \cos(\text{str})\sin(\text{dip}) & -\cos(\text{dip}) \end{bmatrix} \tag{5-9}$$

式中　str——裂缝走向;

　　　dip——裂缝倾角。

则作用于裂缝面上的正应力 σ_n 和剪应力 τ 为

$$\sigma_n = \sigma_f(3,3) \tag{5-10}$$

$$\tau = \sigma_r(3,1) \tag{5-11}$$

其中

$$\sigma_r = R_3 \sigma_f R_3^T \tag{5-12}$$

其中

$$R_3 = \begin{bmatrix} \cos(\text{rake}) & \sin(\text{rake}) & 0 \\ -\sin(\text{rake}) & \cos(\text{rake}) & 0 \\ 0 & 0 & 1 \end{bmatrix} \tag{5-13}$$

式中　rake——旋转后应力张量中滑动矢量的倾斜度。

另一方面，在研究中必须考虑地层孔隙压力。当断面埋藏在地下一定深度时，即使是张性盆地背景，张应力也已不存在（童亨茂，1998；Zoback，2007），因此断裂的活动性保持必须有流体压力的作用。如果断面之间有一定的孔隙压力，则断面有效正应力 $\sigma_{ne} = \sigma_n - p_p$ 将减小，根据式（5-4）断层活动性增强。而在油气田开发过程中则有可能出现两种情况，一种是随油气开采，孔隙压力降低，引起断面有效正应力增加，则断层活动性减弱；另一种是当孔隙压力降低时，气田整体的地应力也降低，使得正应力和剪应力都降低，而在特定的动态应力和断裂产状作用下，出现剪应力与有效正应力之比 τ/σ_{ne} 增加的情况，最终使得断层活动性增强。

采用 Coulomb 摩擦准则判断断裂单元的滑动（张明等，2013），假设流体压力变化引起断层活动性变化，则可以计算得到一个临界孔隙压力，超过该孔隙压力则可引起沿着断裂结构面的活动。如果由孔隙压力的改变导致断层滑动，当 CFF 等于零时，式（5-4）变为

$$\tau - \mu(\sigma_n - p_p) = 0 \tag{5-14}$$

如果定义该孔隙压力为断层活动临界孔隙压力，则得到下式

$$p_p^{\text{crit}} = \sigma_n - \frac{\tau}{\mu} \tag{5-15}$$

Wiprut 等（2000）利用该方法计算某油田断层面的剪应力和正应力，并根据式（5-15）确定了断层单元开始滑动时的临界孔隙压力，用该值判断断裂对油气的封闭能力，表明该断层活动临界孔隙压力 p_p^{crit} 可以作为表征断裂活动性的另一个指标。

实验室的研究成果表明，断层和裂缝的渗透性能与其结构面所受应力场的特征密切相关（Kranz et al.，1979）。Barton 等（1995）提出临界应力断层（裂缝）假说，认为在地壳中存在一种特定应力场和孔隙压力场控制下的处于临界滑动状态的断层和裂缝，临界应力断裂将极大地提高所处地层中的渗透性和流体流动能力。Townend 等（2000）提出断面的水传导能力取决于剪应力与有效正应力之比，当断层处于临界应力状态时，其渗透率将大大提高。

与 Zoback 等的研究结果不同的是，克拉苏构造带储层受埋深、应力场、孔隙压力场和岩石脆性条件的限制，气藏内部各种断层和天然裂缝均不处于临界应力状态。但从多年

气田开发实践可知，克拉苏气田内部不同断裂带和断裂的不同部位上均表现出较大的渗透性差异，这种渗透性的差异也主要取决于应力场、孔隙压力和断层产状三者之间的匹配关系（下节中将具体论述该观点），虽然断裂都不处于临界应力状态，但其在现今应力场控制下的潜在力学行为与相对关系，同样深刻影响着气藏的渗透性和流体的流动。因此笔者提出了断裂潜在力学活动性的概念，以定量刻画克拉苏气田断裂的这种特殊力学行为。

根据上面的论述，断裂面上所受的剪应力与正应力之比 τ/σ_n 是控制断裂面相对滑动的关键因素，同时其也是控制断裂带渗透性的重要地质属性，它是反映断层活动性的一个正向指标，其值越大，断裂活动性越强。式（5-15）中的临界孔隙压力 p_P^{Crit} 表示保持断层断裂活动时所需的孔隙压力，是直接表征断裂面潜在活动性能的一项参数，它是反映断层活动性的一个反向指标，其值越小，断裂活动性越强。断面的剪应力与正应力之比 τ/σ_n 为无量纲，而临界孔隙压力 p_P^{Crit} 是一个压力值，单位一般为 MPa 或梯度单位 MPa/100m。这里采用极差变换的方法将这两个属性归一化，然后用加权叠加的方法将二者结合，提出了一个新的适合于高应力、高孔隙压力、复杂构造背景下的新的断裂地质力学活动性计算模型 FGAI（Fault Geomechanical Activity Index）

$$\text{FGAI} = \sum_{i=1}^{2} W_i G_i \qquad (5\text{-}16)$$

式中　G_i——不同地质属性的归一化值；

G_1——断裂面剪应力与正应力之比 τ/σ_n；

G_2——断裂滑动临界孔隙压力 p_P^{Crit}；

W_i——分别为每种地质属性的权重系数。

则断裂地质力学活动性指数 FGAI 表示为

$$\text{FGAI} = W_1 \frac{\tau/\sigma_n - \tau/\sigma_{n\min}}{\tau/\sigma_{n\max} - \tau/\sigma_{n\min}} + W_2 \frac{p_{p\max}^{Crit} - p_p^{Crit}}{p_{p\max}^{Crit} - p_{p\min}^{Crit}} \qquad (5\text{-}17)$$

式中下标为"max"和"min"的参数分别为上述四种地质参数在区域上的最大值和最小值，两种参数的权重应满足 $W_1+W_2=1$。断裂活动性指数 FGAI 的值域范围为 0~1，值越大反映断裂潜在活动性越强。该指数的计算过程中综合考虑了区域现今应力场、储层孔隙压力、岩石力学性质及断裂几何产状，直接反映断裂带在现今应力场控制下潜在的力学活动行为，能够用于不同断裂带之间和同一断裂不同位置上的相对封闭和连通能力定量分析。

第三节　断裂地质力学活动性在气藏研究中的地质意义

从断裂形成的构造背景、断裂的产状和油气藏储层特征几个方面来看，断层的开启和封闭性受 10 余种地质属性的影响（张立宽等，2013）。但从断裂本身的地质属性来看，对于特定油气藏在开发过程中断层所起的连通和导流能力，主要由如图 5-9 中所示六种地质属性控制（Yielding et al.，1997；童亨茂，1998；Zoback，2007；Zhang et al.，2011；王珂等，2012；付晓飞等，2015）：①断裂面的埋深；②断裂的走向；③断裂的倾角；④断裂面的相对垂直断距；⑤断裂面所在位置的孔隙压力；⑥断裂错断地层的泥岩含量。

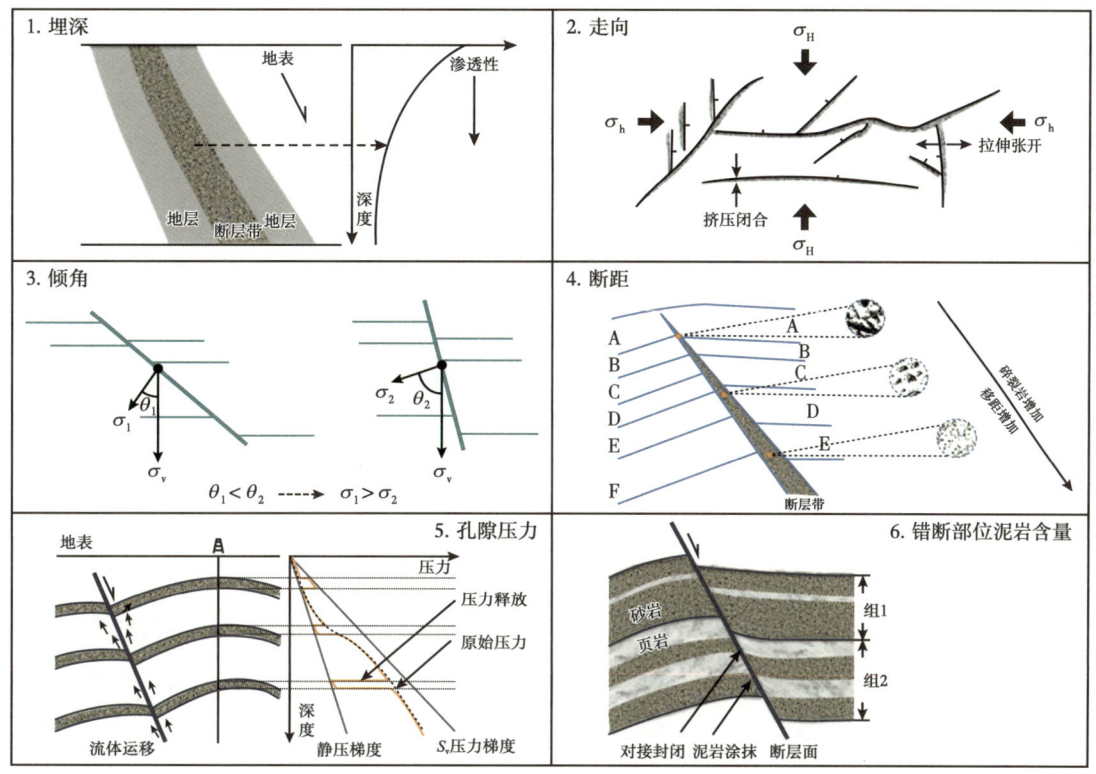

图 5-9　影响断裂开启和封闭性能的六种地质属性

随着断裂面埋深的增加，其所受的垂向应力越大，化学成岩作用也越强，断裂带上的孔隙度和渗透率随之降低，因此深部断层往往比浅层断层具有更高的封闭能力（张丹凤等，2021）。断裂走向的重要性，在这里主要体现在其与现今水平最大主应力方位之间的夹角上，克拉苏气田现今地应力方位分布复杂，发育大量多期次复杂产状断裂，导致断裂带上所受的应力差异较大，很大程度上造成了断裂之间活动性的巨大差异。断裂面的倾角主要决定了垂向应力在断面上分解量的大小，断层越陡，其断面受垂向应力压实的作用越小，有利于断层活动性的保持（李振生等，2029）。

断裂的垂直断距越大，断裂内天然裂缝和高渗透破碎带形成的可能性就越大，但同时大断距的断裂形成往往伴随着强烈的构造运动，剧烈的断层活动也可能使断层岩强烈破碎，从而形成颗粒细碎的断层泥，因此断距对断层的活动性来说是一把"双刃剑"（李萌等，2016）。地层孔隙压力值的高低，将直接影响到断裂面上所受的有效正应力，同时当油气藏孔隙压力变化时，也会引起储层地应力的综合变化，将间接影响到作用在断裂面上的正应力和剪应力，因此孔隙压力对断层活动性具有重要的作用。当断裂错断地层泥岩含量越高时，断裂破碎带中的孔隙度和渗透率将明显降低，从而更易于导致断裂面趋于封闭（杨跃辉等，2022）。

克拉苏气田发育三种级别的断裂，一级和二级断裂控制着整个克拉苏构造带的展布及其内部每个气藏的形成，每个气藏内部还发育大量三级断裂，如克拉2气藏内部断裂达到200余条（图5-10）。不论是成藏期的油气运移，还是开发过程中的流体流动，这些断裂都起着"高速通道"的作用，这种"通道"性能同样受以上所述的六种地质属性的影响，但长期以来没有一种定量化的方法去评价这种"通道"能力。这里提出的断裂地质力学活动性概念和式（5-17）中的活动性指数计算方法均充分考虑了上述六个断层属性。

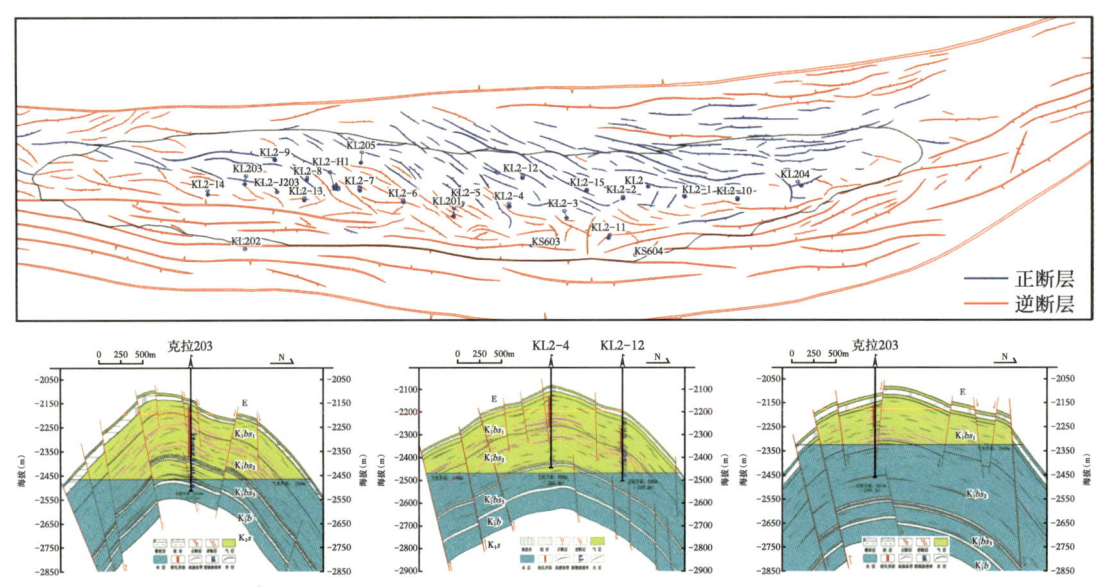

图5-10 克拉2气田断裂解释平面及剖面分布特征示意

裂面埋深：在利用式（2.4.11）计算每个断裂面位置处的垂向应力时，断裂面距地表的真深度作为一项参数输入，最终通过分解到断面上的垂向应力来体现。另外对于克拉苏气田每个气藏中的断裂片段来说，断裂之间和断裂带不同位置上的埋深差异不大，同一气藏内部由于深度引起的垂向应力差异较小。

断裂走向：在利用式（5-10）和式（5-11）计算断裂面正应力和剪应力时必须输入断裂面的精确产状，在针对克拉苏气田断层活动性研究中，将断裂面网格化，提取每个网格单元的产状信息，因此包括走向在内的不同断裂的产状和同一断裂上不同位置的产状信息都被考虑。

断裂倾角：同样，在式（5-10）和式（5-11）计算中已作为参数输入。

断裂面的相对垂直断距：克拉苏气田发育大量不同期次和不同级别断裂，断裂之间的垂直断距差异较大。但在每个气藏内部，发育的三级断裂垂直断距差异不大，以克拉2气藏为例，气藏内部发育三级断裂243条，其中60%的断层垂直断距在20m以内，20%的断层垂直断距范围为20~40m，10%的断层垂直断距为40~60m，而气层的厚度范围为300~500m，气藏平均孔隙度为12.83%，断层垂直断距的变化对气藏物性的影响很小，因此在气藏内部，垂直断距的差异对断层活动性的影响很小。

孔隙压力：在利用式（2.4.12）和式（2.4.17）计算水平主应力时，储层孔隙压力值是一个重要的输入参数，同时在计算断裂面有效正应力和开发中断层活动性动态变化中也都必须考虑孔隙压力的计算。

断裂错断位置地层的泥岩含量：克拉苏气田内部各气藏中砂体的分布特征为"纵向上连通，横向上连片"。以克拉2气藏为例储层净毛比大于80%，气藏内泥质含量较低，基本没有泥质隔层和泥岩条带，因此各断裂带之间和同一断裂带不同位置上的泥质含量都较低，且差异小，所以在气藏内部断裂错断地层的泥岩含量对其活动性影响较小，在计算模型中可以不予考虑。

综上所述，研究中提出的断裂地质力学活动性和断裂活动性指数FGAI充分考虑了断裂的空间几何产状、断裂与现今地应力的匹配关系以及储层孔隙压力和岩石力学性质等因素，这些因素是决定断裂"通道能力"的关键属性。因此该断裂活动性指数FGAI可以用于评价断裂对储层渗透性和流体导流能力的评价，对气田开发机理的研究和水侵机理的厘定有重要的理论和现实意义。

第四节　断裂地质力学活动性在气藏开发中实用性论证

现今地应力场是评价断层力学活动性的最关键基础气藏属性之一。一方面，只有在准确评价气藏现今三轴主应力状态、水平应力方位、水平最大及最小主应力值的基础上，才能正确分析断裂面的受力特征。另一方面，随着气田开发，孔隙压力下降导致气藏应力变化，断裂面所受的剪应力和正应力随之改变，一部分断裂将由于断面有效正应力的增加而表现的趋于压实和封闭，另外一部分断裂却会由于剪应力与有效正应力之间的特殊博弈，能够保持活动性，甚至其活动性增强。这样在气田开发过程中随着断裂和动态应力场之间匹配关系的变化，气藏的渗透性和流体流动变得复杂。因此这种在气藏应力场建模基础之上的地质结构体力学行为的研究，对气田开发尤为重要。

这里以克拉苏构造带克深气田和克拉2气田为例阐述断层活动性在气田水侵机理、开发机理确定和井位部署中的应用。首先对克深2—克深24构造南北两端断裂开展地质力学活动性分析，评价断裂封堵性能，为克深24井上钻提供避水建议。克深24构造紧邻克深1-2构造，克深24井位于克深1井西北约1.7km处。克深24井在上钻前，地质资料显示，该井位于克深2-24构造北部主断裂以南1.0km处，因此断层封堵性是该井部署前需要论证的重要部分。

克深2-24构造南北两条主断裂控制该气藏的形态，且由于它们都断穿至基底，因此其避水封堵性是落实含气圈闭及保障气井钻探成功的关键因素之一。在三维应力场建模和两条主断裂几何特征空间解剖的基础上，评价了两条断裂三维力学活动性指数（图5-11）。

从图5-11中可知，由于现今应力场分布与断裂产状之间匹配关系复杂，导致两条主断裂从西至东力学活动性变化较大，总体活动性指数范围为0.1~0.6。东南部和中北部断裂活动性明显好于其他位置，其中东南部断裂活动性最好，FGAI指数为0.5~0.6，附近四口完钻井KES207、KES2-2-3、KES2-2-5、KES2-1-7均被证实在开采中出水，且出水类型为主断裂沟通后见水（图5-12），说明在克深2-24构造断裂活动性对气藏水侵有直接影响。因此在克深24井的论证中断裂活动性评价显得尤为重要。通过定量分析，发现该井附近断裂面活动性指数为 0.1 左右，远低于 KES207 井等井附近断裂活动性，说明相对而言该部位的断裂封堵性较好，在井位论证中，该项指标作为新的地质属性，为该井上钻提供了依据。

图 5-11 克深 2 气田断裂地质力学活动性示意图

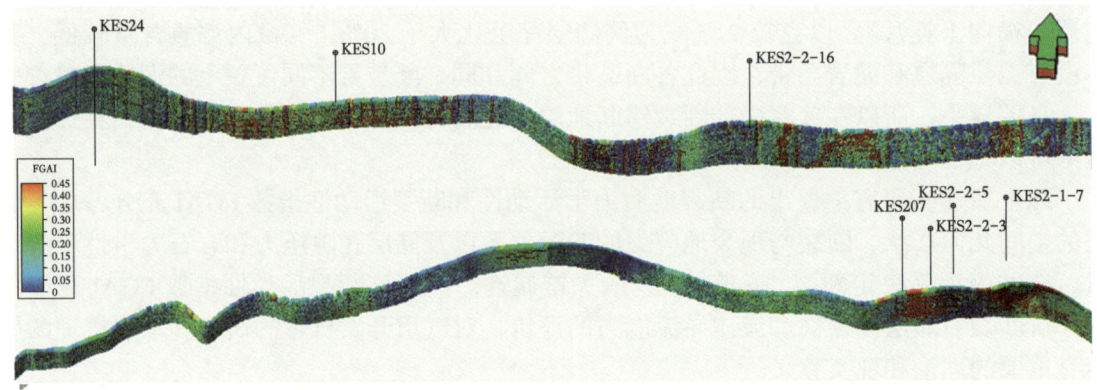

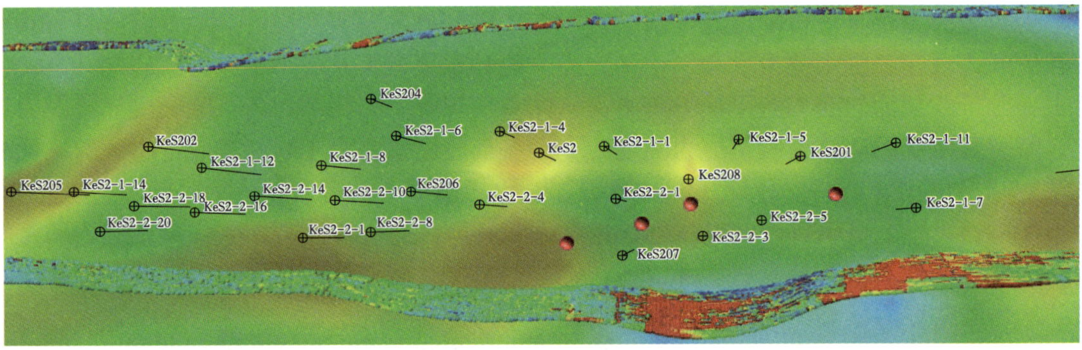

井号	射孔层段(m)	总矿化度(mg/L)	水型	pH值	地层水密度(g/cm³)	出水类型
克深207	6990~7018	160500	氯化钙型	6.3	1.1	主断裂出水
KES2-2-3	6747~6840	161500	氯化钙型	5.6	1.1	主断裂出水
KES2-2-5	6880~6916	163800	氯化钙型	6.3	1.1	主断裂出水
KES2-1-7	6632~6697	161600	氯化钙型	5.5	1.1	主断裂出水

图 5-12 克深 2 气田断裂地质力学活动性与地应力叠合示意图

克深 24 井成功完钻后，目的层白垩系巴什基奇克组气测显示 78.0m/25 层，气层 40m/12 层，差气层 34m/13 层，气测全烃最高 4.12%；测井解释气层 50.0m/14 层、差气层 81.5m/24 层，有效厚度 131.5m，平均孔隙度 5.7%，平均含油饱和度 64%，裂缝 85 条（图 5-13）。岩心及测井解释裂缝较发育，储层物性相对较好，测试天然气产能较好，未见水。断裂地质力学活动性预测为该井提供了相应部署依据，成为该区井位部署中的一项重要地质属性。

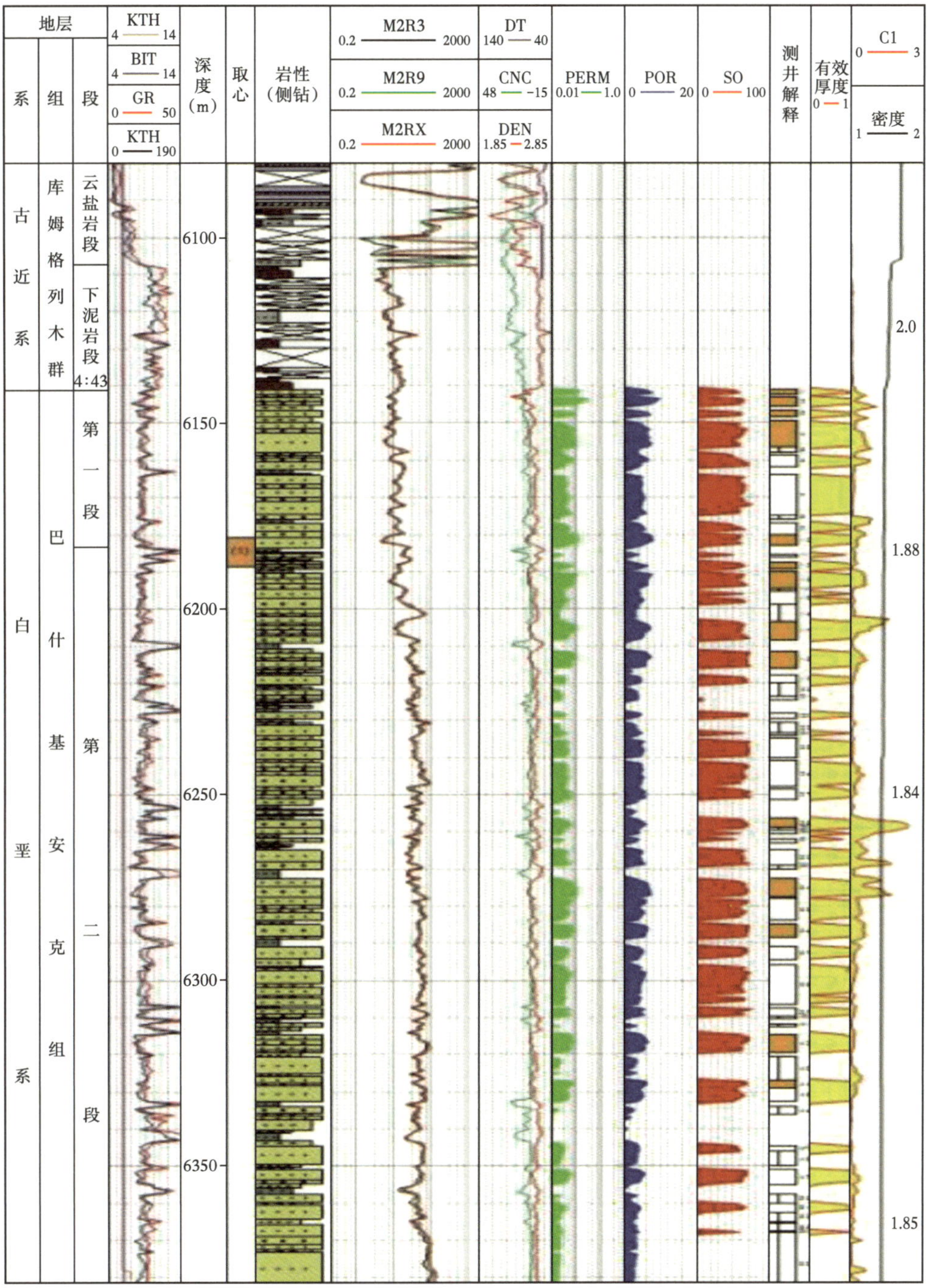

图 5-13 克深 24 井四性关系图

对于克拉 2 气田的断裂地质力学活动性预测，由于该气田已开发十余年，孔隙压力降低接近 30MPa。因此对克拉 2 气田的应力场评价分为基于井筒信息的一维应力计算、在构造格架搭建基础上的三维应力场建模及随时间变化的四维应力场预测。一维和三维应力场利用第二章第四节中的算法求取，四维应力场主要通过确定单位孔隙压力变化而引起的应力变量而预测得到（将在第六章中详细阐述）。气田在开发过程中，气藏温度变化较小，上覆垂向应力基本保持不变，孔隙压力是其中变化最大的参数，因此通过掌握孔隙压力衰减与水平应力变化之间的关系，即可预测到气田开发中的四维地应力场特征。

克拉 2 气田含气面积约 48km^2，2005 年正式投入开发，共有开发井 19 口，原始地层压力为 75MPa。经过 10 余年开发，2016 年地层压力下降至约 48MPa。图 5-14 反映了

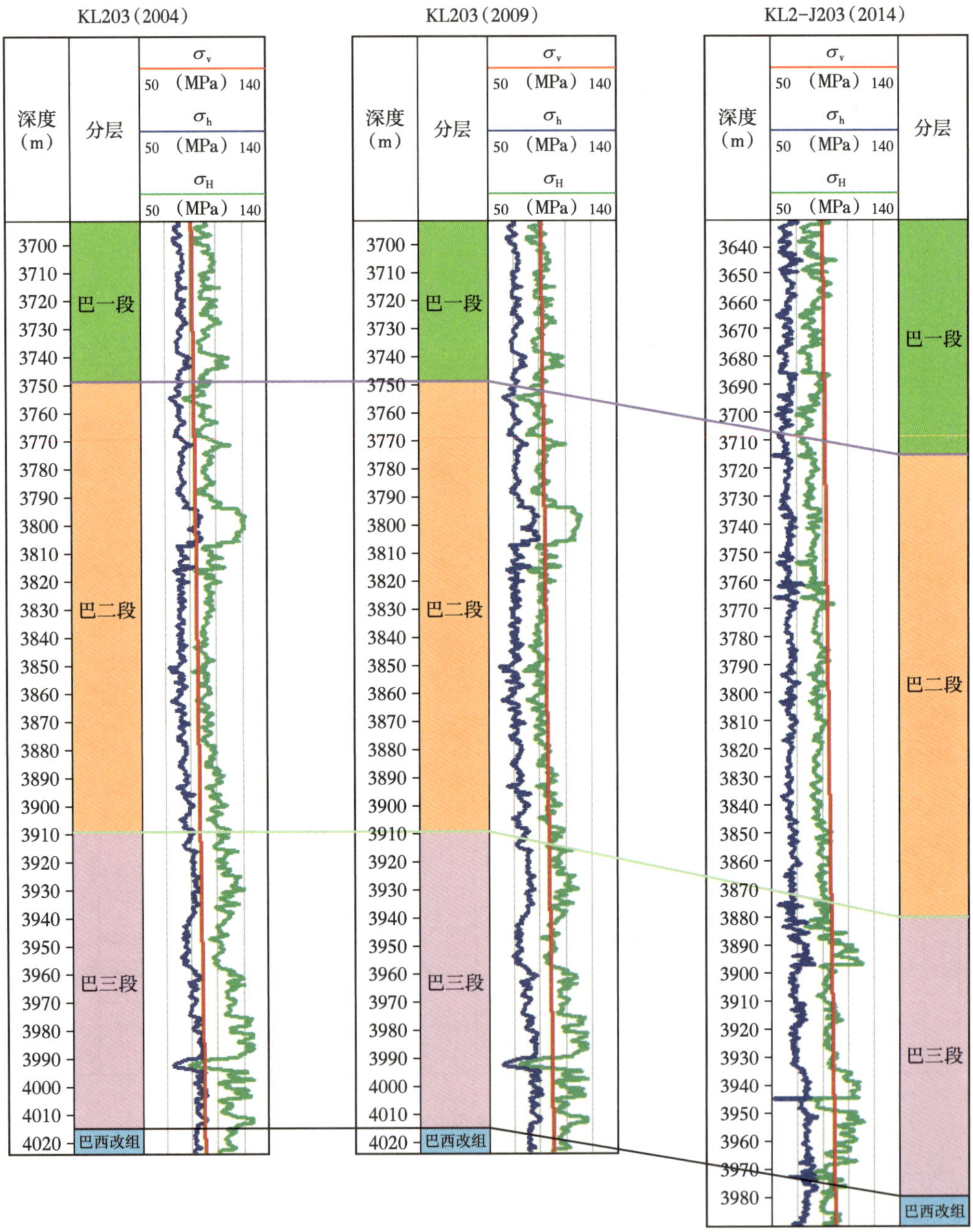

图 5-14 克拉 2 气田地应力变化示意图

克拉 2 气田原始地层应力状态和应力场的变化，图中三个剖面数据分别是不同时期三个单井应力信息，每个剖面中的三列数据分别是垂向应力 σ_V、水平最大主应力 σ_H 和水平最小主应力 σ_h。第一个剖面为 KL203 井的应力数据，表示气田开发初期的原始地应力状态，可以看出克拉 2 气田属于走滑型应力场，其应力大小分别为 σ_H=2.6MPa/100m，σ_V=2.4MPa/100m，σ_h=2.17MPa/100m。第三个剖面是气田开发十年后完井的一口检查井 KL2-J203 井的应力状态，压力下降 27MPa 后应力状态改变为正断层型，应力大小分别为 σ_H=2.2MPa/100m，σ_V=2.4MPa/100m，σ_h=1.7MPa/100m。第二个剖面是根据压力衰减计算的 KL203 井在 2009 年压力下降 15MPa 时的应力状态，此时气藏已处于走滑和正断型应力场的过渡期，这个过渡期 KL203 井已出现见水现象，主要原因可能是由于地层压力下降后导致应力状态发生较大变化，作用于储层中断裂面的应力关系发生改变，使断层活动性增强，渗透性变好，气水界面开始抬升。

水平最大主应力方位是一个与断裂走向直接相对比的重要参数，图 5-15 为克拉 2 气田已钻井的水平最大主应力方位（白底蓝色箭头所示），可知克拉 2 气藏水平最大主应力方位以北东向为主，在构造翼部、鞍部受构造位置变化和断裂的影响主应力方位有较大幅度偏转。克拉苏气田多期次复杂构造运动和剧烈的断裂活动导致现今应力场分布较复杂，这种特殊的应力场反过来又控制先存断裂的力学活动性，深远影响了气藏的渗透性能和流体流动。

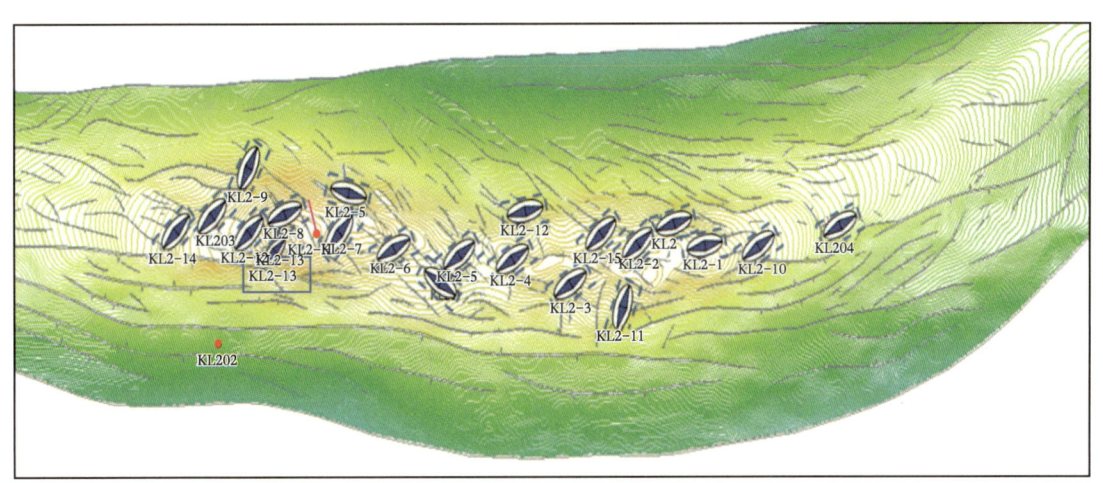

图 5-15　克拉 2 构造最大水平主应力方位示意图（K_1bs）

图 5-16 为克拉 2 气田西部、中部和东部位置上典型井的地应力信息连井剖面，每个井应力剖面中的曲线利用对称方式显示，其宽度表示值的大小，越宽表示值越大。由图可知，位于西部的 KL203 井应力值最高，位于东部的 KL2-1 井其次，位于中部的 KL2-3 井应力最低，构造中部应力差最高。气藏纵向上应力值有明显的分层现象（见第四章中地质力学层描述），巴什基奇克组一段和二段上部应力明显表现低值，巴什基奇克组二段下部和三段上部应力表现出一个增大的过渡带，巴什基奇克组下部地层应力最高，这种应力的分层与地质岩性分层不一致，表现出穿层特征。

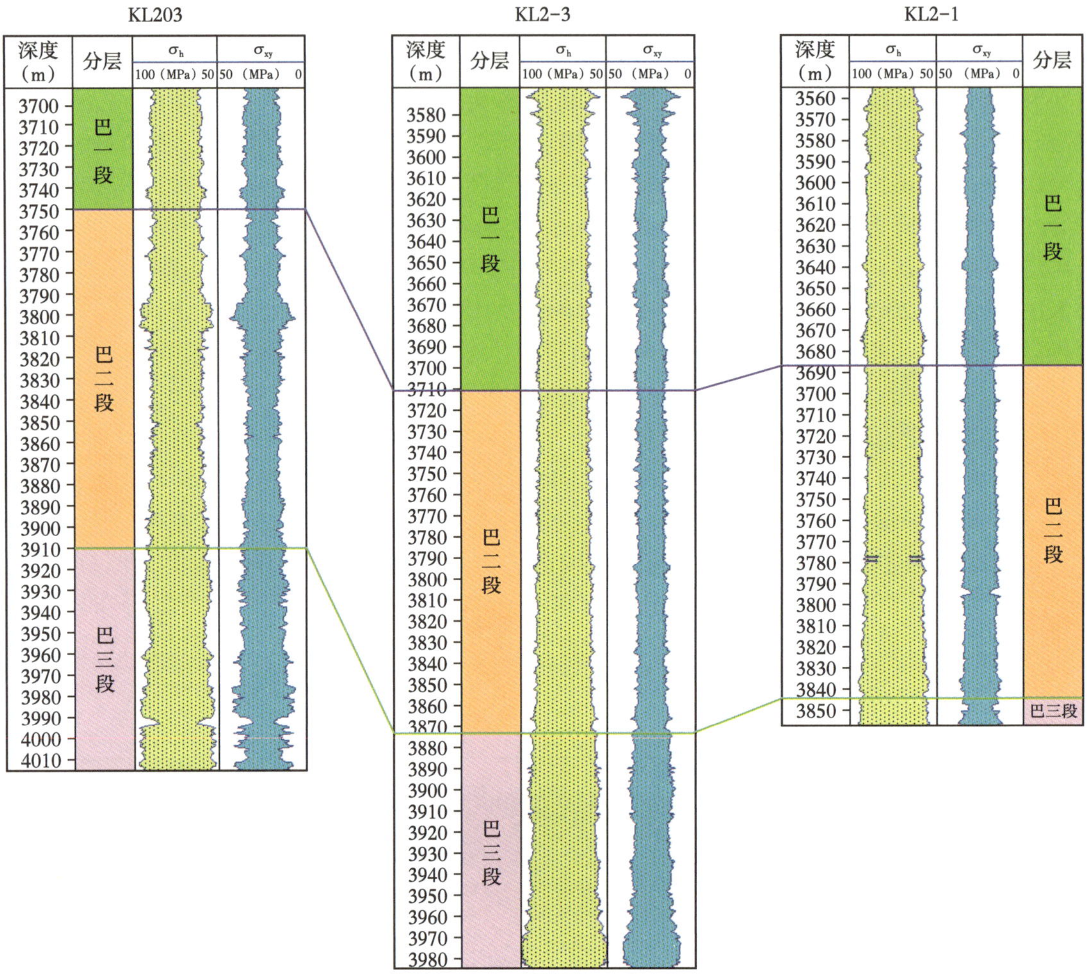

图 5-16　克拉 2 气田气井应力层序特征示意图

由于需要评价克拉 2 气田断裂动态力学活动性，因此首先需要评价气田地应力场在开发中的动态变化特征（具体评价方法和变化特征将在第六章中详述）。图 5-17 为克拉 2 气田 2005 年初始和 2016 年的动态应力场分布特征示意，其中图 5-17a 和图 5-17b 分别为气田白垩系储层内部原始最小水平主应力 σ_h 和 2016 年时的 σ_h。从图 5-17a 可知气藏轴部应力值低，翼部应力值高，气藏西部应力值高于东部。开发 12 年地层压力下降 27MPa 后，σ_h 整体下降约 36MPa，气藏内部构造轴部位置应力变化最快，且西部应力变化小于东部。图 5-17c 为开发初期原始 σ_H 和 σ_h 之差 σ_{xy}，水平应力差 σ_{xy} 值反映作用于断裂结构面上的剪切作用，较大的水平应力差能够使断面处于较强的搓动趋势，因此对于裂缝性储层较大的水平应力差有利于裂缝和断裂保持较好的力学活动性（Tamagawa et al., 2008）。从图 5-17c 可知克拉 2 气藏西部具有更高的水平应力差，构造高部位和构造鞍部水平应力差较低。图 5-17d 为开发 12 年后的水平应力差分布特征，可知构造西部水平应力差明显高于构造东部，气藏西部持续保持高的水平应力差，使断裂保持了更好的活动性，导致东西部水侵速度不同，气水界面差异大。

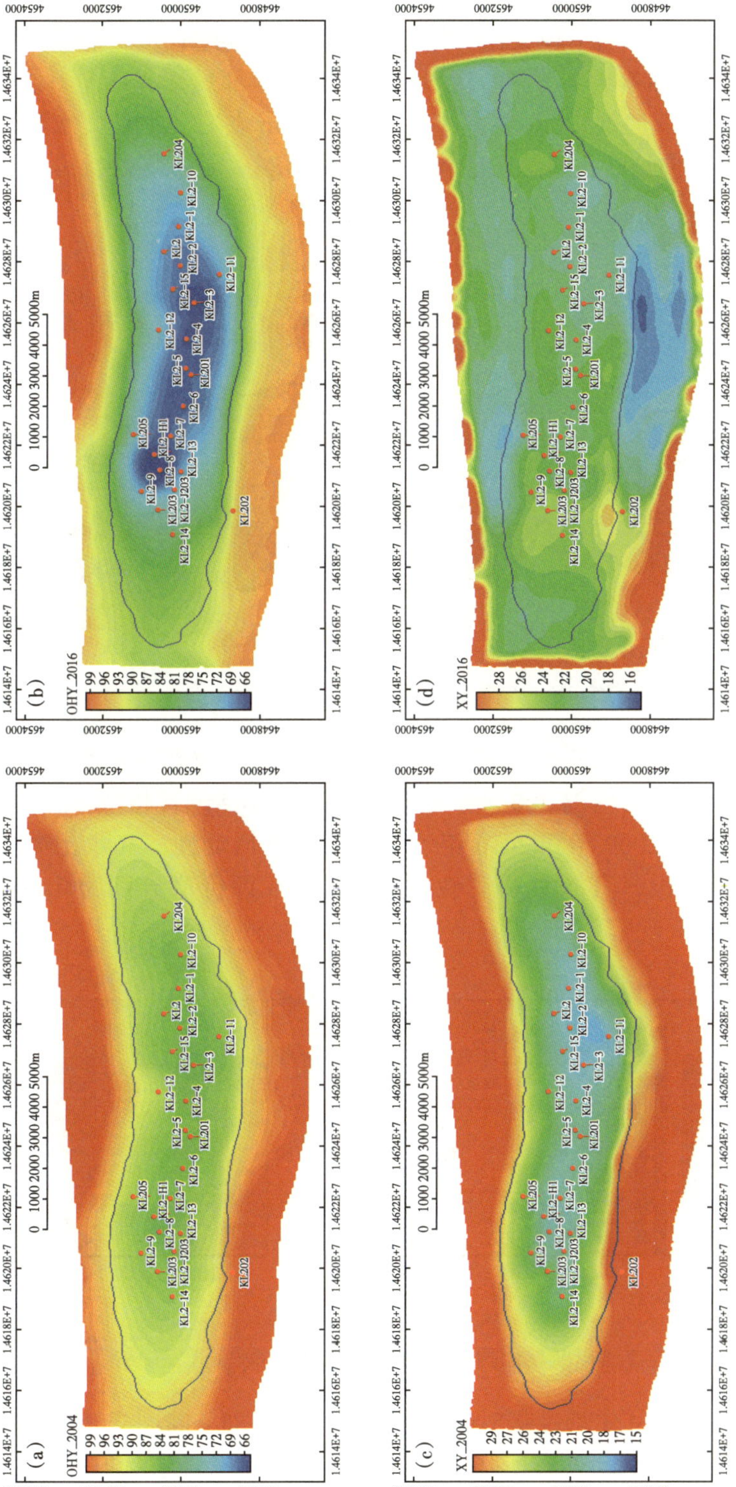

第五章 断裂地质力学活动性预测

图 5-17 克拉2气田四维应力分布示意图

克拉 2 气田白垩系巴什基奇克组储层物性好、厚度大、横向稳定且纵向连通性好。气藏底部有分布稳定、连续性好的泥岩隔层，对底水锥进能起良好的隔挡作用。开发 12 年来，气田在水侵方面出现了两个现象，一是气水界面抬升速度较快，能量较高；二是气藏构造不同部位气水界面抬升差异较大（图 5-18），构造西部气水界面上升 250m 左右，东部上升 180m 左右，北部上升 120m 左右，南部上升 50m 左右。这种气水界面的不均匀特征，与"横向连片，纵向连通"的优质砂体储层背景出现了矛盾之处，需要对气田水侵机理进一步探究。

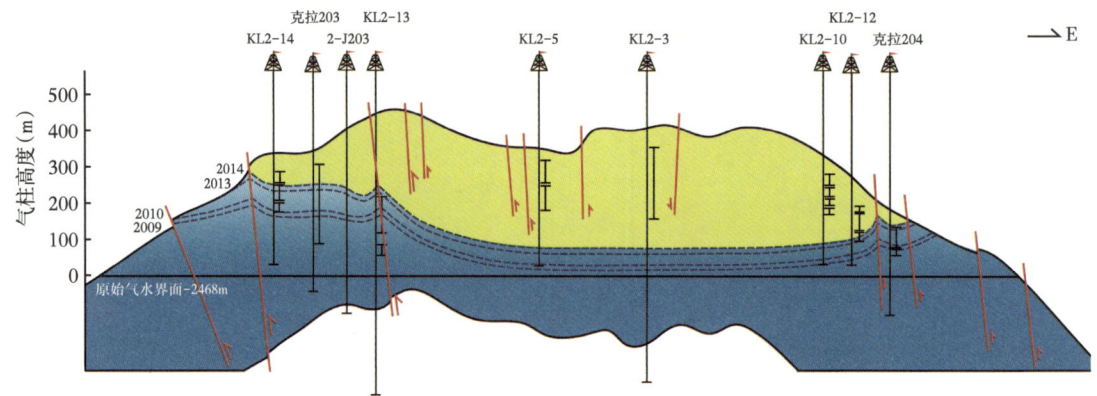

图 5-18 克拉 2 气田非均匀水侵入示意图

利用第二节中断层活动性预测方法，在克拉 2 气田四维应力场建模和断层空间解剖的基础上，定量化预测了气田内部 200 余条断裂的地质力学活动性指数 FGAI。研究中侧重分析开发初期 2005 年、2009 年和 2016 年气田断裂力学活动性，气藏孔隙压力分别约为 75MPa、60MPa 和 48MPa，其断裂活动性指数（FGAI）评价值分别为 0.4385、0.4394 和 0.4266（图 5-19）。

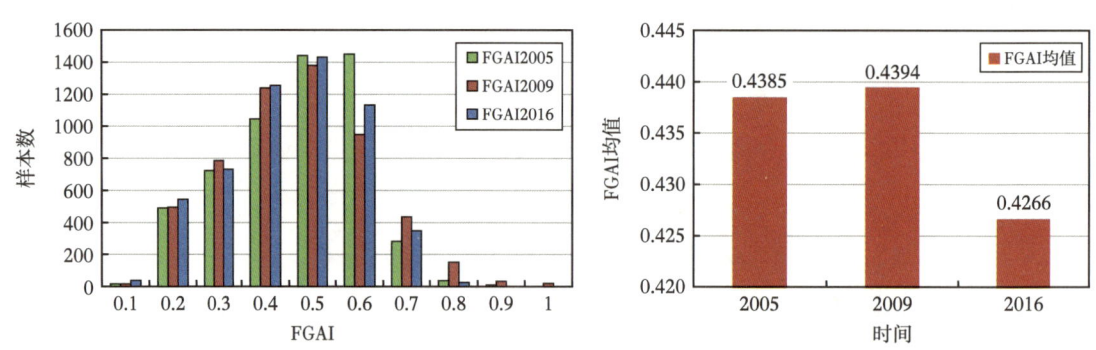

图 5-19 克拉 2 气田断裂地质力学活动性 FGAI 指数在开发中的变化统计

表明从 2005 年至 2009 年阶段断裂活动性保持较好，部分断裂活动性有增加趋势，而从 2009 年至 2016 年断裂活动性有所降低，但部分断裂活动性依然有增加趋势。图 5-20 为克拉 2 气田断裂活动性指数随开发变化示意图，其中图 5-20a 为 2009 年 FGAI 与 2005 年 FGAI 之间的差值，图中具有一定走向和倾向的片状多边形为断裂面，断裂面上的颜色代表其力学活动性指数差值，暖色系（趋于红色）为高值，冷色系（趋于蓝色）为低值，图中大部分断裂活动性差值都偏向暖色调，说明从 2005 年至 2009 年气田断裂的活动性保持较好，且整体有增加趋势。图 5-20b-d 显示 KL203 井旁三条断裂在 2005 年、2009 年和 2016 年时的 FGAI，可知井旁断裂在 2009 年时活动性最强。

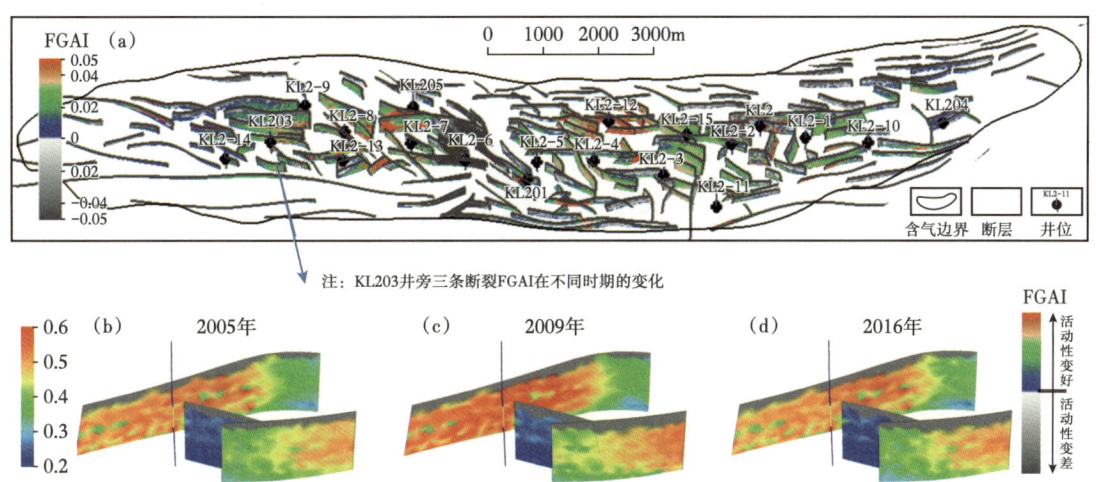

图 5-20　克拉 2 气田断裂活动性指数随开发变化示意

（a）为克拉 2 气田断裂 FGAI 从 2005 年到 2009 年的差值；（b）、（c）和（d）为 KL203 井旁
三条断裂在不同时期 FGAI 的变化示意

图 5-21 中三个直方图分别指示 KL203 井旁 364 号、368 号和 370 号等三条断层活动性在三个年份（2005 年、2009 年和 2016 年）的变化，其中 364 号断层的 FGAI 分别为 0.49、0.51、0.49，364 号断层的 FGAI 分别为 0.44、0.47、0.44，370 号断层的 FGAI 分别为 0.248、0.250、0.224，表明从 2005 年至 2009 年阶段气田断裂活动性保持较好，部分断裂活动性增加，而从 2009 年至 2016 年断裂活动性有所降低。对于 KL203 井旁断裂来说，2009 年其断裂活动性指数较高，该井在这一时期开始见水，说明该井附近 2009 年前后应力状态突变，断裂活动性较强，水侵速度快。2009 年至 2016 年 KL203 井附近断裂活动性有所减弱，表明在采气速度降低的条件下，气田水侵将逐步减缓。

总体来看气田断裂在开发 12 年后仍然保持了较好的活动性，气田内部发育两组产状断层，其中近东西向断层初始活动性保持较好，而北西走向的断裂活动性较差。从断裂发育的构造部位来看，构造西部由于水平应力差较大，开发过程中一直保持较高的应力差（图 5-17c、d），加之该断裂走向与水平最大主应力 σ_H 方位之间的夹角较小，因此断裂力学活动性最好，该区气水界面抬升高达 250m 左右；构造东部水平应力差次之，断裂走向与 σ_H 方位之间的夹角较小，断裂力学活动性次之，该区气水界面抬升 180m 左右；构造北部水平应力差较小，断裂走向与 σ_H 方位之间的夹角较大，断裂力学活动性较差，该区气水界面抬升 120m 左右；构造南部水平应力差最小，随开发过程应力差降低最多，断裂走向与 σ_H 大角度相交，因此该部位断裂活动性最低，该区气水界面抬升最慢，为 50m 左右。可见，气藏内部断裂活动性指数的分布特征与气水界面抬升的差异具有较好的相关性。

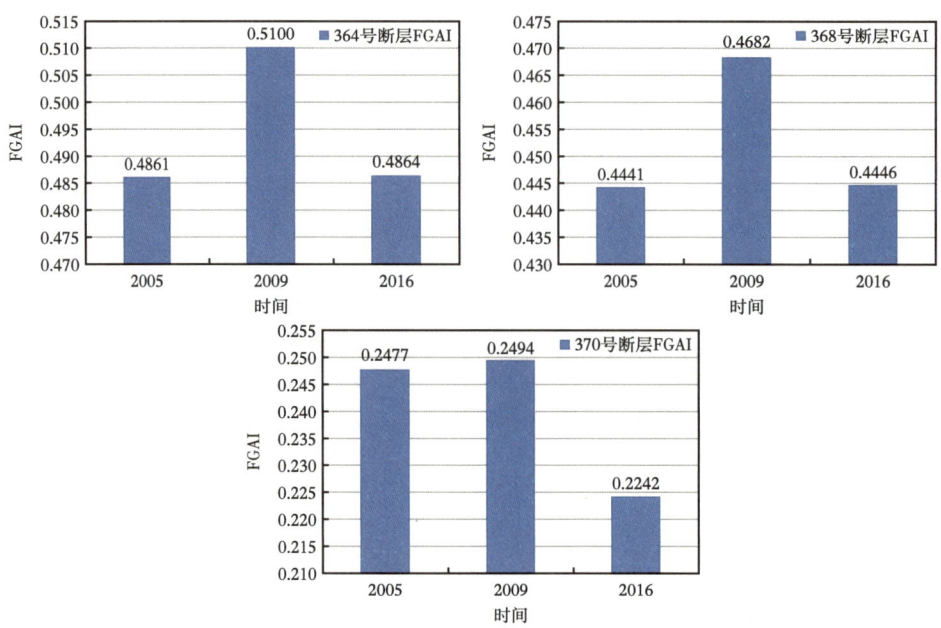

图 5-21　克拉 203 井旁三条断裂地质力学活动性 FGAI 指数在开发中的变化统计

断裂力学活动性的保持和变化影响了气藏气水界面的抬升，而对于具体气井的出水而言，除了断层的影响外，还需要天然裂缝的沟通。这里利用同样的原理对克拉 2 气田所有已钻井中成像测井刻画的天然裂缝作活动性指数评价，发现所有已出水井旁断裂或天然裂缝力学活动性都有变好的趋势。图 5-22 为典型井井旁断裂和裂缝活动性。

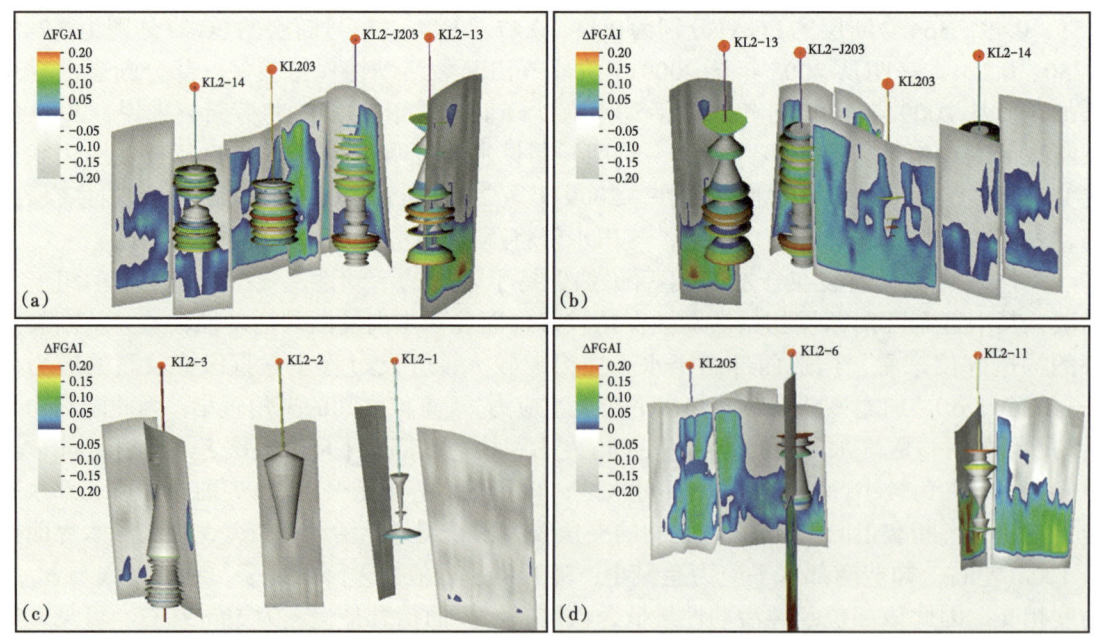

图 5-22　克拉 2 气田典型井井旁断裂和裂缝活动性示意图

图 5-22 中沿井筒的类似筹码的圆环为切割井筒的天然裂缝，井筒附近的片状多边形为井旁断裂面，裂缝和断裂面的颜色同样表示力学活动性指数在开发过程中的变化值（2005 年的 FGAI 与 2016 年 FGAI 之差），暖色系代表活动性指数在开发过程中逐渐增加，灰色代活动性在开发过程中逐渐降低。图 5-22a、b 为 KL2-14、KL203、KL2-J203 和 KL2-13 等 4 口井在原始压力下的断裂和裂缝活动性示意图，可知这四口井旁断层和天然裂缝的活动性在开发过程中逐渐变好，说明井旁渗透性变好，沟通底水能力增强，实际开发中这几口井是气田最早见水且气水界面抬升速度最快的。

图 5-22c 为 KL2-1、KL2-2 和 KL2-3 三口井井旁断裂和裂缝活动性变化示意，可知两口井周裂缝和井旁断裂的活动性在开发过程中逐渐降低，这两口井至今无见水迹象，说明对于克拉 2 气田，断裂活动性的保持和变好是导致气藏水侵及气水界面抬升不均匀的关键因素之一。图 5-22d 为 KL2-11、KL2-6 和 KL205 等三口井井旁断裂活动性变化示意，开发过程中三口井井旁断裂活动性有一定程度增加，说明有潜在出水风险。

图 5-23 为克拉 2 气田主要断裂在 2005 年至 2009 年之间断裂的地质力学活动性变化特征，图中条带状长方形为断裂面，其中颜色为 2009 年与 2005 年断裂活动性 FGAI 之差。图中下部两个断层放大显示的是构造东西位置断层活动性的变化，这些断层是储层含气区内断穿至白垩系巴西改组的断层。从图中可知这些断层面颜色均为暖色调，说明这些断层的活动性从 2005 年至 2009 年大多有变好的趋势，当然其变化幅度较小，说明在开采过程中断层活动性保持较好，但也并非有较大突变。

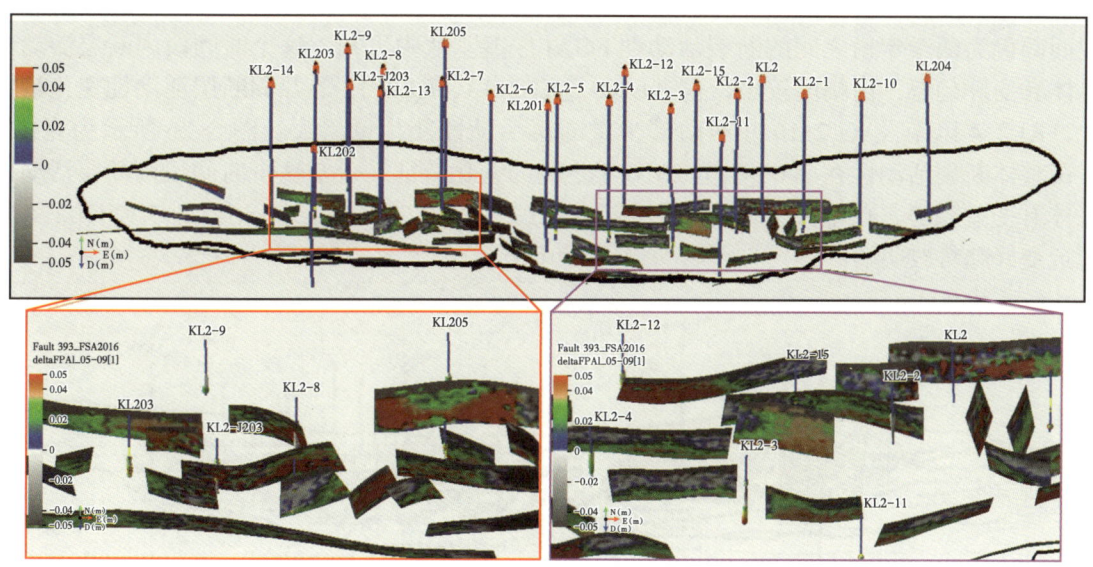

图 5-23　克拉 2 气田断裂活动性在 2005—2009 年间的变化特征

图 5-24 为克拉 2 气田主要断裂在 2009 年至 2016 年之间断裂的地质力学活动性变化特征，其中断层面颜色为 2016 年与 2009 年断裂活动性 FGAI 之差。同样图中下部为主要断层力学活动性变化的放大显示。从中可知从 2009 年至 2016 年断裂的活动性有变差趋势，仅在 KL2-8、KL2-7、KL205、KL2-6、KL2-1 等井附近部分断层活动性变好。同样地，

这种变化幅度较小，说明在此期间断层的渗透性同样保持较好，但相对前一个阶段已有所降低。

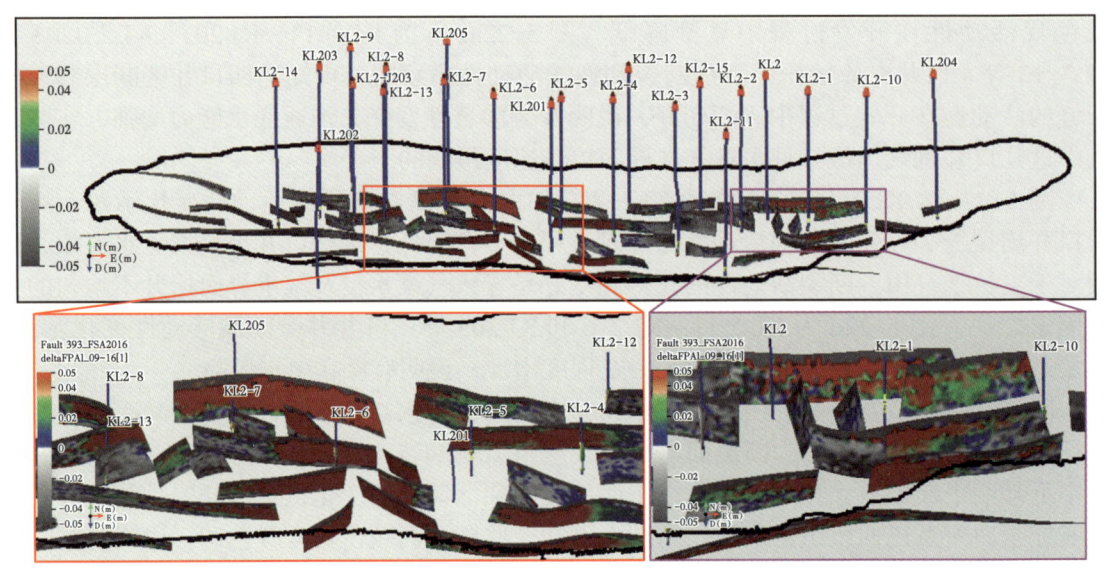

图 5-24　克拉 2 气田断裂活动性在 2009—2016 年间的变化特征

图 5-25 为克拉 2 气田整体断裂活动性在 2005 年至 2009 年之间的变化特征，图中断裂面颜色为两个年份之间的断裂活动性 FGAI 之差。从中可知，这个时间段内断层活动性总体有变好趋势，但幅度较小，仅 KL203、KL2-13、KL2-12 等井周断层活动性变化量较大，KL2-4 以南及 KL2-10 井西南部少量断层活动性变化量略大。图 5-26 所示为克拉 2 气田整体断裂活动性在 2009 年至 2016 年之间的变化特征，可知这个时间段内断层活动性总体有变差趋势，仅部分区域有变好趋势，KL2-8、KL2-7、KL2-6、KL2-5 和 KL2-1 井附近变好趋势较明显。

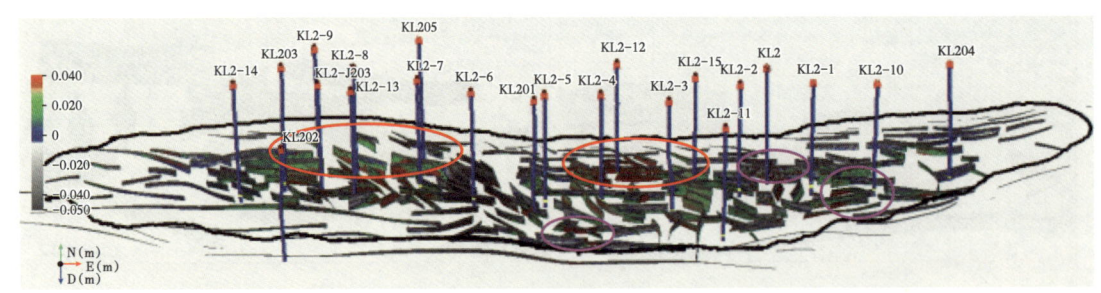

图 5-25　克拉 2 气田整体断裂活动性在 2005—2009 年间的变化特征

进一步明确了气田水侵机理后，利用断裂力学活动性指数变化（从 2005 年至 2016 年）将克拉 2 气藏划分为四个区域（图 5-27）。构造西部为Ⅰ区，这个区域发育近东西走向断层，断层活动性总体最好，且随开发过程断层活动性变好；Ⅱ区位于构造东部，该区以北东走向断层为主，断层活动性较好；Ⅲ区处于气藏西部高点至中北部区域，该区发育北西和东西走向断层,东西走向断层活动性较好,但随开发其活动性降低,北西走向断层初始活动性较差,随开发活动性变好;Ⅳ区位于气藏东北部至鞍部区域,该区发育近东西走向断层,断层初始活动性较好,但随开发断层活动性变差。

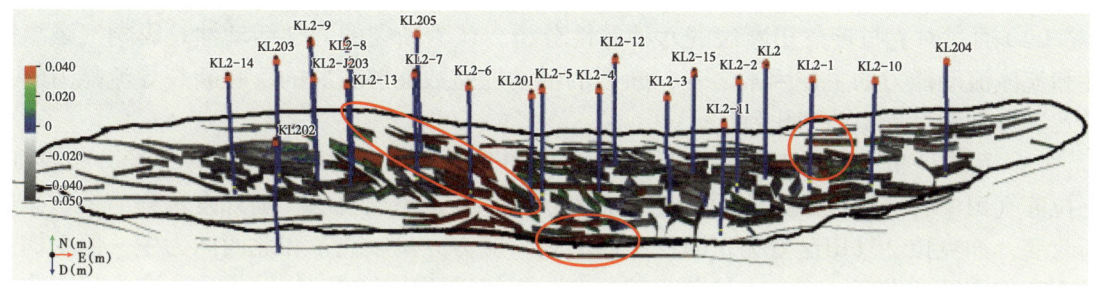

图 5-26　克拉 2 气田整体断裂活动性在 2009—2016 年间的变化特征

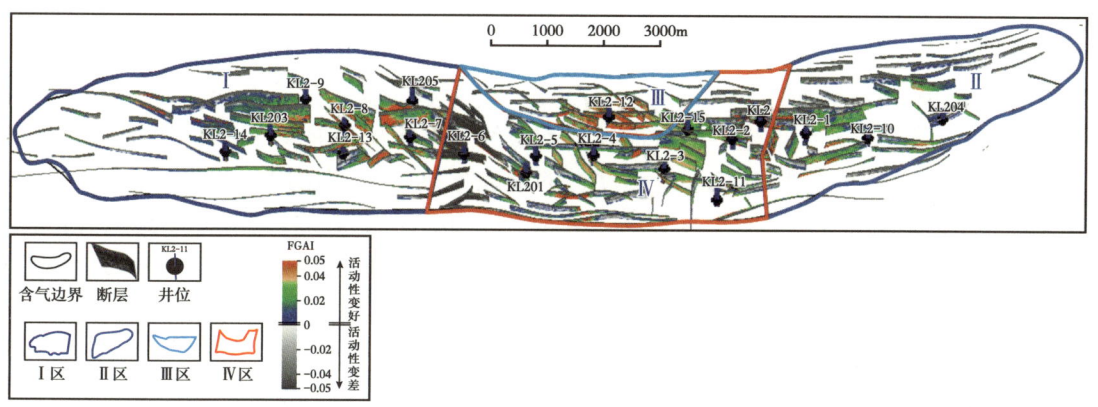

图 5-27　克拉 2 气田断裂地质力学活动性分区示意图

根据断裂活动性分布特征和气井生产情况,可对见水风险进行预测。从区域分析,Ⅰ、Ⅱ区为已出水区,Ⅲ区为出水高风险区,Ⅳ区为出水低风险区。从具体气井而言,KL2-2、KL2-6、KL2-3、KL2-4、KL2-5 等五口井井旁断裂和裂缝力学活动性随开发变差,因此属于出水低风险井。而 KL2-8、KL205、KL2-1、KL2-11、KL2-9、KL2-7、KL2-15 等 7 口井井旁断裂和裂缝活动性随开发都有变好趋势,因此是出水高风险区。其中位于Ⅱ区的 KL2-10 在 2015 年初利用该方法分析为高出水风险井,2015 年下半年证实该井见水,开发实践证明了断裂活动性指数预测技术在研究储层渗透性和流体流动中的有效性。

根据以上研究,结合气田动静态新认识,优化了气田开发生产,调整采气速度(由 3.49% 降低至 2.73%),对于见水高风险井有针对性的调整工作制度,降低气田整体应力场变化速度,缓解由断裂活动性引起的水侵风险,克拉 2 气田气井出水被较有效抑制。

在断裂空间精细解剖和三维地应力场建模基础上,研究了断裂地质力学活动性分布特征及其在开发中的变化规律,并将其应用于克拉苏构造带深层气藏井位部署和克拉 2 气田水侵机理研究中。通过大量的理论研究和应用实践,得出如下结论:

（1）提出了面向油气田开发的断裂地质力学活动性概念，以定量化描述不同断裂带和同一断裂带上不同位置处的相对渗透性能；建立了断裂力学活动性指数计算模型，通过对克拉苏构造带 240 余条断裂活动性指数信息与气田开发实际的对比分析，证明了计算模型的正确性和其在气田开发机理研究中的有效性。

（2）通过对克拉苏气田断裂的六种属性分析，认为断裂的力学活动性是影响气藏渗透性和流体流动能力的主控因素之一，断裂的活动性指数能够较好的反映断裂导流能力的差异及其在开发过程中的变化特征。

（3）系统评价了克拉苏气田原始压力条件和开发动态条件下的四维应力场分布特征。克拉苏气田中各气藏在原始压力条件下应力状态都为走滑型机制，随开发过程应力状态逐渐改变，如克拉 2 气田已变为正断层型应力场。应力方位以北东和北西向为主，但受构造形态变化和断裂发育，应力方位分布较复杂。随气田压力衰减，气藏构造内应力场变化非均匀性增强，导致不同部位断层力学活动性差异分布。

（4）将克拉 2 气田四维地应力场模型与断裂空间解剖相结合，完成了气田 243 条断裂的力学活动性指数评价。发现克拉 2 气田在开发 12 年压力下降 27MPa 后，大部分断裂的力学活动性保持较好，部分断裂的活动性增强。由于水平应力差在气藏构造不同部位上的非均匀性，导致断裂活动性在不同构造位置上响应差别较大，构造西部断裂活动性最强，东部次之、北部较差、南部最差，从而导致西部气水界面抬升最快，南部抬升最慢。同时发现气井生产过程中井旁断裂和裂缝活动性的增强是导致气井出水的关键因素之一。通过对断裂活动性指数预测与气田开发实践的对比，证明了断裂力学行为与流体流动之间的强关联性，并进一步明确了气田的水侵机理。利用断裂活动性指数将克拉 2 气藏划分为四个区，评价了出水的风险区域，为气田开发方案优化提供了依据。

（5）完成克深 2—克深 24 构造气藏两条主断裂的力学活动性指数评价，结果表明断裂的力学活动性对气藏避水封堵性能有控制作用。克深 2-24 构造南东位置和中北部位置处的断裂活动性明显高于其他位置，在南东位置的四口气井证实酸压改造后由断裂沟通出水。在克深 2-24 构造北西位置处断裂活动性指数较低，断裂避水封堵性能好，为该部位新井上钻论证提供了依据。

（6）通过对克拉苏气田断裂活动性的研究，证明了断裂在现今应力场条件下的力学行为对储层的渗透性和流体流动都有重要控制作用，其是复杂油气藏开发中值得关注的又一新的地质属性。因此该理念和预测指数已被推广至塔北、塔中碎屑岩（如桑塔木油田）和碳酸盐岩（如哈拉哈塘和塔中三区等）油气藏研究中，作为井位部署和开发方案优化中的一个重要内容，将为塔里木盆地断裂控藏性储层的效益开发提供积极有益的地质信息补充。

第六章　地质力学技术在克拉苏构造带开发中的应用

本章将讨论油气田地质力学技术在克拉苏构造带气藏开发全过程中的应用研究及效果，通过阐述利用地质力学的方法和认识解决开发中关键问题的实例，展现了这个研究领域在复杂气田开发中的广阔应用前景。

第一节介绍了如何利用综合的地质力学属性为井位论证提供补充依据。由于地应力在储层中的存在状态和断裂（裂缝）的地质力学活动性与储层品质密切相关，因此可以依据应力场强弱、断裂裂缝的活动性特征及储层地质力学综合属性 RGI 为井位优选提供建议。同时这种地质力学属性与钻井不同井眼条件下的井壁稳定性、是否穿越渗透性断裂（裂缝）和压裂改造的难易程度有关，因此充分利用地质力学信息还可以用以论证大斜度井的部署和井眼轨迹优化。

第二节论述了关于裂缝性地层井壁失稳机理的确定，建立了地层岩石存在裂缝弱面条件下的井壁稳定性参数预测方法，并根据基于地质力学的井壁稳定性研究结果，为钻井工程提出了相应的工程地质建议，优化了相应工程参数，有效抑制了白垩系裂缝性砂岩井壁失稳，解决了钻井工程难题。

第三节讨论了气井井筒储层地质力学综合属性的评价对完井工程的作用。基于储层综合地质力学属性和气井出砂风险评估，配合其他储层评价资料，为气井提供完井方式优化建议：①对于储层应力弱、岩石强度低、裂缝活动性好、钻井漏失量少、出砂风险较高的气井，建议进行常规试油完井，不开展措施施工；②对于储层应力弱、裂缝活动性好、钻井漏失量大、钻井液柱压力与孔隙压力之间差较大的气井，设计以解除污染为主的完井方案；③对于物性较差、应力强、裂缝活动性差、出砂风险较低的气井，考虑设计压裂改造完井方案。对于需压裂的气井，根据地应力层序优选压裂层段，根据储层地质力学综合指数 RGI 选择射孔位置，根据天然裂缝的剪切破坏压力确定最低施工压力，根据不同深度不同走向的天然裂缝与应力之间的关系优化泵注程序。

第一节　地质力学在开发井部署中的应用

对于常规油气藏，地应力场的研究主要是用于解决如钻井井壁稳定性和完井方案优化等工程问题（Moos et al.，1997，1998，2012；Willson et al.，1999，柳贡慧等，2001；陈勉，2004；刘向君等，2004，Paul et al. 2006）。近年来，随着致密裂缝性油气藏（曾大乾，

2003；Hoditch，2006）的规模开发，地应力场的应用逐渐拓展到裂缝和断层的渗透性分析（Barton et al.，1995；Paul et al.，2006；Zoback，2007，2012；Olson et al.，2009；Johri et al.，2014a，2014b）、天然裂缝破裂变形机理对储层品质的影响（Zoback et al.，2012；Vassilellis，2012；Suarez-Rivera et al.，2013；Johri，2013；Feng et al.，2013）、气藏流动参数与地应力耦合建模（Thomas et al.，2003；Philip et al.，2005；Jalali et al.，2008）、裂缝性储层描述（Beekman et al.，2000；Zoback，2007；季宗镇等，2010；王珂等，2013）、井位和井轨迹优化（刘向君等，2004；Franquet et al.，2008；Hennings et al.，2012；Zare-Reisabadi，2012；Himmerlberg et al.，2013）等方面。

一、井点优选建议

油气田开发的中心环节就是要分层系部署生产井网，并使该井网井距合理、对砂体的控制合理，达到所要求的生产能力。在油气田开发所涉及的诸多问题中，人们最关心的问题之一就是井网问题，因为油气田开发的经济效果和技术效果在很大程度上取决于井位部署。井位部署除了满足合理的注采配置关系及井网密度外，通常还需要考虑油气藏有效厚度、裂缝发育程度及方向、井控面积及含油气饱和度等因素进行进一步的优化。

对于常规油气藏，开发井位部署中需要研究布井方式、井网密度（即每口井所控制的单位面积）、一次井网与多次井网。但近年来克拉苏构造带新发现气藏构造、储层和断裂（裂缝）等越来越复杂，加之强构造应力场作用下，进一步增强了储层的非均匀性和各向异性，因此造成了开发中存在诸多如单井产能差异大、单井产能低、稳产难度大及储层容易受到伤害等难题。在井位部署中充分考虑储层地质力学属性，不仅能更全面认识气藏，辅助确定具有高导流能力和渗透性的位置，而且能够在钻前兼顾井壁稳定性、减少漏失、利于后期改造等方面优选最佳井点。

以克拉苏构造带克深8构造开发井井位部署中的应用为例，介绍储层地质力学综合信息在井点优选中的应用流程。同样在此需要强调，地质力学属性是对常规气藏属性的一个有益补充，而非仅依靠地质力学属性确定井点。需在地质构造背景、岩石物理和气藏评价的基础上，应用地质力学信息对备选井点进行优化。

例如，克深8构造西南部位选择井点时，在常规气藏属性基础上，分析认为新井点y7井具有更好的地质力学属性。首先图6-1所示为新井点位置处的物性特征分布图，其中图6-1a为y7井位置处的有效储层厚度图，图6-1b为有效厚度剖面图，图6-1c为y7井位置处的孔隙度预测平面图，图6-1d为y7井位置处的孔隙度预测剖面图。部署论证过程中，在构造形态和主控断裂信息确定的基础上，首先需考虑将y7井部署在有效厚度相对较大（205.9m）、储层物性较好（孔隙度0.06），且属于远离边水的区域。

图6-2为克深8构造西南部储层天然裂缝分布预测成果，可知在设计井点位置y7井处天然裂缝较为发育，天然裂缝连片规模也较大，主力气层巴什基奇克组二段天然裂缝走向为北东向，与该区域处的现今水平最大主应力方位小角度相交，这种特征利于天然裂缝的渗透性保持。

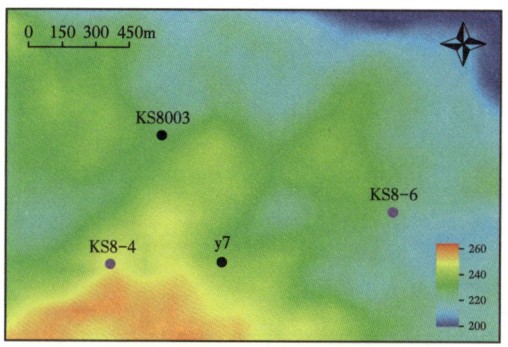
(a) y7设计井有效储层厚度平面图

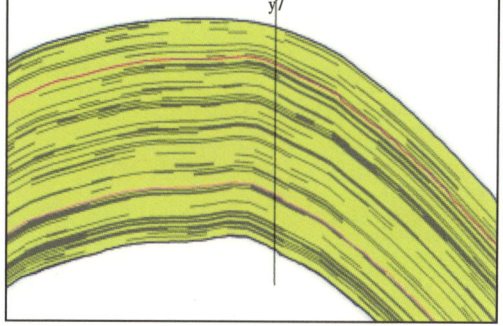
(b) y7设计井有效储层厚度主测线剖面图

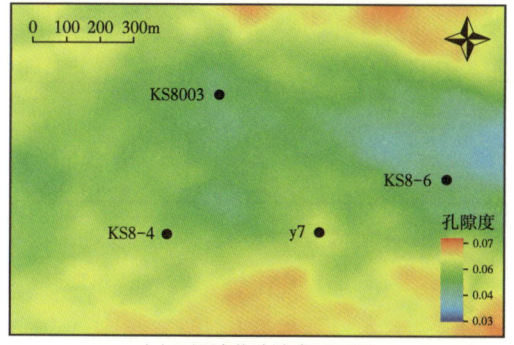
(c) y7设计井孔隙度平面图

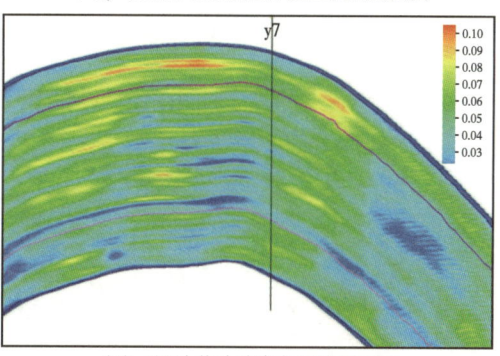
(d) y7设计井孔隙度主测线剖面图

图 6-1　克深 8 构造 y7 设计井储层物性分布图及剖面图

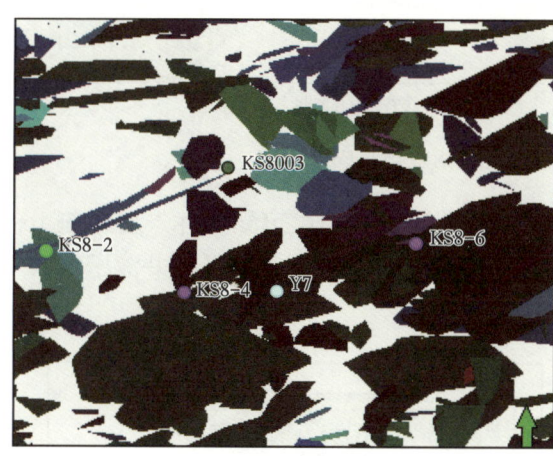
(a) y7设计井裂缝预测分布图

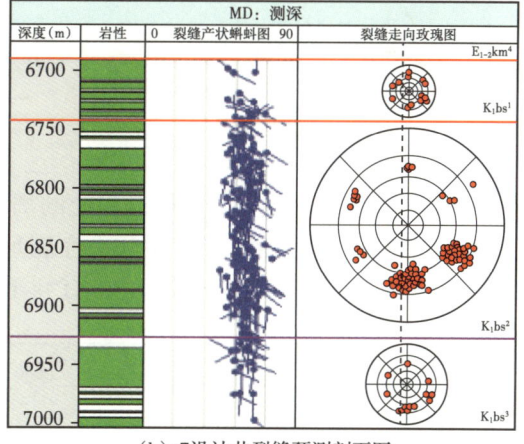
(b) y7设计井裂缝预测剖面图

图 6-2　克深 8 构造 y7 设计井裂缝分布预测图

图 6-3 为克深 8 构造西南部位井位优选点 y7 处的水平应力差分布图，其中图 6-3a 为巴二段顶面水平应力差分布图示意，说明该位置处于高水平应力差的边缘，由于水平最小主应力值较低，水平应力差较高，其有利于先存天然裂缝活动性的保持，即利于储层渗透性保持。图 6-3b 为过 y7 井的南北向剖面，可知进入白垩系储层后整体水平应力差值较低，说明该区水平应力各向异性较弱，有利于天然裂缝的发育。

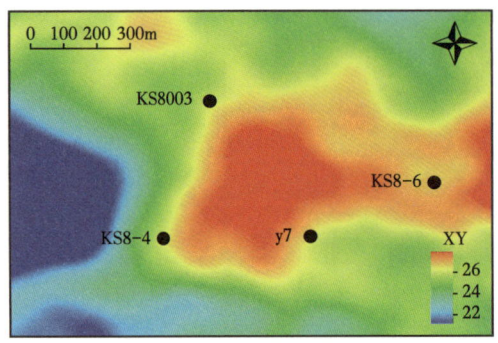 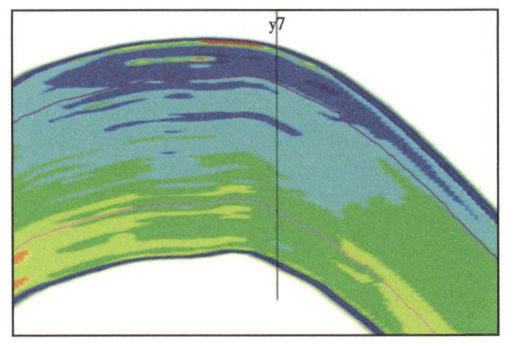

(a) y7设计井水平应力差预测分布图　　　　　　　(b) y7设计井水平应力差剖面图

图 6-3　克深 8 构造 y7 设计井水平应力差预测成果图

图 6-4 为克深 8 构造 y7 井选点处的岩石脆性预测结果，从中可知选择的井点处岩石脆性较高，这说明该位置处天然裂缝易于发育，有利于储层渗透率的保持。

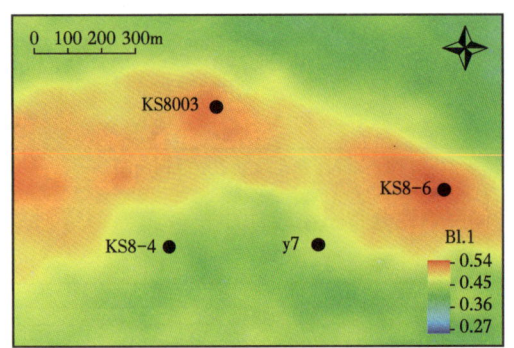 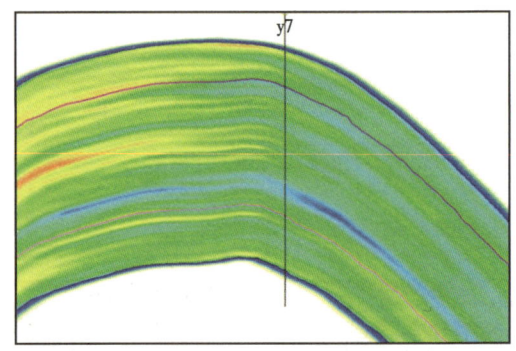

(a) y7设计井脆性指数预测分布图　　　　　　　(b) y7设计井脆性指数剖面图

图 6-4　克深 8 构造 y7 设计井脆性指数预测成果图

图 6-5 为克深 8 构造 y7 井选点处的坍塌压力预测结果，图中可知该井点坍塌压力值相对较小，井壁稳定性较好，钻井中在满足井控安全前提下，可尽量降低钻井液密度，不仅有利于防止漏失和井眼破坏，而且有利于储层保护。

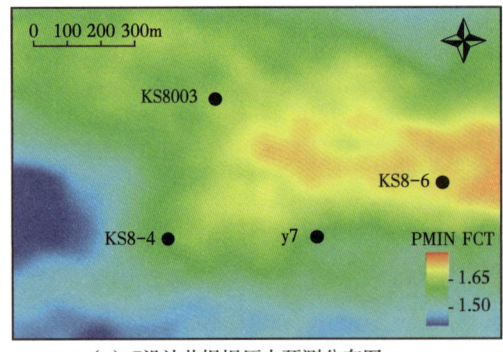 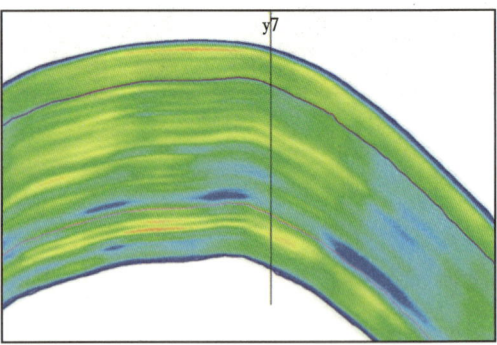

(a) y7设计井坍塌压力预测分布图　　　　　　　(b) y7设计井坍塌压力剖面图

图 6-5　克深 8 构造 Y7 设计井坍塌压力预测成果图

第六章 地质力学技术在克拉苏构造带开发中的应用

根据以上井点优选原则,在储层地质力学补充依据指导下部署的后期开发井,不仅兼顾了储层品质和渗透性优势区域选择,而且考虑了钻井工程中的防止坍塌和漏失,较好地保持了井眼的质量,并减少了储层伤害。优化后钻井液漏失明显减少(图 6-6),平均单井漏失量由优化前的 850m³ 减少到 380m³ 左右,钻速明显提高(图 6-7),目的层钻速由优化前的 2.3m/d 提高到 9.6m/d。后期几口开发井产能较高,如图 6-8 所示,开发中气井无阻流量均在 300×10⁴m³/d 以上。

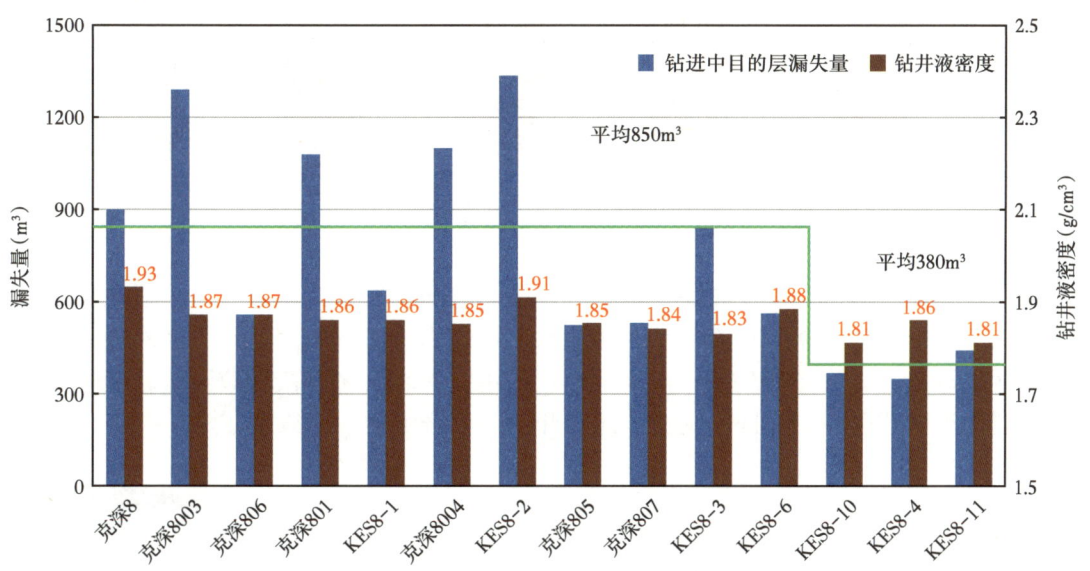

图 6-6 克深 8 区块单井漏失量统计

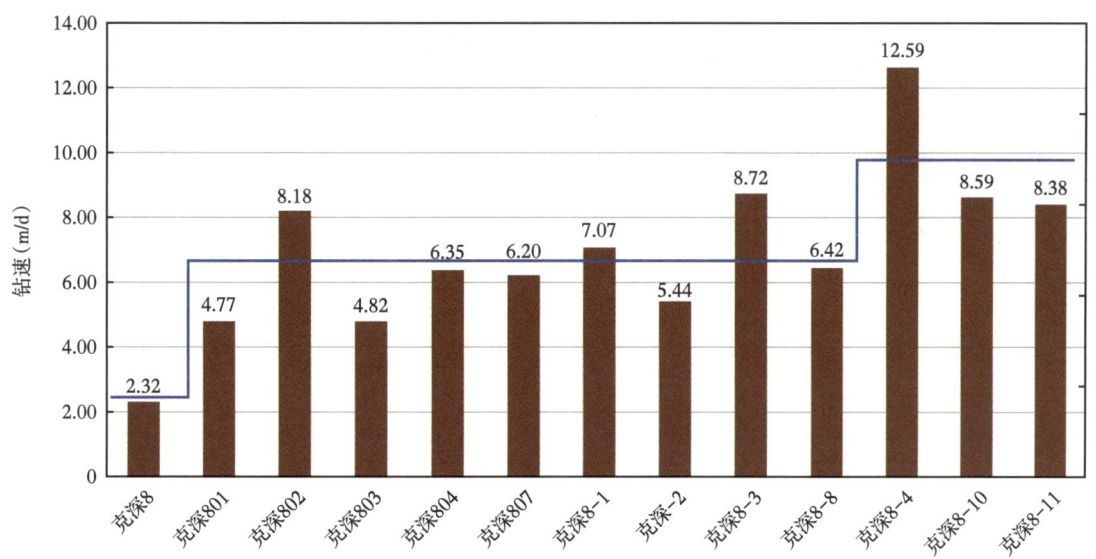

图 6-7 克深 8 区块目的层钻速统计

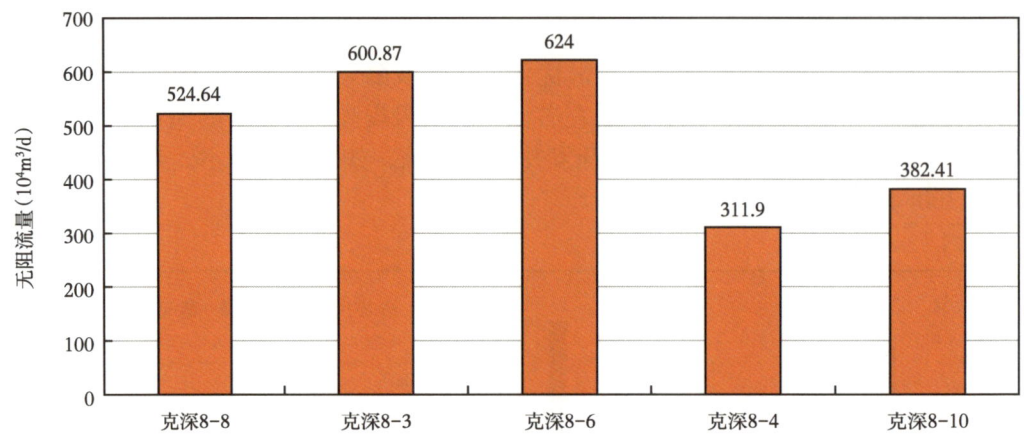

图 6-8　克深 8 区块优化井点后产能统计

另外在克深 5 构造井位部署中参考现今地应力场的分布规律，避开由于强地应力引起的低渗透区域。如图 6-9 所示为克深 5 构造水平主应力特征分布图。其中在构造北部，克深 506 井附近地应力值呈现高值，由于最小水平主应力高，将直接导致天然裂缝的渗透性变差，因此该区域对井位优选不利，因此在开发井部署中避开了该区域。

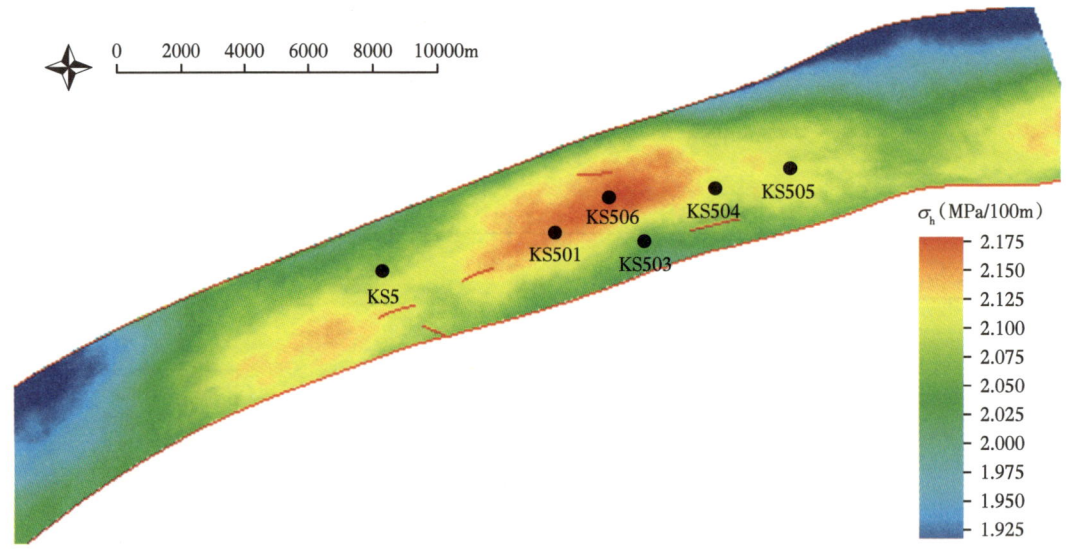

图 6-9　克深 5 构造水平最小主应力分布特征示意图

新部署的克深 508 井和克深 507 井位于克深 506 井的西南，避开了高应力区域，如图 6-10a 所示，其中克深 508 井完钻后在白垩系巴二段识别到大量密集发育的天然裂缝，而且天然裂缝的走向与水平最大主应力方位呈小夹角分布（图 6-10b），在该段钻井中发生了大量的钻井液漏失，说明其天然裂缝不仅发育程度高，而且渗透性能好，证明了避开高应力区优选井点的有效性。

第六章 地质力学技术在克拉苏构造带开发中的应用

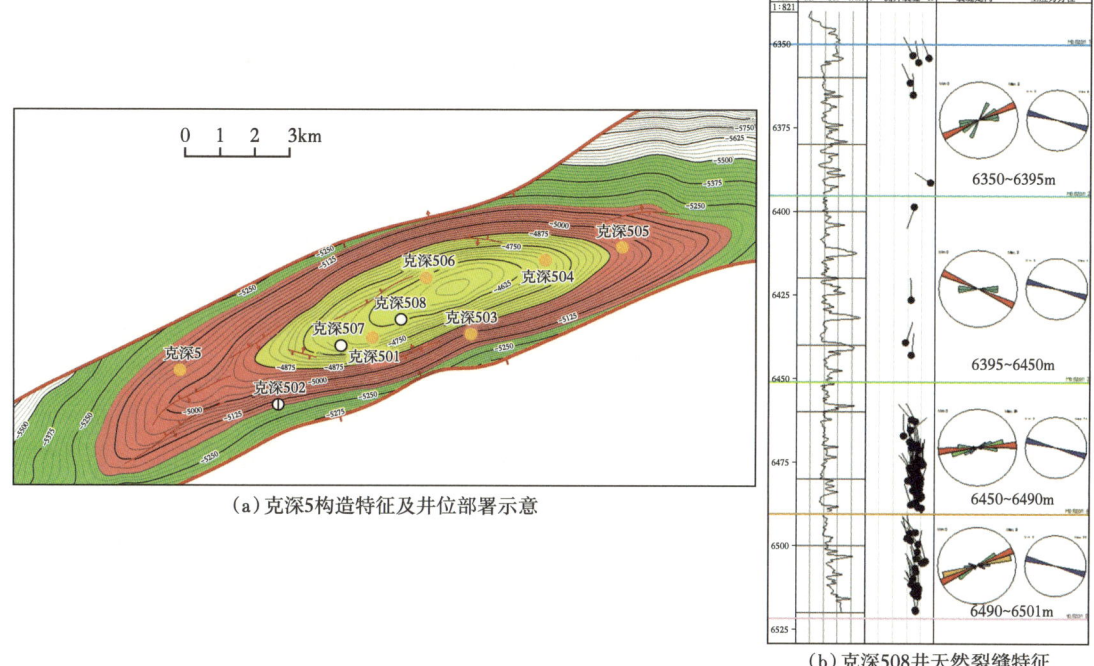

(a) 克深5构造特征及井位部署示意

(b) 克深508井天然裂缝特征

图 6-10　克深 508 井位及其天然裂缝发育特征

在考虑应力分布的基础上,克深 19 构造井位部署中还进一步参考了天然裂缝活动性的分布规律,将井位部署于应力低和裂缝潜在剪切能力强的位置,如图 6-11a 所示为克深 19 构造水平主应力特征分布图。克深 19 构造南部普遍应力较高,新部署的克深 1901 井应力与克深 19 井相当;在裂缝活动性分布图中,构造南部的裂缝活动性普遍较差,构造中部和北部的相对较好,其中新部署的克深 1901 井的裂缝活动性相比克深 19 井要更高,井位更加有利(图 6-11b)。克深 1901 井实钻证实了该观点,获得了成功,日产气 $22×10^4 m^3$。

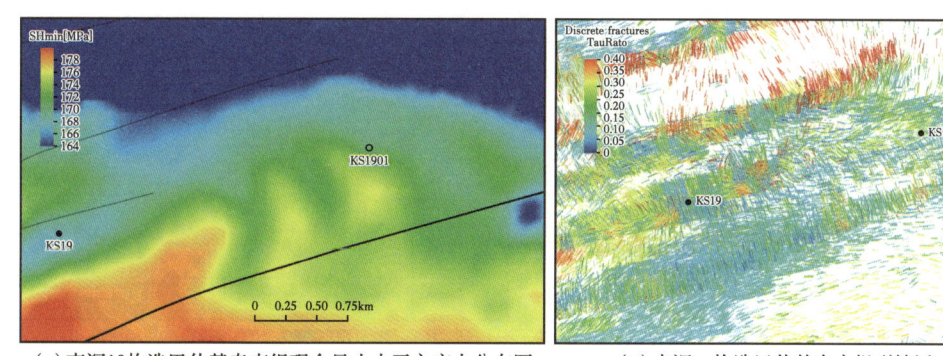

(a) 克深19构造巴什基奇克组现今最小水平主应力分布图　　(b) 克深19构造巴什基奇克组裂缝活动性预测图

图 6-11　克深 19 构造地应力和天然裂缝活动性分布图（K_1bs）

二、大斜度井开发地质力学论证

气田开发井井位部署中，井点位置优选后，往往还需要开展井眼轨迹的优化。一般井眼轨迹优化的目的是钻遇更多的天然裂缝或接近断裂（Hennings et al.，2012；Franquet et al.，2008），或者是为了优选更有利于井眼稳定性（刘向君等，2004）。对于克拉苏构造带的白垩系砂岩储层，一直认为气层厚度大、气藏中储层纵横向均质性和连通性较好，因此直井是首选开发井井型。但在多年的气田开发实践中认识到直井开发遇到了如钻遇差品质储层，难以改造和水侵入快速等问题。所以以下内容主要是依据以上三个方面论证克拉苏深层气藏大斜度井开发的必要性。

克拉苏构造带深层气藏均以白垩系砂岩储层为主力产气层，储层砂岩厚度较大，在同一构造中储层物性差异小。但在复杂的构造演化过程中，受构造差异变形、断裂和膏盐岩滑脱层等多种因素的综合影响，不同气藏之间和同一气藏的不同构造位置上天然裂缝的发育程度差别较大，且天然裂缝的产状变化较大，天然裂缝的发育程度和导流能力的差别导致不同气井之间的产能差别较大。

以克深6构造为例，天然裂缝的发育程度在不同构造部位存在较大差异。该构造位于克拉苏构造带东部克深段，克深6构造上盘为克拉2构造，下盘为克深2构造，气藏深度在5600~6000m，储层孔隙度范围为6%~9%，物性特征较克深2构造和克深8构造均更好，但天然裂缝发育程度在该构造内部差异较大。如图6-12所示，天然裂为近直立裂缝，被方解石半充填，开启度为0.2~0.4mm（图6-12a）。克深6井位置天然裂缝较为发育，白垩

(a) 岩心天然裂缝特征

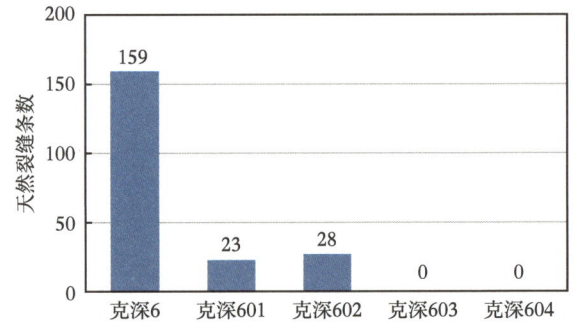

(b) 各井成像测井天然裂缝条数对比

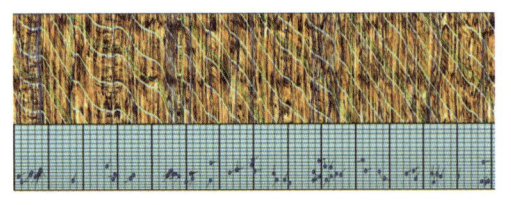

(c) 克深6井天然裂缝识别特征示意

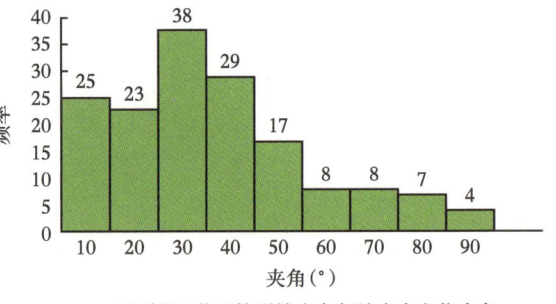

(d) 克深6井天然裂缝走向与地应力方位夹角

图6-12 克深6构造天然裂缝发育特征

系共识别到159条裂缝；克深601井和克深602井裂缝发育次之，分别识别到23条和28条；而克深603井和克深604井无天然裂缝（图6-12b）。图6-12c所示克深6井中天然裂缝在井壁地层上较均匀连续分布，且天然裂缝走向与水平最大主应力之间的夹角较小，大部分天然裂缝走向与应力方位夹角在40°以内，因此天然裂缝渗透性保持较好，该井测试产能达$24×10^4m^3/d$以上，而其他几口气井产能均较低。

克深6构造不同位置气井产能差异较大的主要因素之一是天然裂缝的发育程度，而天然裂缝的发育程度与地应力场的作用关系密切。如图4-10所示，由克深6构造四口井成像测井图像对比可知，克深601井、克深602井和克深603井测井图像中表现出明显井壁强应力集中而造成的垮塌破裂特征，克深603井在整个白垩系都存在有规律的垮塌破裂，图4-11表明这三口井的地应力值和水平应力各向异性均远高于克深6井。

这种由于强地应力集中造成的井壁特征有三个共同点，一是井壁成像测井资料中能识别到明显的破裂特征；二是破裂规律性强，往往在同一个方位发育，且沿着井筒径向发展，而非整个井眼的破裂；三是这种破裂对钻井影响不大，由于破裂主要在一个特定方向的径向发展，没有波及到整个井眼周围，因此只要钻井过程中循环清洗足够，即能较好地保持井壁稳定性，而不会发生钻井复杂。图6-13所示为克深603井钻井井史图，图中可知该井在白垩系钻进中仅有两次循环划眼和一次遇阻发生。

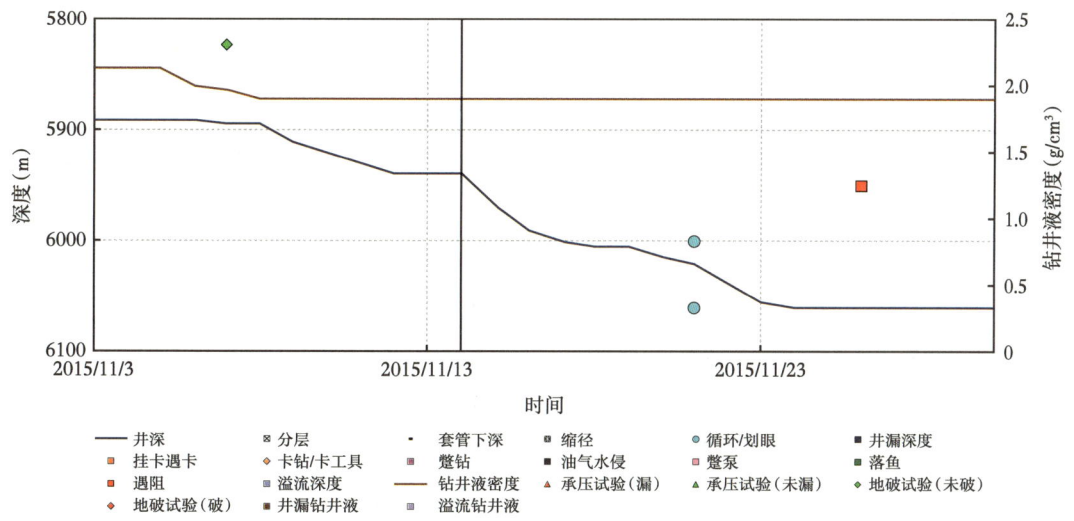

图6-13 克深603井钻井井史图

这种强应力集中表明在该位置处由于没有发生天然裂缝破裂的力学行为，导致应力没有释放，钻井过程中随井眼打开而释放。如图6-14所示，图中每个剖面图中左边为应力性垮塌破裂，右边为天然裂缝产状蝌蚪图，可知克深6井白垩系应力较弱，天然裂缝连续发育。克深603井白垩系应力集中最为明显，成像测井中未识别到天然裂缝发育。在克深602井中仅在地应力相对弱的中间区域发育少量天然裂缝（图中蓝色框所示）。同样克深601井也仅在白垩系上部应力弱区发育少量天然裂缝，下部地层应力集中，未发育天然裂缝。

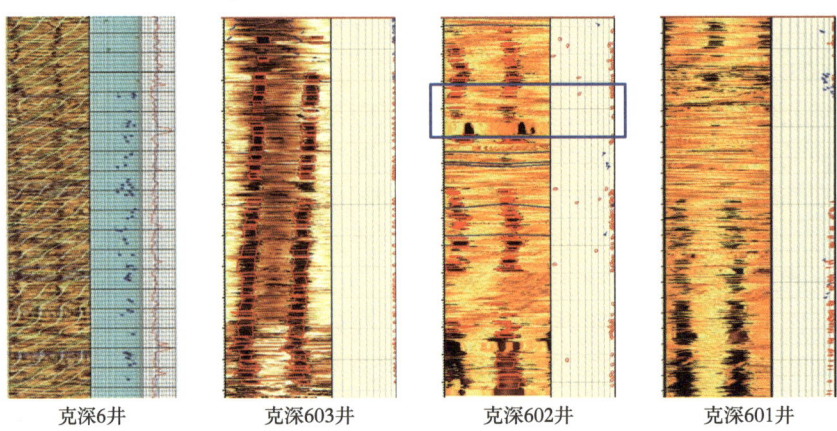

图 6-14 克深 6 构造井壁成像应力集中与裂缝发育特征对比

克深 6 构造由于地应力场的影响导致气藏内天然裂缝的发育极不均匀，进而使储层渗透率非均质性和各向异性增强，因此开发中表现为不同位置的气井产能差异较大。这种现象已在塔里木盆地的多个区带被发现，如库车前陆盆地的其他构造带，塔中和塔北深层碳酸盐岩储层等钻遇了由于应力集中而制约天然裂缝发育的油气井。

如图 6-15 所示为库车依奇克里克构造带迪西 1 井侏罗系应力与天然裂缝发育的关系，图 6-15a 反映井筒垮塌破裂、天然裂缝分布，图 6-15b 反映由于应力集中而引起的有规律的对称性垮塌，图 6-15c 为由于应力集中而引起的井眼破裂。可知该井侏罗系上部和下部储层均表现为较强的水平应力各向异性，对应上下两部分地层，天然裂缝发育少，且天然裂缝主要发育在中间弱应力区域，该井的主要产能也来自于天然裂缝发育段。

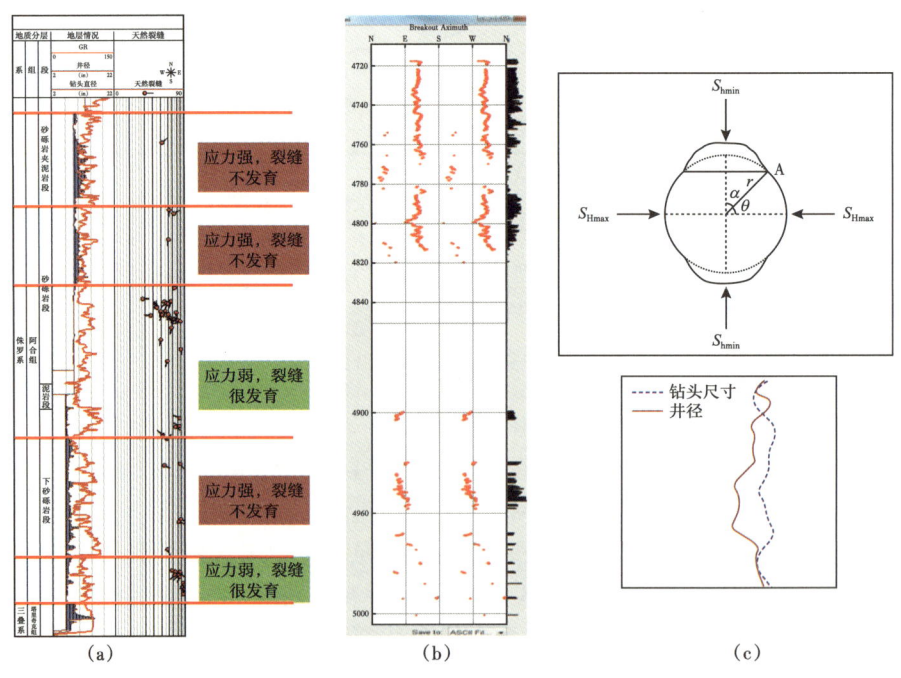

图 6-15 迪西 1 井侏罗系应力集中效应与天然裂缝发育

这种地应力场与天然裂缝之间的关系目前尚无理论方法去解释其形成机理，唯一与之相似的是 Hafner（1951）提出的一种断层形成模型，如图 5-7 所示，在侧向应力挤压，同时基底应力变化的时候将形成如图 5-7 图示的结果，在形成断裂、由破裂面产生而释放应力的同时，在某些区域将形成裂缝空白区，这种空白区体积较小（由图 6-15 可推断），而且分布规律性差，因此难以预测，将在油气藏中造成"有储量、无产量"的直井井眼。

以上论述表明强的应力集中效益抑制了天然裂缝的发育，间接导致气井周围储层渗透性差，气井产能低，而这种强应力集中的效应，目前尚无有效手段在钻前预测，增加了直井失利的可能性。

同样这种地质力学上的特殊现象也影响到了压裂改造的效果，由于强应力的制约和缺乏裂缝弱面，这种情况下压裂改造储层的难度较大。以克深 2 构造为例，由于在构造中间鞍部位置应力强（图 3-46 所示），天然裂缝欠发育，或者发育的天然裂缝走向与水平最大主应力夹角很大，天然裂缝活动性差，因此在该区域改造的难度很大。

图 6-16 所示为克深 2 构造中间鞍部的 KES2-1-5 井压裂改造施工曲线，由图可知，压裂过程中几乎没有主动压开地层的特征，而且瞬时停泵压力高达近 100MPa，井筒中液柱压力折合瞬时停泵压力梯度达到 2.9MPa/100m，而该区域的水平最小主应力梯度范围为 2.1~2.25MPa/100m，停泵压力远远超出了水平最小主应力，说明压裂中没有有效压开储层。

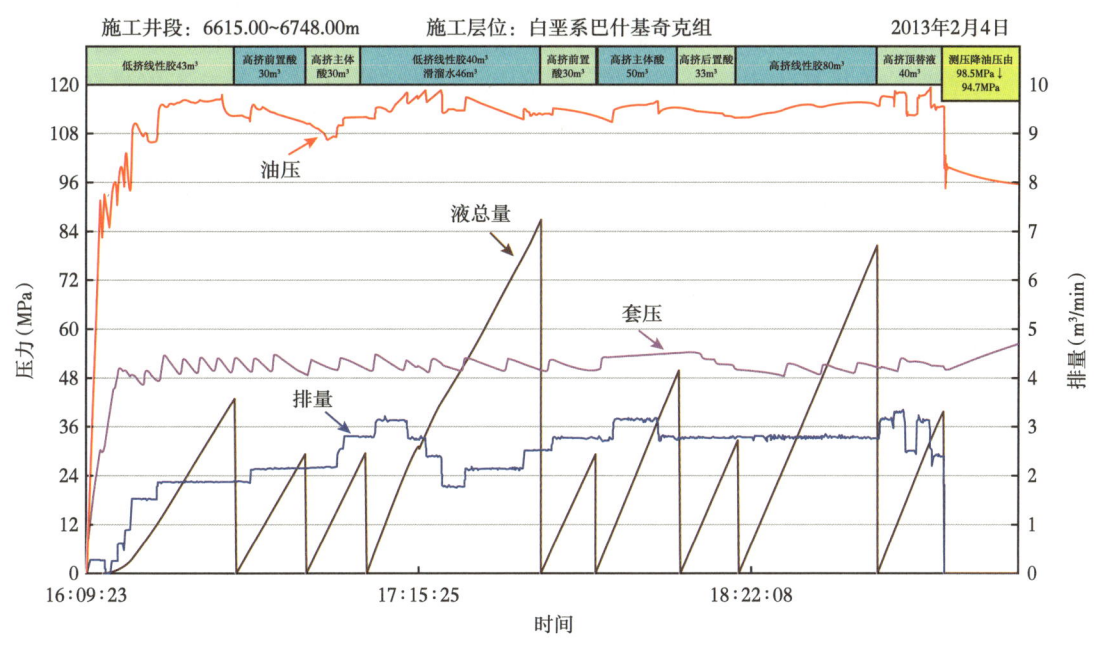

图 6-16　克深 2 构造 KES2-1-5 井压裂施工曲线

在这种条件下由于储层内部应力强，天然裂缝不发育且分布规律复杂，因此，当井筒为直井眼时，压裂缝穿越天然裂缝的能力有限，储层改造时压裂启裂压力高，压裂优势段难以选择，导致储层改造难以达到预期效果。

另外，直井开发中还存在另一个问题，即井眼更深，更接近水层。克拉苏构造带的大部分储层均属于高压有水气藏,而且储层内部断裂和天然裂缝均较发育,如第五章中的论述,断裂和裂缝的活动性将直接加剧水侵,并造成水侵的强非均匀性(图5-18)。

表6-1所示为克拉苏构造带三个气田气井见水情况统计,目前已有12口气井见水,每天影响产能达$900×10^4m^3$,给气田开发造成了巨大影响。而气井见水后其治理难度相当大,一旦水体大规模侵入,很难挽救。因此改变井型,采用大斜度井钻井,尽量在纵向少穿越地层,远离水体,能够在一定程度上缓解水侵压力。

表6-1 克拉苏构造带气井见水统计表

气田名称	总井数(口)	见水井数(口)	关停见水井数(口)	气田日产气量(10^4m^3)	气田日产水量(m^3)	见水井日产气量对比(10^4m^3)	
						见水前	目前
克拉气田	20	6	3	1608	330	780	42
克深气田	61	3	1	1670	252	155	55
大北气田	21	3	0	460	233	70	25

综上所述,对于克拉苏构造带上的某些气藏而言,有三个因素要求优化井型,采用非直井开发以提高开发效率。①由于地应力场的影响导致某些构造部位天然裂缝发育程度低,产状分布复杂,导致储层具有强非均质性和各向异性特征,直井眼条件时难以避开这些强应力区域。②对于强应力和裂缝欠发育的储层位置,直井眼条件下的压裂改造难度极大,很难达到预期效果。③虽然直井眼钻穿储层更多,但井底距水体更近,不利于避水。

因此随着克拉苏构造带天然气开发的不断深入,大斜度井开发的策略不仅是在原有基础上提高一定产量的"锦上添花"之举,而且是解决某些储层"有储量,无产量"的储量动用难题,实现效益开发的"雪中送炭"。

三、非直井井眼轨迹优化方法

前述小结中论述了在克拉苏构造带深层气藏中实施大斜度井开发策略的必要性。在一个特定气藏中确定了井位部署的最优井点和最优井型,如果论证非直井井眼开发是必需的,则还需要做如下六个步骤的工作:①基于天然裂缝产状与地应力张量之间的关系分析,确定最有利于钻遇渗透性天然裂缝系统的井眼轨迹;②分析在特定应力场背景下直井眼和非直井眼的井壁稳定性差别;③非直井眼的造斜点优选;④非直井眼在不同方位和不同井斜条件下的井壁稳定性分析,确定最有利于井壁稳定性的井眼轨迹;⑤结合应力方位、天然裂缝产状和井眼轨迹三个方面,确定一个最有利于钻后压裂改造的井轨迹;⑥不同井眼轨迹条件下的出砂风险评估。

这里以克深区带北部克深10构造中一口大斜度井KES1001的论证为例,阐述非直井井眼轨迹论证的过程。克深10气藏与克深5、克深6处于同一排构造,南临克深2气藏,其上是逆掩推覆的克拉8和克拉1构造,如图6-17所示。克深10气藏70%面积位于逆掩推覆体之下,其上覆盖巨厚盐岩层段,克深10井的实钻盐层厚度超过4000m。直井钻探方案中,上覆的巨厚盐岩层给克深10气藏逆掩推覆体下的气藏特征评价和开发生产带来了巨大难题,因此KES1001大斜度井论证中最初的意图是利用大斜度井避开逆掩推覆体多套断层叠置区域,减少钻井复杂。

第六章　地质力学技术在克拉苏构造带开发中的应用

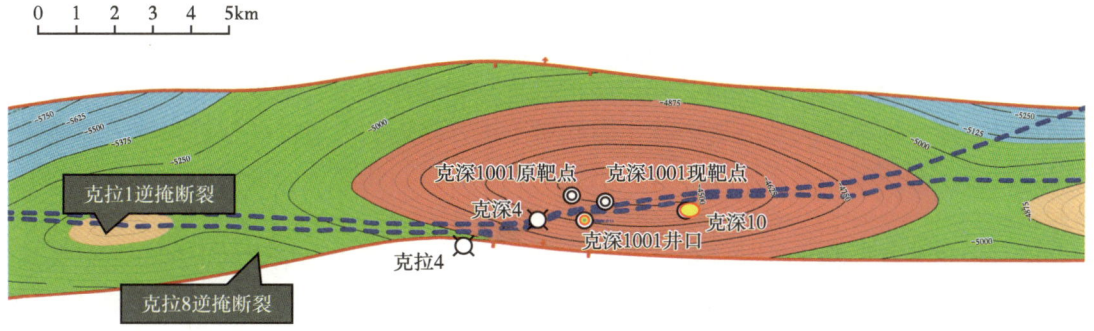

图 6-17　克深 10 气藏白垩系巴什基奇克组顶面构造图

然而从图 6-14 和图 6-15 可知，由于地应力场的作用使得裂缝性储层非均匀性增加，裂缝发育受到地应力的抑制，形成裂缝发育区与不发育区交替出现的特征，这种特征加剧了裂缝性储层的开发难度，直井钻遇裂缝不发育区后难以实现效益开发，而大斜度井增加了穿越多个裂缝发育区的概率，因此更有利于实现高效开发。

所以对于大斜度井开发而言，井眼轨迹优选中的最重要步骤为确定一个利于钻遇渗透性裂缝的最优轨迹。一般而言天然裂缝渗透性与地应力、充填程度、裂缝发育规模等相关，而对于同一时期形成的天然裂缝，则地应力是其渗透性能保持与否的重要影响因素。当天然裂缝走向与水平最大主应力方位夹角较小、天然裂缝面正应力值低而剪应力值高，则该裂缝将具有更好的渗透性，因此将天然裂缝产状与地应力张量做比较，即能得到渗透性裂缝的发育位置。

如图 6-18 所示，图 6-18a 为克深 10 井天然裂缝的赤平投影图，其中黑点为天然裂缝的投影图，点在东西南北方位代表了裂缝的倾向，从圆心至圆周的位置代表倾角。图 6-18b 为不同轨迹穿越天然裂缝的示意图，同时也可将井眼轨迹投影到赤平图中，在赤平图中随圆周的不同位置代表井斜方位，从圆心到圆周的位置代表井斜角（0°~90°）。从图

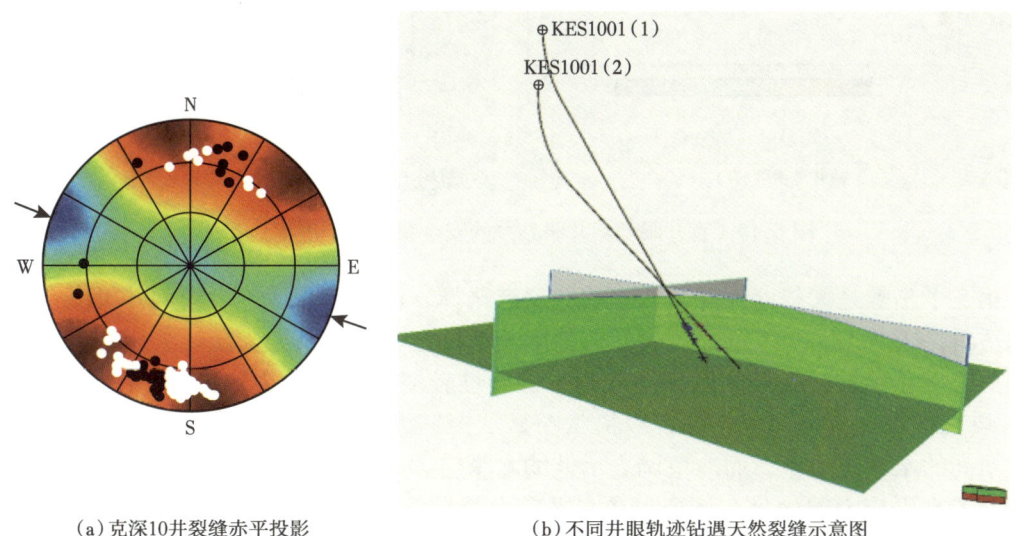

(a) 克深10井裂缝赤平投影　　　　　　(b) 不同井眼轨迹钻遇天然裂缝示意图

图 6-18　钻遇更多天然裂缝

中可知克深 10 井主应力方位为北北西方向（图 6-18a 中黑色箭头所指方向），渗透性天然裂缝走向一般与地应力方位小角度相交，因此在赤平投影图中裂缝倾向在与地应力方位垂直的位置上，因此这些位置是钻井井轨迹正垂直与裂缝面的最佳角度，同时图 6-18a 中白色圆点代表渗透性强的天然裂缝产状，因此对于该井附近的大斜度井轨迹来说，轨迹近南北向，或者南南西或北北东方位、井斜角为大于 60° 时的井眼钻遇渗透性天然裂缝的概率最大。

第二步骤是井壁稳定性的评价，在目的层钻井过程中井壁稳定性的保持，不仅关系到钻井的成功和井眼质量，还与储层保护和后期稳定生产直接相关，因此在优选井型之际，即要对比不同井型条件下的井壁稳定性基本特征。

图 6-19 显示直井和斜井条件下安全的钻井液窗口，色标为安全钻井液密度上下限的差值，其中暖色调（偏红色）表示比较窄的安全钻井液窗口，表明钻井稳定性差。而冷色调（偏蓝色）表示比较宽的安全钻井液窗口，表明钻井稳定性较好。从图 6-19 可知，左边直井眼条件时在目的层（6200m 左右）的安全钻井液密度窗口仅为 0.2~0.4g/cm³，而井斜大于 60° 的大斜度井（如图 6-17b）安全钻井液密度窗口更宽，大于 0.7g/cm³。理论计算结果表明在克深区块白垩系砂岩走滑型应力场机制条件下，大斜度井井眼稳定性优于直井。

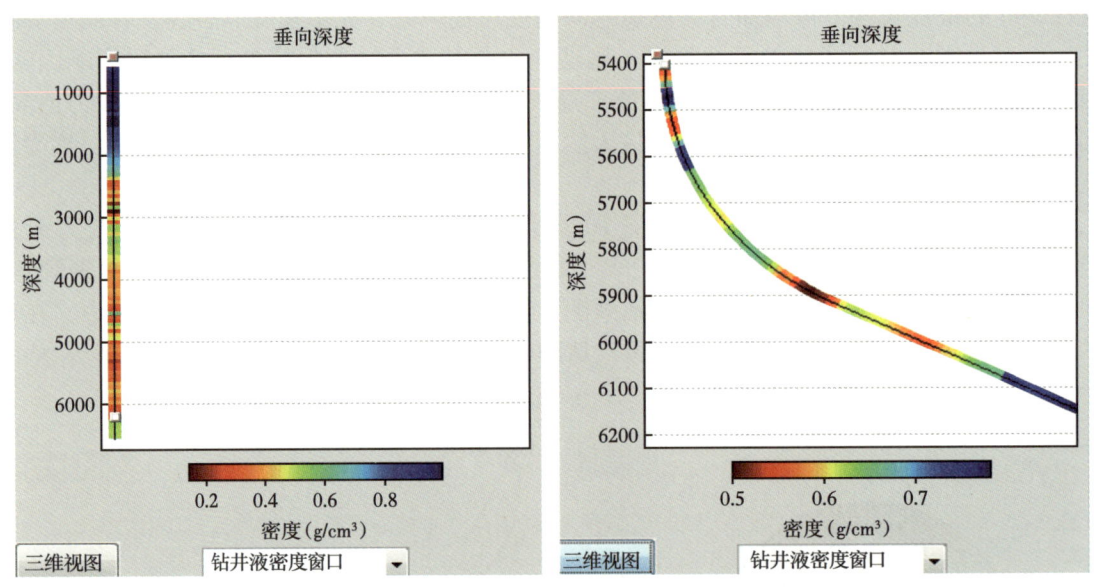

图 6-19　直井眼和斜井眼钻井的安全钻井液密度窗口对比

第三个步骤是大斜度井井眼轨迹的造斜点选择，由于克深区块大斜度井可能在膏盐岩层内造斜，因此需要从三维地质力学的角度分析确定一个避开纯盐层、欠压实泥岩、高压盐水层等复杂地层，选择在水平地应力各向异性较弱的位置作为侧钻点。图 6-20 为克深 10 区块三维水平应力差分布图，以椅状图显示拟钻大斜度井的造斜位置，其中颜色暖色调表示高的水平应力差，而冷色调表示低的水平应力差，该设计井在层位岩性特征的基础上，参考水平应力差的分布特征，在水平应力差较低的位置（图中上部冷色调位置）选择为造斜位置。

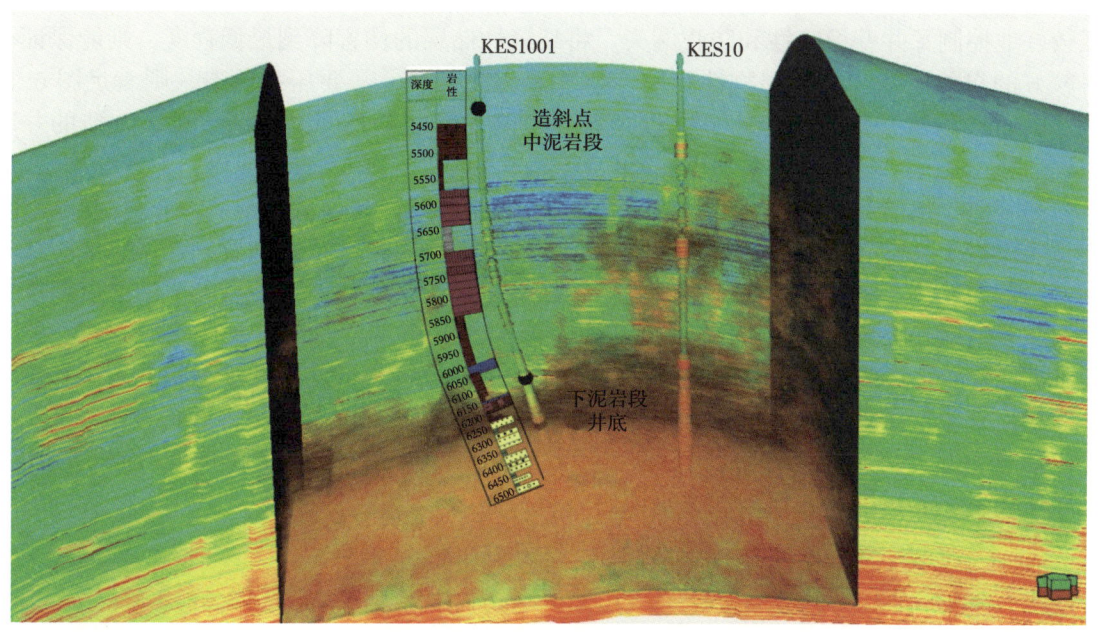

图 6-20 克深 10 构造水平应力差三维分布图

当选定造斜点后,需要分别确定在不同岩性层段内的井眼稳定性方位,图 6-21 为 KES1001 井在膏盐岩段(a)、泥岩段(b)和白垩系砂岩层(c)段内的井壁稳定性特征。每个图中不同圆周位置分布表示不同的井斜方位,从圆心到圆周表示不同的井斜角。图中颜色表示井壁稳定性程度,暖色调代表井壁稳定性差,冷色调代表井壁稳定性更好。图中可知在每段地层中,当井斜小于 30° 时井壁稳定性最差,而当井斜大于 60° 时,在不同方位上的井壁稳定性差异较大,北东和南西两个方位上的井壁稳定性最差,因此应尽量避免井轨迹穿越这些方位,如不能避免则需采取必要措施来保证井壁稳定性。

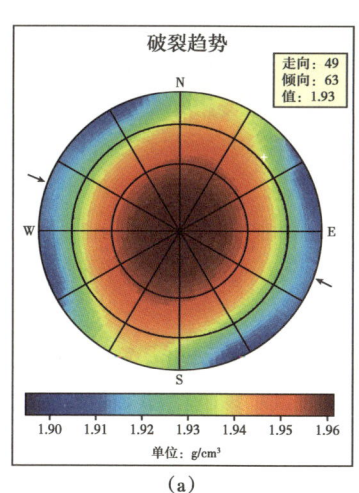
(a)

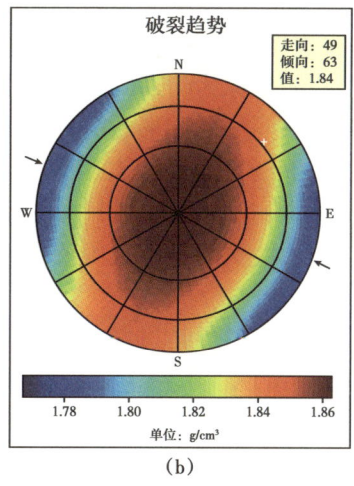
(b)

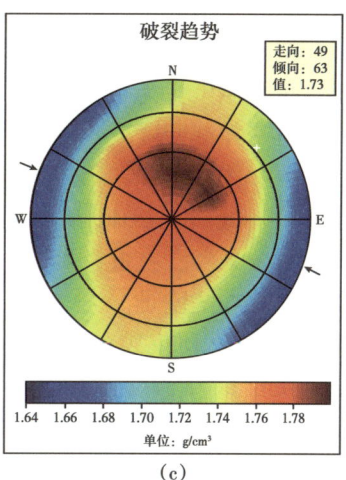
(c)

图 6-21 膏盐岩、泥岩、砂岩段的井壁稳定性特征

对于钻后的储层改造而言，如果大斜度井钻遇了优质的渗透性裂缝，在钻进过程中又较好地控制了井壁稳定性和防止漏失，将裂缝性储层的伤害降到最低程度，则能保证获得较好的自然产能。如储层物性较差，裂缝渗透性有限，需要压裂改造，则满足图6-18所示的垂直与水平最大主应力且穿越天然裂缝的井眼轨迹，即为有利于压裂改造的井眼轨迹。

另外对于出砂分析而言，在钻前选择一个相当稳定的井眼轨迹，则能在一定程度上减少开发过程中井壁破坏，因此也即有利于先期防砂。待大斜度井完钻后，根据井位所在位置的地应力特征、天然裂缝特征等重新评估在既定条件下的井筒出砂风险，同时可以优化射孔位置、射孔方位及生产工作制度，以进一步降低出砂风险。

通过论证，KES1001井根据井眼轨迹钻遇渗透性裂缝、最佳的井壁稳定性条件和有利于后期完井生产条件等几个方面，确定井眼轨迹为北北东方位、井斜为62°的大斜度井轨迹。通过不断深化研究该井眼轨迹优化流程已为克深6构造、克深11构造、迪北侏罗系等区块提供了大斜度井井轨迹优化论证。

第二节　裂缝性砂岩井壁稳定性预测及工程方案优化

本节介绍了克拉苏构造带裂缝性砂岩地层钻井井壁稳定性研究中的新进展，同时介绍了如何解决白垩系储层钻井难题的案例。阐述了对于克深气田钻井中出现的目的层裂缝性砂岩垮塌和漏失并存，面临钻井复杂与储层保护双重挑战等问题，分析了裂缝发育条件下的井壁失稳机理，预测了井壁稳定性参数，为钻井工程提供了优化建议，解决了白垩系钻井井壁失稳难题。

一、井壁失稳机理研究

2011年以来在克拉苏深层白垩系裂缝性砂岩地层钻井中不断出现了井壁垮塌，同时高钻井液密度导致井漏严重，由于白垩系裂缝性砂岩是该区最重要的天然气储层，钻井中既不能抑制垮塌又不能保护储层，在一定程度上影响了气田开发进程。

图6-22为克深204井钻井井史图，图中左纵坐标为钻井深度，右纵坐标为钻井液密度，底部横坐标为钻井时间，顶部横坐标为钻遇的地层。图中黑色曲线为钻时曲线，红色曲线为钻井液密度变化曲线，图中不同颜色和形状的点状图例为钻井中所发生的事件，对应于下部图例名称。从整体钻井时间来看该井从2011年1月开钻，至2011年11月进入白垩系，最后在2012年5月完钻，在近7000m的钻井过程中，目的层不足100m的钻进中耗时近半年，在此期间钻井经历了两次侧钻，井眼质量较差，给后期的完井测试等工作带来了较大的困难。

图6-22所反映的钻井过程中，目的层钻进钻井液密度为1.9~2.0g/cm³。钻井液密度1.93g/cm³时在白垩系发生漏失后，出现了卡钻，后提高钻井液密度卡钻严重，钻具不能正常取出井筒，切断钻具后侧钻，反复两次，共钻三个井眼后完钻，期间提高钻井液密度并没有抑制井壁失稳，由于该区当时孔隙压力系数在1.76左右，钻井液柱压力与地层孔隙压力之间相差较大，因此由于漏失较大，对储层伤害较为严重，对气井在开发中的利用带来了不利的因素。

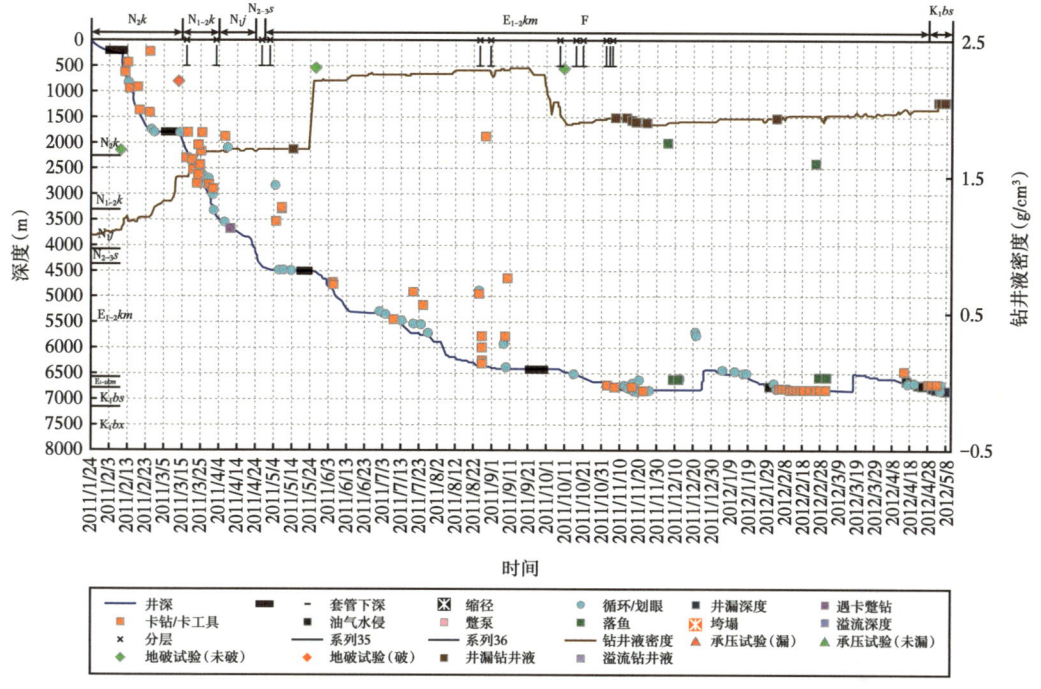

图 6-22 克深 204 井钻井井史图

图 6-23 所示为克深 205 井钻井井史,图中可知该井从 2011 年 12 月进入白垩系砂岩地层后,直至 2012 年 4 月,钻井事故复杂不断,钻井进尺 140 余米,钻进速度极慢,在

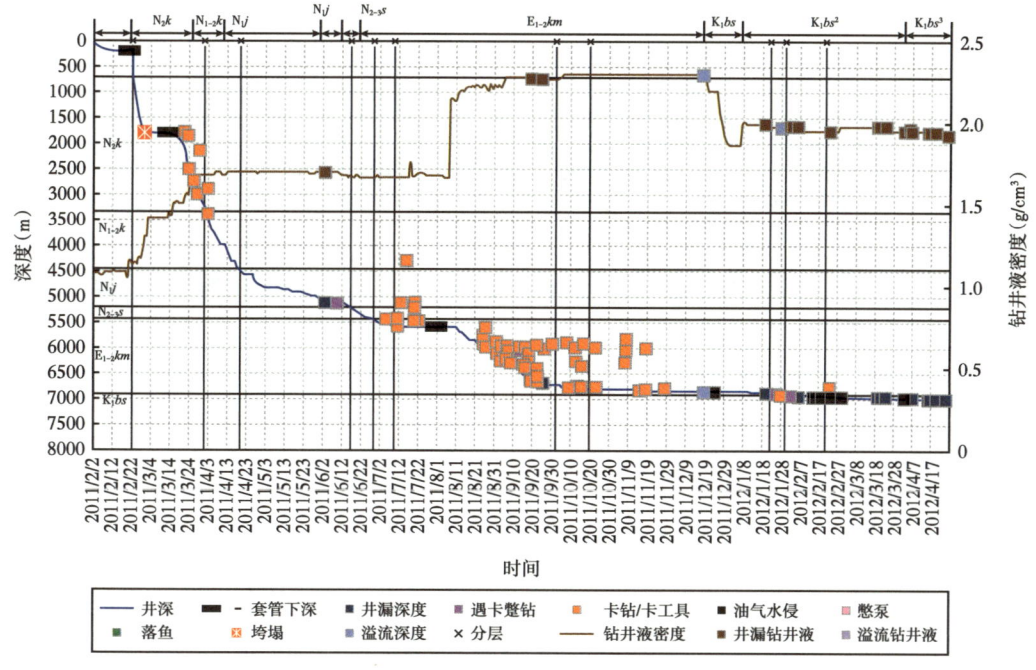

图 6-23 克深 205 井钻井井史图

此期间钻井的卡钻、遇卡憋钻、漏失及落鱼等事件频繁交替发生。目的层钻井中钻井液密度为 1.95~2.0g/cm³，钻井卡钻和遇阻后，提高钻井液密度并没有抑制井壁失稳，同样高于孔隙压力的钻井液柱压力，造成了较大量的漏失，使井筒状况复杂且伤害储层。

图 6-24 所示为 2013 年克深区块 11 口井在目的层白垩系砂岩钻进中发生的复杂事件统计，其中漏失共 36 次，遇卡 28 次，遇阻 46 次，循环划眼 40 次。大量的钻井复杂事件的发生，不仅造成了经济成本的增加，而且较大程度上延误了克深气田的开发进程。

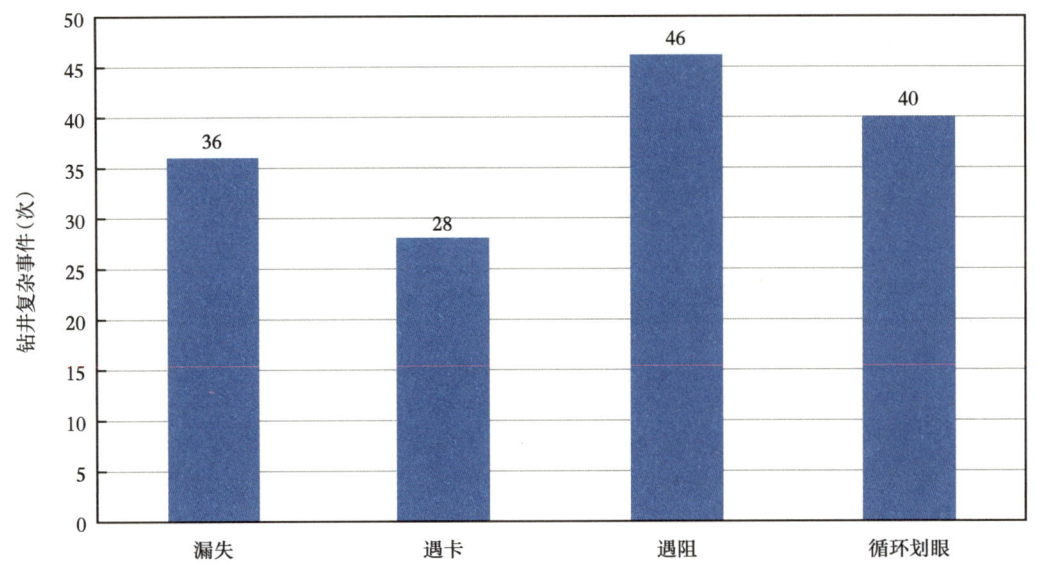

图 6-24　克深区块 11 口井目的层钻井复杂统计

同时该时期所应用的井壁稳定性评价手段仍聚焦于对地层岩石基质的稳定性评价，没有考虑到目的层砂体是由岩石骨架、孔隙、裂缝和流体等多种物质的结合体。如图 6-25 所示仅考虑岩石本体的井壁稳定性评价结果，由于没有考虑天然裂缝等对地层岩石强度和破裂的影响，因此结果的准确性较低，且钻井液窗口评价结果较宽，如某井安全钻井液窗口计算为 1.86~2.26g/cm³，该结果在钻进工程设计和实施中难以指导采用合理的钻井液密度。

由于很多钻井中的复杂事件是由于漏失和垮塌同时发生而造成的，因此后期研究中考虑天然裂缝因素，从六个方面分析天然裂缝对井壁破裂和钻井井壁失稳的影响。

图 6-26 所示为克拉苏气田深层白垩系井壁成像中围绕天然裂缝发生的破裂。图 6-26a 为沿着天然裂缝出现的诱导缝特征，由于井周应力集中，且地层中又已有大量天然裂缝，而天然裂缝附近属于力学薄弱点，因此一些诱导缝即沿着天然裂缝发育。图 6-26b、c 为沿着天然裂缝产生的井壁垮塌行迹，图中黑丝竖直条带即为垮塌特征，而其中 V 形黑色条带为高角度天然裂缝。从中可知在井壁上的许多破裂都是与天然裂缝的发育及其位置密切相关，该点首先证明天然裂缝对井壁地层的破裂有重要贡献。

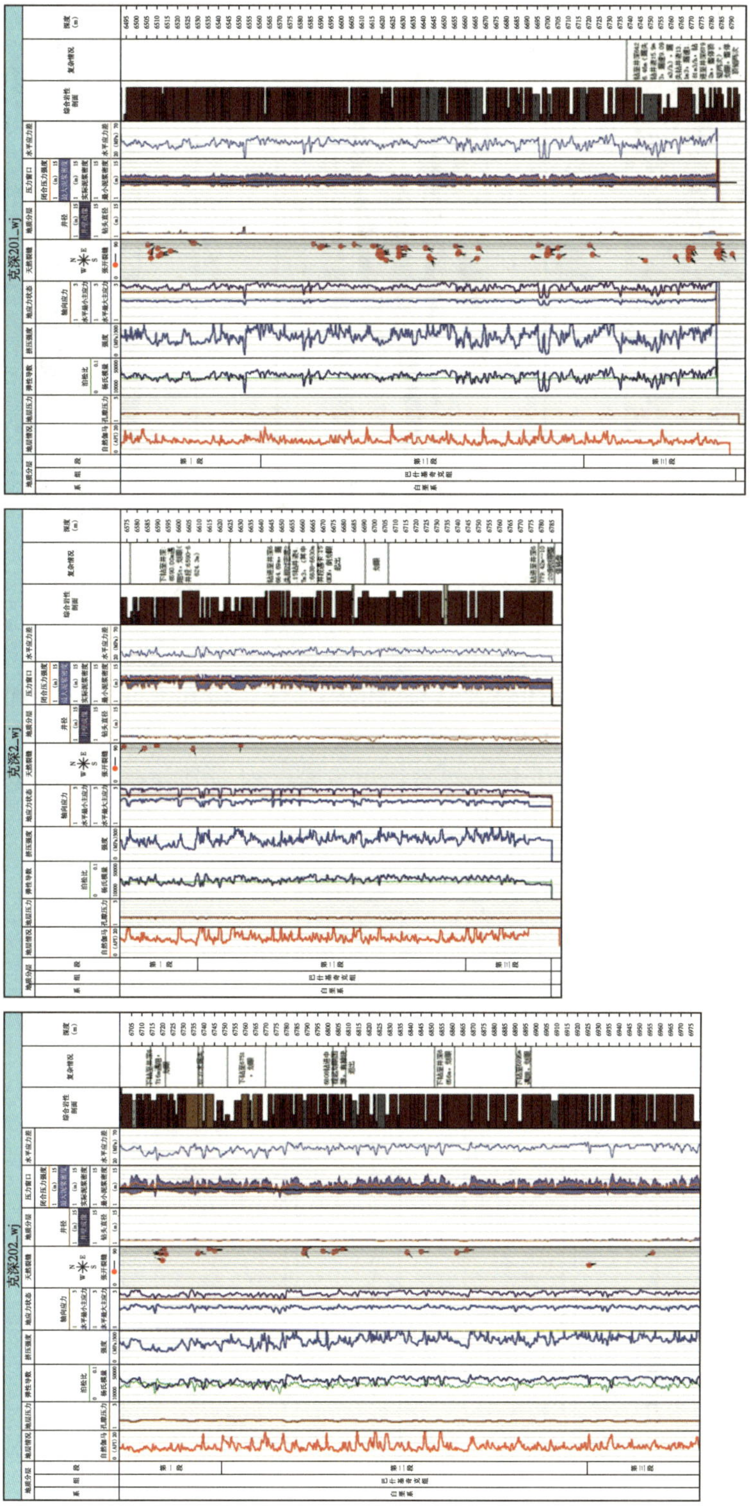

第六章 地质力学技术在克拉苏构造带开发中的应用

图 6-25 克深区块11口井目的层钻井复杂统计

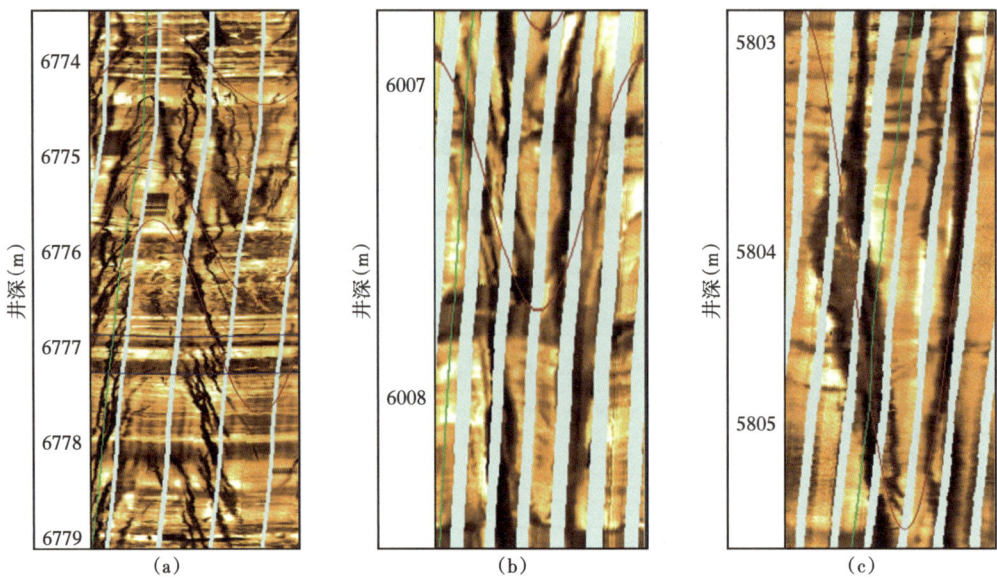

图 6-26 井壁成像资料中沿着天然裂缝的破裂示意

图 6-27 为克拉苏深层多口井在白垩系井壁天然裂缝与垮塌之间的对比。其中每道图形中左边为井径扩大特征,右边为代表天然裂缝的蝌蚪图。可知大北 202 井和大北 203 井对比,大北 202 井天然裂缝发育更多,产状更复杂,对应其井壁垮塌程度更大。而克深 201 井和克深 202 井对比,克深 201 井天然裂缝更发育,对应其井壁垮塌程度也更大,这是天然裂缝影响井壁垮塌程度的一个证据。

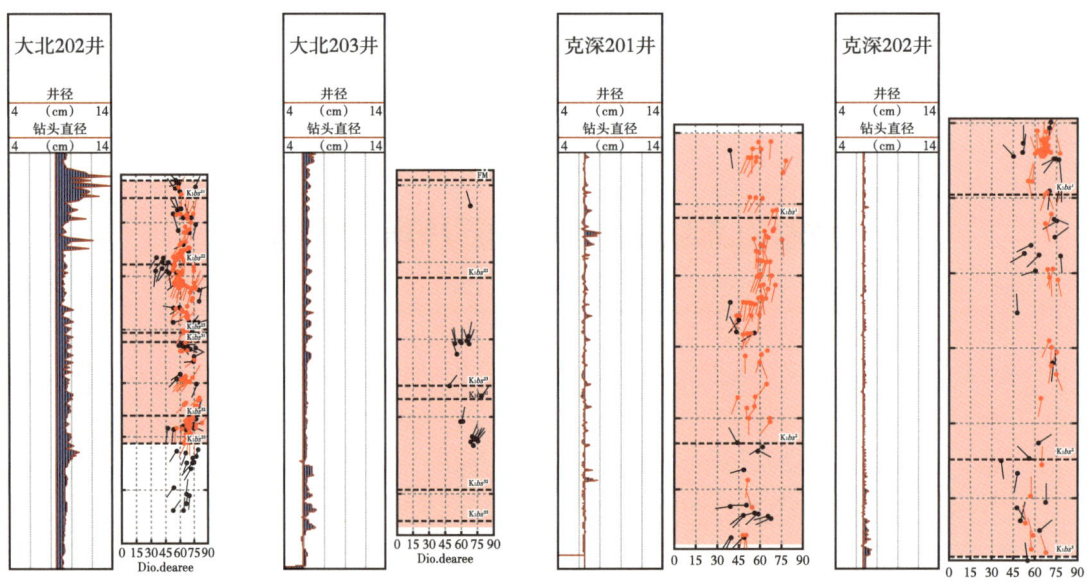

图 6-27 沿井筒天然裂缝的分布与井径扩大之间的对比

第六章 地质力学技术在克拉苏构造带开发中的应用

图 6-28 所示为大北 201 断块上已钻井井筒天然裂缝的极射赤平投影图及天然裂缝活动性对比，图中黑白色圆点代表天然裂缝的投影位置，黑点为活动性差的天然裂缝，而白点为活动性好的天然裂缝。其中位于构造北部的大北 6 井和位于构造南部的大北 203 井中天然裂缝不发育，且裂缝活动性较差，两口井在钻井过程中复杂事件很少，钻进很顺利，如图 6-29 所示，大北 203 井井史显示在白垩系中钻井除了几次划眼外，几乎没有其他任何复杂事件。而大北 202 井（图 6-30）中白垩系钻井复杂频发，漏失和垮塌并存，钻井难度很大，证明天然裂缝的存在直接导致井壁稳定性变差。

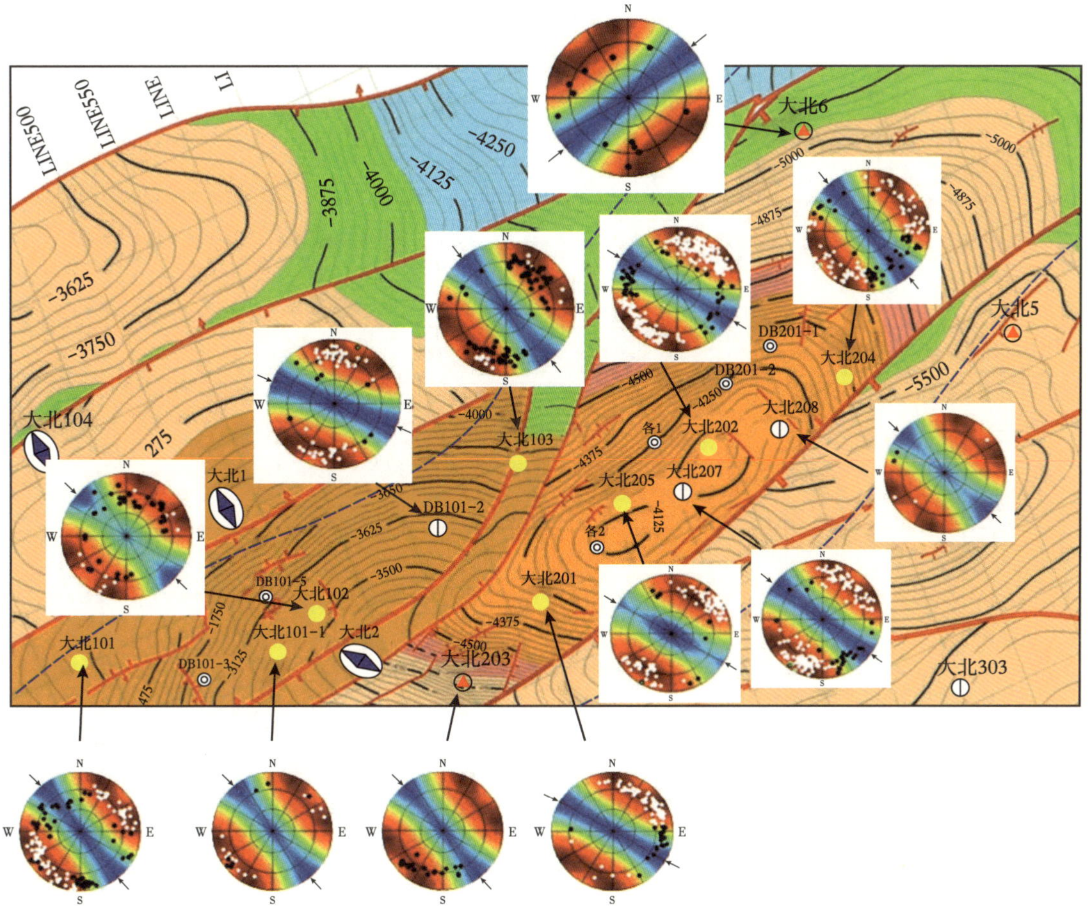

图 6-28 大北 201 断块井筒天然裂缝活动性对比

针对具体的钻井复杂事件，发现很多情况下，漏失和垮塌并存。图 6-31 为克深 204 井目的层钻井井史图，该井在白垩系钻进时首先发生了漏失，然后发生了大量的井壁垮塌返出大量岩石碎块，造成大量卡钻事件，最终卡死，不得不侧钻。在第二个井眼中又先开始漏失，然后发生大量卡钻，最终卡死，开始侧钻第三个井眼，在第三个井眼中依然是先开始漏失，后开始垮塌，漏失和卡钻事件几乎一一对应。该区漏失的主要地质因素是天然裂缝，证明天然裂缝对于漏失和卡钻贡献很大。

177

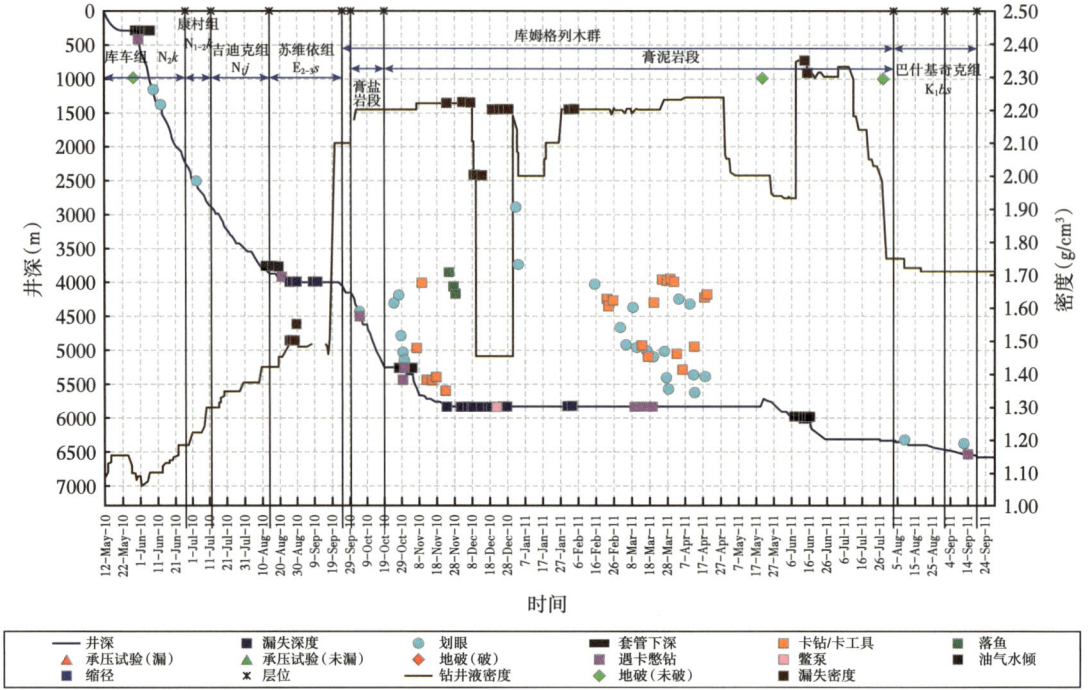

图 6-29　大北 203 井钻井井史图

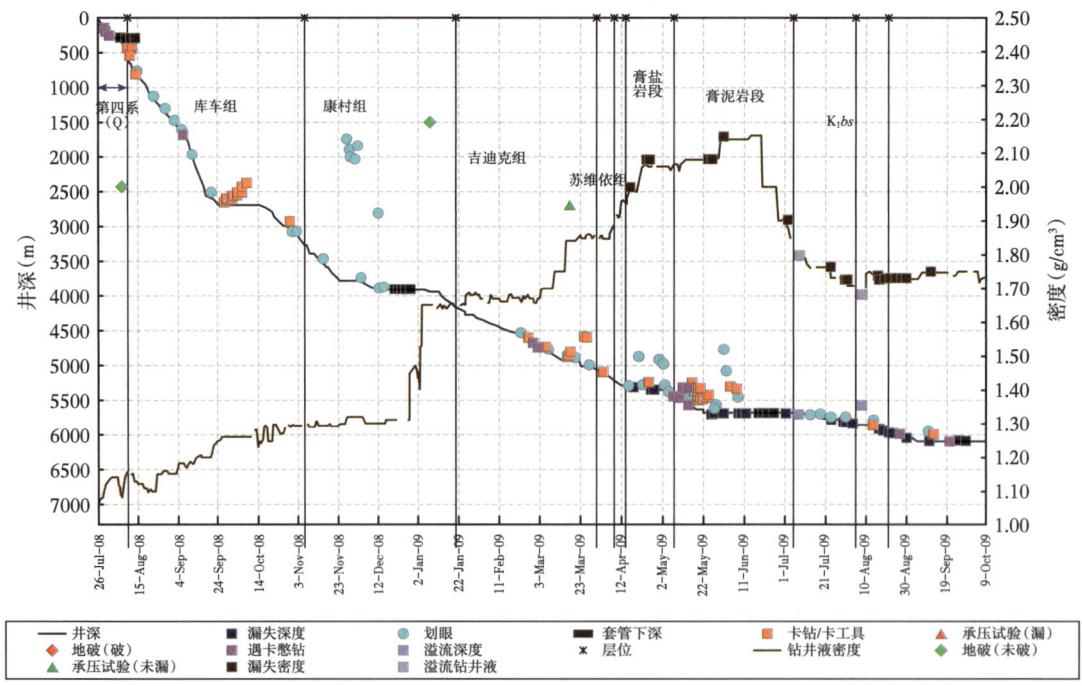

图 6-30　大北 202 井钻井井史图

第六章　地质力学技术在克拉苏构造带开发中的应用

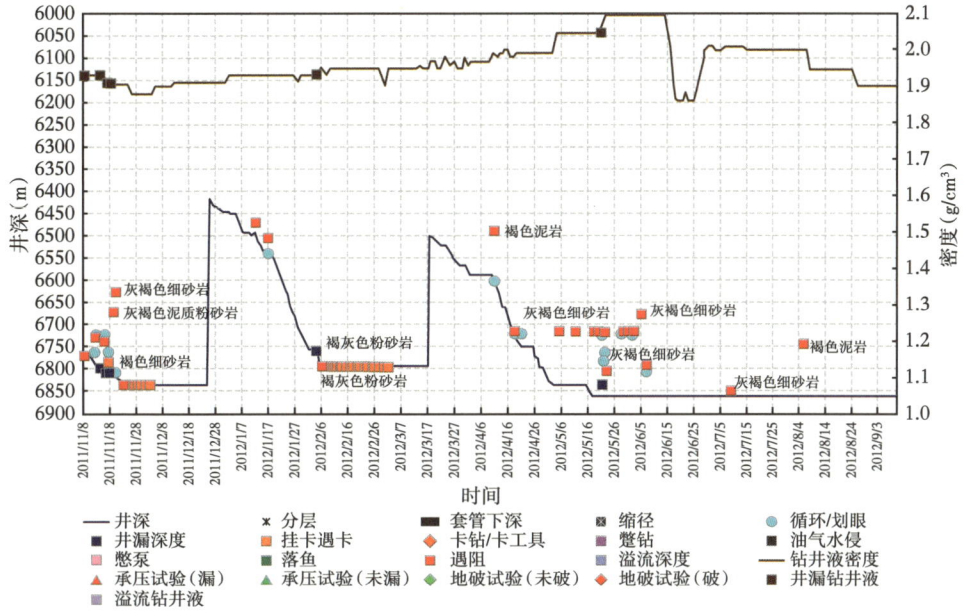

图 6-31　克深 204 井钻井井史图

另外，通过分析井壁垮塌物的特征，也可以得到一些启示。图 6-32 为克深 204 井井壁掉块照片，图中左边为贝克休斯公司相关研究结果（来自于贝克休斯公司培训资料，2012），该研究分析认为：当井内垮塌物如左上图所示形状，掉块呈长条状，具有弧面，带尖锐棱角，则主要是由于应力作用而从井壁岩石本体的掉块。而当掉块形状如左中图形状特征，呈团块状，有明显破裂面，则代表其可能与天然裂缝形成的强度弱面上的剥落有关。而当井壁掉块如左下图形状，团块状，大小不一，形状不规则，则代表由于井壁存在天然裂缝，且钻井液浸泡较长时间而引起的垮塌。图中右边为克深 204 井井壁掉块照片，显示掉块形状与图左中、下图片相似，说明其垮塌与天然裂缝相关。

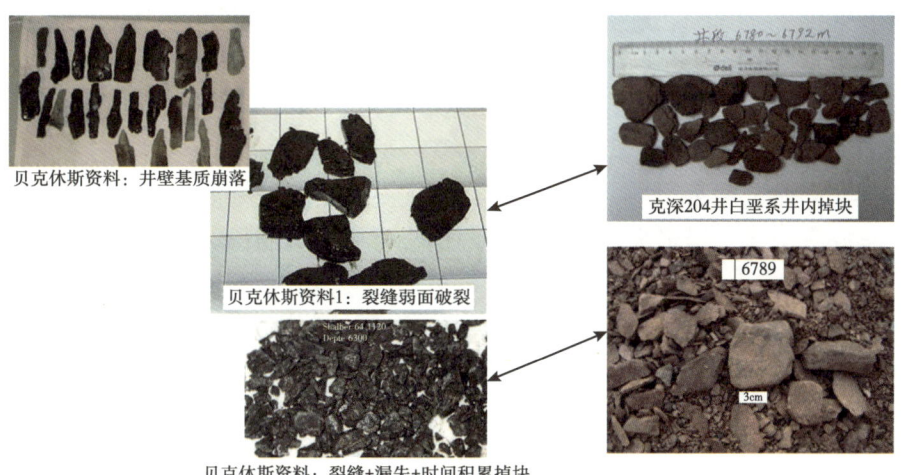

图 6-32　克深 204 井垮塌物碎块形状分析对比

以上几个证据证明，在克拉苏深层钻井过程中，天然裂缝是造成井壁失稳的主要因素之一。天然裂缝发育时，钻井中不能以提高钻井液密度的方式来抑制井壁垮塌，因为当钻井液液柱压力大于一定值，钻井液沿天然裂缝面进入地层，将导致钻井液液柱压力对井壁支撑作用下降，甚至为零。另一方面钻井液将降低结构面周围岩块间的内聚力，使岩体强度降低，最终导致地层的坍塌压力上升，井壁失稳的趋势增加。如果此时再不断增加钻井液密度，则将形成一个恶性循环，钻井液密度越大，井壁失稳越严重。

因此在以下部分主要阐述地层存在天然裂缝时的井壁稳定性评价过程。

二、井壁稳定性参数预测

井壁周围次生应力的分布满足 Fairhurst 方程，如果仅仅考虑井壁表面各处的次生应力分布情况，则可推导得到如下井周有效应力简单表达式

$$\begin{aligned} \sigma_{re} &= p_m - \alpha p_p \\ \sigma_{\theta e} &= (\sigma_H + \sigma_h) - 2(\sigma_H - \sigma_h)\cos 2\theta - p_m - \alpha p_p \end{aligned} \tag{6-1}$$

式中　σ_{re}、$\sigma_{\theta e}$——有效径向应力和有效周向应力；

　　　σ_H、σ_h——水平方向上最大和最小主应力；

　　　θ——井壁上某一点与最大主应力方向之间的夹角；

　　　p_m——井中泥浆柱压力；

　　　p_p——地层孔隙压力；

　　　α——有效应力系数。

对于水平最大、最小主应力，目前常用的模型大多都是在假设的边界条件下以弹性力学为基础建立的计算公式。如较普遍应用的组合弹簧应力模型

$$\begin{cases} \sigma_H = \dfrac{\mu}{1-\mu}\sigma_V + \dfrac{1-2\mu}{1-\mu}\alpha p_p + \dfrac{\mu}{1-\mu^2}\varepsilon_H + \dfrac{\mu E}{1-\mu^2}\varepsilon_h \\ \sigma_h = \dfrac{\mu}{1-\mu}\sigma_V + \dfrac{1-2\mu}{1-\mu}\alpha p_p + \dfrac{\mu}{1-\mu^2}\varepsilon_h + \dfrac{\mu E}{1-\mu^2}\varepsilon_H \end{cases} \tag{6-2}$$

式中　μ——泊松比；

　　　a——biots 系数；

　　　E——岩石弹性模量；

　　　ε_H、ε_h——分别为沿最大主应力方向与最小主应力方向构造应变系数；

　　　σ_V——垂向应力。

另外还有一些计算水平主应力的经典模型，对于这些模型的选择需要根据具体研究区域内的地质构造、岩相、储层特征等因素来确定。

从纯力学角度来讲，造成井壁坍塌的主要原因是由于井内的液柱压力低，使得井壁围岩的应力超过了岩石本身的强度而产生剪切破裂，可知当 $\theta=90°$（$270°$）时井壁周向应力最大，若此时钻井液柱压力小于一定值，井壁首先在此处坍塌。可利用 Mohr-Coulomb 准则描述井壁发生的剪切变形，可得到井壁坍塌压力计算公式

$$p_{tt} = \frac{\eta(3\sigma_H - \sigma_h) - 2S_0\kappa + \alpha p_p(\kappa^2 - 1)}{(\kappa^2 + \eta)} \quad (6-3)$$

式中 η——非弹性修正系数；

S_0——岩石抗剪切强度；

κ——$\cot(45° - \phi/2)$，其中 ϕ 表示岩石的内摩擦角。

另外井壁发生坍塌的另一个原因是井内钻井液柱压力低于地层的孔隙压力，使井壁岩石产生拉伸破坏而崩落。

$$p_{ls} = p_p - \tau_t \quad (6-4)$$

式中 p_{ls}——拉伸崩落压力；

τ_t——井壁岩石抗张强度。

由于井壁坍塌受剪切和拉伸两种机理控制，因此坍塌压力应该取两者最大值。

井壁地层张性破裂是由于井内钻井液密度过大，使井壁岩石所受的应力超过岩石抗拉强度时造成的。可知当 $\theta=0°$（180°）时井壁周向应力最小，当钻井液柱压力过大时，井壁首先在此处破裂。利用最大拉应力理论得到井壁张性破裂计算模型

$$p_f = 3\sigma_h - \sigma_H - \alpha p_p + \tau_t \quad (6-5)$$

假设地层中存在一组特定产状裂缝切割井眼形成低强度弱面，而在其他方位上地层强度相同，则可利用 Donath 及 Jaeger 和 Cook 提出的软弱面对强度的影响关系（Donath，1966；Jaeger et al.，1979），判断弱面先于岩石本体发生的破坏，其破坏准则的数学表达式为

$$\sigma_1 - \sigma_3 = \frac{2(S_w + \mu_w \sigma_3)}{(1 - \mu_w \cot\lambda)\sin 2\lambda} \quad (6-6)$$

式中 σ_1、σ_3——裂缝等弱结构面所处空间位置上的最大、最小主应力；

S_w——弱面黏聚力；

μ_w——弱面的内摩擦系数；

λ——弱面法向与最大应力方位之间的夹角。

由于 $\mu_w = \tan\varphi_w$（φ_w 为弱面内摩擦角），因此当 $\lambda = \varphi_w$ 或 $\lambda = \pi/2$ 时，弱面不会产生滑动破坏，而是基质岩块的破坏，这时基质岩块的破坏准则为

$$\sigma_1 - \sigma_3 = 2(S_0 + \mu_0 \sigma_3)\left[\sqrt{(\mu_0^2 + 1)} + \mu_0\right] \quad (6-7)$$

式中 σ_1、σ_3——所在位置上的最大、最小主应力；

S_0——基质岩块黏聚力；

μ_0——基质岩块内摩擦系数。

这样裂缝弱面产生滑动破坏的条件是：

$$\varphi_\text{w} < \lambda < \frac{\pi}{2} \tag{6-8}$$

因此在相同的力学条件下裂缝面的产状是其发生破坏的关键因素。

为了研究空间任意位置在任意井斜、方位下的井壁稳定性，需要建立三个坐标系，即直角坐标系 (x, y, z)，应力坐标系 $(1, 2, 3)$ 和柱坐标系 (r, θ, z)，应力坐标系中三轴方向分别与 σ_H（水平最大主应力）、σ_h（水平最小主应力）、σ_V（垂向应力）等三个主地应力方向一致。为建立直角坐标与应力坐标之间的转换关系，将应力坐标以垂向应力方向为轴，按右手法则旋转 β 角，然后以旋转后的 y 方向为轴，按右手法则旋转 α 角，其中 β 为井斜方位与水平最大主应力方位的夹角，α 为井斜角。当主地应力坐标系旋转到直角坐标系后，再转换为柱坐标系，其任意井壁位置处应力表达式

$$\begin{cases} \sigma_\text{r} = p_\text{m} - p_\text{p} \\ \sigma_\theta = A\sigma_\text{h} + B\sigma_\text{H} + C\sigma_\text{V} + (K-1)p_\text{m} - Kp_\text{p} \\ \sigma_\text{z} = D\sigma_\text{h} + E\sigma_\text{H} + F\sigma_\text{V} + K(p_\text{m} - p_\text{p}) \\ \tau_{\theta z} = G\sigma_\text{h} + H\sigma_\text{H} + J\sigma_\text{V} \end{cases} \tag{6-9}$$

其中

$$\begin{cases} A = \cos\alpha \left[\cos\alpha (1 - 2\cos 2\theta)\sin^2\beta + 2\sin 2\beta \sin 2\theta \right] + (1 + 2\cos 2\theta)\cos^2\beta \\ B = \cos\alpha \left[\cos\alpha (1 - 2\cos 2\theta)\cos^2\beta - 2\sin 2\beta \sin 2\theta \right] + (1 + 2\cos 2\theta)\sin^2\beta \\ C = (1 - 2\cos 2\theta)\sin^2\alpha \\ D = \sin^2\beta \sin^2\alpha + 2\nu \sin 2\beta \cos\alpha \sin 2\theta + 2\nu \cos 2\theta (\cos^2\beta - \sin^2\beta \cos^2\alpha) \\ E = \cos^2\beta \sin^2\alpha - 2\nu \sin 2\beta \cos\alpha \sin 2\theta + 2\nu \cos 2\theta (\sin^2\beta - \cos^2\beta \cos^2\alpha) \\ F = \cos^2\alpha - 2\nu \sin^2\alpha \cos 2\theta \\ G = -(\sin 2\beta \sin\alpha \cos\theta + \sin^2\beta \sin 2\alpha \sin\theta) \\ H = \sin 2\beta \sin\alpha \cos\theta - \cos^2\beta \sin 2\alpha \sin\theta \\ J = \sin 2\alpha \sin\theta \\ K = \dfrac{\delta(1 - 2\nu)}{1 - \nu} - \varphi \end{cases} \tag{6-10}$$

式中　σ_r、σ_θ、σ_z、$\tau_{\theta z}$——柱坐标系中的各应力分量，分别是径向应力、切向应力、轴向应力和剪应力；

　　　p_m——井内钻井液柱压力；

　　　p_p——地层孔隙压力；

　　　θ——圆周角；

　　　δ——有效应力系数；

　　　φ——孔隙度；

　　　ν——泊松比。

这样根据有效应力定律，可得到任意井型、任意空间位置处三个有效主应力 σ_1、σ_2、

σ_3 ($\sigma_1 > \sigma_2 > \sigma_3$) 表达式

$$\begin{cases} \sigma_1 = \dfrac{1}{2}\left[\sigma_z + \sigma_\theta + \sqrt{(\sigma_z - \sigma_\theta)^2 + 4\tau_{\theta z}^2}\right] - \delta p_p \\ \sigma_2 = \dfrac{1}{2}\left[\sigma_z + \sigma_\theta - \sqrt{(\sigma_z - \sigma_\theta)^2 + 4\tau_{\theta z}^2}\right] - \delta p_p \\ \sigma_3 = p_m - \delta p_p \end{cases} \quad (6\text{-}11)$$

从上面推导可知求解式（6-6）中所需的最大、最小主应力即可通过式（6-11）得到，这样确定弱面法向与最大应力方位之间的夹角 λ 是一个关键问题。设任意井井斜角为 α，井斜方位为 β_1，裂缝面走向为 str，裂缝倾角为 dip，则裂缝面法线的方向矢量 $\vec{n}$ 为

$$\vec{n} = i\sin dip\cos str + j\sin dip\sin str + k\cos dip = ia_1 + ja_2 + ka_3 \quad (6\text{-}12)$$

任意井中井壁最大主应力 σ_1 的作用面与直角坐标系 z 轴的交角为

$$\gamma = \dfrac{1}{2}\arctan\dfrac{2\tau_{\theta z}}{\sigma_\theta - \sigma_z} \quad (6\text{-}13)$$

则井壁最大主应力 σ_1 的方向矢量 $\vec{N}$ 在地理坐标系中的表达式为

$$\vec{N} = ib_1 + jb_2 + kb_3 \quad (6\text{-}14)$$

其中

$$\begin{cases} b_1 = \cos\beta_1\cos\alpha\sin\theta - \sin\beta_1\cos\theta + \cos\beta_1\sin\alpha\cos\gamma \\ b_2 = \sin\beta_1\cos\alpha\sin\theta - \cos\beta_1\cos\theta + \sin\beta_1\sin\alpha\cos\gamma \\ b_3 = -\sin\alpha\sin\theta + \cos\alpha\cos\gamma \end{cases} \quad (6\text{-}15)$$

则式（6-6）中表述的弱面法向与最大应力方位之间的夹角 λ 满足的关系为

$$\cos\lambda = \dfrac{\vec{n}\cdot\vec{N}}{|\vec{n}||\vec{N}|} = \dfrac{\sum a_i b_i}{\sqrt{\sum a_i a_i} + \sqrt{\sum b_j b_j}} \quad (6\text{-}16)$$

式中 i，j=1，2，3。

从上面推导可知，井壁最大、最小主应力 σ_1、σ_3 及夹角 λ 都是维持井壁稳定的最小钻井液柱压力 p_m（钻井液密度）的函数。所以在已知水平向最大、最小主应力、垂向应力及裂缝弱面产状时，将式（6-11）中求得的井壁有效主应力 σ_1、σ_3 和式（6-16）中得到的 λ 角等参数代入式（6-6）和式（6-7）中，便可判别井壁破坏是从基质岩块还是从裂缝弱面发生的，也即可以得到裂缝弱面存在时维持井壁稳定所需的钻井液密度安全下限值，并从天然裂缝错动破坏和张开特性中判断裂缝开启漏失压力（练章华等，2001；Zoback，2007；），从而确定安全钻井液密度上限值，实现强应力背景下各向异性地层安全钻井压力窗口的更精确评价。

图 6-33 为克深 201 井白垩系天然裂缝基本特征，可知裂缝倾角统计峰值为 60°~70°。图 6-34 为不同裂缝产状对岩石单轴抗压强度的影响（Donath，1966；Jaeger et al.，1979）示意，可知当裂缝面角度接近 0° 或 90° 时，其对岩石强度几乎没有影响，但裂缝面倾角接近 60° 时，岩石强度明显降低，因此克深 2 构造白垩系裂缝的存在对岩石抗压强度有较大的降低效应，且直接影响到钻井井壁稳定性。因此，本区井壁失稳的主要地质因素是天然裂缝在钻井井眼上产生的若干组与之相切割的低强度弱面，其在强应力、高孔隙压力的背景下将先于基质岩体破坏，而且井壁不同程度的钻井液漏失降低了裂缝面周围岩块间的剪切强度，一定程度上加剧了井壁失稳。

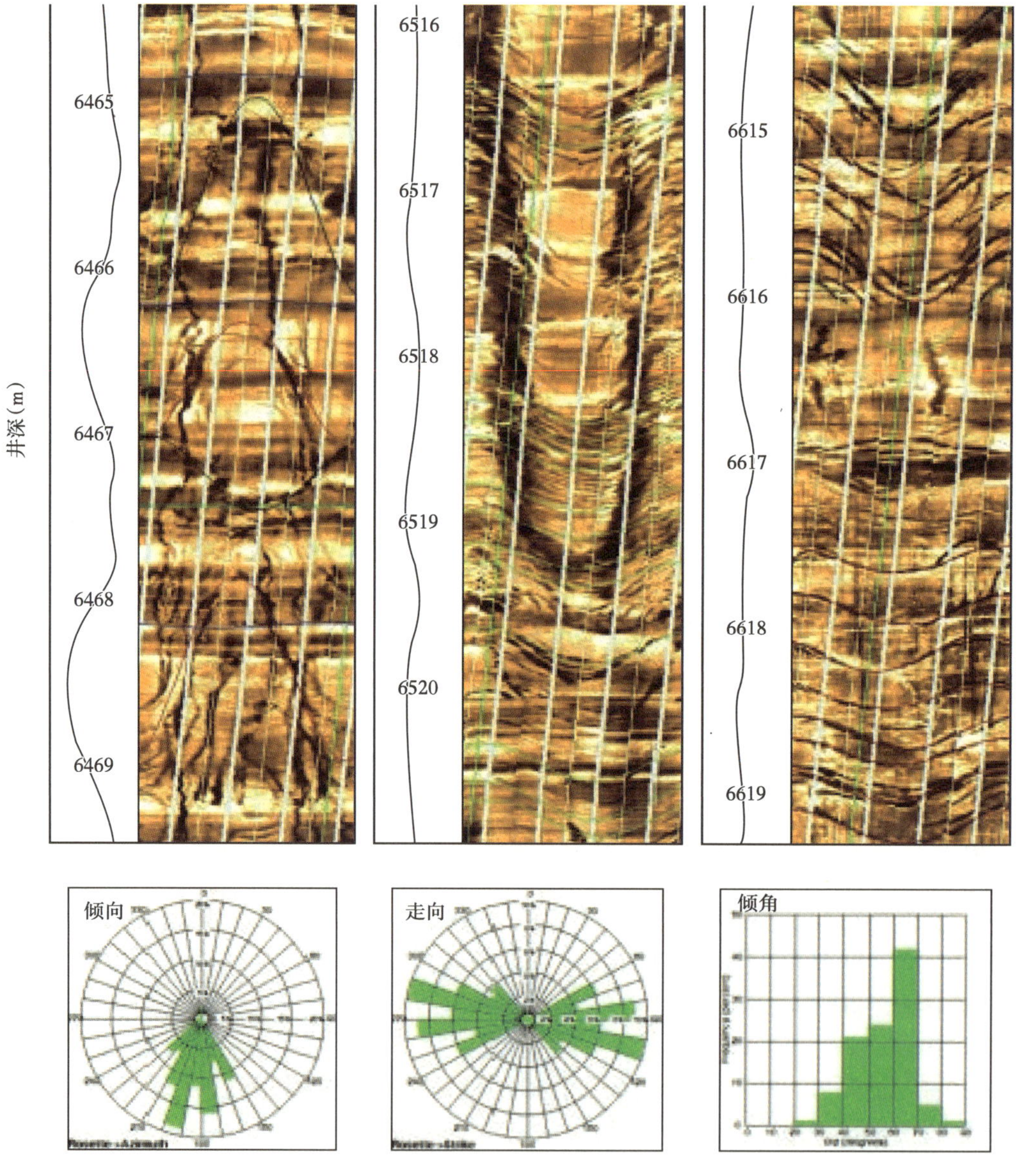

图 6-33　克深 201 井白垩系裂缝特征示意

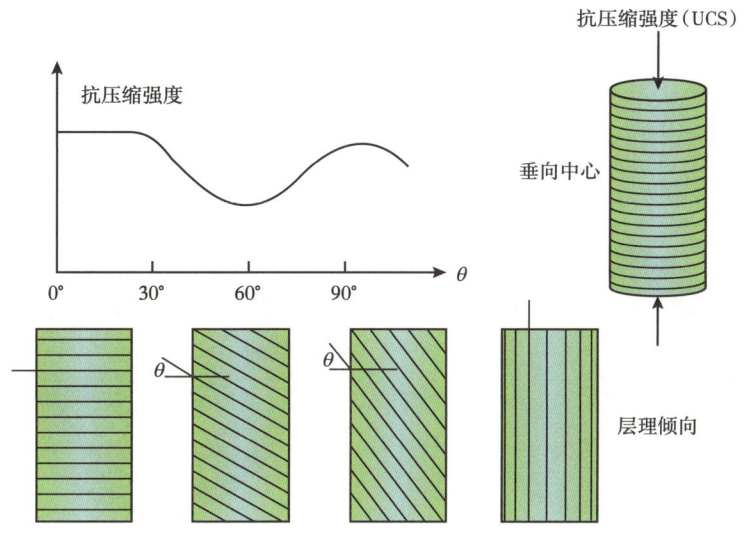

图 6-34 裂缝产状对岩石强度影响示意

根据天然裂缝对井壁失稳影响的机理分析，以及针对性的计算方法厘定，确定在克拉苏深层井壁稳定性评价中增加天然裂缝破裂计算环节，如图 6-35 所示，图中左边为岩石本体破裂模型，在地应力和强度博弈中首先从最小水平主应力方位发生垮塌，在最大水平主应力方位发生张裂缝漏失。右图显示当存在天然裂缝时，依据天然裂缝与地应力场之间的关系决定破裂和垮塌，确定井壁坍塌的最小安全钻井液密度，根据天然裂缝的错动开启判断漏失压力，确定裂缝性漏失的最大安全钻井液密度。

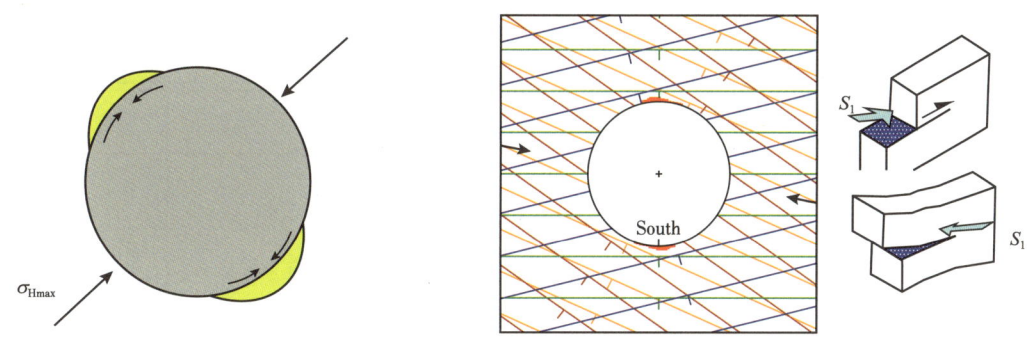

图 6-35 天然裂缝存在时井壁破裂的示意图

三、钻井工程地质建议及效果

根据上述天然裂缝存在时的井壁稳定性参数计算方法，为克深区块新钻井白垩系裂缝性砂岩预测了坍塌压力和漏失压力（图 6-3b）。图 6-36a 为井壁坍塌压力在井眼的赤平投影图，其圆周为平面方位（上北下南，左西右东），图中从圆心至圆周的不同位置是井斜关系，圆心表示直井，圆周为水平井。图中颜色为维持井壁的钻井液密度数值，冷色调为低值，暖色调为高值，颜色不对称是由于天然裂缝的存在导致井壁稳定性出现各向异性。

克深区块目前均采用直井开发，因此从圆心位置读值其坍塌压力为 1.85g/cm³。

图 6-36b 为裂缝错动开启漏失压力，圆形图同样是天然裂缝的赤平投影，图中白点为天然裂缝投影，颜色表示漏失压力大小，同样冷色调为低值，暖色调为高值，从中可知天然裂缝漏失压力为 1.95g/cm³。利用该方法，为克深区块正钻井提供了更高精度和更可操作的安全钻井密度窗口。

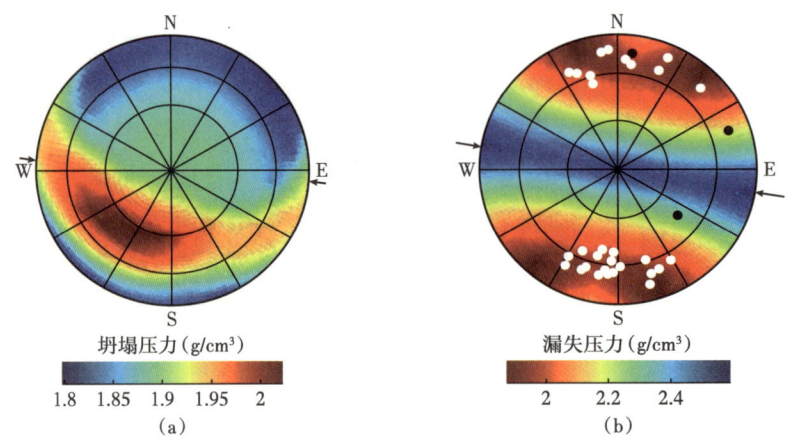

图 6-36　天然裂缝存在时井壁坍塌压力和漏失压力的预测结果

以上预测结果应用于钻井中优化了钻井液密度的使用，图 6-37 为克深 205 井白垩系钻井井史图，在图中蓝色箭头位置，也即 2012 年 4 月底（图中箭头所示）开始钻井液密度降至 1.95g/cm³ 以内，钻井漏失减少，同时其他卡钻等事件也立即明显减少，钻井速度提高明显，顺利完钻。

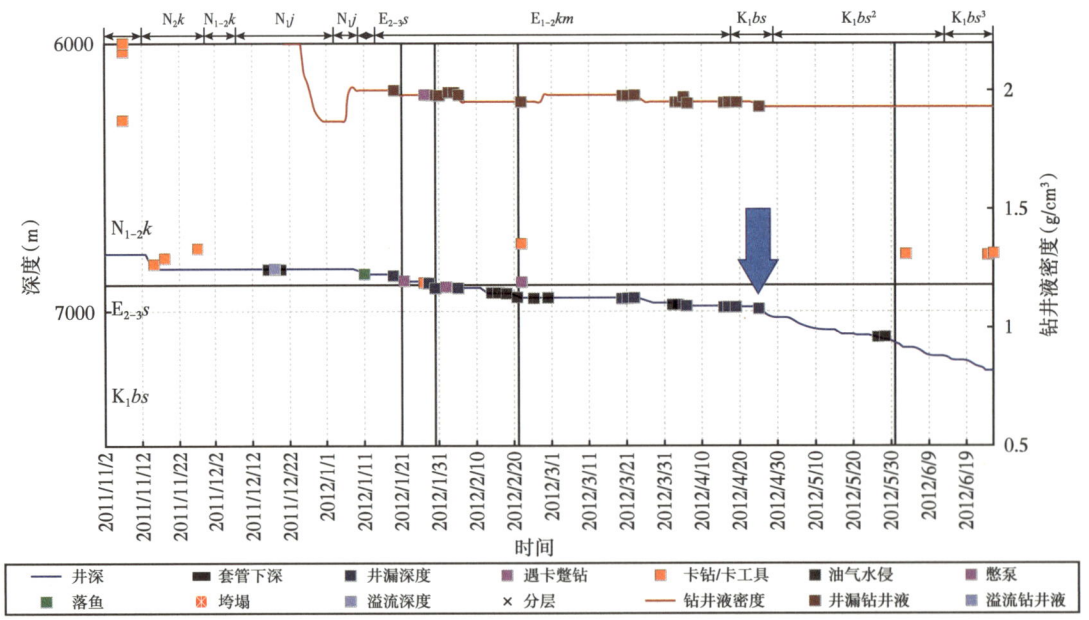

图 6-37　克深 205 井目的层钻井井史图

同时根据研究成果,向钻井工程提出建议,提高钻井液性能,减少失水,降低液体进入裂缝内部甚至裂缝末端,避免扩大破裂范围,如图 6-38 所示,井筒周围发育天然裂缝(如图左边显示),当钻井液进入天然裂缝内部(如图右边显示)向裂缝末端延伸时,地层破裂将加剧。不仅造成大量漏失,而且对裂缝中岩块间隙造成润滑效应,增加了裂缝掉块,引起井壁失稳的概率。因此建议在合理钻井液密度使用基础上,必须优化钻井液体系,减少失水,避免对天然裂缝造成破坏。

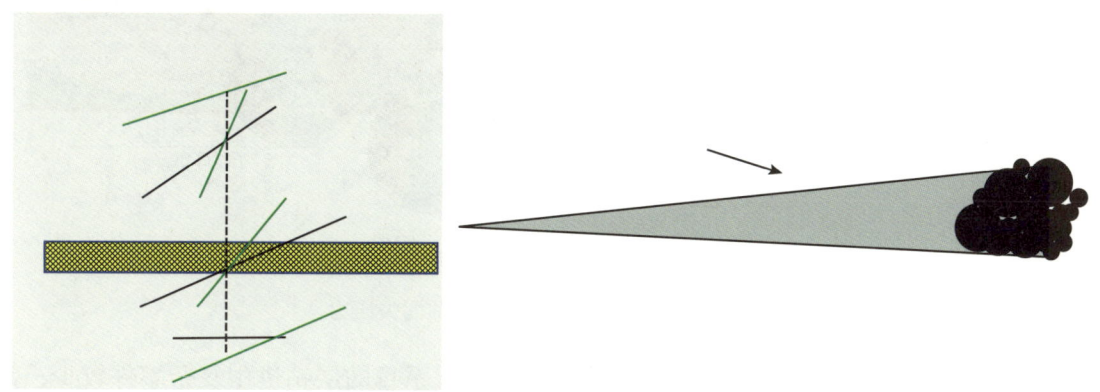

图 6-38　防止液体进入天然裂缝扩大破裂示意

考虑天然裂缝的井壁稳定性参数预测研究结果,为钻井工程提供了相应工程地质建议,如图 6-39 所示,图中为克深 2 区块各不同构造位置的白垩系坍塌压力当量钻井液密度预测,总体在 1.85~1.89g/cm³ 左右。图 6-40 所示为克深 2 区块白垩系钻井漏失压力当量钻井液密度在不同部位上的分布特征,漏失压力分布较为复杂,区间为 1.88~1.95g/cm³。由于天然裂缝产状分布复杂,所以漏失压力的确定更加困难。

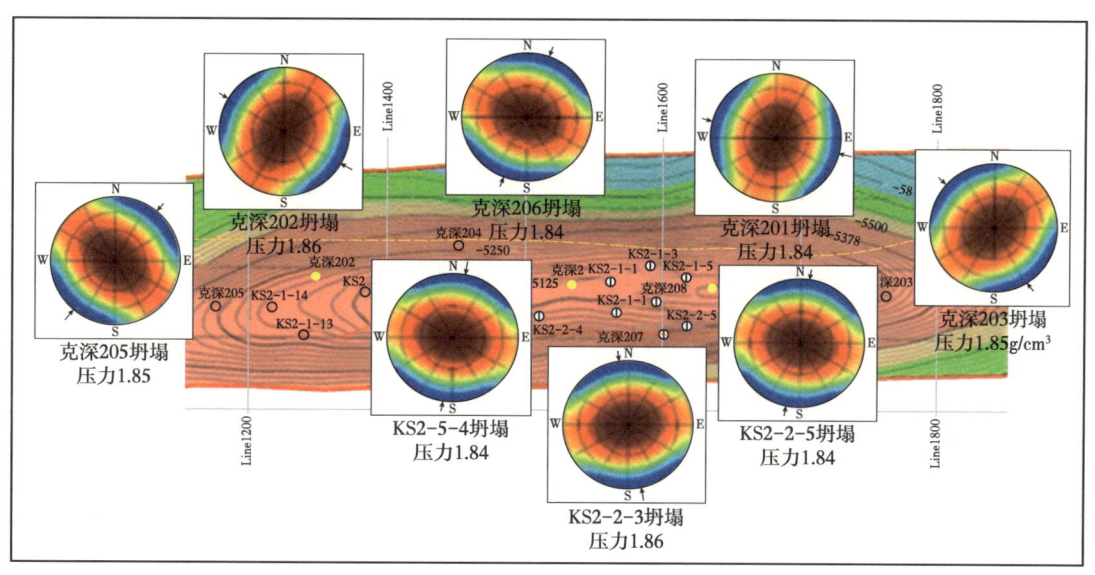

图 6-39　克深 2 区块目的层钻井坍塌压力当量钻井液密度

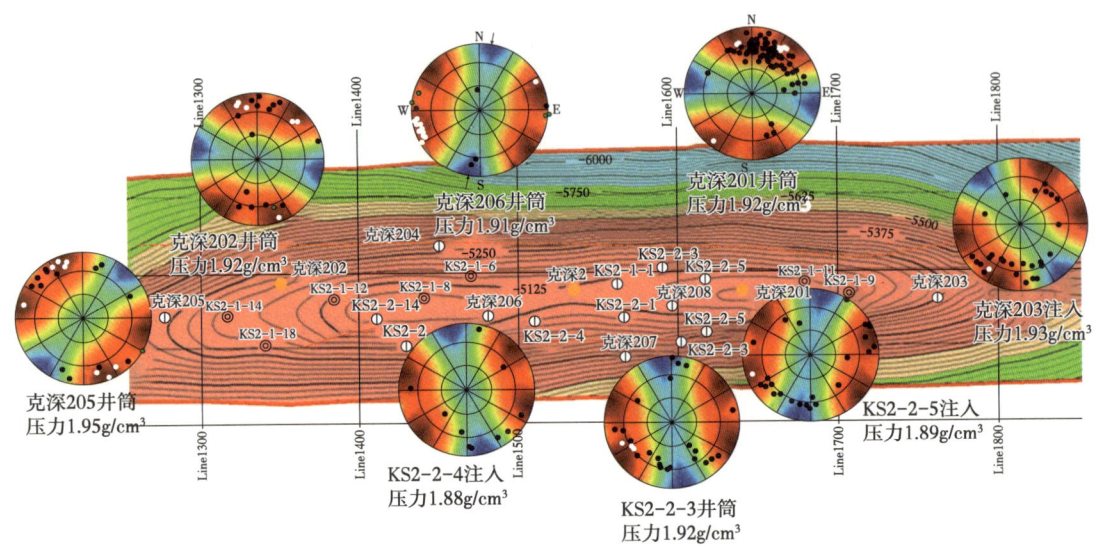

图 6-40　克深 2 区块目的层钻井漏失压力

图 6-41 为 KES2-2-4 井的应用效果，该井在白垩系目的层钻进中复杂事件较少，没有漏失事件，钻井速度较快，一个月左右即顺利完钻。井壁稳定性研究成果的应用，促进目的层钻井从原来的最多 150 天降低到 30 天左右。在快速钻井和降低成本的基础上，大大减少了漏失，一定程度上保护了储层，有利于气田开发的实施。

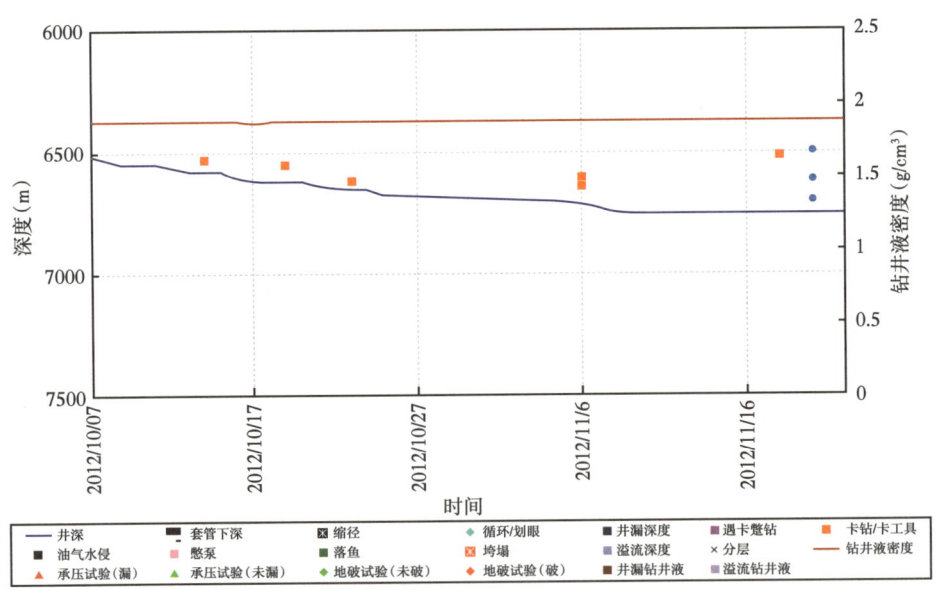

图 6-41　KES2-2-4 井目的层钻井井史图

以克深 2 区块为例，钻井井壁稳定性的研究成果应用为克深区块的钻井工程方案优化提供了定量化依据。图 6-42 为克深 2 区块钻井液密度逐渐减低的一个趋势，随钻井井壁稳定性成果的应用与钻井实践相一致，证明在保证井控安全风险的前提条件下，在井壁稳定性预测结果的指导下,合理降低钻井液密度不仅有利于保护储层,对于钻井工程本身也非常有利。从图 6-42 可知,通过井壁稳定性研究,该区钻井液密度从初期的 2.0g/cm³ 左右降低到 1.9g/cm³ 以内,促进了开发井的工程与地质目标的顺利实现。

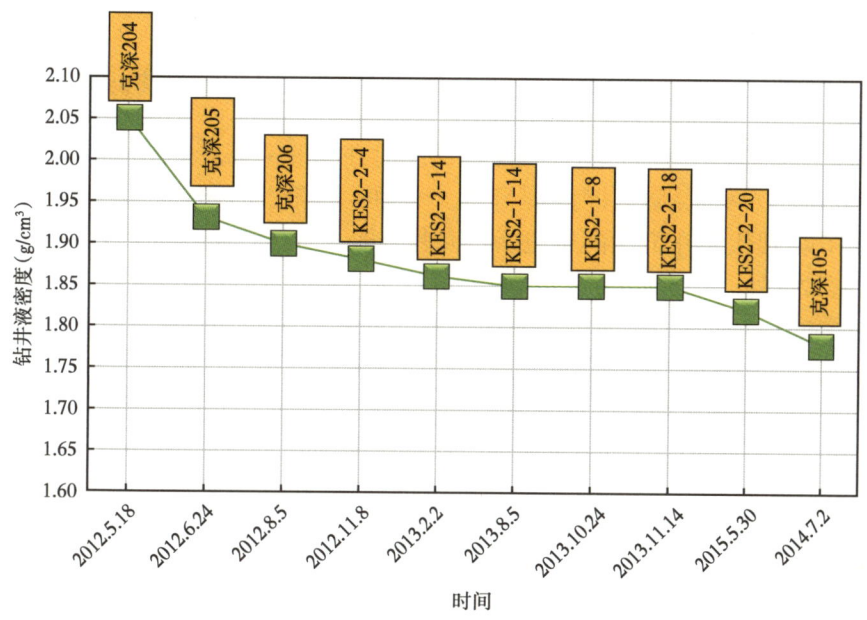

图 6-42　克深 2 构造钻井液密度降低情况

图 6-43 所示为利用井壁稳定性研究成果优化钻井方案后,钻井复杂事件的对比,左边直方图为应用前后的复杂情况对比,可知白垩系钻井漏失、遇卡、遇阻和循环划眼等复杂事件分别从原来 11 口钻井中发生的 36 次、28 次、46 次和 40 次,降低到后来的 16 口钻井发生的 30 次、8 次、20 次和 20 次,单井目的层钻进复杂事件从初期的 13.6 次,降低到平均 7 次,复杂事件减少近一半,漏失量也大大降低(如图中表格所示)。

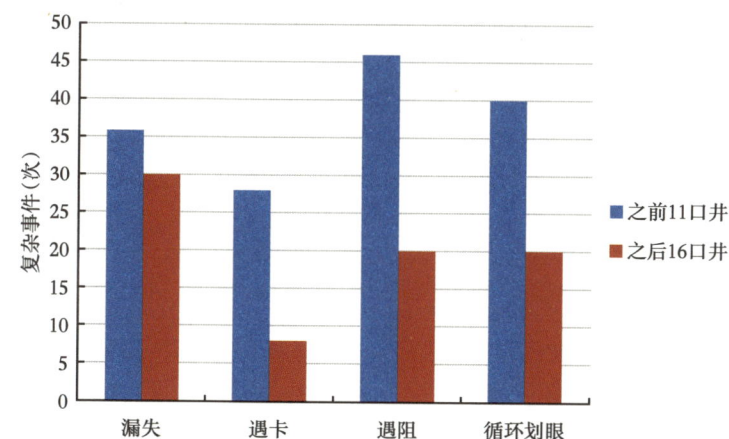

图 6-43　克深 2 区块钻井井壁稳定性优化的整体效果

克深白垩系钻井井壁稳定性研究，为钻井工程提供了合理的安全钻井液密度窗口预测，同时提供了合理的工程地质优化建议，解决了由2011年以来在克深2区块的目的层钻井井壁失稳问题，同时也为克深气田钻井工程方案优化提供了宝贵的资料和借鉴依据。

第三节　地质力学技术优化开发井完井方案

完井工程是衔接钻井工程和采油气工程的相对独立的一个重要环节，是从钻开油气层开始，到下套管注入水泥固井、射孔、下生产管柱、排液，直至投产的一项系统工程（刘向君等，2004）。现代完井工程内容包括：完井方式及方法优选、油管及生产套管尺寸的选定、生产套管设计、注水泥设计、固井质量评价、射孔及完井液体选择、完井的试井评价、完井生产管柱以及投产措施的选用和采取等方面。其中，地质力学在管柱优化设计、射孔优化设计、地层出砂与防砂及套管损伤机理等方面有着广泛的应用。

克拉苏构造带深层气藏由于埋藏深度大、高温、高压、高应力且裂缝发育、岩石脆性，因此完井工程方案优化尤为重要，其直接与气井井筒完整性、效益开采、稳产和安全生产密切相关。根据研究区内与地质力学相关完井工程的主要矛盾，本节主要讨论气井完钻后在完井工程实施之前的三个重要研究工作：①裂缝性地层出砂风险评估；②完井方式优选建议；③压裂改造方案定量优化。

一、裂缝性砂岩地层出砂风险评估

近年来，库车地区气井在测试过程中出现出砂现象，出砂造成了气层砂埋、管柱遇卡、油嘴及地面测试流程被刺坏。由于本区气井压力高、气量大，如果投产后出砂，势必会对生产管柱造成严重损坏，从而影响到气井的安全生产，并增加天然气开采成本，因此有必要对该区气井出砂情况进行分析预测，以便为完井和采气工程方案设计提供防砂参考依据。

对于克拉苏构造带，气井在生产中可能引起地层出砂的主要因素是在强的构造应力和地层孔隙异常高压作用下，造成裂缝性脆性砂岩在完井测试、改造和生产中一定程度上被破坏，岩石颗粒或裂缝弱面黏聚力降低，生产中如果压差过大将使得井壁岩石所受应力超过岩石本身强度，造成地层的应力平衡失稳，从而产生剪切破坏，造成地层出砂。在此根据克拉苏构造带深层白垩系砂岩储层基本特征，基于岩石力学参数的出砂指数、地层剪切破裂和天然裂缝剪切破坏三个方面定量化的研究了气井出砂特征，并结合坍塌压力和裂缝力学特性，针对库车地区气井基本地质特征，最后将岩石剪切破裂和天然裂缝破坏及出砂临界生产压差等多种因素综合考虑，提产了一种气井出砂相对风险评估方法。

首先，分析地层岩石强度，利用一些主要表征岩石强度的经验模型，定性判断地层稳定情况。然后在正确评价井旁地应力状态及地层孔隙压力值的基础上，分析地层破裂情况，进而预测得到出砂临界生产压差。对于地层强度方面，利用组合模量和斯伦贝谢比等经验方法（刘向君等，2004；陈勉等，2008）来表征。

组合模量法是根据声波测井和密度测井资料，计算岩石的弹性组合模量，进而进行出砂预测，地层岩石的组合模量为

$$E_c = \frac{9.94 \times 10^8 \rho}{\Delta t_c^2} \quad (6\text{-}17)$$

式中　E_c——岩石弹性组合模量，10^4MPa；

　　　ρ——地层岩石体积密度，g/cm³；

　　　Δt_c——纵波声波时差，μs/m。

组合模量 E_c 的大小反映地层强度，其值越大，地层强度越高，出砂可能性越小，反之则出砂可能性高。一般认为当 E_c 大于 2.0×10^4MPa 时，生产时不易出砂，而当低于此值时则可能出砂。

斯仑贝谢法主要考察岩石剪切模量与体积模量的乘积，即

$$R_c = K \cdot G \quad (6\text{-}18)$$

式中　R_c——斯仑贝谢比，10^7MPa²；

　　　K、G——分别是岩石体积模量和剪切模量。

同样 R_c 越大说明岩石强度越大，稳定性越好，不易出砂。当 R_c 大于 3.95×10^7MPa² 时在生产过程中不易出砂，小于此值则可能出砂。

对于岩石本体的剪切破裂而言，钻井后井壁周围次生应力的分布满足 Fairhurst 方程，如果仅仅考虑井壁表面各处的次生应力分布情况，则可推导得到如下井周有效应力简单表达式

$$\begin{aligned} \sigma_{re} &= p_m - \alpha p_p \\ \sigma_{\theta e} &= (\sigma_H + \sigma_h) - 2(\sigma_H - \sigma_h)\cos 2\theta - p_m - \alpha p_p \end{aligned} \quad (6\text{-}19)$$

式中　σ_{re}、$\sigma_{\theta e}$——有效径向应力和有效周向应力；

　　　σ_H、σ_h——水平方向上最大和最小主应力；

　　　θ——井壁上某一点与最大主应力方向之间的夹角；

　　　p_m——井中钻井液柱压力；

　　　p_p——地层孔隙压力；

　　　α——有效应力系数。

可知当 $\theta = 90°$ 或 $270°$（即在水平最小主应力方位）时，周向应力达到最大，井壁在此处最易发生切变破裂。利用 Mohr-Coulomb 破坏准则，即可推导得到井壁切变破裂压力

$$\sigma_{qb} = \frac{3\sigma_h - \sigma_H}{2} - \left[S_u + \left(\frac{3\sigma_h - \sigma_H - 2\alpha \cdot p_p}{2} \right) \cdot \tan\left(\frac{\pi}{4} - \frac{\varphi}{2} \right) \right] \cdot \cos\left(\frac{\pi}{4} - \frac{\varphi}{2} \right) \quad (6\text{-}20)$$

式中　S_u——岩石抗剪切强度，MPa；

　　　φ——摩擦角。

通过式（6-20）可得到出砂临界生产压差 p_{df}，即地层孔隙压力 p_p 与切变破裂压力 σ_{qb} 之差

$$p_{df} = p_p - \sigma_{qb} \quad (6\text{-}21)$$

气井产层实际开采时，生产压差（流压与静压之差）小于临界生产压差 p_d，即认为是在安全压差下开采，地层不易出砂。

另外对于含有微裂缝的岩石而言，基于 Griffith 准则，可以导出气井开采过程中井壁上的径向应力和环向应力

$$\sigma_r = p_w \qquad (6-22)$$

$$\sigma_\theta = -p_w + (\sigma_H + \sigma_h) + 2(\sigma_H - \sigma_h)\cos 2\theta \qquad (6-23)$$

利用 Griffith 破坏准则，即可导出防止井壁环向各点井底流压（Zhao et al., 2013）

$$p_w = \frac{1}{2}[(\sigma_H + \sigma_h) + 2(\sigma_H - \sigma_h)\cos 2\theta - 8\sigma_t] \qquad (6-24)$$

式中　p_w——井底流压，MPa；
σ_H、σ_h——水平方向上最大和最小主应力；
θ——井壁上某一点与最小主应力方向之间的夹角，（°）；
σ_t——井壁岩石的抗拉强度，MPa。

井壁上 $\theta = \frac{\pi}{2}$ 处不发生破坏，则井壁环向其他各点可最大限度地避免破坏。因此，导出临界生产压差 p_{dg} 计算式

$$p_{dg} = p_p - \frac{1}{2}(3\sigma_h - \sigma_H - 8\sigma_t) \qquad (6-25)$$

采气过程中生产压差小于该压力，可最大限度地避免储层出砂。

综上所述，考虑临界生产压差、裂缝开启、井壁岩石破裂等因素，可导出适用于裂缝性砂岩储层的出砂风险指数

$$\begin{aligned} SI = & W_1 \times \left[Max(p_{dg}) - p_{dg} \right] / \left[Max(p_{dg}) - Min(p_{dg}) \right] \\ & + W_2 \times \left[\left(\frac{\tau}{\sigma_n}\right) - Min\left(\frac{\tau}{\sigma_n}\right) \right] / \left[Max\left(\frac{\tau}{\sigma_n}\right) - Min\left(\frac{\tau}{\sigma_n}\right) \right] \\ & + W_3 \times \left[p_{df} - Min(p_{df}) \right] / \left[Max(p_{df}) - Min(p_{df}) \right] \end{aligned} \qquad (6-26)$$

式中　W——权重系数，$W_1 + W_2 + W_3 = 1$；
p_{dg}——基于 Griffth 准则的临界生产压差，MPa；
τ——裂缝面剪应力，MPa；
σ_n——裂缝面正应力，MPa；
p_{df}——岩石本体剪切破裂时的生产压差，MPa。

油气井出砂问题在塔里木盆地库车、塔中、塔北等重要战略性开发区域都较为严重，其中克拉苏构造带深层气藏在 2016 年初时已有 18 口气井出砂，由于出砂严重而导致关井 8 口，出砂问题不仅直接影响了气田的正常开发和增加成本，而且带来了较严重的安全生产隐患。

克拉苏构造带深层气藏，由于埋深大，储层致密，因此岩石强度大，这种气藏出砂机理与常规油气藏中松散砂粒随产出液流向井底的情况不同，所以利用式（6-17）和式（6-18）的基于强度的出砂指数判别标准，难以判断出砂风险强弱。应用式（6-21）和式（6-25）

中基于破裂的临界生产压差方法判断结果如图 6-44 所示，其中红色横坐标为克深 2 构造开发井井号，纵坐标为生产压差，红色点连线为气井开采或测试中的实际生产压差，蓝色点连线为预测的出砂临界生产压差，左边部分为已出砂气井，右边蓝色框中为未出砂气井。可以看出，已出砂气井测试或开采中的生产压差普遍高于临界出砂生产压差，而未出砂井中生产压差均低于预测的临界出砂压差。

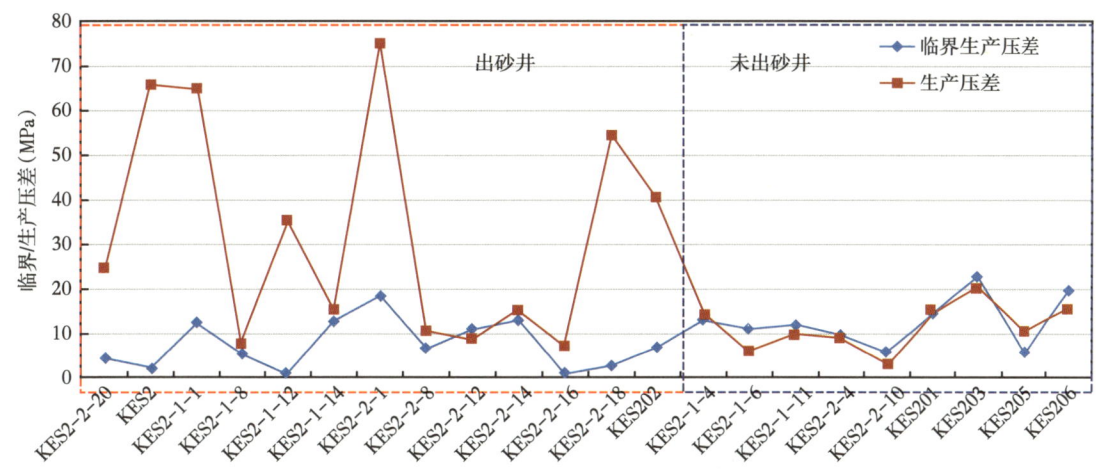

图 6-44　克深 2 构造气井出砂临界压差与出砂井对应示意

图 6-44 所示特征表明对于克拉苏构造带深层气藏，地层岩石在开采过程中的破裂依然是导致气井出砂的一个关键因素之一。但由于储层构造背景极为复杂，断裂和天然裂缝广泛发育，加之完井中广泛采用酸化、酸压和压裂等改造措施，加剧了储层的破裂和复杂，因此实际开发中气井出砂特征表现得更为复杂。通过对多种气藏信息和生产数据的分析，认为克拉苏构造带气井出砂的主控因素有四大类十二种分项（图 6-45）。

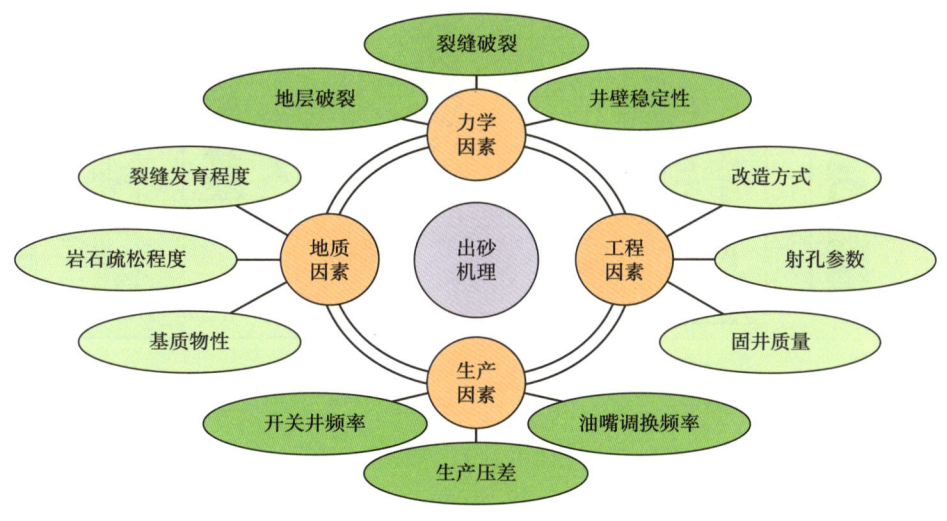

图 6-45　克拉苏构造带气井出砂因素示意

如图 6-45 所示导致气井出砂的因素众多，不能够仅从地质角度解决这个问题，但是可以通过地质力学的属性分析，提出每口气井潜在的出砂风险程度。从地质力学角度而言，与出砂有关的属性为：地应力、孔隙压力、岩石力学参数、裂缝变形破坏等，因此将这些因素综合，利用式（6-26）评估气井出砂风险。

由于克拉苏构造带气藏出砂控制因素众多，利用临界出砂生产压差等绝对值参数难以准确表征，因此采用如式（6-26）的方法评价每口气井的相对出砂风险，这个相对出砂风险利用一个介于 0~1 之间的无量纲指数来表征。图 6-46 为克深 2 构造出砂井和未出砂井的评价结果，每个井剖面中第一道曲线为出砂临界生产压差，第二道曲线为出砂风险评估指数，图中左侧红框中的三口井为典型的出砂井，右侧蓝框中的两口井为典型的未出砂井，可知出砂井剖面中临界出砂生产压差均较低，出砂风险指数也高（曲线充填宽度更宽）。右侧两口未出砂井中临界出砂生产压差较高，出砂风险指数较低。

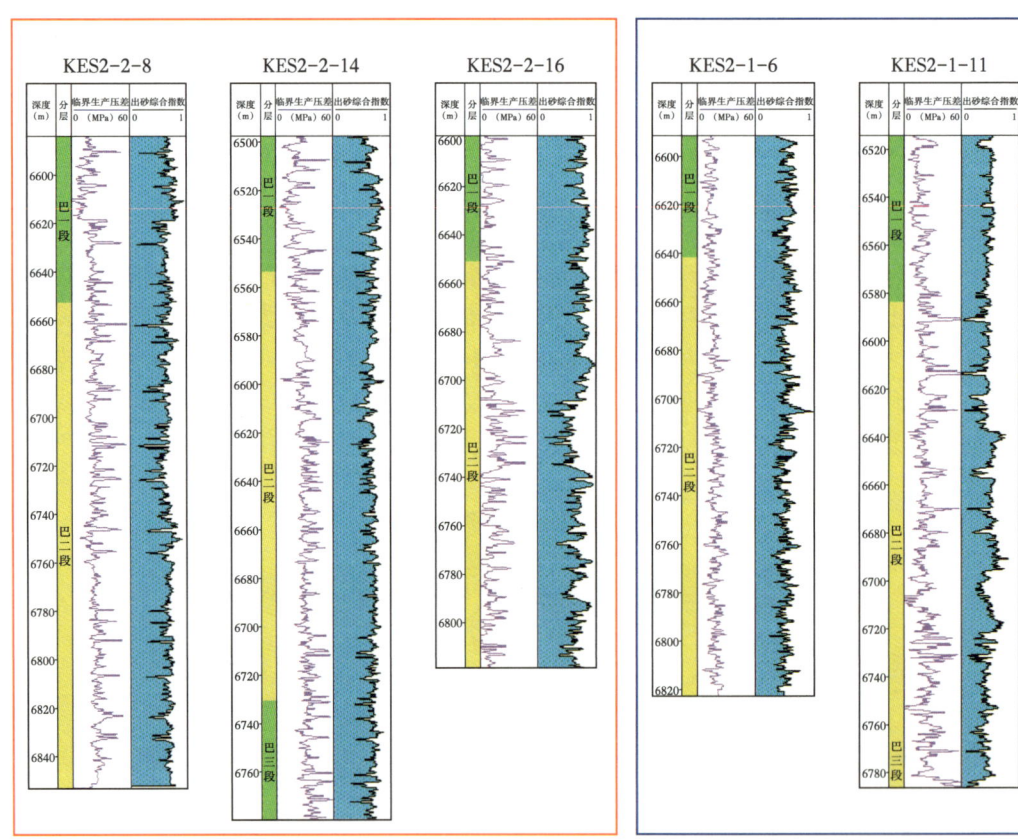

图 6-46　克深 2 构造出砂井和未出砂井对比示意

将克深区带出砂井和未出砂井的出砂风险指数进行对比，发现出砂风险评估指数能够较好地指示气井出砂风险程度。如图 6-47 所示，出砂井与未出砂井在该指数上有明显区别，一般情况风险指数大于 0.6 的气井出砂风险高，而风险指数小于 0.5 的气井则具有较低的出砂风险。

第六章 地质力学技术在克拉苏构造带开发中的应用

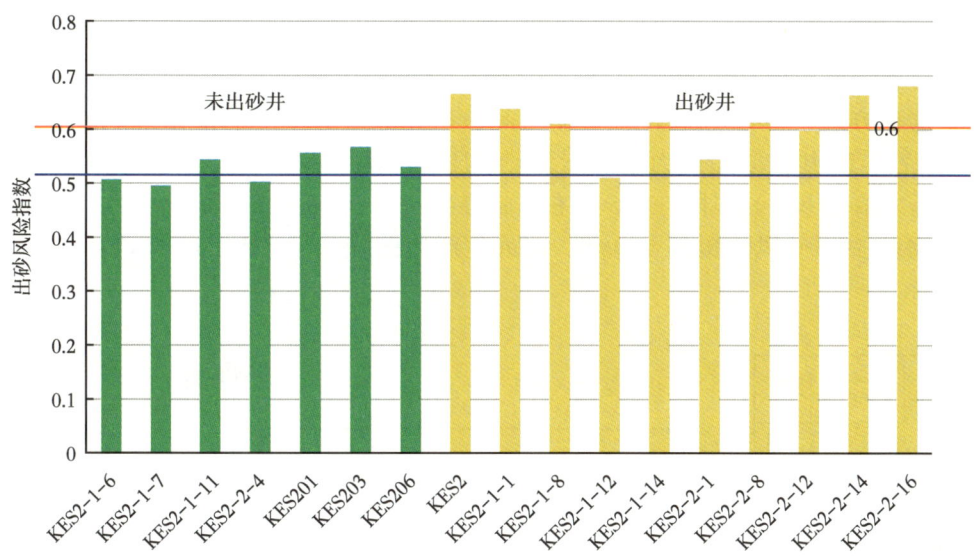

图 6-47 克深区带出砂风险评估指数对比示意

根据以上研究结果，每口气井完钻后，首先评价气井出砂风险指数，如果该井出砂风险指数较高，则在完井方式和工作制度选择方面加以优化，以降低出砂风险，达到先期防砂目的。图 6-48 为新完钻气井克深 10 井和克深 508 井，每个井剖面的最后一道为出砂风

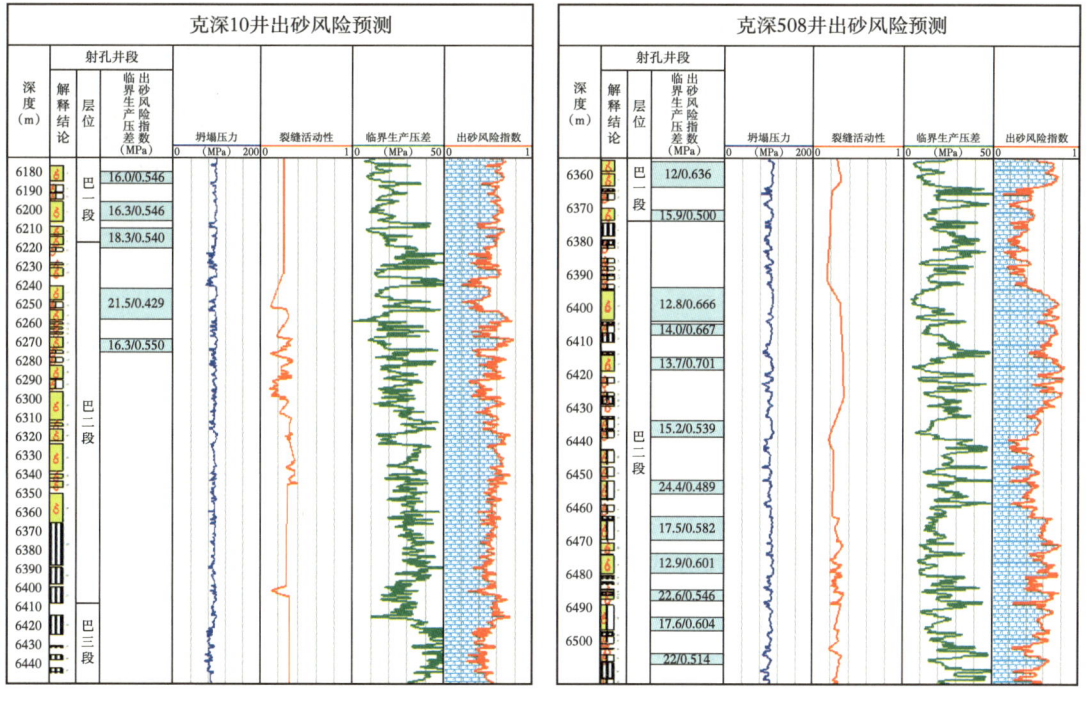

图 6-48 克深 10 井和克深 508 井出砂风险评估

险指数，其中克深 10 井风险指数在 0.45~0.55，而克深 508 井出砂风险指数在 0.58~0.62，因此克深 10 井出砂风险指数较低，而克深 508 井出砂风险指数较高，完井中不易采取大规模压裂改造作业。

同时这种方法也可以考虑开采一段时间，当孔隙压力下降后的出砂风险变化情况。图 6-49 为克深 10 井在原始压力条件下和开采压力下降 10MPa 后的出砂风险指数，可知其在原始压力条件下出砂风险在 0.5 左右，临界生产压差 18MPa（图 6-49a），而当孔隙压力下降 10MPa 后出砂风险提高至 0.68，临界生产压差降低至 13MPa（图 6-49c），出砂风险随之增加。

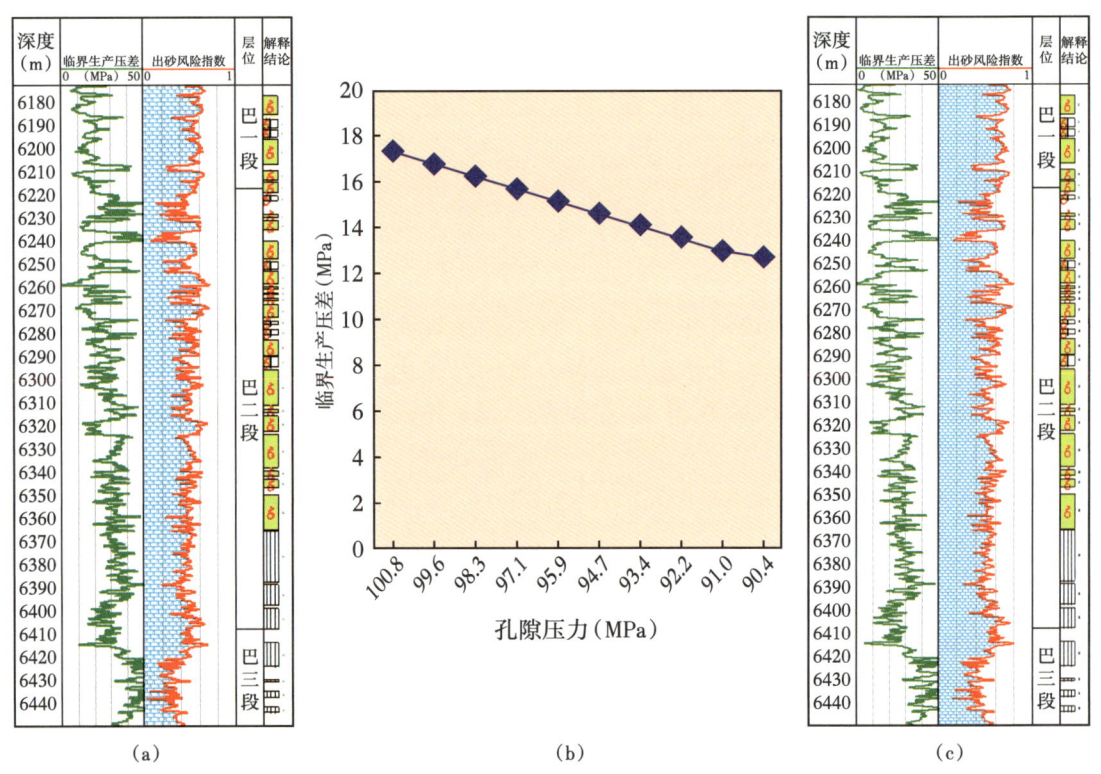

图 6-49　克深 10 井在开采过程中出砂风险变化特征示意

根据以上对于克拉苏构造带深层气藏出砂分析结果，形成了对于气井出砂风险的评估和先期防砂策略。图 6-50 为克拉苏构造带出砂分析评估与先前防砂技术流程示意图，图中从左至右共分三个层次，最左边一道为新井完井后，在完井方案优化过程中的出砂风险评估与应对措施。当气井完成测井后，即利用所有井筒资料分析出砂临界压差和出砂分析评估指数，将出砂风险作为完井方式优选和方案优化中的一个参考因素。第二个层次是将每个气藏中的多口气井资料综合，结合气田地质力学模型，形成气田出砂参数分布规律成果，作为该气藏采油气工程方案编制中的一个优化参数。最后在气田开发中结合动态地应力研究，分析随压力下降时的出砂风险变化特征，为开发方案和动态调整提供防止出砂参考依据。

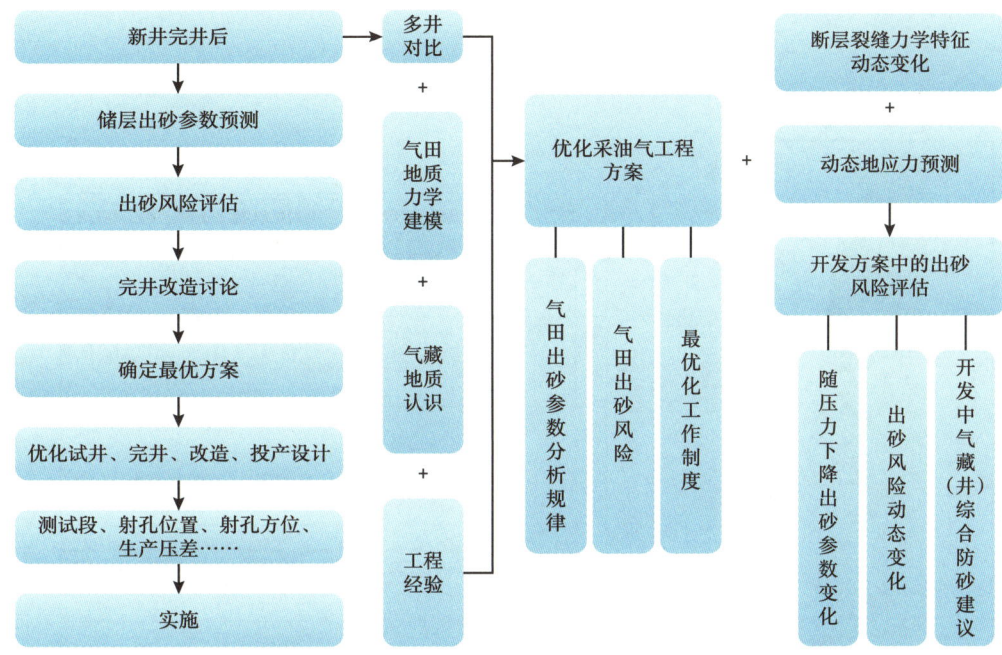

图 6-50　克拉苏构造带气井出砂风险评估流程

二、完井方式优选建议

克拉苏构造带深层气藏构造背景复杂，天然裂缝发育，水平主应力各向异性强等因素导致储层渗透性能非均质性强，储层脆弱（易受工程活动影污染和破坏）。因此在完井方案确定前，首先需要优选不同的完井方式，选择一种既能保持较高产能，又能保持储层不受伤害，确保气井在一定时间内安全平稳生产。

根据克深气田近年气井开发实践，结合储层地质力学属性、天然裂缝发育程度、出砂风险、钻井液侵入等多种因素，从地质力学角度将气井可选择的完井方式分为三种：①常规测试（投产）完井；②以解除伤害为主的完井方案；③以压裂改造提高产能的完井方式。

图 6-51 为一个满足第一种完井方案的例子，图中为 KES8-4 井白垩系储层地质力学参数，该井位于克深 8 构造东部高点位置，地应力弱（图 6-51a），天然裂缝较发育，裂缝走向与水平最大主应力夹角较小（图 6-51b），裂缝渗透率保持较好。钻前预测漏失压力较准确，钻井中漏失控制较好，但是其出砂风险指数较高（图 6-51c），因此该类气井建议易采用常规测试完井方案。

第二种完井建议为以解除伤害为主的完井方案，以克深 508 井为例说明。图 6-52 为克深 508 井地质力学属性，图 6-52a 为克深 5 构造水平最小主应力分布图，克深 508 井位于构造西南位置，该位置为应力相对弱区，天然裂缝较发育，天然裂缝走向与水平最大主应力方位呈小夹角（图 6-52c），裂缝活动性较好，当钻井液密度超过 1.80g/cm^3 时即有裂缝开启。钻井过程中钻井液漏失较严重，共漏失钻井液 439m^3，折算注入地层重晶石粉 509t（图 6-52b），因此对储层（尤其是天然裂缝）伤害较为严重，另外该井出砂风险较高，风险评估指数大于 0.6，因此该井适宜采用解除伤害为主的完井方式，如果采用压裂的完井方式，不仅会加剧储层伤害，而且不利于防砂。

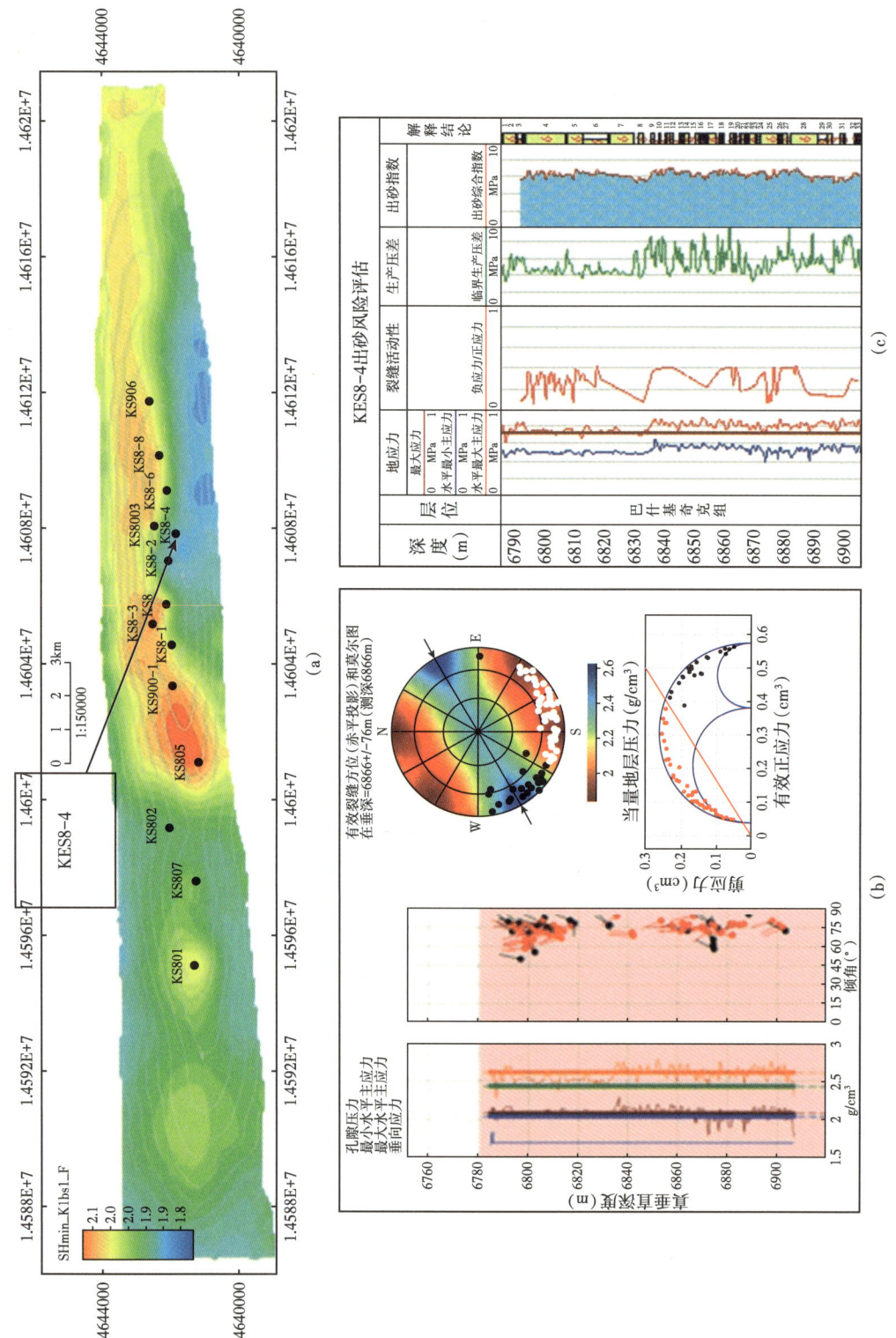

图 6-51 KES8-4井地质力学属性示意

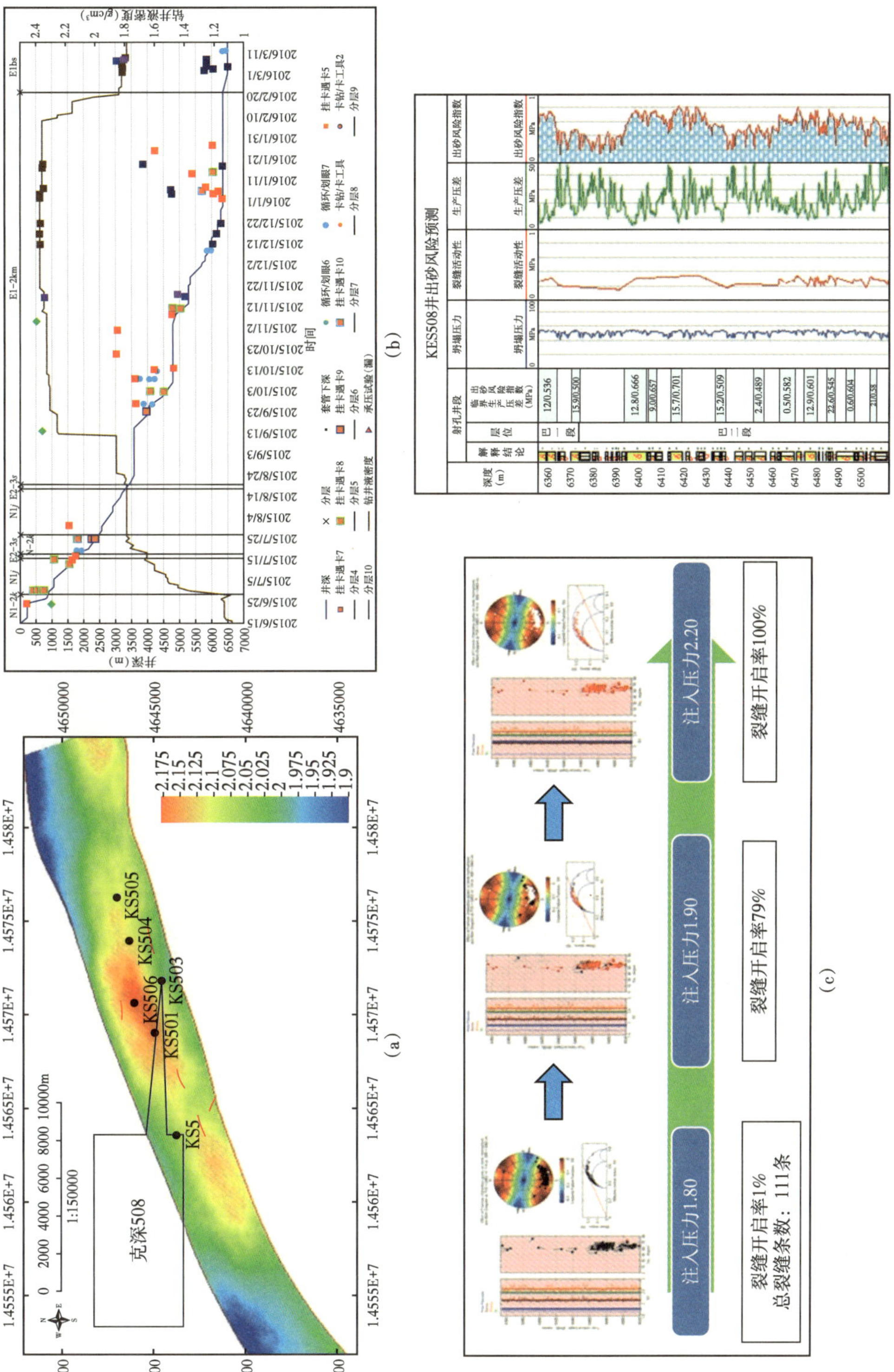

第六章 地质力学技术在克拉苏构造带开发中的应用

图 6-52 克深508井储层地质力学属性示意

第三种完井建议适用于物性差、应力强、天然裂缝活动性差、出砂风险较低的气井，考虑设计压裂改造完井方案，以改善储层渗透性，提高单井产量。图6-53以克深506井为例说明，由于克深506井位于克深5构造北部北倾较陡的位置，因此地应力值较高（图6-53a），另外由于天然裂缝所受正应力较高，导致其地质力学活动性较差（图6-53b）。该井出砂风险不高，风险指数0.55左右（图6-53c），因此在该井常规测试低产的前提下，采用加砂压裂措施，获得了较好的提产效果。

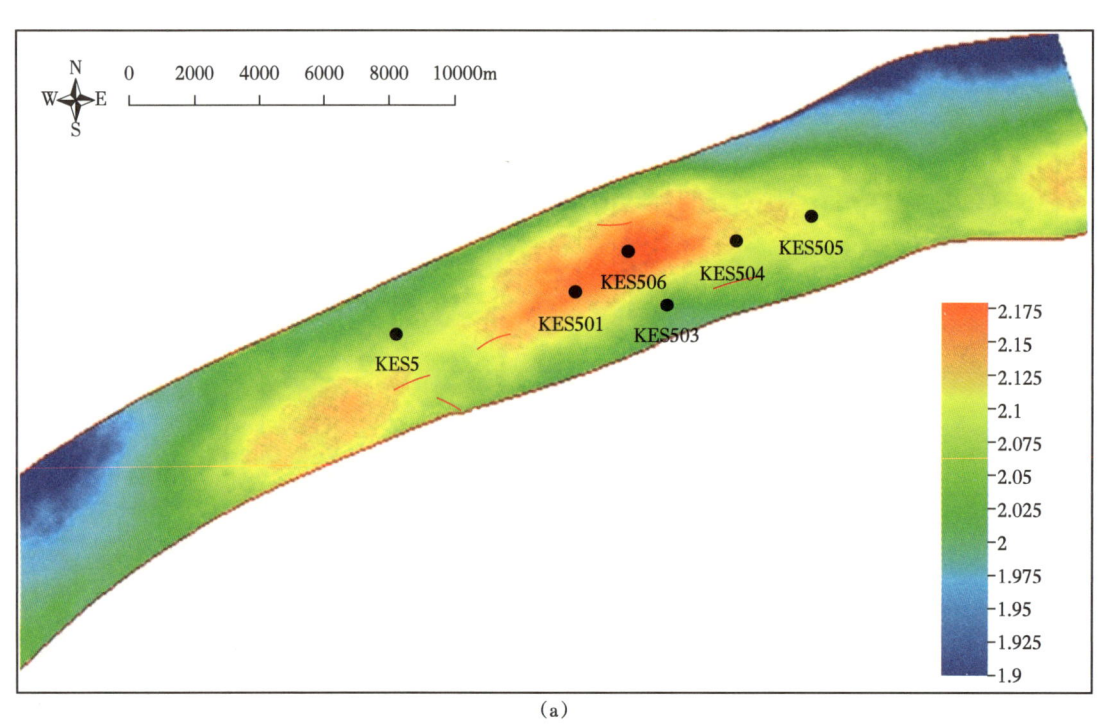

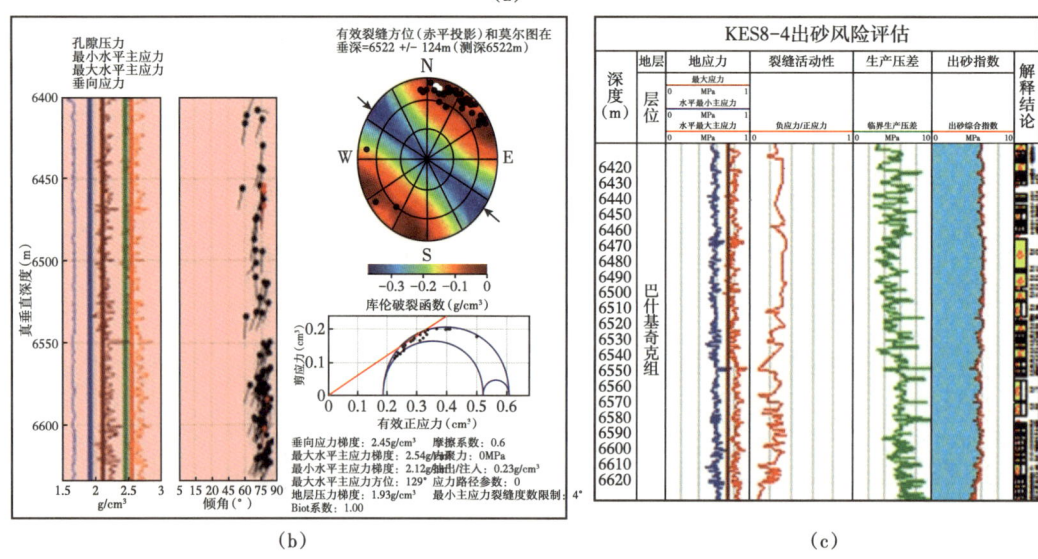

图6-53 克深506井地质力学属性示意

三、压裂改造方案定量优化

目前对于克拉苏深层气藏完钻的每口气井,均首先要完成地质力学综合属性评价,以优化完井方案,根据评价结果,依据前述的完井方式优选标准论证不同气井的最佳方案。以克深24井完井方案论证中的地质力学综合评价为例,其中包含9个方面地质力学属性内容,以供完井决策。①单井水平最大主应力方位的评价结果;②本井所在区域上的应力方位分布特征;③储层现今地应力状态评价(克拉苏深层气藏一般都为走滑型应力场);④现今应力剖面分布特征;⑤天然裂缝产状与应力张量的关系及纵向分布特征;⑥天然裂缝在钻井或将要进行的改造中的剪切破坏特征模拟;⑦气井出砂风险评估;⑧该井地质力学属性与邻井或邻区的对比;⑨该气井储层地质力学综合成果图。

根据前述的标准确定某口气井地质力学属性适合于第三种完井建议范畴,即确实需要开展压裂改造措施,则需要依据地质力学评价成果确定改造方式、压裂分级、射孔位置和注入压裂等施工参数。以克深506井的加砂压裂改造为例说明这个优化过程。

克深506井位于克深5构造中北部位置(图6-53),储层物性较好,白垩系共解释气层72m,加权平均孔隙度达到8.2%,差气层51m,加权平均孔隙度4.9%,平均孔隙度达到6.53%。图6-54为克深5构造几口气井常规测井解释结果对比,发现克深506井与该构造其他几口已钻气井几乎相当,某些参数还略好于其他气井,但该井在初次酸化改造后产量效果不理想,比区块内的其他气井产量低3~4倍。

通过该井地质力学综合评价后发现,该井位于构造北倾较陡的位置,水平最小主应力值较高(图6-53),而且天然裂缝被激活需要一定的注入压力,而初次酸化作业中未达到激活天然裂缝的注入压力要求。因此建议该井可选择加砂压裂改造完井方式。

对于压裂改造方案,首先应该以储层地质力学层(参见第四章)划分合理的压裂施工段(图4-44),图4-44为克深506井与其邻井克深501和克深504之间的地质力学综合属性RGI对比,图中各曲线采用对称方式显示,对称曲线越宽表示对应属性值越高,反之曲线越窄,表示对应属性值越低。从图中对比可知,克深506井水平最小主应力值比两口邻井高,水平应力差低,可压裂性低(克深506井RGI为0.5,克深501和克深504井RGI为0.6)。根据图中的地质力学层特征,几口井可分为三个地质力学层段。克深501井的三个层序为6355~6485m、6485~6565m、6570~6605m。克深504井的三个层序为6460~6600m、6600~6670m、6670~6780m。克深506井的三个层序为6410~6540m、6540~6590m、6590~6630m。第一段和第二段RGI值较高,第三段较低,一般第三段不参与压裂改造和求产。

图6-55为克深506井压裂前根据地质力学层剖面设计压裂分级结果,根据上述RGI层序划分,第一段(6410~6540m)和第二段(6540~6590m)被设计为两个压裂段。克深506井原地应力和RGI属性在6540m深度处是一个明显分界位置,第一压裂段应力值相对较低,裂缝力学响应更活跃,储层可压裂性更好,第二段可压裂性则较差。在同一段内优选可压裂性指数高的位置作为射孔位置,共确定了16个射孔段(图6-55中最右边一道曲线显示为射孔位置)。

计算单元	井号	深度范围(斜深)(m)	深度范围(垂深)(m)	有效孔隙度(%)	含气饱和度(%)	单井(斜深)有效厚度(m)	单井(垂深)有效厚度(m)
K_1bs^{1-2}	克深5	6702.9~6837.4	/	5.4	63.4	75.1	/
	克深501	6351.6~6581.7	6350.4~6579.5	5.5	64.7	109.3	108.7
	克深503	6844.2~6986.5	6843.9~6985.8	5.6	62.0	77.8	77.7
	克深504	6449.9~6681.1	6448.8~6679.7	6.2	63.9	142.7	142.4
	克深505	6659.4~6887.4	6658.4~6886.1	5.6	62.9	103.9	103.7
	克深506	6404.9~6640.7	6404.2~6639.9	6.2	64.9	143.9	143.8

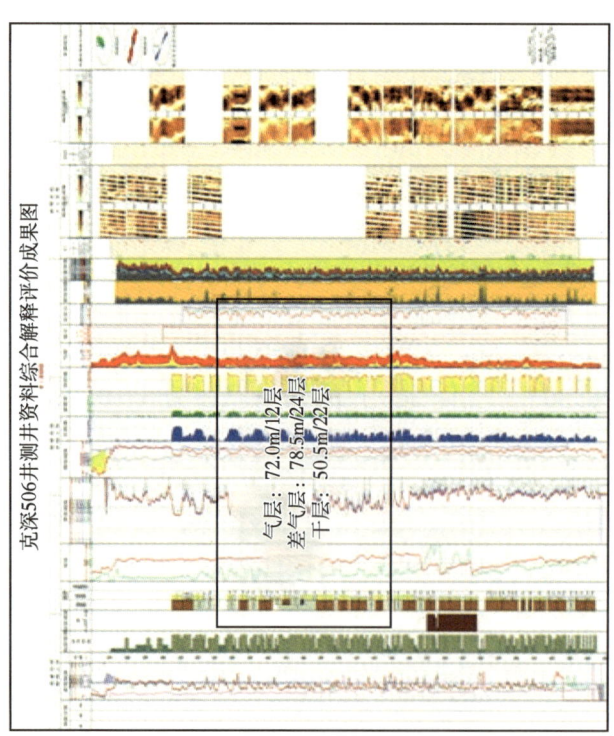

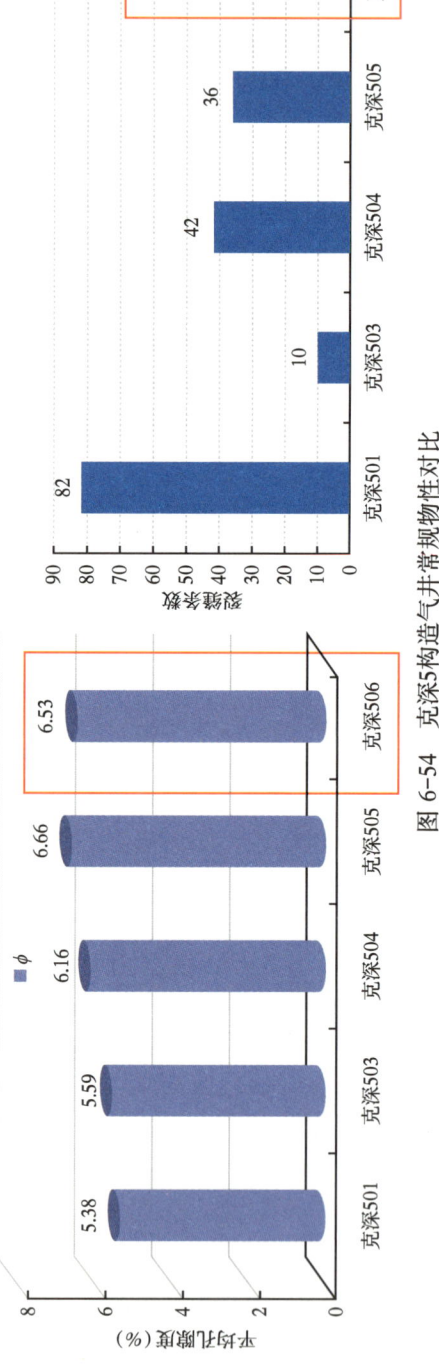

图 6-54 克深5构造气井常规物性对比

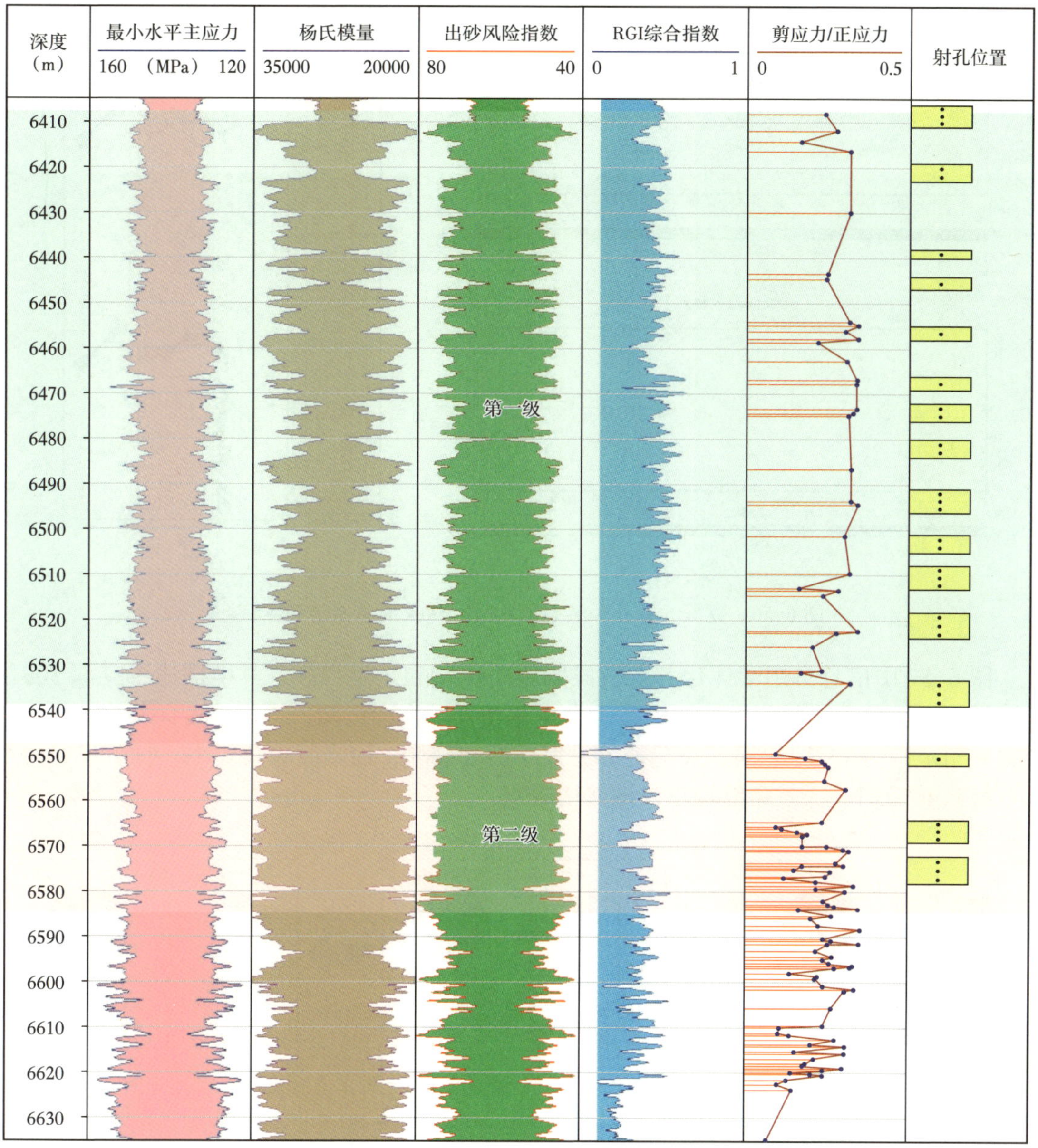

第六章　地质力学技术在克拉苏构造带开发中的应用

图 6-55　克深 506 井地应力及 RGI 剖面确定压裂段和射孔位置

图 6-56 为克深 506 井天然裂缝产状和地质力学响应组合图，图 6-56a 中小圆点为每条天然裂缝，不同颜色指示裂缝缝比 τ/σ_{ne} 值。横坐标为裂缝走向与水平最大主应力方位之间的夹角，纵坐标为天然裂缝的临界剪切破裂压力（即每条裂缝达到临界应力状态的最低值）。图 6-56b 中圆点同样指示天然裂缝，横坐标为深度值，纵坐标为天然裂缝走向与水平最大主应力方位之间的夹角。图 6-56c 为天然裂缝产状信息，第一道曲线为 GR，第二道为深度，第三道为每条裂缝产状的蝌蚪图，第四道为天然裂缝走向统计玫瑰图，第五道为水平最大主应力方位。

203

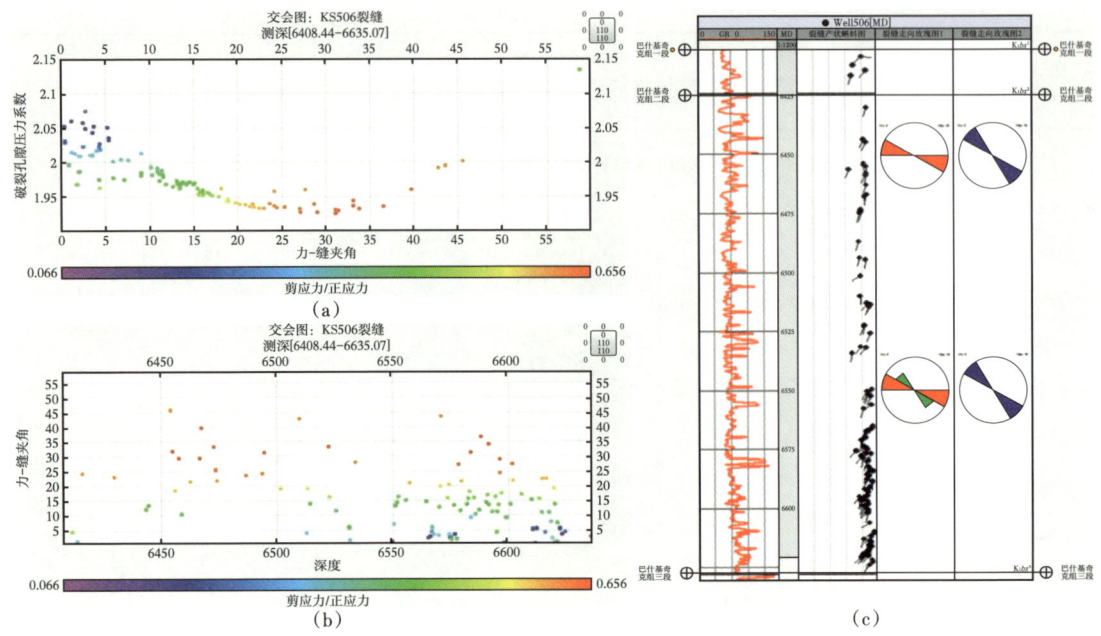

图 6-56 克深 506 井天然裂缝几何产状及地质力学响应特征

图 6-57 中信息可用于优化各压裂段的施工排量和泵注程序，其中描述了克深 506 井中不同走向天然裂缝的临界剪切破裂压力变化特征。由图可知，当裂缝走向与水平最大主应力夹角范围为 15°~40° 时，裂缝最容易发生剪切破坏，而当改夹角较小（小于 15°）或较大（大于 40°）时，天然裂缝均难以被剪切激发。

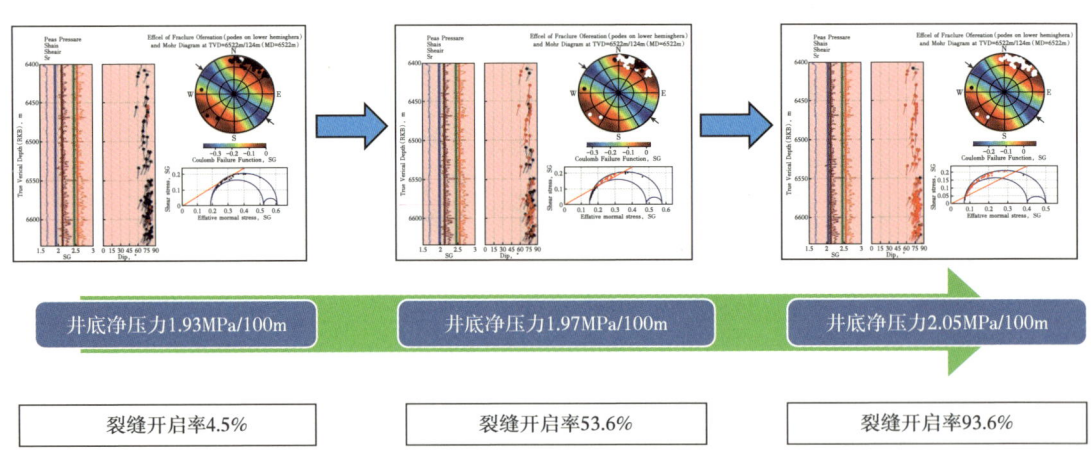

图 6-57 克深 506 井天然裂缝在不同注入压力条件下的剪切破坏模拟

图 6-56b 为不同深度天然裂缝的 τ/σ_{ne} 在井筒储层中的分布。6410~6540m（第一压裂段）中均为适中夹角（裂缝走向与水平最大主应力方位之间的夹角，夹角范围为 15°~40°）的天然裂缝，因此压裂中最易被激发。而在第二压裂段（6540~6590m）夹角范围比较复杂，存在许多小夹角的天然裂缝，这种类型的裂缝容易造成压裂液滤失，影响压裂效果，

因此该压裂段的施工工艺应不同于第一段，应增加压裂液黏度和排量，以更有效的激发天然裂缝，使之发生剪切破裂，激发新裂缝以沟通渗透性储层，最终有效改善储层渗透率。

对于压裂中的施工压裂预测，主要从天然裂缝剪切破坏的角度分析。图 6-57 为克深 506 井天然裂缝在不同注入压力条件下的剪切变形特征模拟，结果表明当注入压力为 1.93MPa/100m 时有 3 条（4.5%）天然裂缝开始越过临界应力状态，发生剪切破坏，当注入压力为 1.97MPa/100m 时有 35 条（53.6%）天然裂缝被激发，当注入压力为 2.05MPa/100m 时有 61 条（93.6%）天然裂缝被激发。

该井在第一次酸化过程中，井底实际注入压力（换算为梯度）为 1.92MPa/100m，几乎没有天然裂缝被有效激发，因此没有达到预期压裂效果，压后产能为 $50 \times 10^4 m^3/d$（无阻流量）。第二次压裂前，在充分认识到该井所面临的地质力学背景后，利用地质力学研究成果优化压裂方案，压裂中作用于天然裂缝表面的实际压力梯度达到 2.03MPa/100m，与图 6-57 中模拟结果对比，有 90% 左右的天然裂缝被激发，有效改善了储层渗透性，压后产能为 $150 \times 10^4 m^3/d$（无阻流量），说明天然裂缝的潜在剪切滑移能力和压裂中其被剪切破坏的程度是克深气田储层改造获得成功的关键。

第七章 气田四维地质力学建模与应用

本章通过对气田开发过程中的动态地质力学研究，发现应力场及其变化特征是影响气藏渗透性能、气井产能、水体侵入等的关键因素之一。首先通过分析随气田开发而压力衰减后的地应力变化与气田综合表现之间的关联性，形成了一种"时间—压力—应力"交会的四维地质力学建模方法；然后评价不同气藏在压力衰减过程中的应力路径，对比不同气藏应力路径及其变化规律，进一步明确同一构造背景下的气藏地质力学属性差异；第三发现气藏开发过程中地应力状态变化，将导致气藏内部断裂和裂缝受力特征变化，进而改变其渗流性能，引起产能突变和水侵异常，进一步明确了克拉苏构造带复杂背景下的气藏开发机理；第四针对已开发气藏，提出了一种利用裂缝动态力学响应反演储层孔隙压力变化的方法，解决了开发井动态压力评估和漏失压力预测等难题；最后初步探索了克拉苏构造带储层地质力学参数场与气藏流动参数之间的耦合建模，为气田渗流机理和渗流性能变化提供了参考依据。

第一节 "时间—压力—应力"交会的四维地质力学研究方法

油气田开发中，随开采时间推移和孔隙压力的衰减，储层内部及其周围地层的应力变化和岩体形变是四维地质力学（4D Geomechanics）的主要研究内容，其对油气藏自身和开发工程均有重要的影响。对于常规油气藏四维地质力学对开发的影响主要表现在三个方面：套管损坏、地表沉降和漏失压力降低（如不及时变更钻井工程方案，将导致大量漏失，破坏井眼和储层）（李志明等，1997；刘向君等，2004；陈勉等，2008）。

对于深层断裂（裂缝）发育的油气藏，四维地质力学的研究更加困难，其对开发的影响更为复杂，主要表现在对于储层渗透率的改变，断裂（裂缝）力学行为的变化（甚至由开发而诱导引起断裂的活动），产能的波动和快速而非均匀的水侵等（Zoback et al.，2002，2007；Teufel et al.，1993）。

Teufel 等（1993）以挪威北海 Ekofisk 油田为例，讨论了地应力大小和方向对裂缝性储层渗透率在空间和时间维度内的控制作用。论证了强水平应力各向异性作用对裂缝的渗透和导流能力的影响。在开发过程中由于孔隙压力的变化导致储层内部水平应力发生变化，进而导致裂缝面受力改变，裂缝的渗透率不仅在数值上发生变化，而且其各向异性也被增加。通过对动态地应力和天然裂缝之间的关联性研究，不仅能够预测储层渗透率变化，而且能更好的认识油气开发机理，优化开发方案。Ekofisk 油田经过 20 年的开发，储层孔隙压力降低超过 24MPa，储层压实和海底平面沉降超过 5m，储层孔隙度显著降低，但是由于其天然裂缝在开发过程中保持了好的应力状态，裂缝渗透率得以保持，因此开发 20 年后，该油田产量依然没有显著降低。

Zoback（2007）讨论了挪威 Valhall 油田开发过程中的断层活动问题。随着孔隙压力的下降，导致地应力场改变，油田不同构造位置的断层出现再活动行为。并且通过安装在一口直井中的三分量地震检波器监测到由于构造上东部走向的正断层活动而发生的微地震事件。这种断层活化行为造成了油井套管的损坏，但同时却意外增加了储层渗透率。这些研究都证明在很多断裂（裂缝）发育的储层中，开发过程中断裂（裂缝）的活动性增加抵消了由于压实而降低的渗透率，从而使油气井保持了相对较稳定的产能。因此对于裂缝性且受应力作用较强的油气田而言，其油气生产表现和开发机理均与动静态地质力学属性有密切关系。

克拉苏构造带气田由于其构造背景复杂、异常高压、高应力和断裂（裂缝发育）等特征，使得地质力学属性对开发过程有重要的影响。但在该区域地质力学研究开展较晚（近十年以来逐步开始），同时由于井筒条件和工艺安全方面的复杂因素导致相应的实测资料录取有限，地质力学监测工作尚未开展。因此在四维地质力学介入克拉苏构造带气田开发研究之初，有三个困扰的问题：①储层地质力学属性怎样影响开发机理？②怎样建立地质力学与气藏开发问题之间的关系？③哪几种地质力学属性及动态力学行为是最关键的因素？

从第二章水平地应力计算方法部分可知，影响储层水平主应力的地质因素主要由构造挤压、上覆重力、孔隙压力、热应变及岩石弹性属性等构成，而根据克拉苏构造带各气藏基本性质，开发过程中一般构造背景不会被改变，上覆重力不会变化，储层内部温度随开发过程的变化也很小，因此首先且较大幅度变化的主要是储层孔隙压力，也即水平地应力的变化主要由孔隙压力的变化引起。这种变化带动了气藏开发与动态地质力学之间的交互影响，如图 7-1 所示随开发时间的推移，气藏孔隙压力衰减，导致水平地应力降低，造成地应力场的变化，从而引起气田开发过程中的综合表现变化或出现异常，然后通过开发方案的调整或气藏自身的调整，进入下一个循环，周而复始，直至气藏枯竭。

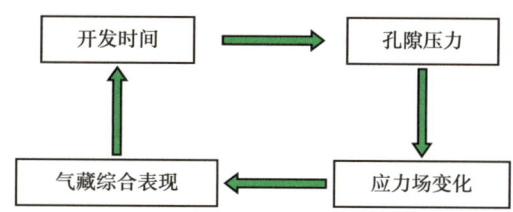

图 7-1　克拉苏气田四维地质力学属性与开发的基本关系

以克拉 2 气田为例，其在 2005 年开发初期储层孔隙压力为 74.7MPa 左右，开发至 2014 年底时压力下降约 27MPa，地应力状态由原来的走滑型（垂向应力为中间应力）改变为正常型（垂向应力为最大值）。如图 7-2 所示克拉 2 气田两个不同时期钻井中的一维应力评价结果，图中左边为开发初期所钻的克拉 203 井地应力剖面，右边为开发十年后的一口检查井 KL2-J203 井，每口井剖面中的三条曲线分布代表水平最大主应力、垂向应力和水平最小主应力，可知开发十年后水平主应力均减小，小于垂向应力，导致应力状态改变。但问题是在这两个时间之间发生了什么？应力场的变化是怎样影响气田开发生产的？

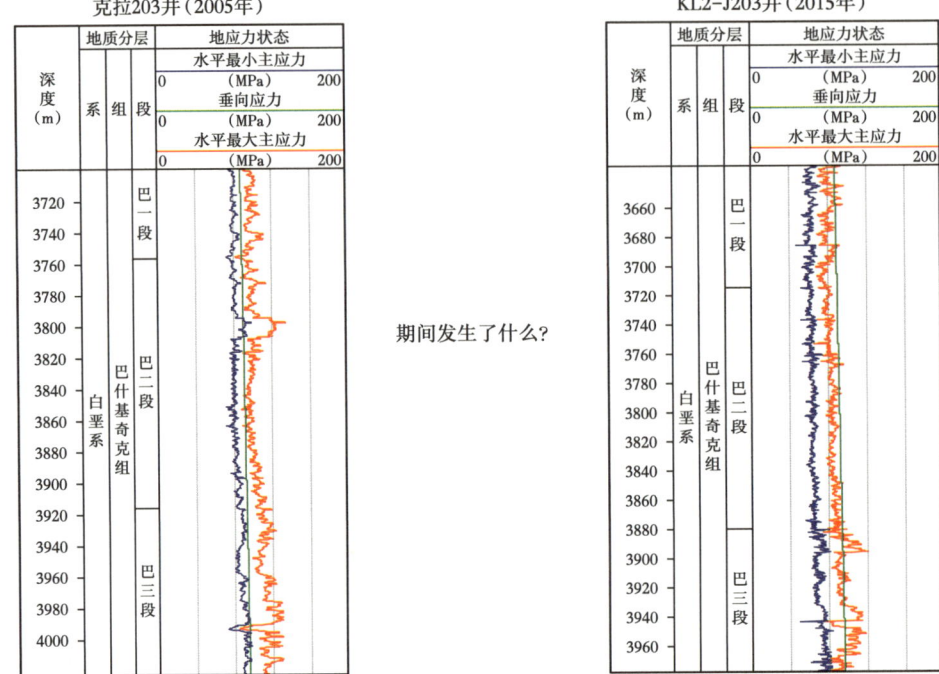

图 7-2 克拉 2 气田两口不同时期钻井井筒周围应力动态变化示意

计算克拉 2 气田所有已钻井一维地应力场随孔隙压力的变化特征，得到如图 7-3 所示结果，图 7-3a 为储层孔隙压力下降过程。图 7-3b 所示为开发初期地应力状态，图 7-3c 所示为 2008 年 9 月时的地应力状态，发现该时期水平最大主应力已逐渐开始接近垂向应力。图 7-3d 所示开发十年后，应力状态变为正常型。

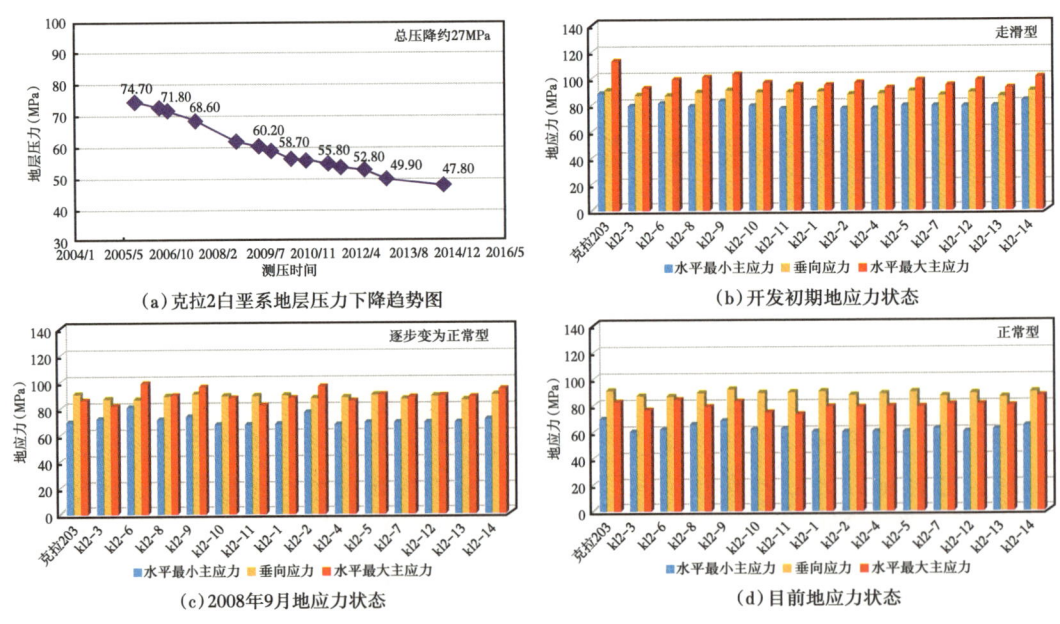

图 7-3 克拉 2 气田应力状态变化示意图

图7-4所示为克拉203井在开发过程中的地应力动态变化和气井开发表现之间的关系。利用一种坐标嵌套的方式，同时表示地应力变化和气井开发中的问题。外围坐标系为地应力（左纵坐标）、孔隙压力（右纵坐标）和开发时间（横坐标）。内部坐标系中每个小图为不同年份的地应力值（纵坐标），内部横坐标为孔隙压力，直方图中的不同颜色代表不同的主应力。从中可知克拉203井在2008年至2009年开发阶段地应力状态开始发生变化，而在此时也是气井开采逐渐表现出水侵迹象。说明地应力场的变化引起了储层内部机制变化，出水速度增加。

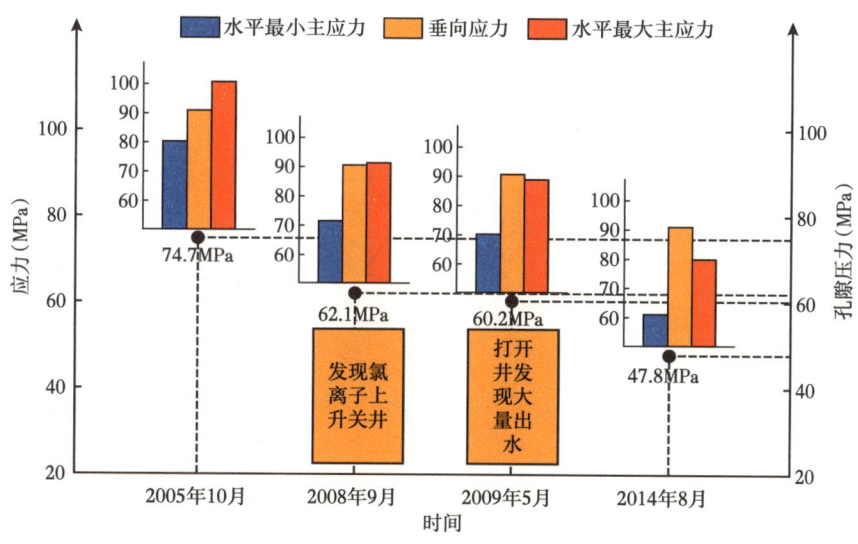

图7-4　克拉203井地应力变化与气井开发表现之间的对比示意

同时分析克拉2气田开发检查井中天然裂缝的地质力学响应，如图7-5所示，图中对应KL2-J203井位置上的圆锥形圆环代表井壁识别到的天然裂缝的剪应力与正应力之比在开发中的变化，暖色调代表随开发过程裂缝剪应力与正应力比值增加，说明裂缝的活动性增强，导致气井出水速度加快。

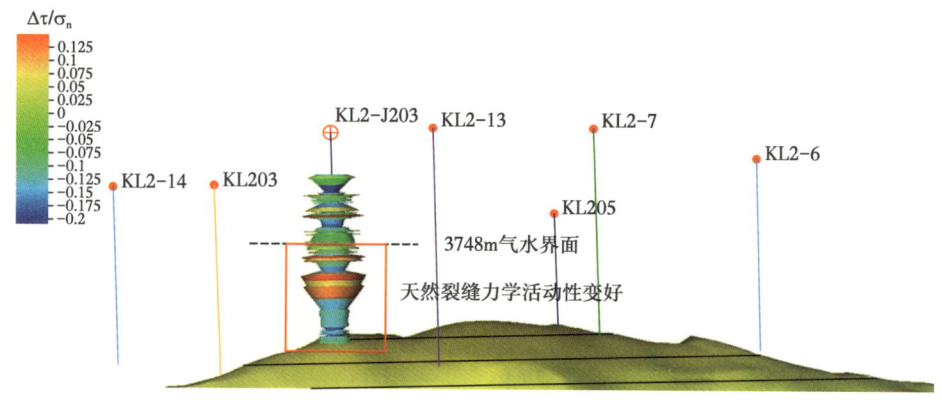

图7-5　克拉2气田检查井裂缝活动性特征分析

综上所述，基于"时间—压力—应力"交会的四维地质力学研究方法如图7-6所示，图中一个横坐标和两个纵坐标分别表示开发过程中的时间、压力和应力的变化，克拉苏气田开发中随时间推移，孔隙压力不断衰减，气藏水平主应力随之改变，甚至导致地应力场状态发生变化，这种变化影响了储层内部断裂（裂缝）的力学行为，间接影响了气藏的综合生产表现。

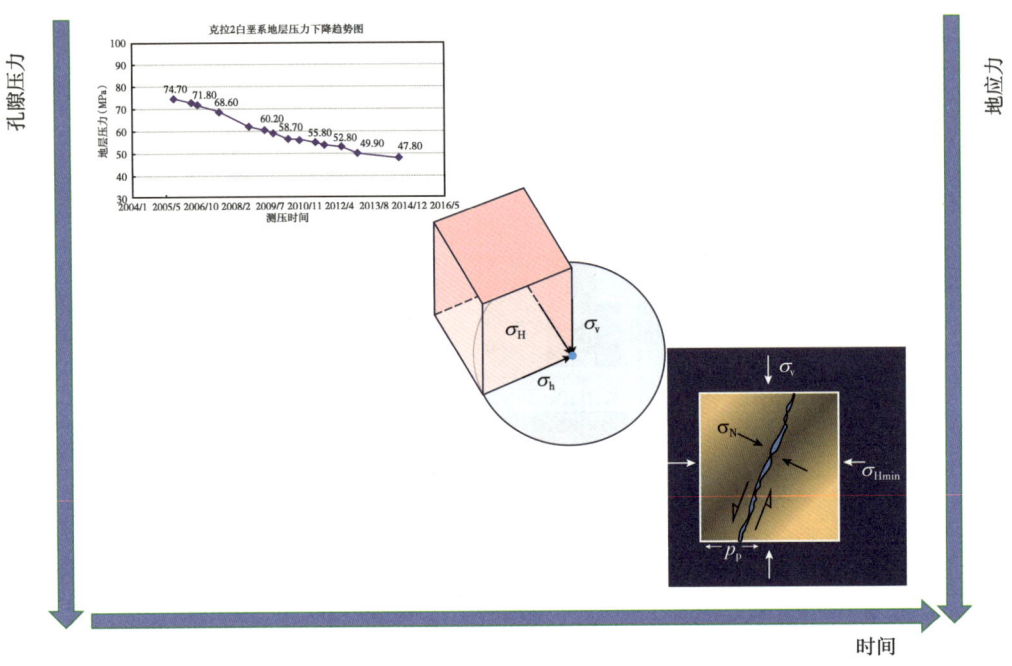

图 7-6 "时间—压力—应力"交会的四维地质力学研究流程示意

第二节 克拉苏构造带应力路径评价

对于地表岩土工程地质领域，应力路径是指在外力作用下岩土介质中某一点的应力值在应力坐标中的变化轨迹（Lade，1976）。而在深层油气田地质力学范畴内，应力路径主要表征随油气藏孔隙压力衰减过程中水平地应力的变化速度，对于裂缝性储层随孔隙压力的变化，应力变化较快，则随开发过程油气储层渗透性能损失较小（Teufel et al.，1993）。

一般的油气藏研究中，将介质的应力—应变关系假设为多孔隙弹性关系，利用其来描述随储层压力衰减的应力场变化。假设在无限边界的各向同性孔隙弹性储层中，如果水平应力的唯一来源是瞬时施加的重力载荷，那么垂向应力和相应的水平应力之间的关系（假设没有侧向应变）可表示为

$$\sigma_h = \left(\frac{\nu}{1-\nu}\right)(\sigma_v) + \alpha(p_p)\left(1-\frac{\nu}{1-\nu}\right) \tag{7-1}$$

式中 p_p——孔隙压力；

σ_h——水平应力；

σ_v——垂向应力；

α——Biot 系数；

ν——泊松比。

上式两边对孔隙压力求导数，化简化后得到

$$\Delta\sigma_h = \alpha\frac{(1-2\nu)}{1-\nu}\Delta p_p \tag{7-2}$$

重新整理式（7-2），可以定义储层的应力路径，即水平应力变化量与孔隙压力变化量的比值，用 A 表示

$$A = \alpha\frac{(1-2\nu)}{1-\nu} = \frac{\Delta\sigma_h}{\Delta p_p} \tag{7-3}$$

Segall 等（1996）的研究认为，式（7-2）适合于储层横向范围与储层厚度之比大于 10:1 时的情况。因此，在横向范围较大（相对于厚度）的储层中，水平应力随地层压力下降而减小，而垂向应力基本保持不变。

对于裂缝和断裂发育的储层，一般认为，随孔隙压力的衰减，断裂和天然裂缝趋于闭合，活动性变差。但在某些情况下由于水平应力也同时随孔隙压力变化，这种变化如果改变了先存断裂和裂缝的受力特征，并使其向二次破坏方向发展，则有可能增强先存断裂和裂缝的活动性（详见第五章）。

基于垂向应力在横向延伸的储层衰减期间保持不变的假设，水平最小主应力和地层孔隙压力的降低可在储层内诱发断层活动，前提是储层应力路径超过了临界值。根据摩尔库伦破裂准则可以得到适合于横向无限延伸储层衰减的方程

$$\frac{\sigma_v - (p_p - \Delta p_p)}{(\sigma_h - \Delta\sigma_h) - (p_p - \Delta p_p)} = f(\mu) \tag{7-4}$$

式中

$$f(\mu) = \left(\sqrt{\mu^2+1} + \mu\right)^2$$

简化之后得到

$$\frac{\sigma_v - p_p}{\sigma_h - p_p} = \left(1 - \frac{\Delta\sigma_h - \Delta p_p}{\sigma_h - p_p}\right)f(\mu) - \frac{\Delta p_p}{\sigma_h - p_p} \tag{7-5}$$

在满足滑动平衡的条件下，式（7-5）左边等于 $f(\mu)$，于是得到

$$f(\mu) = \left(1 - \frac{\Delta\sigma_h - \Delta p_p}{\sigma_h - p_p}\right)f(\mu) - \frac{\Delta p_p}{\sigma_h - p_p}$$

$$\frac{\Delta\sigma_h - \Delta p_p}{\Delta p_p} = -\frac{1}{f(\mu)}$$

将 A 代入，得到储层的临界应力路径 A_0，一旦储层应力路径超过临界应力路径，则可能诱发断层活动

$$A_0 = 1 - \frac{1}{\left(\sqrt{\mu^2+1} + \mu\right)^2} \qquad (7\text{-}6)$$

图 7-7 描述了储层内水平应力随孔隙压力衰减的变化过程。垂向应力假设不随衰减变化，用标有 Sv 的水平线表示，滑动摩擦系数 μ 对应的破坏线为一条斜线，当 μ 为 0.6 时，该线的斜率为 0.67。随着储层衰减，最小水平主应力将沿斜率为 A 的直线下降。当 A 小于 0.67 时，应力状态远离先存断层破坏线，如图 7-7 所示，初始应力状态到 1 之间的直线斜率为 0.4，这表示一条稳定的应力路径，储层衰减不会诱发断层活动。与此相反，初始应力状态至 2 之间的直线斜率为 0.9，当 A 大于 0.67 时储层衰减将最终导致先存断层活动的发生，一旦应力路径接触破坏线，应力状态将沿着破坏线发展。

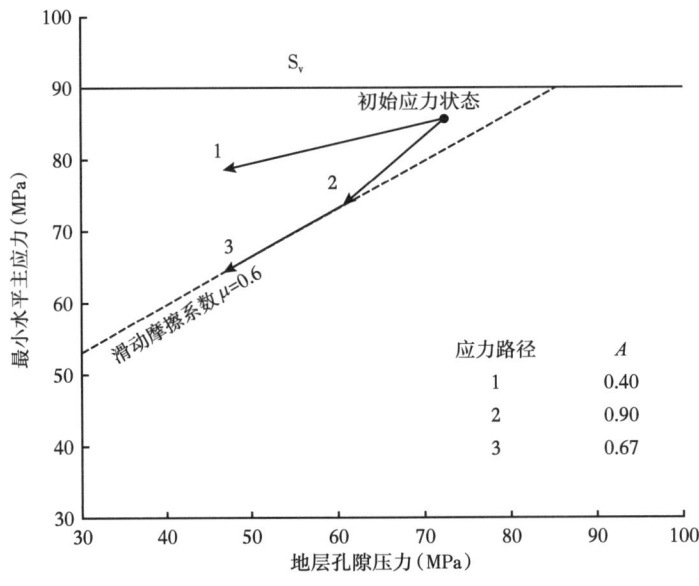

图 7-7 开发中随衰减的应力路径示意

图 7-8 为克拉 2 气田应力路径评价结果，根据气田开发不同时期气井孔隙压力，评价当时的水平地应力，拟合得到克拉 2 气田的应力路径 $A(\Delta\sigma_{hmin}/\Delta p_p)$ 为 0.72，横坐标表示地层孔隙压力，纵坐标表示最小水平主应力，色标表示数据的来源时间，水平线表示垂向应力 σ_v，斜线分别表示摩尔库伦破裂准则中的滑动摩擦系数 0.6 和 0.9。从气田开发初期（2005 年）至 2016 年，随孔隙压力的下降，应力变化较快（应力路径为 0.72），如图显示在 2009 年左右，应力路径已超过 0.6，这种地质力学特征，保持了储层内先存裂缝和断裂的活动性，使得整个储层的渗透性能得以较好保持，但同时也造成了水侵入速度也较快。

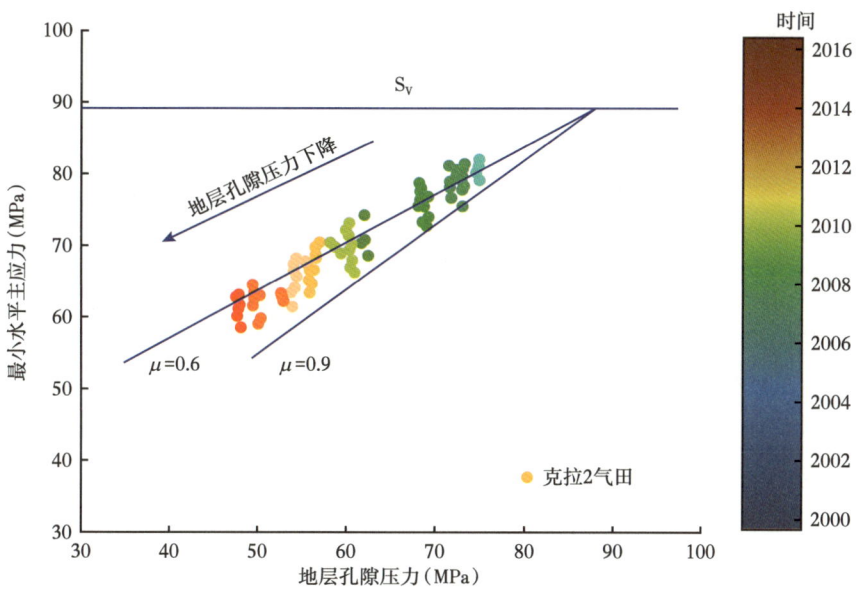

图 7-8　克拉 2 气田应力路径基本特征示意

图 7-9 所示为克拉 2 气田内部不同构造位置应力路径与所在气井的产能变化对比示意图，从中可知应力路径值与气井产能下降幅度之间有较好的相关性，应力路径较高的位置上，气井产能下降较少，而应力路径较低的位置上气井产能下降较快。

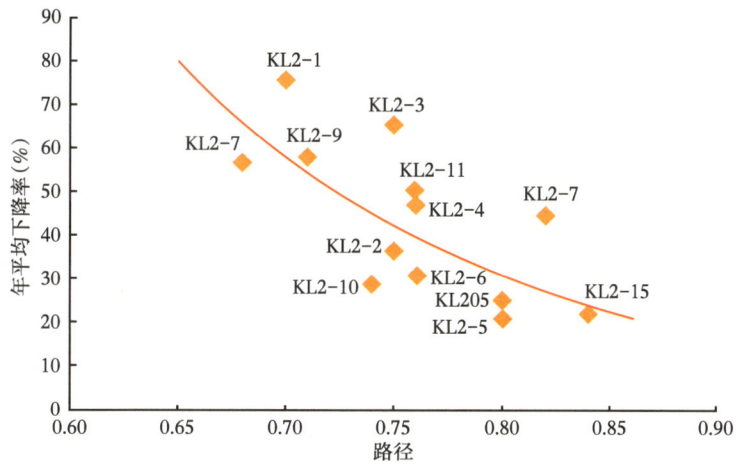

图 7-9　克拉 2 气田气井应力路径与产能下降对比

同时将库车山前区带几个典型气田的整体应力路径与气田整体产能下降之间做对比，发现两者之间亦有较好的相关关系，图 7-10 所示为三个典型气田克拉 2 气田、迪那 2 气田和克深 2 气田应力路径（图 7-10a）和气田产能下降（图 7-10b）的对比，可知克拉 2 气田应力路径最高，其产能下降最慢，克深 2 气田应力路径最低，其产能下降最快，迪那 2 气田应力路径比克深 2 气田高，因此产能下降速度次之。

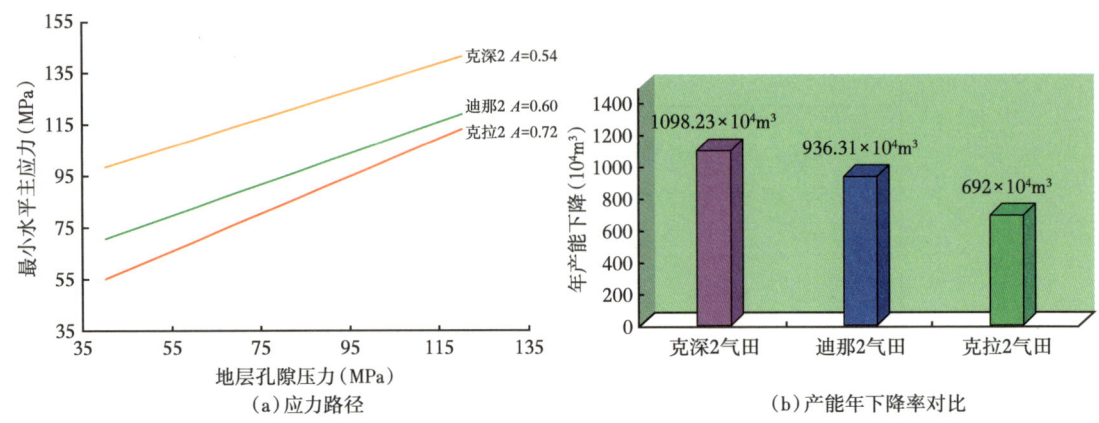

图 7-10　克拉苏构造带三个气田应力路径与产能下降对比

图 7-11 为上述三个气田应力路径与气田产能下降率之间的拟合关系，可知应力路径值与气田产能下降率之间有较好的反相关关系，应力路径值越高，产能下降速度越慢。在这个拟合关系基础之上，利用克深 8 气田开发过程中的数据评估得到其应力路径，也正好能投影至这个拟合曲线上，其位置仅次于迪那 2 气田，而远离克深 2 气田，实际开发中克深 8 气田生产效果比克深 2 气田开发效果更好。说明地应力的动态变化特征是裂缝性气藏渗透率保持的关键因素之一，在气藏评价中，充分认识到这一点，既有利于初期开发方案的制定，也有利于后期开发过程中调整措施的优化。

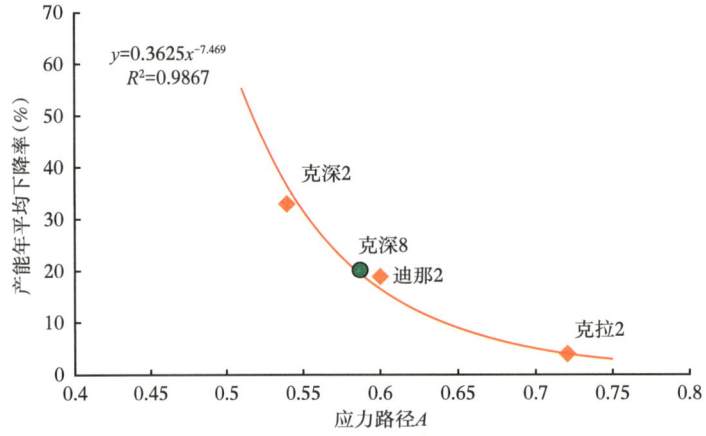

图 7-11　克拉苏构造带三个气田应力路径与产能下降率拟合关系

第三节　四维应力场与气田开发机理

原地应力场和天然裂缝的地质力学响应直接影响储层品质和气井产能，因此地应力场状态及其与裂缝产状之间的组合关系是影响初期产能的关键因素，在气田初始开发方案论证中至关重要，可以用来优选井点、井轨迹、钻井井壁稳定性和完井方案。随开发时间推移，地应力场的动态变化速度将对气田整体渗透性能有重要影响，从第二节应力路径的分析可知，地应力场变化越快，气田渗透率损失将越快，反之则气田渗透率保持更好。另一方面在四维地质力学中断裂（裂缝）力学行为的动态变化也是一个重要因素，地应力场的变化导致断裂（裂缝）受力系统发生调整，其地质力学活动性改变，间接影响了储层的渗透和导流性能，如果断裂（裂缝）的相对力学活动性变好，则渗透率和导流能力也相应增加，有利于气井产能的保持，但同时也有些区域和气井中水侵速度也会增加。

对于原场地应力而言，弱应力区域有利于油气赋存和聚集，也有利于天然裂缝的发育，如图3-45所示为克深2构造水平最小主应力分布特征，该构造水平最小主应力在构造东西两个高而相对平坦区域呈现低值，在这两个区域储层品质好，气井产能更好。而在构造中间的鞍部位置，水平最小主应力值高，储层品质差，气井产能低，而且直井压裂改造也基本都失败，没有达到效益开发的效果。图3-46所示为克深2构造水平应力差的分布，可知该构造鞍部位置水平应力差低值，对于现存裂缝来说，小的水平应力差，不利于剪切变形能力的保持，也即渗透性能和导流能力更低，如克深208井，虽然该井识别出较大的天然裂缝，但这些裂缝的剪应力与正应力之比非常低，即使经过大型压裂，也没有获得工业气流。

在裂缝性储层中，地应力场是通过控制天然裂缝的发育和力学行为来控制储层的渗透和导流能力的。首先对于天然裂缝形成时期，由于同一构造内部差异变形和弹性属性的不同，导致某些区域形成破裂的难度更大，因此天然裂缝不发育或发育较少，如克深6构造，某些位置由于没有天然裂缝破裂面的发生，应力没有释放，因此在钻井时表现出强应力各向异性的特征（井壁出现明显有规律的破裂行迹）。这些强应力区域抑制了天然裂缝的发育，与井筒中识别的天然裂缝几乎一一对应，以迪西1井为例（如图6-15所示），该井侏罗系阿合组上部和下部应力强，因此天然裂缝发育很少，只有中部弱应力区天然裂缝较发育。这种现象也直接影响了气井产能，在克深6和迪北区块气井产能与天然裂缝的发育程度呈正相关关系。

同时，对于先存天然裂缝而言，其产状与地应力张量之间的关系一定程度上决定了裂缝性储层的渗透性和导流能力，如图4-34至图4-37所示，KES2-2-1井和KES208井由于其天然裂缝走向与水平最大主应力夹角大，而且其位置处的水平最小主应力值高，导致其裂缝的地质力学活动性弱，因此使得其渗透率极低，气井几乎无产能。而KES206和KES2-2-8井由于其裂缝走向与水平最大主应力呈小夹角，且其水平最小主应力值低，因此地质力学活动性强，渗透率高，气井产能高。

在气田开发过程中水平地应力场的变化越慢，对先存裂缝而言，其地质力学活动性也保持更好，因此渗透率的损失也越低，气田整体产能较好。如图7-10所示库车山前几个气田应力路径对比，克拉2气田开发中应力变化最小，气田产能下降率最低，克深2气田地应力变化最快，应力路径值最高，气田产能下降率最高。

地应力变化过程中，由于天然裂缝的受力特征也整体发生变化，同样会影响到储层渗透率和产能，如图4-41所示在克深2气田开发一年后，完钻的KES2-2-16井所处位置天然裂缝剪应力与正应力之比仍保持较高值，则该井钻后产能较好，而其周围气井由于裂缝剪应力与正应力之比较低，因此产能下降较快。同时克拉2气田地应力的动态变化也影响了断裂（裂缝）的地质力学活动性，从而间接影响了气井生产。如图5-17所示为克拉2气田开发中地应力的变化特征，图中可知开发十余年来，气田地应力场变化较大，尤其是其水平应力差的分布变化大，且分布非均匀性强（图5-17d），从图5-17d可知开发十年后气田西部水平应力差最高、东部次之、北部居中而南部最低，这种特征使得气田断裂地质力学活动性分布差异性大，导致气田各区域气水界面抬升不均匀，西部出水最快，气水界面最高，东部次之，然后是北部，南部最低。

气田开发过程中的出砂风险也会随之增加，如图6-49所示，以克深气田一口气井出砂风险变化模拟为例，结果表明，随着孔隙压力的下降，气井出砂临界生产压差不断下降，出砂综合风险指数不断升高。开发过程中由于孔隙压力的直接变化，诱导了水平地应力的变化，间接引起了天然裂缝和断裂地质力学响应的变化，这几种因素综合起来影响了储层的渗透和导流性能，一定程度上控制了气井出水和出砂的风险，间接影响气井井筒的稳定性和完整性，从而成为控制气田整体开发生产表现的一项主控因素。

第四节　一种动态孔隙压力的反演方法

对于超深、高压、高温裂缝性气藏，开发中的动态压力资料录取难度较大，但这种特殊气藏背景下的动态压力信息非常重要，不仅对于气藏描述和管理意义重大，而且对于正钻井和完井工程参数优化，避免复杂问题发生具有重要作用。

在油气田开发初期的某些特殊条件下，可能出现一个较小范围内的短暂压力动态数据缺失的情况。如在克深气田试采和开发初期，由于第一轮投入开发的气井开采中已将局部区域储层孔隙压力降低，但此时新的正钻井和新完钻井各种方案实施中尚未获得新的压力变化数据，同时这种压力变化却已影响到了正钻井井壁稳定性和钻井液漏失，影响到新完钻井的完井方案设计。

为解决这种试采和开发初期的动态压力评估问题，为新开发井钻完井方案的优化提供信息，基于四维地质力学技术，提出了一种综合地应力、天然裂缝地质力学活动性和裂缝性漏失信息的动态孔隙压力反演方法，建立目标区块原始状态下地层中漏失压力与地层孔隙压力之间的关系，开采后，根据裂缝力学活动性的特征来表征地层孔隙压力的变化，从而"反演"得到目标区块试采后的地层孔隙压力。

随着气藏的开采，地层孔隙压力下降，地应力发生变化，导致天然裂缝的剪应力/有效正应力也发生变化，从而在钻井过程中发生钻井液漏失，而该项方法是以钻进漏失和天然裂缝的力学行为变化来反推地层孔隙压力。需要的数据信息包括：天然裂缝产状、钻井液当量循环密度、漏失钻井液当量密度和漏失深度。然后模拟在原始孔隙压力状态下该深度段裂缝开启时的井底压力值。

在该区域试采一段时间后，假设该区域主应力保持不变，模拟试采井目的层段某深度裂缝开启时的井底压力，此时一般由于开采中压力下降，导致水平应力也发生变化，因此实际钻井漏失钻井液密度与模拟的裂缝开启压力不一致，说明该位置上由于地层压力下降，水平主应力、剪应力/有效正应力也发生变化，因此，按照这个关系对其裂缝开启时的可能井底压力做多次迭代拟合，得到实际钻井液密度与裂缝性漏失发生时，实际天然裂缝破坏之间相吻合的地层孔隙压力。

其中，天然裂缝力学参数包括剪应力 τ 及正应力 S_n，通过张量变换确定天然裂缝面上

的剪应力和正应力（图7-12），由公式（7-7）表示如下

$$S = \begin{pmatrix} S_{11} & S_{12} & S_{13} \\ S_{21} & S_{22} & S_{23} \\ S_{31} & S_{32} & S_{33} \end{pmatrix} \quad (7-7)$$

根据公式（6.3.2）得到有效正应力，定义裂缝面上的有效正应力 σ_{en} 为垂直裂缝面的正应力 S_n 与裂缝面的孔隙压力 p_p 的差值

$$\sigma_{en} = S_n - p_p \quad (7-8)$$

根据公式（4.5.1）计算得到天然裂缝临界破坏压力，根据Coulomb摩擦准则判断裂缝是否剪切破坏，裂缝发生剪切破坏时的井底压力即约等于裂缝性漏失的压力 p_{nfp}：

$$p_{nfp} = S_n - \frac{\tau}{\mu} \quad (7-9)$$

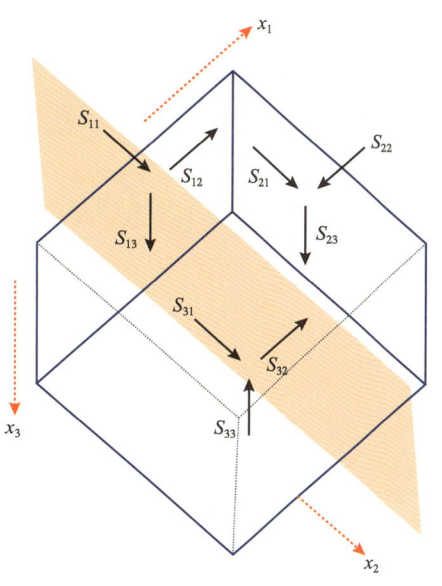

图7-12 天然裂缝面在地应力场中的受力示意图

式中：S_n——裂缝面的正应力；
τ——裂缝面的剪应力；
μ——裂缝面的滑动摩擦系数。

以克深8气田为例说明该方法在气田开采初期的孔隙压力评估及其作用。该气田开发初期（2013年），气藏孔隙压力系数约为1.80左右（表7-1）。以早期投产的一口气井克深8003为例，该井位于克深8构造东部高点位置（图7-13），其钻进至白垩系储层6866m时发生漏失，此时钻井液密度为1.86g/cm³，根据地质力学评价结果此时该位置处的天然裂缝剪切破坏压力梯度为1.84MPa/100m（图7-14），表明此时在准确的地应力场、孔隙压力和天然裂缝产状信息的输入评价后，天然裂缝的剪切破坏压力与实际钻井液漏失压力吻合。

表7-1 克深8气田温度、压力与深度数据表

井号	层位	测试井段（m）	测试措施	测试日期	压力计下深 井深（m）	测点处 地层压力（MPa）	测点处 温度（℃）	压力系数	测试结论
克深8	K_1bs	6860.00~6903.00	完井试油	2012/10/20	6848.09	122.454	169.8	1.82	气层
克深801	K_1bs	7205.00~7290.00	完井试油	2013/11/20	7198	122.72	167	1.74	气层
克深802	K_1bs	7320.00~7354.00	完井试油	2013/11/07	7320.79	123.18	171.6	1.72	气层
克深806	K_1bs	6878.00~6996.00	完井试油	2013/12/25	6909.45	122.026	171	1.80	气层
克深8003	K_1bs	6746.00~6897.00	完井试油	2013/11/17	6730.55	121.53	165.8	1.80	气层
KES8-11	K_1bs	7320.00~7385.00	完井试油	2015/07/09	6982.91	116.757	164.1	1.70	气层

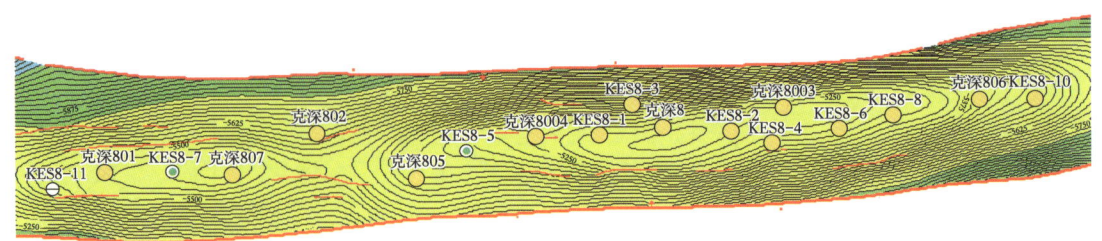

图 7-13　克深 8 白垩系巴什基奇克组顶面构造图

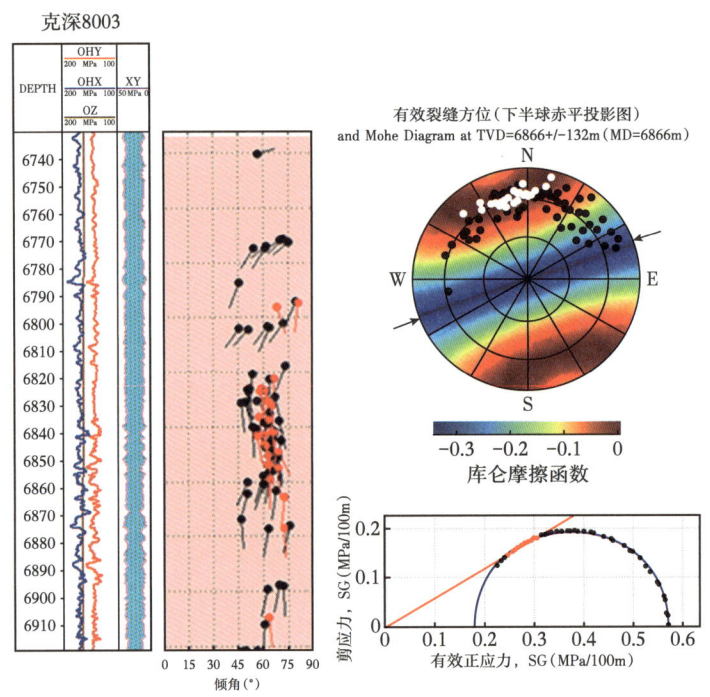

图 7-14　克深 8003 井裂缝开启模拟压力

克深 8 气田开采近两年后，新钻开发井 KES8-11 井钻至白垩系储层时，气田尚未得到准确的压力下降数据，因此该井在目的层的施工中需要及时评估孔隙压力动态变化特征。根据上述方法原理，在了解天然裂缝产状信息和漏失压力条件下，采用一定步长的孔隙压力差值，迭代求取地应力及裂缝剪切破坏压力值，最终确定 KES8-11 井在白垩系孔隙压力系数为 1.69 时，天然裂缝的剪切破坏压力与钻井液漏失密度相符（图 7-15），则评估此时的孔隙压力系数为 1.69，后来实际测试得到该井目的层孔隙压力系数为 1.70（表 7-1），说明这种孔隙压力动态变化评估方法精度较高，能够满足开发和钻完井工程需求。

同理，确定出 KES8-4、KES8-6 井地层孔隙压力系数为 1.68 和 1.70，其评估结果都与实际储层孔隙压力值吻合。及时的孔隙压力变化值的评估，首先为开发管理提供了第一手资料。其次为钻井中坍塌压力和漏失压力的确定提供了依据，帮助现场及时调整钻井液密度，以避免大量漏失伤害储层和造成钻井复杂。最后完钻后即得到较准确的孔隙压力值，为新完钻开发井的完井方案优化提供了重要资料。

第七章　气田四维地质力学建模与应用

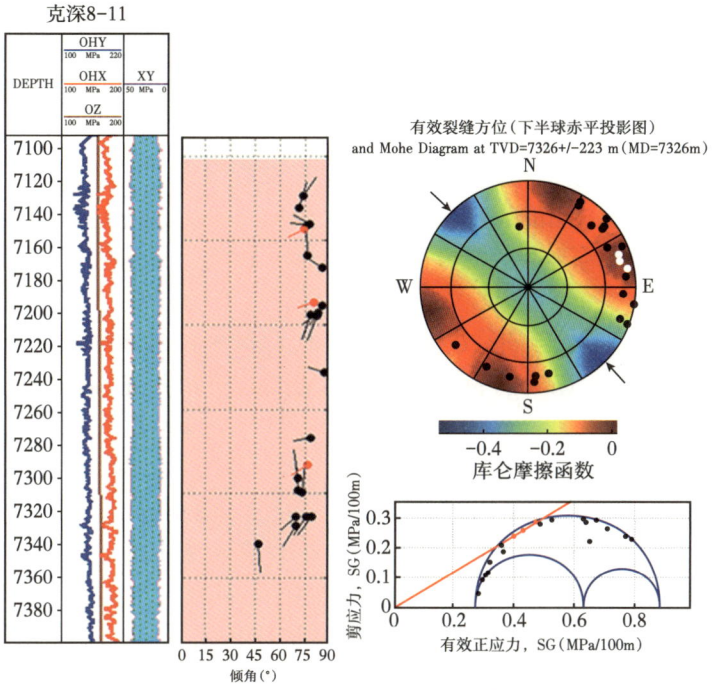

图 7-15　克深 8-11 井裂缝开启模拟

第五节　气藏流动参数与地质力学参数耦合初探

流体在裂缝性储层中的渗流属于非线性渗流，且伴随有岩石变形引起的油气藏物性参数变化，是一种较为复杂的地质力学—油气藏渗流耦合问题。人们发现裂缝性介质变形引起的非线性渗流问题对油气藏开发效果具有显著影响，有关裂缝变形非线性渗流机理研究已成为近年来的一个热点。

地质力学—油气藏渗流耦合有助于认识储层在地应力场影响下的渗流属性变化。目前较流行的耦合方式有单向耦合、双向耦合和全耦合三种，不同耦合方式在处理地质力学与油气藏渗流的耦合过程是不一样的，如图 7-16 所示。

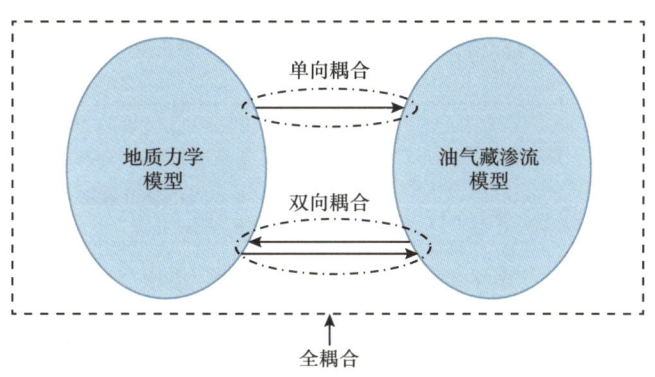

图 7-16　地质力学—油气藏渗流耦合模拟中不同耦合方式示意图

在单向耦合中，地质力学模型单独求解，储层物性随之更新。顾名思义，单向耦合中数据仅单向传递。双向耦合则在单相耦合基础上进行了扩展，数据在渗流模型与地质力学模型之间可以传递。全耦合模型可以同时解决地质力学和渗流问题，该模型的优点在于求解精度高，但同时计算复杂程度巨大。

在地质力学和储层渗流耦合过程中应该考虑三方面因素：适应性、计算能力和模拟精度。不同耦合形式在这三方面的表现各不相同。例如，一个适应性好且计算速度快的模型其精度可能不理想。因此需要在这三方面进行取舍，在实际应用中可根据研究的具体问题选择相应的模型。

地质力学与渗流耦合研究始于 20 世纪 70 年代，首先针对油气开采导致的储层压实及地面沉降等问题开展研究（Vairogs et al., 1971; Allen, 1973; Kosloff et al., 1980; Britto et al., 1987; Boade, 1988; Lewis et al., 1993），但对裂缝性油气藏渗流性能方面的耦合研究较少。

20 世纪 90 年代，逐步出现了考虑裂缝力学特征变化的耦合研究。1997 年新墨西哥州矿业技术学院 Chen 和 Teufel 提出了一个用于天然裂缝油藏中的双孔地质力学与渗流耦合模型，渗流模型考虑了双孔介质，地质力学模型则采用 Biot 等温弹性多孔介质理论。将常规双孔介质渗流理论扩展到了渗流/地质力学耦合模型，提出了新的双重岩石体积变化量的描述方程。

2000 年壳牌公司 Bourne 提出了应用于致密裂缝性油藏的地质力学与渗流耦合预测模型，该模型利用地质力学方法预测裂缝在整个区块中的分布，而裂缝又进一步影响油藏模拟中流体的渗流。该项研究通过 Poly3D 软件分析地应力变化，并根据应力场变化研究裂缝可能发育的形状和分布。油藏渗流的模拟通过双渗模拟器 MoReS23 软件开展，该软件可导入裂缝信息并通过模拟区域中流体渗流模型计算出每个网格中的等效裂缝渗透率，然后将更新后的裂缝网格用于全区历史拟合以及开发动态预测中。图 7-17 是该模型整体结构的示意图。

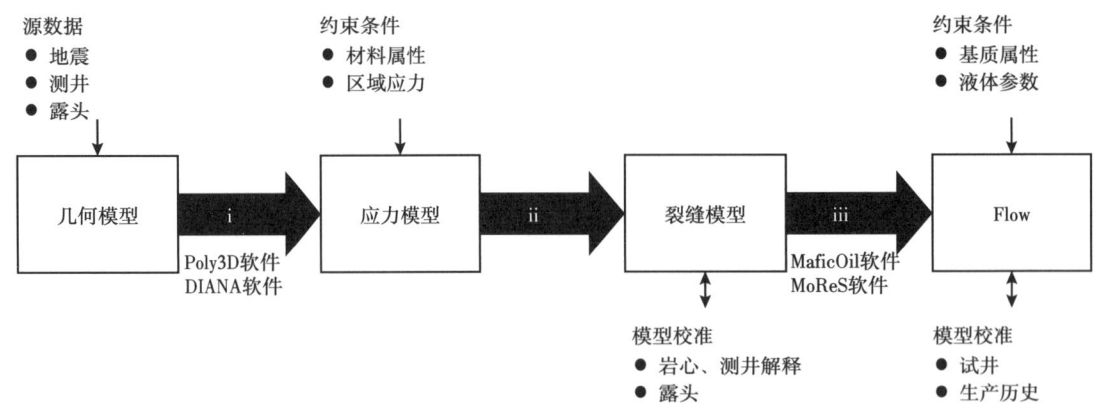

图 7-17　天然裂缝油藏一体化模拟

2009 年美国俄克拉荷马大学 Nguyen 和 Abousleiman 建立了一个模拟三维天然裂缝储层的解析模型，该模型是各向异性双孔双渗模型，考虑了三维应力状态下天然裂缝储层中的裂缝变形和流体渗流过程。该模型曾被用于模拟沙特阿拉伯 Ghawar 油田中的一个天然裂缝油藏的压实过程，结果表明油气的生产能够使渗透率降低 7% 之多。

2009 年，斯仑贝谢公司 Koutsabeloulis 等在北海 South Arne 油田开展了耦合研究，该项研究中的渗流模拟通过商业软件 Eclipse 进行，地应力通过 Visage 软件开展。利用 4 个垂向边界、顶部覆盖层及底部下伏层将渗流模型包围形成嵌入模型（即地应力模型），利用 Visage 开展动态地应力场模拟，渗流模型计算油藏开发导致的压力场的变化，提供给 Visage 模拟孔隙压力变化后地应力场的变化及其对物性参数（孔隙度、渗透率）的影响。研究表明，相同条件下考虑地应力可以达到更好的拟合效果，耦合数值模拟更接近油气藏生产实际。

2013 年犹他大学 Milind D Deo 等提出了一种预测存在天然裂缝和人工裂缝的致密气藏的产气量模型，该模拟器和工作流程是建立在一个高级反应渗流模拟器的工作平台上。模型采用了多种方法预测和验证天然裂缝地层中人工压力缝的产状，然后建立一个考虑全部裂缝和地质信息的地质模型，并利用离散裂缝网络简化模型来模拟天然裂缝系统中水力压裂后的结果，最后模拟该联合裂缝系统中的流体渗流及地质力学属性。这种联合模拟采用了一种软耦合方式，即通过一系列的查询表（压力—渗透率—孔隙度），将地质力学模拟器和渗流模拟器联系起来（图 7-18 所示）。

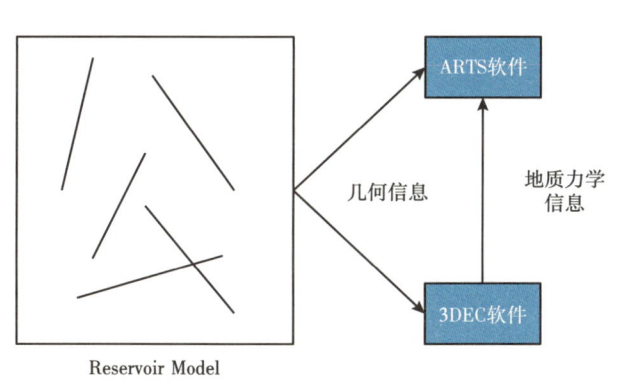
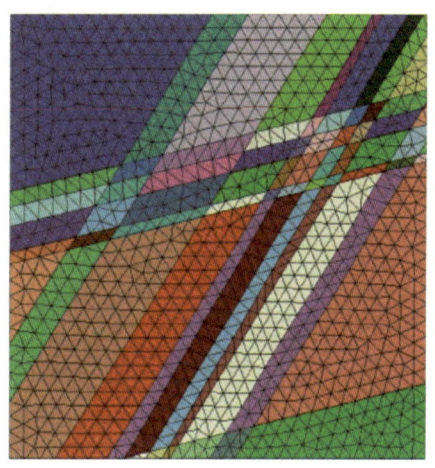

图 7-18　地质力学和油藏模拟的软耦合方式示意图以及网格结构示意图

克拉苏构造带气田埋深大、构造复杂，且处于强地应力背景下，其储层属低孔裂缝性储层，裂缝发育是储层渗流性能的主要贡献。主要通过裂缝沟通，因此研究裂缝随地应力变化对产能变化规律、水侵模式、合理开发技术政策等研究具有重要意义。

对比地质力学—油气藏渗流耦合方式可以看出，全耦合是克拉苏气藏模拟的最理想方式，但计算非常复杂，运算速度慢，且目前没有形成可行的技术手段开展相关研究。近年来开展较多且已可实现的耦合方式为双向耦合（表 7-2），国外学者已完成了多个耦合模拟实例，目前具有比较完善的技术系列。因此，克拉苏气田也采取了同样的双向耦合方式开展研究（图 7-19），利用目前较成熟的商业化软件开展研究，已取得了一定的进展。

表 7-2　国外地质力学—渗流耦合模拟方法简表

机构 / 个人	研究时期	研究油气藏类型	应用软件	备注
新墨西哥州矿业技术学院：Chen 和 Teufel	1997	天然裂缝油藏	建立双孔双渗耦合模型（解析方程）	井区
壳牌公司：Bourne	2000	致密裂缝性油藏	应力计算：Poly3D 数值模拟：MoReS23	井区
俄克拉荷马大学：Nguyen 和 Abousleiman	2009	天然裂缝油藏	模拟三维天然裂缝模型（解析方程）	油藏
斯仑贝谢：Koutsabeloulis	2009	油藏	应力计算：Visage 数值模拟：Eclipse	井区
犹他大学：Milind D Deo	2013	致密裂缝性气藏	裂缝模拟：Fracman 应力计算：3-DEC 数值模拟：ARTS	井区

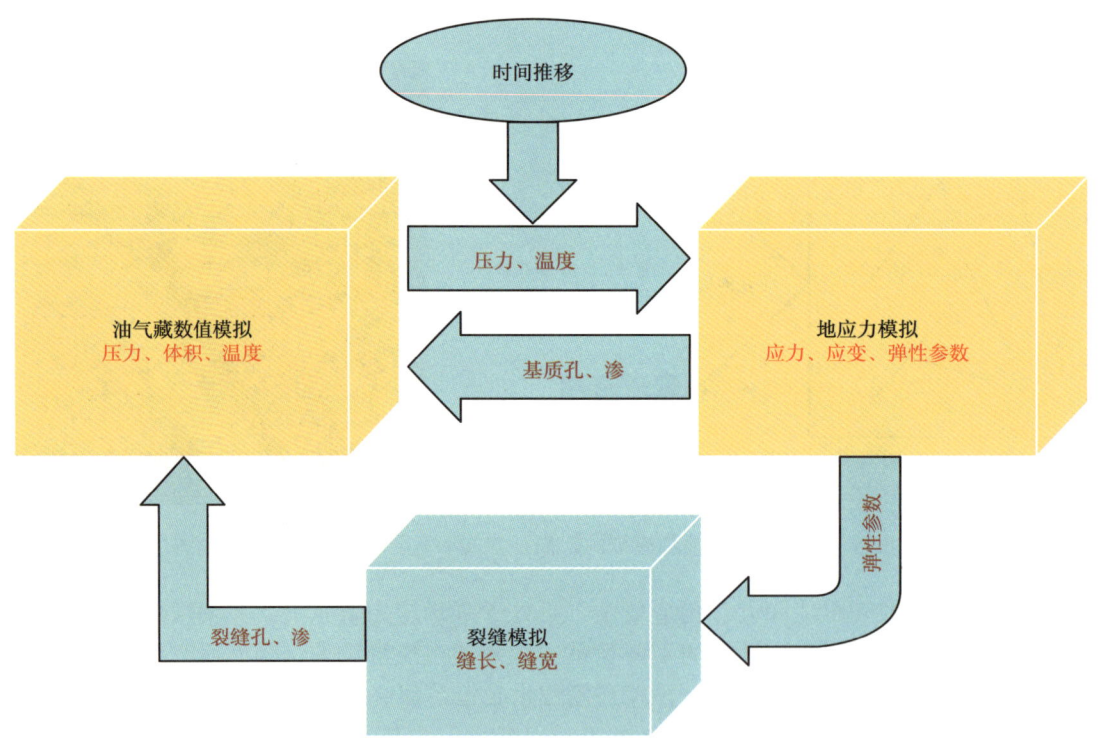

图 7-19　地质力学—油气藏渗流耦合模拟流程图

在克拉苏气田地质力学—油气藏渗流耦合模拟研究中，利用成熟的油气藏数值模拟软件 Eclipse 开展渗流模拟，获取开发过程中地层压力、地层温度的变化，利用 Abaqus 有限元软件开展地应力场模拟，分析地层压力变化引起的地应力场的变化，并计算出由于应力的变化引起的基质物性的变化。考虑到断层及裂缝在地应力模型中网格化的复杂性，利用 JewelSuite 软件独立开展断裂活动性分析，断层及裂缝分析结果返回油气藏数值模拟模型。油气藏数值模拟模型与地应力模型间的数据交换通过 JewelSuite 软件实现，通过三种软件的协同工作完成地质力学—油气藏渗流模型的耦合模拟研究（图 7-20）。

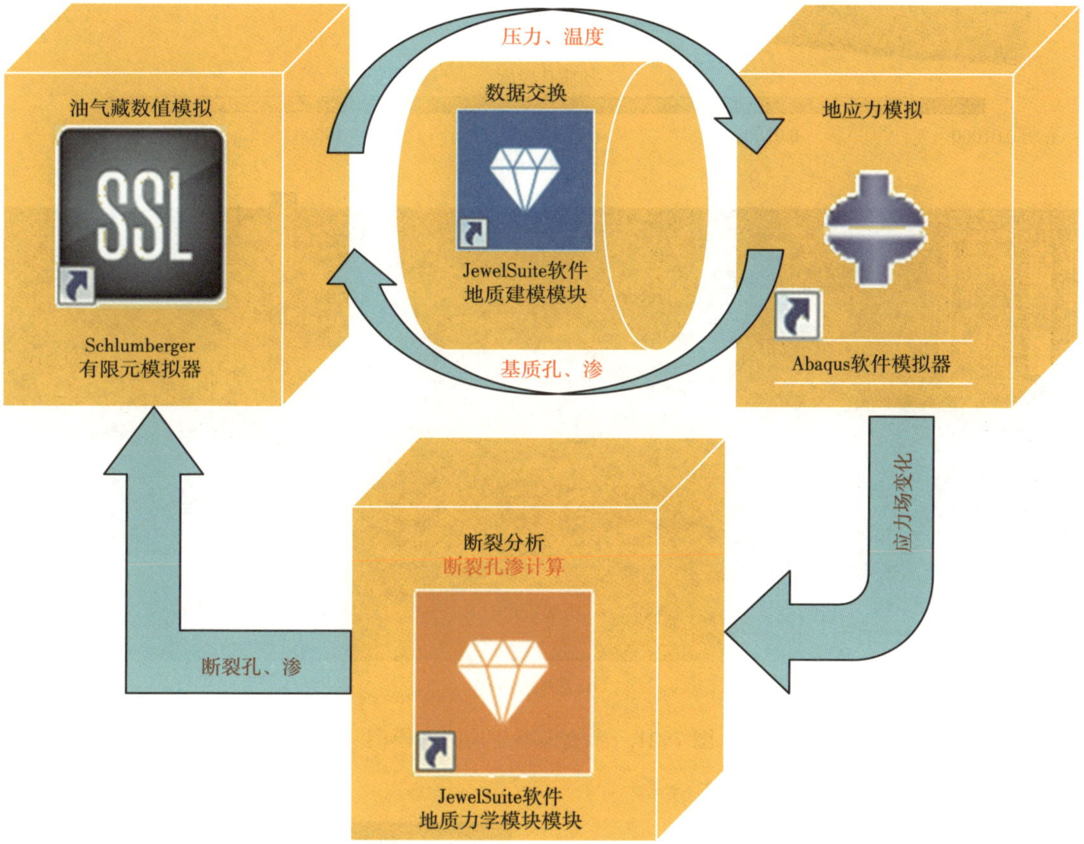

图 7-20　克拉苏气田地质力学—油气藏渗流耦合模拟流程图

开展地质力学与油气藏渗流耦合模拟研究，需要解决三个方面的基础问题：①能够准确模拟现今地应力的状态，特别是油气开发过程中地应力变化规律；②采用合适的技术动态地分析裂缝的力学特征，评估裂缝渗流变化规律；③充分考虑裂缝渗流变化规律，提高油气藏数值模拟的精度。

为了建立地应力场模型，开展了地质模型与有限元模型的关联性研究，从网格到属性，实现了地质模型与有限元模型的统一，便于耦合模拟的开展。模型网格方面，通过网格对应性转换，将用于渗流模拟的地质模型网格直接转换为有限元模型（图 7-21）。属性方面，为了准确建立力学模拟单元的材料属性，通过转换，将地质模型中的储层物性分类（沉积相/岩相）转换为有限元网格的材料类别（图 7-22），并赋予相应的力学属性值（杨氏模量、泊松比等），提高了有限元应力模拟的精度。

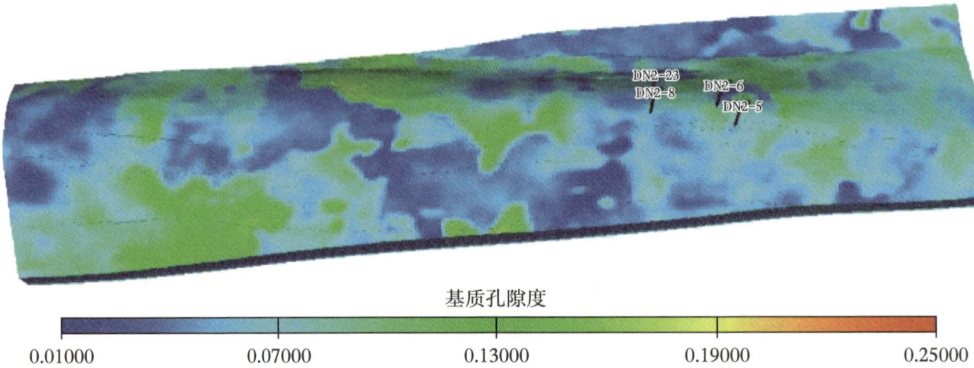

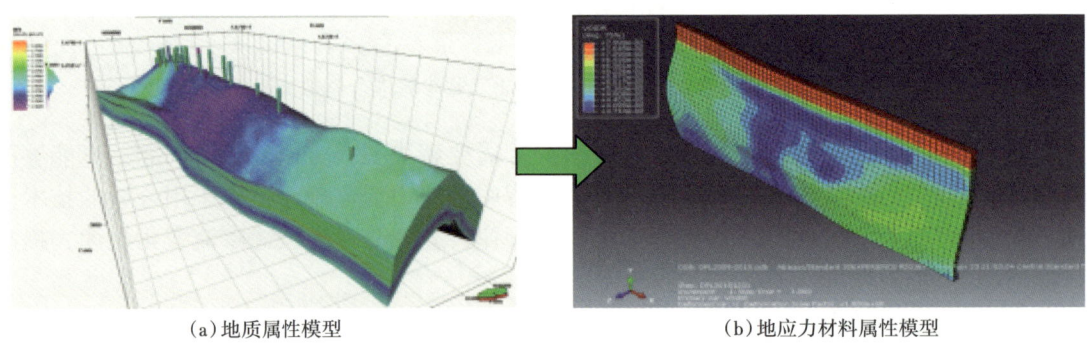

(a) 渗流模型

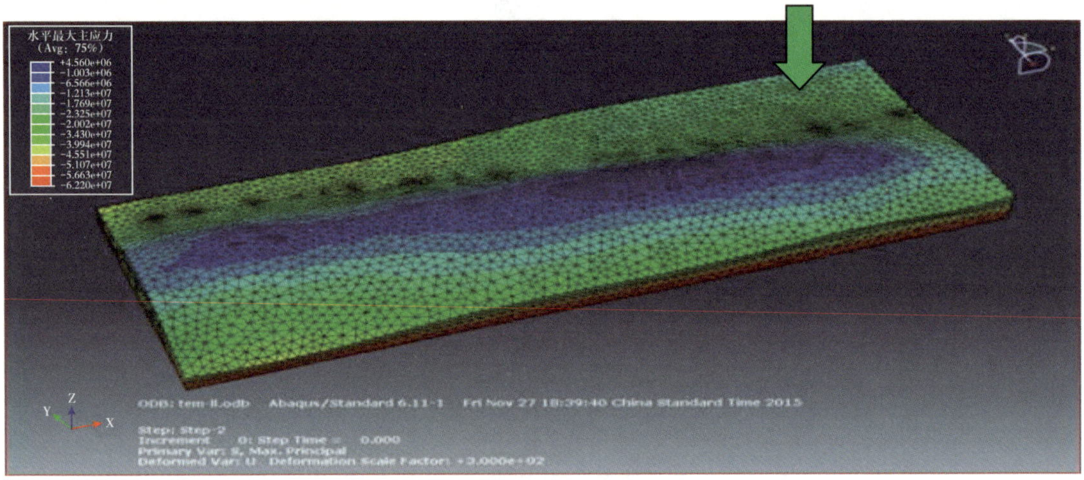

(b) 地应力模型

图 7-21 渗流模型与地应力模型

(a) 地质属性模型　　　　　　　　　　　(b) 地应力材料属性模型

图 7-22 地应力模型材料属性与地质属性对应

利用一维地应力建模研究结果，可以总体上评价研究区的应力状态及大小区间。为了获取三维地应力场分布，需利用有限元模拟，模拟结果通过单井一维地应力建模的校准，即可获得比较接近区块应力背景的应力场模型（图 7-23）。在克拉苏气田地应力场模拟研究中，通过加入储层顶部膏盐岩层模型等边界条件，使一维与三维地应力模型达到较好的匹配（图 7-24）。根据油气藏数值模拟生产历史拟合与预测结果，改变有限元模型孔隙压力，可获得开发过程中的地应力场变化（图 7-25）。

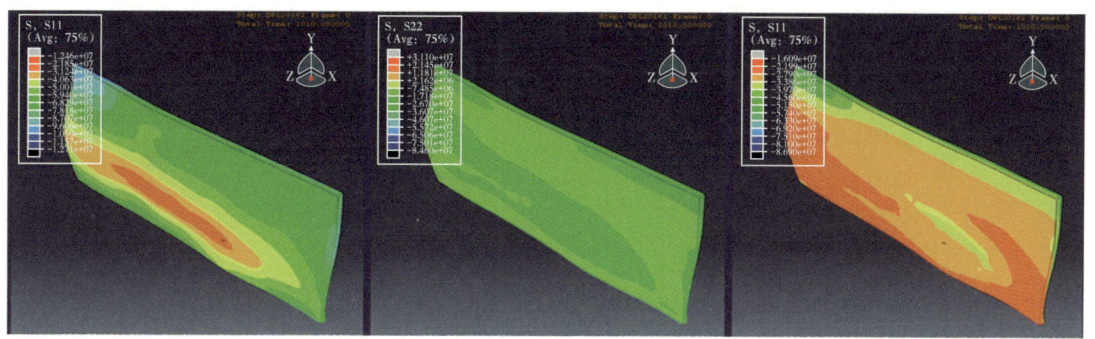

图 7-23　克拉苏气田三维地应力模拟结果（垂向、东西向、南北向）

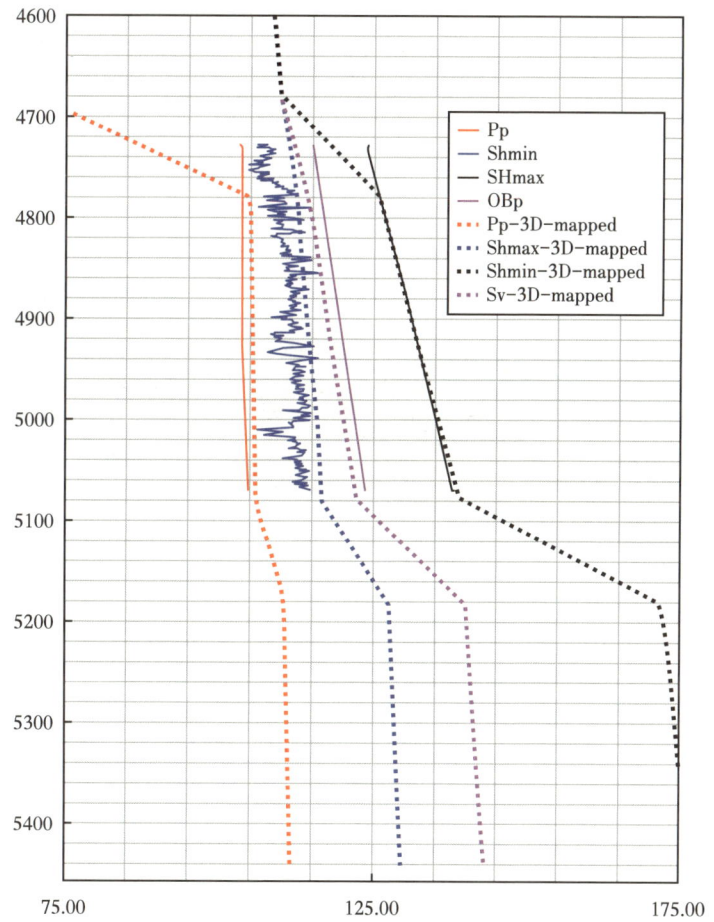

图 7-24　一维与三维地应力建模结果对比

实线为一维地应力建模结果，虚线为三维地应力建模结果，沿井轨迹提取应力值

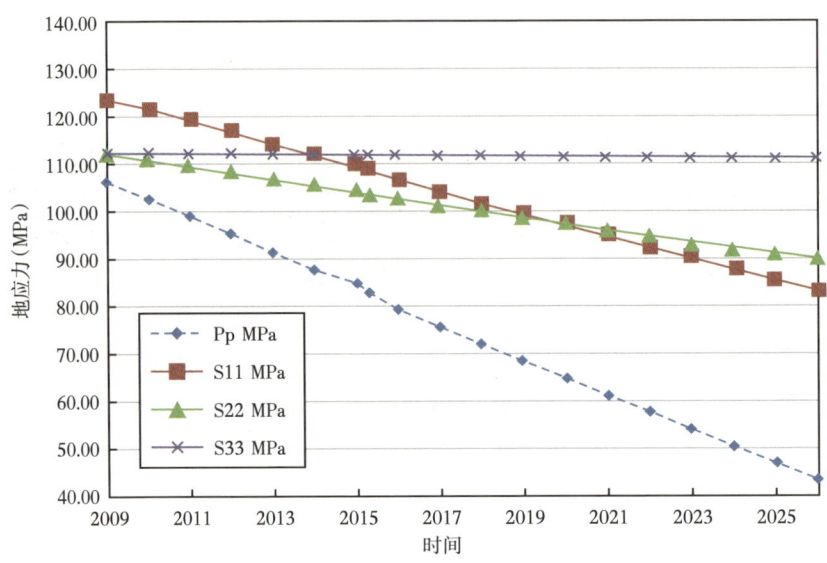

图 7-25 克拉苏气田开发过程中地应力变化曲线

克拉苏气田主应力方向分布较复杂，区块内部构造不同位置水平主应力方向存在差异。为了更加接近实际构造背景，设定一定的边界条件，通过不断的迭代模拟，使三维地应力模型水平主应力方向与单井评价结果相一致（图 7-26）。

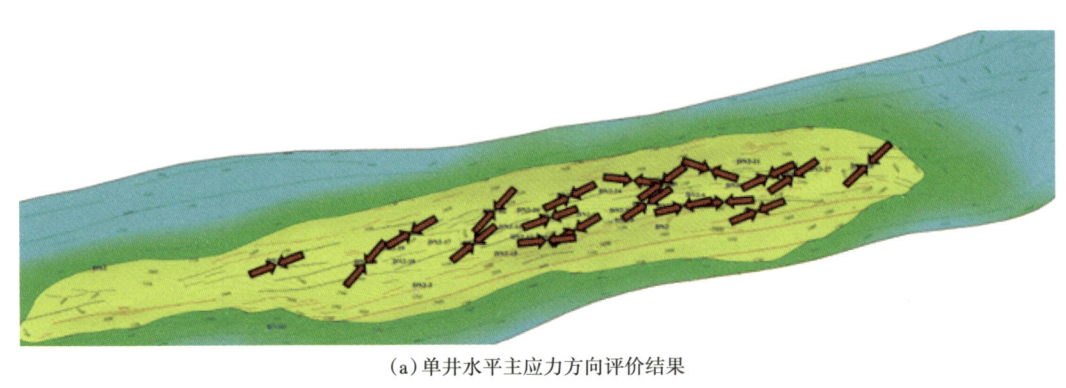

(a) 单井水平主应力方向评价结果

(b) 水平主应力方向模拟分布图

图 7-26 克拉苏气田主应力方向模拟成果图

克拉苏气田由于其复杂的地质构造背景和气藏条件，因此开展气藏流动参数与地质力学属性之间的耦合研究难度很大，目前尚处于攻关阶段。但耦合研究能够更准确和真实地反映气藏开发过程中的渗流机理及其变化特征，对于气田开发方案的科学制定、防止出砂、减缓出水、合理制定调整措施及稳定效益生产都有重要的指导作用，最终利于气藏高效开发。

通过克拉苏构造带地质力学参数场评价与应用研究，认识到地质力学属性是描述该类复杂气藏的重要地质因素之一。地质力学研究手段已成为克拉苏构造带开发中的一项常规必备技术。地质力学研究成果已作为气藏开发方案编制中的一个重要内容，贯穿于开发井位部署、钻井、完井、开发机理研究、开发动态方案调整等全过程中。从克拉苏构造带开发中建立的油气田地质力学技术系列将推广应用至塔里木盆地塔中、塔北裂缝性碳酸盐岩储层和塔西南山前裂缝性油气藏开发中。

参 考 文 献

白莹,李建忠,刘伟,等.2021.塔里木盆地西北部下寒武统白云岩特征及多重白云石化模式[J].石油学报,42(9):1174-1191.

陈勉.2004.我国深层岩石力学研究及在石油工程中的应用[J].岩石力学与工程学报,23(14):2455-2462.

陈勉.2013.页岩气储层水力裂缝转向扩展机制[J].中国石油大学学报(自然科学版),37(5):88-94.

陈勉,金衍,张广清.2008.石油工程岩石力学[M].北京:科学出版社,127-129.

陈勉,周健,金衍,等.2008.随机裂缝性储层压裂特征实验研究[J].石油学报,29(3):431-434.

陈勉,陈治喜,金衍.1998.用斜井岩芯的声发射效应确定深层地应力[J].岩石力学与工程学报,(3):311-314.

慈建发,何世明,李荣,等.2006.钻前井壁力学稳定性研究[J].天然气工业,26(6):68-71+162.

邓金根,黄荣樽,田效山.1997.油田深部地层地应力测定的新方法[J].石油大学学报(自然科学版),(1):34-37.

邓金根,王金凤,周建良.2002.渗透性地层井壁坍塌压力和破裂压力的计算模型[J].岩石力学与工程学报,21(增),2069-2072.

刁海燕.2013.泥页岩储层岩石力学特性及脆性评价[J].岩石学报,29(9):3300-3306.

丁次乾.1992.矿场地球物理[M].东营:石油大学出版社,344-345.

董长银,张启汉,饶鹏.2005.气井系统出砂预测模型研究及应用[J].天然气工业,25(9):98-100.

董文,符力耘,肖又军,等.2011.库车坳陷高陡构造地震勘探复杂性定量分析[J].地球物理学报,54(6):1600-1613.

杜金虎,王招明,胡素云,等.2012.库车前陆冲断带深层大气区形成条件与地质特征[J].石油勘探与开发,39(4):385-393.

杜新龙,康毅力,游利军,等.2013.低渗透储层微流动机理及应用进展综述[J].地质科技情报,32(2):6.

范宇,黄维安,王月纯,等.2024.四川盆地西部地区超深井大尺寸井眼井壁失稳机理及防治对策[J].天然气工业,44(12):116-127.

符力耘,肖又军,孙伟家,等.2013.库车坳陷复杂高陡构造地震成像研究[J].地球物理学报,56(6):1985-2001.

付晓飞,贾茹,王海学,等.2015.断层—盖层封闭性定量评价——以塔里木盆地库车坳陷大北—克拉苏构造带为例[J].石油勘探与开发,42(3):300-309.

葛洪魁,林英松,王顺昌.1998.水力压裂地应力测量有关技术问题的讨论[J].石油钻采工艺,(6):53-56+62-101.

顾家裕,方辉,贾进华.2001.塔里木盆地库车坳陷白垩系辫状三角洲砂体成岩作用和储层特征[J].沉积学报,19(4):517-523.

管树巍,陈竹新,李本亮,等.2010.再论库车克拉苏深部构造的性质与解释模型[J].石油勘探与开发,37(5):531-536.

郭子鹏,付晓飞.2007.地应力分析在老新地区油田开发中的应用[J].江汉石油职工大学学报,20(2):25-27.

韩登林,李忠,寿建峰.2011.背斜构造不同部位储集层物性差异——以库车坳陷克拉2气田为例[J].石油勘探与开发,38(3):282-286.

何登发,李德生,何金有,等.2013.塔里木盆地库车坳陷和西南坳陷油气地质特征类比及勘探启示[J].石油学报,34(2):201-218.

参考文献

何满潮，谢和平，彭苏萍，等．2005.深部开采岩体力学研究［J］．岩石力学与工程学报，24（16）：2803-2813.

季宗镇，戴俊生，王军，等．2010.塔河油田二叠系火山岩储集层裂缝参数模拟［J］．新疆石油地质，31（2）：142-145.

季宗镇，戴俊生，汪必峰．2010.地应力与构造裂缝参数间的定量关系［J］．石油学报，31（1）：68-72.

贾承造．1997.中国塔里木盆地构造特征与油气［M］．北京：石油工业出版社，326-327.

贾承造，魏国齐．2009.塔里木盆地构造特征与含油气性［J］．科学通报，（z1）：1-8.

贾承造，邹才能，李建忠，等．2012.中国致密油评价标准、主要类型、基本特征及资源前景［J］．石油学报，33（3）：343-350.

蒋有录，张乐，鲁雪松，等．2005.基于ANSYS的应力场模拟在库车坳陷克拉苏地区的初步应用［J］．天然气工业，25（4）：42-44.

金衍，陈勉，柳贡慧，等．1999.弱面地层斜井井壁稳定性分析［J］．石油大学学报（自然科学版），23（4）：46-48.

金衍，齐自立，陈勉，等．2011.水平井试油过程裂缝性储层失稳机理［J］．石油学报，32（2）：295-298.

康玉柱．2012.中国非常规泥页岩油气藏特征及勘探前景展望［J］．天然气工业，32（4）：1-5.

雷刚林，谢会文，张敬洲，等．2007.库车坳陷克拉苏构造带构造特征及天然气勘探［J］．石油与天然气地质，28（6）：816-820.

李本亮，陈竹新，谢会文，等．2013.冲断构造带深层变形的空间分布规律——以库车坳陷克拉苏构造带为例［J］．地质科学，48（1）：167-175.

李德伦，王恩林．2001.构造地质学［M］．吉林：吉林大学出版社，45-46.

李高仁，史亚红，夏宏泉，等．2018.基于Mogi-Coulomb强度准则的井壁稳定性力学分析新方法［J］．中国安全生产科学技术．

李军，张超谟，李进福，等．2011.库车前陆盆地构造压实作用及其对储集层的影响［J］．石油勘探与开发，38（1）：47-51.

李萌，汤良杰，李宗杰，等．2016.走滑断裂特征对油气勘探方向的选择——以塔中北坡顺1井区为例［J］．石油实验地质，38（1）：113-121.

李明诚．2004.石油与天然气运移（第三版）［M］．北京：石油工业出版社，221-223.

李朋武，崔军文，王连捷，等．2005.中国大陆科学钻探主孔钻孔崩落与现场应力状态的确定［J］．岩石学报，21（2）：421-426.

李志明，张金珠．1997.地应力与油气勘探开发［M］．北京：石油工业出版社，107-143.

李忠，梁波，巫芙蓉，等．2007.地震裂缝综合预测技术在川西致密砂岩储层中的应用［J］．天然气工业，2007，（2）：40-42+150.

练章华，徐进．2001.裂缝面及井眼附近的应力分析［J］．西南石油大学学报（自然科学版），23（3）：37-39.

梁狄刚，张水昌，赵孟军，等．2002.库车坳陷的油气成藏期［J］．科学通报，47（S1）：56-63.

刘洪，刘向君，孙万里，等．2006.水平井眼轨迹对气井出砂趋势及工作制度的影响［J］．天然气工业，26（12）：103-105.

刘磊，张辉，徐珂，等．2024.库车坳陷超深油气藏钻井井壁稳定性分析研究及应用［J］．新疆大学学报（自然科学版中英文），41（4）：459-466.

刘向君，罗平亚．2004.岩石力学与石油工程［M］．北京：石油工业出版社，77-79.

刘向君，罗平亚，孟英峰．2004.地应力场对井眼轨迹设计及稳定性的影响研究［J］．天然气工业，24（9）：57-59.

刘向君，叶仲斌，陈一健．2002.岩石弱面结构对井壁稳定性的影响［J］．天然气工业，22（2）：41-42.

刘志宏，卢华复，李西建，等．2000.库车再生前陆盆地的构造演化［J］．地质科学，35（4）：482-492.

柳贡慧，李玉顺．2001．考虑地应力影响下的射孔初始方位角的确定［J］．石油学报，22（1）：105-108．

柳广弟，孙明亮，吕延防，等．2008．库车坳陷天然气成藏过程有效性评价［J］．中国科学（D辑：地球科学），（S1）：103-110．

柳广弟，王雅星．2006．库车坳陷纵向压力结构与异常高压形成机理［J］．天然气工业，（9）：29-31+162．

马安来，林会喜，云露，等．2022．塔里木盆地顺托果勒地区奥陶系原油中乙基桥键金刚烷系列的检出及意义［J］．石油学报，43（6）：788-803．

满益志，王兴军，张耀堂，等．2008．库车山地复杂逆掩构造区变速成图技术研究与应用［J］．石油地球物理勘探，（S1）：119-121+196+11．

能源，谢会文，李勇，等．2012．塔里木盆地库车坳陷中部构造变形样式及分布特征［J］．地质科学，47（3）：629-639．

能源，谢会文，孙太荣，等．2013．克拉苏构造带克深段构造特征及其石油地质意义［J］．中国石油勘探，18（2）：1-6．

漆家福，雷刚林，李明刚，等．2009．库车坳陷克拉苏构造带的结构模型及其形成机制［J］．大地构造与成矿学，33（1）：49-56．

沈伟军，李熙喆，刘晓华，等．2014．裂缝性气藏水侵机理物理模拟［J］．中南大学学报（自然科学版），（9）：3283-3287．

宋惠珍，曾海容．1999．地震震源的研究——1999年中国地震学家在地震震源观测、实验和理论方面的成果［J］．地震学报，21（3）：25-30．

宋文杰，江同文．2008．塔里木盆地油气勘探开发进展与"西气东输"资源保障［J］．天然气工业，28（10）：1-4．

宋兆杰，李相方，李治平，等．2012．考虑非达西渗流的底水锥进临界产量计算模型［J］．石油学报，33（1）：106-111．

孙龙德．2004．克拉2气田储层应力敏感性及对产能影响的实验研究［J］．中国科学：地球科学，34（A1）：134-142．

孙志道．2002．裂缝性有水气藏开采特征和开发方式优选［J］．石油勘探与开发，29（4）：69-71．

孙宗颀，张景和．2004．地应力在地质断层构造发生前后的变化［J］．岩石力学与工程学报，（23）：3964-3969．

汤良杰，金之钧，贾承造，等．2004．库车前陆褶皱—冲断带前缘大型盐推覆构造［J］．地质学报，78（1）：17-25．

唐煊赫．2020．页岩气藏多场耦合四维动态地应力演化机理研究［D］．西南石油大学．

唐雁刚，杨宪彰，谢会文，等．2021．塔里木盆地库车坳陷侏罗系阿合组致密气藏特征与勘探潜力［J］．中国石油勘探，26（4）：113-124．

唐颖，邢云，李乐忠，等．2012．页岩储层可压裂性影响因素及评价方法［J］．地学前缘，19（5）：356-363．

童亨茂．1998．断层开启与封闭的定量分析［J］．石油与天然气地质，19（3）：45-50．

王波，张荣虎，任康绪，等．2011．库车坳陷大北—克拉苏深层构造带有效储层埋深下限预测［J］．石油学报，32（2）：212-218．

王珂，戴俊生．2012．地应力与断层封闭性之间的定量关系［J］．石油学报，33（1）：74-81．

王珂，戴俊生，贾开富，等．2013．库车坳陷A气田砂泥岩互层构造裂缝发育规律［J］．西南石油大学学报（自然科学版），35（2）：63-70．

王珂，张荣虎，唐永，等．2022．库车坳陷北部构造带侏罗系阿合组构造成岩作用与储层预测［J］．石油学报，43（7）：925-940．

王来源，黄诚，龚伟，等．2024．塔中顺北地区志留系断裂特征与应力场扰动分析及井位优选［J］．石油实验地质，46（4）：674-682．

王清华，金武弟，等 . 2025. 塔里木盆地致密砂岩油气勘探新领域及资源潜力 [J]. 石油学报，46（1）：89-103.

王清华，蔡振忠，张银涛，等 . 2024. 塔里木盆地超深层走滑断控油气藏研究进展与趋势 [J]. 新疆石油地质，45（4）：379-386.

王喜双，李晋超，王绍民，等 . 1997. 塔里木盆地构造应力场与油气聚集 [J]. 石油学报，18（1）：25-30.

王招明 . 2014. 塔里木盆地库车坳陷克拉苏盐下深层大气田形成机制与富集规律 [J]. 天然气地球科学，25（2）：153-166.

王志民，张辉，徐珂，等 . 2022. 超深裂缝性砂岩气藏增产地质工程一体化关键技术与实践 [J]. 中国石油勘探，27（1）：164-171.

肖芳锋，侯贵廷，王延欣，等 . 2010. 准噶尔盆地及周缘二叠纪以来构造应力场解析 [J]. 北京大学学报（自然科学版），46（2）：224-230.

徐振平，李勇，马玉杰，等 . 2011. 塔里木盆地库车坳陷中部构造单元划分新方案与天然气勘探方向 [J]. 天然气工业，31（3）：31-36.

Xia Kaiwen，李星，齐春艳，等 . 2022. 原位应力下裂缝性致密砂岩各向异性地震波速及其渗透率关联特征 [J]. 煤炭学报，47（1）：246-258.

杨依超，陈建军，万玉金 . 2006. 低渗透气藏地质特征与开发规律 [C]. 复杂气藏开发技术研讨会 . 中国石油学会 .

杨跃辉，高广亮，王芳，等 . 2022. 冀东南堡储气库射孔段分层地应力测量方法 [J]. 油气储运，41（9）：7.

余一欣，马宝军，汤良杰，等 . 2008. 库车坳陷西段盐构造形成主控因素 [J]. 石油勘探与开发，35（1）：23-27.

袁俊亮，邓金根，张定宇，等 . 2013. 页岩气储层可压裂性评价技术 [J]. 石油学报，34（3）：523-527.

张丹凤，方石，邱善坤 . 2021. 断层封启性的研究现状与发展方向 [J]. 吉林大学学报：地球科学版，51（1）：65-80.

张凤奇，王震亮，鲁雪松，等 . 2012. 库车坳陷现今构造应力场与天然气分布关系 [J]. 新疆石油地质，33（4）：431-433.

张凤奇，王震亮，宋岩，等 . 2012. 库车前陆盆地构造挤压作用下的天然气运聚效应探讨 [J]. 地质论评，58（2）：268-276.

张福祥，王新海，李元斌，等 . 2011. 库车山前裂缝性砂岩气层裂缝对地层渗透率的贡献率 [J]. 石油天然气学报，33（6）：149-152.

张广清，金衍，陈勉 . 2002. 利用围压下岩石的凯泽效应测定地应力 [J]. 岩石力学与工程学报，（3）：360-363.

张厚福 . 1992. 石油地质学新进展 [J]. 石油与天然气地质，13（3）：351-354.

张厚福，高先志 . 1999. 石油地质学 [M]. 北京：石油工业出版社，113-115.

张惠良，张荣虎，杨海军，等 . 2012. 构造裂缝发育型砂岩储层定量评价方法及应用——以库车前陆盆地白垩系为例 [J]. 岩石学报，28（3）：827-835.

张惠良，张荣虎，杨海军，等 . 2014. 超深层裂缝—孔隙型致密砂岩储集层表征与评价——以库车前陆盆地克拉苏构造带白垩系巴什基奇克组为例 [J]. 石油勘探与开发，41（2）：158-167.

张金珠 . 1997. 地应力与油气勘探开发 [M]. 北京：石油工业出版社，65-67.

张乐，蒋有录，姜在兴 . 2007. 构造应力在克拉2气田成藏过程中的作用 [J]. 天然气勘探与开发，30（1）：1-4.

张立宽，罗晓容，宋国奇，等 . 2013. 油气运移过程中断层启闭性的量化表征参数评价 [J]. 石油学报，34（1）：92-100.

张明，王菲，杨强 . 2013. 基于三轴压缩试验的岩石统计损伤本构模型 [J]. 岩土工程学报，35（11）：1965-

1971.

张明明, 李大奇, 范翔宇. 2024. 破碎带地层井壁坍塌压力及井周失稳区域研究[J]. 断块油气田, 31(5): 916-921.

张星, 贾善坡, 徐萌, 等. 2023. 基于CO_2注入的断层失稳渗流—应力耦合分析[J]. 东北石油大学学报, 47(3): 69-78.

赵海峰, 陈勉, 等. 2010. 由实钻资料反演地应力及井壁稳定[J]. 岩石力学与工程学报, 29(A1): 2799-2804.

赵力彬, 石石, 肖香姣, 等. 2012. 库车坳陷克深2气藏裂缝—孔隙型砂岩储层地质建模方法[J]. 天然气工业, 32(10): 10-13+108.

赵孟军, 卢双舫, 李剑. 2002. 库车油气系统天然气地球化学特征及气源探讨[J]. 石油勘探与开发, 29(6): 4-7.

朱光有, 张水昌, 陈玲, 等. 2009. 天然气充注成藏与深部砂岩储集层的形成——以塔里木盆地库车坳陷为例[J]. 石油勘探与开发, 36(3): 347-357.

卓勤功, 李勇, 宋岩, 等. 2013. 塔里木盆地库车坳陷克拉苏构造带古近系膏盐岩盖层演化与圈闭有效性[J]. 石油实验地质, 35(1): 42-47.

邹华耀, 王红军, 郝芳, 等. 2007. 库车坳陷克拉苏逆冲带晚期快速成藏机理[J]. 中国科学(D辑: 地球科学), 37(8): 1032-1040.

Aadnoy B S. 1990. In-situ stress directions from borehole fracture traces[J]. Journal of Petroleum Science & Engineering, 4(9): 143-153.

Aguilera R F, Harding T, Krause F. 2008. Natural gas production from tight gas formations: a global perspective: 19th World Petroleum Congress[C]. World Petroleum Congress.

Allen D R. 1973. Subsidence, rebound and surface strain associated with oil producing operations, Long Beach, California[J]. Association Engineering Geologists, Special Publication, 101-111.

Amadei B, Stephansson O. 1986. Rock Stress and Its Measurement[M]. Centek Publishers.

Anderson E M, Hubbert M K. 1972. The dynamics of faulting and dyke formation with applications to Britain[M]. Hafner Publishing Company New York.

Baade R R, Chin L V, Siemers W T. 1988. Forecasting of Ekofisk reservoir compaction and subsidence by numerical simulation: Offshore Technology Conference[C]. Offshore Technology Conference.

Barton C A, Hickman S, Morin R, et al. 1997. FRACTURE PERMEABILITY AND ITS RELATIONSHIP TO IN-SITU STRESS IN THE DIXIE VALLEY, NEVADA, GEOTHERMAL RESERVOIR[J]. Bmj, 314(7098): 1875-1879.

Barton C A, Zoback M D. 1994. Stress perturbations associated with active faults penetrated by boreholes: Possible evidence for near-complete stress drop and a new technique for stress magnitude measurement[J]. Journal of Geophysical Research: Solid Earth, 99(B5): 9373-9390.

Barton C A, Zoback M D, Burns K L. 1988. In-situ stress orientation and magnitude at the Fenton Geothermal Site, New Mexico, determined from wellbore breakouts[J]. Geophysical Research Letters, 15(5): 467-470.

Barton C A, Zoback M D, Moos D. 1995. Fluid flow along potentially active faults in crystalline rock[J]. Geology, 23(8): 683.

Beekman F, Badsi M, Wees J D V. 2000. Faulting, fracturing and in situ stress prediction in the Ahnet Basin, Algeria—a finite element approach[J]. Tectonophysics, 320(3): 311-329.

Bell J S, Gough D I. 1979. Northeast-southwest compressive stress in Alberta evidence from oil wells[J]. Earth & Planetary Science Letters, 45(2): 475-482.

Bourne S J, Brauckmann F, Rijkels L, et al. 2000. Predictive modelling of naturally fractured reservoirs using geomechanics and flow simulation: Abu Dhabi International Petroleum Exhibition and Conference[C]. Society of Petroleum Engineers.

Bouvier J D, Kaars-Sijpesteijn C H, Kluesner D F, et al. 1989. Three-dimensional seismic interpretation and fault sealing investigations, Nun River Field, Nigeria[J]. AAPG Bulletin, 73(11): 1397-1414.

Bradley W B. 1979. Failure of inclined boreholes[J]. Journal of Energy Resources Technology, 101(4): 232-239.

Brannon H D, Kendrick D E, Luckey E, et al. 2009. Multi-stage fracturing of horizontal wells using ninety-five quality foam provides improved shale gas production: SPE Eastern Regional Meeting Proceedings. Paper, [C].

Britto A M, Gunn M J. 1987. Critical state soil mechanics via finite elements[M].

Brudy M, Zoback M. 1999. Drilling-induced tensile wall-fractures: implications for determination of in-situ stress orientation and magnitude[J]. International Journal of Rock Mechanics and Mining Sciences, 36(2): 191-215.

Bruner K R, Smosna R. 2011. A comparative study of the Mississippian Barnett shale, Fort Worth Basin, and Devonian Marcellus shale[Z].

Bunger A P, Jeffrey R G, Detournay E. 2005. Application of scaling laws to laboratory-scale hydraulic fractures: Alaska Rocks 2005, The 40th US Symposium on Rock Mechanics (USRMS)[C]. American Rock Mechanics Association.

Busetti S, Mish K, Reches Z. 2012. Damage and plastic deformation of reservoir rocks: Part 1. Damage fracturing[J]. AAPG Bulletin, 96(9): 1687-1709.

Bybee K. 2004. Improved Horizontal-Well Stimulations in the Bakken Formation[J]. Journal of Petroleum Technology, 56(11): 49-50.

Chang C. 2014. Effects of Fractures and Faults on In Situ Stress Magnitudes: 48th US Rock Mechanics/Geomechanics Symposium[C]. American Rock Mechanics Association.

Chen H, Teufel L W. 2000. Coupling fluid-flow and geomechanics in dual-porosity modeling of naturally fractured reservoirs-model description and comparison: SPE International Petroleum Conference and Exhibition in Mexico[C]. Society of Petroleum Engineers.

Chen H, Teufel L W. 2001. Reservoir Stress Changes Induced by Production/Injection: SPE Rocky Mountain Petroleum Technology Conference[C]. Society of Petroleum Engineers.

Cho Y, Ozkan E, Apaydin O G. 2012. Pressure-Dependent Natural-Fracture Permeability in Shale and Its Effect on Shale-Gas Well Production[J]. Spe Reservoir Evaluation & Engineering, 16(2): 216-228.

Cipolla C L, Warpinski N R, Mayerhofer M J, et al. 2008. The relationship between fracture complexity, reservoir properties, and fracture treatment design: SPE Annual Technical Conference and Exhibition[C]. Society of Petroleum Engineers.

Dahlen F A, Suppe J, Davis D. 1983. Mechanics of fold-and-thrust belts and accretionary wedges[J]. Journal of Geophysical Research Solid Earth, 88(B2): 1153-1172.

Donath F A. 1961. Experimental study of shear failure in anisotropic rocks[J]. Geological Society of America Bulletin, 72(6): 985-989.

Doser D I, Baker M R, Mason D B. 1991. Seismicity in the War-Wink gas field, Delaware Basin, west Texas, and its relationship to petroleum production[J]. Bulletin of the Seismological Society of America, 81(3): 971-986.

Du Rouchet J. 1981. Stress fields, a key to oil migration[J]. AAPG bulletin, 65(1): 74-85.

Dwi Hudya F, Natalia S, Castillo D. 2007. The Effect of Pressure Depletion on Geomechanical Stress and

Fracture Behavior in Gunung Kembang Field[J].

Enderlin M, Alsleben H, Beyer J A. 2011. Predicting fracability in shale reservoirs: AAPG Annual Convention and Exhibition, Houston, Texas, USA[C].

Eshkalak M, Aybar U, Sepehrnoori K. 2014. Long Term Effect of Natural Fractures Closure on Gas Production from Unconventional Reservoirs: SPE Eastern Regional Meeting, 21-23 October, Charleston, WV, USA[C].

Etal E F. 2008. Petroleum related rock mechanics / 2nd ed[M]. Elsevier.

Etiawan N B, Zimmerman R W. 2019. The implications of using anisotropic elasticity and fully-triaxial failure criteria for borehole stability analysis in shales[C]//Proceedings of the 53rd US Rock Mechanics/Geomechanics Symposium. June 23-26, New.

Fang C, Amro M. 2014. Influence factors of fracability in nonmarine shale: SPE/EAGE European Unconventional Resources Conference and Exhibition[C].

Faulkner D R, Jackson C A L, Lunn R J, et al. 2010. A review of recent developments concerning the structure, mechanics and fluid flow properties of fault zones[J]. Journal of Structural Geology, 32 (11): 1557-1575.

Feng Y J, Shi X W. 2013. Hydraulic Fracturing Process: Roles of In Situ Stress and Rock Strength[M].

Fernandez-Ibanez F, Soto J I, Zoback M D, et al. 2007. Present-day stress field in the Gibraltar Arc (western Mediterranean)[J]. Journal of Geophysical Research Atmospheres, 112 (B8): 90.

Finkbeiner T, Moos D, DeRose W, et al. 2000. Wellbore stability evaluation for horizontal hole completion-A case study: SPE Asia Pacific Oil and Gas Conference and Exhibition[C]. Society of Petroleum Engineers.

Finkbeiner, M., Schau, E.M., Lehmann, A. and Traverso, M. 2010. Towards Life Cycle Sustainability Assessment. Sustainability, 2, 3309-3322. https://doi.org/10.3390/su2103309.

Fisher Q J, Knipe R J. 2001. The permeability of faults within siliciclastic petroleum reservoirs of the North Sea and Norwegian Continental Shelf[J]. Marine and Petroleum Geology, 18 (10): 1063-1081.

Fontaine J S, Johnson N J, Schoen D. 2008. Design, Execution, and Evaluation of a" Typical" Marcellus Shale Slickwater Stimulation: A Case History: SPE Eastern Regional/AAPG Eastern Section Joint Meeting [C]. Society of Petroleum Engineers.

Franquet J A, Krisadasima S, Bal A, et al. 2008. Critically-stressed Fracture Analysis Contributes to Determining the Optimal Drilling Trajectory in Naturally Fractured Reservoirs[J]. Earthquake Engineering & Structural Dynamics, 30 (11): 1575-1595.

Franquet J A, Mitra A, Warrington D S, et al. 2011. Integrated Acoustic, Mineralogy, and Geomechanics Characterization of the Huron Shale, Southern West Virginia, USA[C].

Frignet B, Sinha B, Winkler K W, et al. 1999. Stress-Induced Dipole Anisotropy: Theory, Experiment And Field Data: SPWLA 40th Annual Logging Symposium[C]. Society of Petrophysicists and Well-Log Analysts.

Fristad T, Groth A, Yielding G, et al. 1997. Quantitative fault seal prediction: a case study from Oseberg Syd[J]. Norwegian Petroleum Society Special Publications, 7: 107-124.

Gale J F W, Reed R M, Holder J. 2007, Natural fractures in the Barnett Shale and their importance for hydraulic fracture treatments[J]. AAPG Bulletin, 91 (4): 603-622.

Gonzalez L, Aguilera R, Gonzalez L, et al. 2011. Effect of Natural Fracture Density on Production Variability of Individual Wells in the Tight Gas Nikanassin Formation[J]. Journal of Canadian Petroleum Technology, 52 (2): 187-195.

Grigg M. 2004. Emphasis on mineralogy and basin stress for gas shale exploration: SPE Meeting on Gas Shale Technology Exchange[C].

Guanghui W, Hai W, Zhiyong C, et al. 2010. Characteristics of the complex Ordovician carbonate reservoirs in the Tarim Basin[J]. Oil & Gas Geology, 6: 12.

Guanghui W, Haijun Y, Tailai Q, et al. 2012. The fault system characteristics and its controlling roles on marine carbonate hydrocarbon in the Central uplift, Tarim basin[J]. Acta Petrologica Sinica, 28(3): 793-805.

Gutierrex M, Lewis R W. 1998. The role of geomechanics in reservoir simulation: SPE/ISRM Rock Mechanics in Petroleum Engineering[C]. Society of Petroleum Engineers.

Haijun Y, Kaikai L, Wenqing P, et al. 2012. Burial hydrothermal dissolution fluid activity and its transforming effect on the reservoirs in Ordovician in Central Tarim[J]. Acta Petrologica Sinica, 28(3): 783-792.

Haimson B C, Fairhurst C. 1969. In-Situ Stress Determination At Great Depth By Means Of Hydraulic Fracturing[J]. Am. Soc. Mech. Eng., (Pap.); (United States).

Haiting A N, Haiyin L I, Wang J, et al. 2009. Tectonic Evolution and Its Controlling on Oil and Gas Accumulation in the Northern Tarim Basin[J]. Geotectonica Et Metallogenia, 33(1): 142-147.

Harstad H, Teufel L W, Lorenz J C. 1995. Characterization and simulation of naturally fractured tight gas sandstone reservoirs: SPE Annual Technical Conference and Exhibition[C]. Society of Petroleum Engineers.

Harstad H, Teufel L W, Lorenz J C. 1998. Drainage efficiency in naturally fractured tight gas sandstone reservoirs: SPE Gas Technology Symposium[C]. Society of Petroleum Engineers.

Hartman R C, Lasswell P, Bhatta N. 2008. Recent advances in the analytical methods used for shale gas reservoir gas-in-place assessment[J]. Search and Discovery Article, 40317: 20-23.

Hennings P, Allwardt P, Paul P, et al. 2012. Relationship between fractures, fault zones, stress, and reservoir productivity in the Suban gas field, Sumatra, Indonesia[J]. AAPG Bulletin, 96(4): 753-772.

Hennings, J., & Althaus, F. 2012. Aeroelastic mysteries in avian flight. CEAS Journal of Aerospace Engineering, 3(2), 135–144. https://doi.org/10.1007/s13272-012-0048-6.

Himmerlberg N, Eckert A. 2013. Wellbore Trajectory Planning for Complex Stress States: 47th US Rock Mechanics/Geomechanics Symposium[C]. American Rock Mechanics Association.

Holt R M, Pestman B J, Kenter C J. 2001. Use of a discrete particle model to assess feasibility of core based stress determination: DC Rocks 2001, The 38th US Symposium on Rock Mechanics (USRMS)[C]. American Rock Mechanics Association.

Høyland L A, Papatzacos P, Skjaeveland S M. 1989. Critical rate for water coning: correlation and analytical solution[J]. SPE Reservoir Engineering, 4(4): 495-502.

Hucka V, Das B. 1974. Brittleness determination of rocks by different methods: International Journal of Rock Mechanics and Mining Sciences & Geomechanics Abstracts[C]. Elsevier.

Ito T, Zoback M D. 2000. Fracture permeability and in situ stress to 7 km depth in the KTB scientific drillhole[J]. Geophysical Research Letters, 27(7): 1045-1048.

Jaeger J C. Cook N G. 1979. Fundamentals of Rock Mechanics[M]. London: Chapman & Hall.

Jaeger J C, Cook N G, Zimmerman R. 2009. Fundamentals of rock mechanics[M]. John Wiley & Sons.

Jaeger J C, Cook N G W, Zimmerman R W. 2007. Fundamentals of rock mechanics[M]. Oxford: Blackwell Publishing.

Jahandideh A, Jafarpour B. 2014. Optimization of hydraulic fracturing design under spatially variable shale fracability: SPE Western North American and Rocky Mountain Joint Meeting[C]. Society of Petroleum Engineers.

Jalali M R, Dusseault M B. 2008. Coupled Fluid-Flow And Geomechanics In Naturally Fractured Reservoirs: ISRM International Symposium-5th Asian Rock Mechanics Symposium[C]. International Society for Rock Mechanics.

Jarvie D M, Hill R J, Ruble T E, et al. 2007. Unconventional shale-gas systems: The Mississippian Barnett

Shale of north-central Texas as one model for thermogenic shale-gas assessment[J]. AAPG bulletin, 91 (4): 475-499.

Jin X, Shah S N, Roegiers J C, et al. 2014. Fracability Evaluation in Shale Reservoirs - An Integrated Petrophysics and Geomechanics Approach[J]. Spe Journal, 20 (3): 518-526.

Jin X, Shah S N, Truax J A, et al. 2014. A Practical Petrophysical Approach for Brittleness Prediction from Porosity and Sonic Logging in Shale Reservoirs: SPE Annual Technical Conference and Exhibition[C]. Society of Petroleum Engineers.

Johri M. 2013. The evolution of stimulated reservoir volume during hydraulic stimulation of shale gas formations[C]. Unconventional Resources Technology Conference (URTEC).

Johri M, Dunham E M, Zoback M D, et al. 2014a. Predicting fault damage zones by modeling dynamic rupture propagation and comparison with field observations[J]. Journal of Geophysical Research Solid Earth, 119 (2): 1251-1272.

Johri M, Zoback M D, Hennings P. 2014b. A scaling law to characterize fault-damage zones at reservoir depths[J]. AAPG Bulletin, 98 (10): 2057-2079.

Karfakis M G. 1986. Hydraulic Fracturing Stress Measurements In Anisotropic Rocks: a Theoretical Analysis: ISRM International Symposium[C]. International Society for Rock Mechanics.

Kartobi K, Ouriri F, Lalili W, et al. 2012. Advanced 3D Geomechanics For Well Design In North Africa: Abu Dhabi International Petroleum Conference and Exhibition[C]. Society of Petroleum Engineers.

Kasap E, Bush E S. 2003. Estimating a Relationship between Pore Pressure and Natural Fracture Permeability for Highly Stressed Reservoirs: SPE Annual Technical Conference and Exhibition[C]. Society of Petroleum Engineers.

King G E. 2010. Thirty years of gas shale fracturing: What have we learned? SPE Annual Technical Conference and Exhibition[C]. Society of Petroleum Engineers.

Knipe R J. 1992. Faulting processes and fault seal[J]. Structural and tectonic modelling and its application to petroleum geology, 325-342.

Kosloff D, Scott R F, Scranton J. 1980. Finite element simulation of Wilmington oil field subsidence: I. Linear modelling[J]. Tectonophysics, 65 (3): 339-368.

Koutsabeloulis N, Zhang X. 2009. 3D Reservoir geomechanical modeling in oil/gas field production: SPE Saudi Arabia Section Technical Symposium[C]. Society of Petroleum Engineers.

Kranzz R L, Frankel A D, Engelder T, et al. 1979. The permeability of whole and jointed Barre Granite[J]. International Journal of Rock Mechanics & Mining Science & Geomechanics Abstracts, 16 (4): 225-234.

Kwasniewski M. 1989. Laws of brittle failure and of BD transition in sandstones: ISRM International Symposium[C]. International Society for Rock Mechanics.

Lade P V. 1976. Stress-path dependent behavior of cohesionless soil: Proc., ASCE[C].

Laubach S E, Gale J F W. 2006. OBTAINING FRACTURE INFORMATION FOR LOW-PERMEABILITY (TIGHT) GAS SANDSTONES FROM SIDEWALL CORES[J]. Journal of Petroleum Geology, 29 (2): 147-158.

Laubach S E, Olson J E, Gale J F W. 2004. Are open fractures necessarily aligned with maximum horizontal stress?[J]. Earth & Planetary Science Letters, 222 (1): 191-195.

Leonard-Barton, D. 1995. Wellsprings of Knowledge: Building and Sustaining Sources of Innovation. Harvard Business School Press.

Lewis R W, Sukirman Y. 1993. Finite element modelling of three-phase flow in deforming saturated oil reservoirs[J]. International Journal for Numerical and Analytical Methods in Geomechanics, 17 (8): 577-

598.

Lin W, Yeh E, Hung J, et al. 2010. Localized rotation of principal stress around faults and fractures determined from borehole breakouts in hole B of the Taiwan Chelungpu-fault Drilling Project (TCDP) [J]. Tectonophysics, 482 (1-4): 82-91.

Liu L, Zoback M D. 1992. The effect of topography on the state of stress in the crust: Application to the site of the Cajon Pass Scientific Drilling Project[J]. Journal of Geophysical Research, 97 (B4): 5095.

Lorenz J C, Teufel L W, Warpinski N R. 1991. Regional Fractures I: A Mechanism for the Formation of Regional Fractures at Depth in Flat-Lying Reservoirs[J]. AAPG bulletin. 75 (11): 1714-1737.

Lu X, Jin Z, Liu L, et al. 2004. Oil and gas accumulations in the Ordovician carbonates in the Tazhong Uplift of Tarim Basin, west China[J]. Journal of Petroleum Science and Engineering, 41 (1): 109-121.

M. D. Zoback and J. H. 1984. Healy, "Friction, Faulting and In-Situ Stress," Annals of Geophysics, Vol. 2, pp. 689-698.

MAERTEN L, MAERTEN F. 2006.Chronologic modeling of faulted and fractured reservoirs using geogechanically based restoration: technique and industry applications [J]. AAPG Bulletin, 90 (8): 1201-1226.

Maxwell S C, Zimmer U, Gusek R W, et al. 2009. Evidence of a horizontal hydraulic fracture from stress rotations across a thrust fault[J]. SPE Production & Operations, 24 (2): 312-319.

Montgomery S L, Jarvie D M, Bowker K A, et al. 2005. Mississippian Barnett Shale, Fort Worth basin, north-central Texas: Gas-shale play with multi-trillion cubic foot potential[J]. AAPG bulletin, 89 (2): 155-175.

Moos D, Peska P, Zoback M D. 1998. Predicting the stability of horizontal wells and multi-laterals: the role of in situ stress and rock properties: SPE International conference on horizontal well technology[C].

Moos D, Zoback M D. 1990. Utilization of observations of well bore failure to constrain the orientation and magnitude of crustal stresses: Application to continental, Deep Sea Drilling Project, and Ocean Drilling Program boreholes[J]. Journal of Geophysical Research, 95 (B6): 9305.

Moos D, Zoback M D, Bailey L. 2001. Feasibility Study of the Stability of Openhole Multilaterals, Cook Inlet, Alaska[J]. Spe Drilling & Completion, 16 (3): 140-145.

Moos, D.C., Ringdal, A. 2012. Self-regulated learning in the classroom: A literature review on the teacher's role. Educ. Res. Int., 1–15.

Mullen M J, Enderlin M B. 2012. Fracability Index-More Than Rock Properties: SPE Annual Technical Conference and Exhibition[C]. Society of Petroleum Engineers.

Nguyen V X, Abousleiman Y N. 2009. Naturally fractured reservoir three-dimensional analytical modeling: theory and case study: SPE Annual Technical Conference and Exhibition[C]. Society of Petroleum Engineers.

Ni X F, Zhang L J, Shen A J, et al. 2011. Characteristics and genesis of Ordovician carbonate karst reservoir in Yingmaili-Halahatang Area, Tarim Basin[J]. Acta Sedimentologica Sinica, 29 (3): 465-474.

Olsen T N, Bratton T R, Thiercelin M J. 2009. Quantifying proppant transport for complex fractures in unconventional formations: SPE Hydraulic Fracturing Technology Conference[C]. Society of Petroleum Engineers.

Olson J E. 2008. Multi-fracture propagation modeling: Applications to hydraulic fracturing in shales and tight gas sands: The 42nd US rock mechanics symposium (USRMS) [C]. American Rock Mechanics Association.

Olson J E, Laubach S E, Lander R H. 2009. Natural fracture characterization in tight gas sandstones: Integrating mechanics and diagenesis[J]. AAPG Bulletin, 93 (11): 1535-1549.

Paul P K, Zoback M D. 2006. Wellbore Stability Study for the SAFOD Borehole Through the San Andreas Fault[J]. Spe Drilling & Completion, 23 (4): 394-408.

Paul P, Zoback M, Hennings P, et al. 2013. Fluid Flow in a Fractured Reservoir Using a Geomechanically-Constrained Fault Zone Damage Model for Reservoir Simulation[J]. Spe Reservoir Evaluation & Engineering, 12(12): 562-575.

Pestman B J, Kenter C J, van Munster H G. 2001. Core-based determination of in-situ stress magnitudes: DC Rocks 2001, The 38th US Symposium on Rock Mechanics (USRMS)[C]. American Rock Mechanics Association.

Philip Z G, Jennings J W, Olson J E, et al. 2005. Modeling Coupled Fracture-Matrix Fluid Flow in Geomechanically Simulated Fracture Networks[J]. Spe Reservoir Evaluation & Engineering, 8(4): 300-309.

Plona, T. J. 1999. Stress-Induced Dipole Anisotropy—Theory, Experiment, and Field Data. In Proceedings of the 1999 Annual Logging Symposium, SPWLA, 1-14.

Plumb R A, Hickman S H. 1985. Stress-induced borehole elongation: A comparison between the four-arm dipmeter and the borehole televiewer in the Auburn Geothermal Well[J]. Journal of Geophysical Research Atmospheres, 90(B7): 5513-5521.

Plumb R, Edwards S, Pidcock G, et al. 2000. The mechanical earth model concept and its application to high-risk well construction projects: IADC/SPE Drilling Conference[C]. Society of Petroleum Engineers.

Prats M. 1981. Effect of burial history on the subsurface horizontal stresses of formations having different material properties[J]. Society of Petroleum Engineers Journal, 21(6): 658-662.

Richard P, Stephen E, Gary P, et al. 2000. The Mechanical Earth Model Concept and Its Application to High-Risk Well Construction Projects: IADC/SPE Drilling Conference, New Orleans, Louisiana[C].

Rickman R, Mullen M J, Petre J E, et al. 2008. A practical use of shale petrophysics for stimulation design optimization: All shale plays are not clones of the Barnett Shale: SPE Annual Technical Conference and Exhibition[C]. Society of Petroleum Engineers.

Rodgerson J L. 2000. Impact of natural fractures in hydraulic fracturing of tight gas sands: SPE Permian Basin Oil and Gas Recovery Conference[C]. Society of Petroleum Engineers.

Rotevatn A, Bastesen E. 2012. Fault linkage and damage zone architecture in tight carbonate rocks in the Suez Rift(Egypt): implications for permeability structure along segmented normal faults[J]. Geological Society London Special Publications, 374(1): 79-95.

Sample J C, Reid M R, Tols H J, et al. 1993. Carbonate cements indicate channeled fluid flow along a zone of vertical faults at the deformation front of the Cascadia accretionary wedge (northwest U.S. coast)[J]. Geology, 21(6): 507.

Segall P, Fitzgerald S D. 1998. A note on induced stress changes in hydrocarbon and geothermal reservoirs[J]. Tectonophysics, 289(1): 117-128.

Settari A, Mourits F M. 1998. A coupled reservoir and geomechanical simulation system[J]. Spe Journal, 3(3): 219-226.

Sondergeld C H, Newsham K E, Comisky J T, et al. 2010. Petrophysical considerations in evaluating and producing shale gas resources: SPE Unconventional Gas Conference[C]. Society of Petroleum Engineers.

Su K. 2014. A Comprehensive Methodology of Evaluation of the Fracability of a Shale Gas Play[C]. Unconventional Resources Technology Conference(URTEC).

Suarez-Rivera R, Burghardt J, Edelman E, et al. 2013. Geomechanics considerations for hydraulic fracture productivity: 47th US Rock Mechanics/Geomechanics Symposium[C]. American Rock Mechanics Association.

Suarez-Rivera, R., Handwerder, D.A., Rodriguez-Herrera, A.A., Gaete, V.D., Haro, M., Holmes, B.,

Paddock, D., & Stevens, K. 2013. Development of a heterogeneous earth model in unconventional reservoirs for early assessment of reservoir potential. 47th US Rock Mechanics/Geomechanics Symposium, Alexandria: American Rock Mechanics Association, 2076-2086.

Tamagawa T, Pollard D D. 2008. Fracture permeability created by perturbed stress fields around active faults in a fractured basement reservoir[J]. Aapg Bulletin, 92(6): 743-764.

Tang X M, Cheng N Y, Cheng A C H. 1949. Formation stress determination from borehole acoustic logging: A theoretical foundation[J]. Seg Technical Program Expanded Abstracts, 18(1): 6549-6553.

Tao Q, Ehlig-Economides C A, Ghassemi A. 2009. Investigation of stress-dependent permeability in naturally fractured reservoirs using a fully coupled poroelastic displacement discontinuity model: SPE Annual Technical Conference and Exhibition[C]. Society of Petroleum Engineers.

Teichrob R, Kustamsi A, Hareland G, et al. 2010. Estimating in situ stress magnitudes and orientations in an Albertan field in Western Canada: 44th US Rock Mechanics Symposium and 5th US-Canada Rock Mechanics Symposium[C]. American Rock Mechanics Association.

Terzaghi K. 1951. Theoretical soil mechanics[M].

Teufel L W. 1983. Determination of In-Situ Stress From Anelastic Strain Recovery Measurements of Oriented Core[J]. Soc. Pet. Eng. AIME, Pap.; (United States), spe/doe11649.

Teufel L W, Rhett D W. 1991. Geomechanical evidence for shear failure of chalk during production of the Ekofisk field: SPE Annual Technical Conference and Exhibition[C]. Society of Petroleum Engineers.

Thiercelin M J, Plumb R A. 1994. Core-based prediction of lithologic stress contrasts in east Texas formations[J]. Spe Formation Evaluation, 9(4): 251-258.

Thomas A L. 1993. Poly3D: A three-dimensional, polygonal element, displacement discontinuity boundary element computer program with applications to fractures, faults, and cavities in the Earth's crust[D]. Stanford University.

Thomas L K, Chin L Y, Pierson R G, et al. 2003. Coupled geomechanics and reservoir simulation[J]. Spe Journal, 8(4): 350-358.

Townend J, Zoback M D. 2000. How faulting keeps the crust strong[J]. Geology, 28(5): 399-402.

Vairogs J, Hearn C L, Dareing D W, et al. 1971. Effect of rock stress on gas production from low-permeability reservoirs[J]. Journal of Petroleum Technology, 23(9): 1, 161, 167.

Van Der Zee W, Taylor J, Brudy M. 2012. Improving Sub Salt Wellbore Stability Predictions Using 3D Geomechanical Simulations: Abu Dhabi International Petroleum Conference and Exhibition[C]. Society of Petroleum Engineers.

Van Golf-Racht T D. 1994. Water-coning in a fractured reservoir: SPE Annual Technical Conference and Exhibition[C]. Society of Petroleum Engineers.

Vassilellis G D, Bust V K, Li C, et al. 2011. Shale engineering application: the MAL-145 project in West Virginia: Canadian Unconventional Resources Conference[C]. Society of Petroleum Engineers.

Vassilellis, George D., Li, Charles, Cline, A. & Associates, Bust, Vivian K., Moos, Daniel, Baker Hughes Incorporated, & Randal, Cade. 2012. Fracture Stimulation Optimization in Horizontal Cardium Completions: Enhancing Production and Net Present Value through Reservoir Modeling and Fracturing Techniques. Canadian Unconventional Resources Conference.

Walser D W, Pursell D A. 2007. Making mature shale gas plays commercial: Process vs. natural parameters: Eastern Regional Meeting[C]. Society of Petroleum Engineers.

Wang F P, Reed R M. 2009. Pore networks and fluid flow in gas shales: SPE annual technical conference and exhibition[C]. Society of Petroleum Engineers.

Wang Y, Watson R, Rostami J, et al. 2014. Study of borehole stability of Marcellus shale wells in longwall mining areas[J]. Journal of Petroleum Exploration and Production Technology, 4(1): 59-71.

Wang Z, He A. 2009. Hydrocarbon Enrichment and Exploration Domains in Mid-Western Tabei Uplift, Tarim Basin[J]. Xinjiang Petroleum Geology, 2: 6.

Warpinski N R. 1984. Determination Of In Situ Stress From An Elastic Strain Recovery Measurements Of Oriented Core: Comparison To Hydraulic Fracture Stress Measurements In The Rollins Sandstone, Piceance Basin, Colorado[J]. International Journal of Rock Mechanics & Mining Science & Geomechanics Abstracts, 22(6): 176-185.

Warpinski N R. 1985. Measurement of width and pressure in a propagating hydraulic fracture[J]. Society of Petroleum Engineers Journal, 25(1): 46-54.

Warpinski N R. 2009. Integrating microseismic monitoring with well completions, reservoir behavior, and rock mechanics: SPE Tight Gas Completions Conference[C]. Society of Petroleum Engineers.

Warpinski N R, Branagan P, Wilmer R. 1985. In-situ stress measurements at DOE's multi-well experiment[J]. Journal of Petroleum Technology, 37(3): 527-536.

Wickham J. 2013. Geomechanics of Fracture Density[C]. Unconventional Resources Technology Conference (URTEC).

Willemse E J M D. 1997. Relationship between faults and fractures in tight reservoirs : ABSTRACT[J]. Aapg Bulletin, 81(1997).

Willson S M, Last N C, Zoback M D, et al. 1999. Drilling in South America: A wellbore stability approach for complex geologic conditions: Latin American and Caribbean petroleum engineering conference[C]. Society of Petroleum Engineers.

Wilson, T. D. 1999. Models in Information Behaviour Research. Journal of Documentation, 55, 249-270.

Wu G H, Chen Z Y, Qu T L, et al. 2012. Characteristics of the strike-slip fault facies in Ordovician carbonate in the Tarim Basin, and its relations to hydrocarbon[J]. Acta Geol Sin, 86(2): 119-227.

Wu G, Cheng L, Liu Y, et al. 2011. Strike-Slip Fault System of the Cambrian-Ordovician and Its Oil-Controlling Effect in Tarim Basin[J]. Xinjiang Petroleum Geology, 2011, 3: 8.

X P P, Zoback M D. 1995. Compressive and tensile failure of inclined well bores and determination of in situ stress and rock strength[J]. Journal of Geophysical Research Atmospheres, 100(B7): 315-354.

Yan J. 2004. Prediction of borehole stability by seismic records[J]. Acta Petrolei Sinica, 25(1): 89-92.

YangHaijun Z. 2011. Conditionsand mechanism of hydrocarbon accumulation in large reef-bank karst oil/gas fields of Tazhongarea, TarimBasin[J]. ActaPetrologica Sinica, 27(6): 1865.

Yew C H. 1997. Mechanics of Hydraulic Fracturing[J]. Developments in Petroleum Science, 210(07): 369-390.

York City, NY, USA. 2019. American Rock Mechanics Association, ARMA-2019-2178.

Zare M R. 2012. Determination of optimal well trajectory during drilling and production based on borehole stability[J]. International Journal of Rock Mechanics & Mining Sciences, 56(15): 77-87.

Zhang H, Qiu K, Fuller J, et al. 2015 Geomechanical-Evaluation Enabled Successful Stimulation of a High-Pressure/High-Temperature Tight Gas Reservoir in Western China[J]. Spe Drilling & Completion, 18(2): 157-170.

Zhang J C. 2013. Borehole stability analysis accounting for anisotropies in drilling to weak bedding planes[J]. International Journal of Rock Mechanics and Mining Sciences, 60: 160-170.

Zhang L, Luo X, Vasseur G, et al. 2011. Evaluation of geological factors in characterizing fault connectivity during hydrocarbon migration: Application to the Bohai Bay Basin[J]. Marine & Petroleum Geology, 28(9):

1634-1647.

Zhao B, Wang Z, Hu A, et al. 2013. Controlling Bottom Hole Flowing Pressure Within a Specific Range for Efficient Coalbed Methane Drainage[J]. Rock mechanics and rock engineering, 46(6): 1367-1375.

Zhou J, Zhang H, Liu J, et al. 2012. Paleozoic Fault Feature and Its Formation Mechanism in YM 1-2 Block District of Tabei Uplift[J]. Natural Gas Geoscience, 2: 7.

Zoback M D. 1984. Friction, faulting and in situ stress[J]. Annales Geophysicae, 1984, 6(2): 689-698.

Zoback M D. 2007. Reservoir geomechanics[M]. Cambridge University Press.

Zoback M D, Arent D J. 2014. Shale gas development: Opportunities and challenges[J]. The Bridge, 44(NREL/JA-6A50-61466).

Zoback M D, Barton C A, Brudy M, et al. 2003. Determination of stress orientation and magnitude in deep wells[J]. International Journal of Rock Mechanics & Mining Sciences, 40(7): 1049-1076.

Zoback M D, Daniel M, Larry M, et al. 1985. Well bore breakouts and in situ stress[J]. Journal of Geophysical Research Atmospheres, 90(90): 5523-5530.

Zoback M D, Healy J H. 1992. In situ stress measurements to 3.5 km depth in the Cajon Pass Scientific Research Borehole: Implications for the mechanics of crustal faulting[J]. Journal of Geophysical Research Solid Earth, 97(B4): 5039-5057.

Zoback M D, Kohli A, Das I, et al. 2012. The importance of slow slip on faults during hydraulic fracturing stimulation of shale gas reservoirs: SPE Americas Unconventional Resources Conference[C]. Society of Petroleum Engineers.

Zoback M D, Mastin L, Barton C. 1986. In-situ stress measurements in deep boreholes using hydraulic fracturing, wellbore breakouts, and stonely wave polarization: ISRM International Symposium[C]. International Society for Rock Mechanics.

Zoback M D, Peska P. 1995. In-situ stress and rock strength in the GBRN/DOE pathfinder well, South Eugene Island, Gulf of Mexico[J]. Journal of Petroleum Technology, 47(7): 582-585.

Zoback M D, Pollard D D. 1978. Hydraulic fracture propagation and the interpretation of pressure-time records for in-situ stress determinations: 19th US Symposium on Rock Mechanics (USRMS)[C]. American Rock Mechanics Association.

Zoback M D, Rummel F, Jung R, et al. 1977. Laboratory hydraulic fracturing experiments in intact and pre-fractured rock[J]. International Journal of Rock Mechanics & Mining Science & Geomechanics Abstracts, 14(2): 49-58.

Zoback M D, Zinke J C. 2002. Production-induced normal faulting in the Valhall and Ekofisk oil fields[M]//The Mechanism of Induced Seismicity. Springer, 403-420.

Zoback, M. D. 2007. Reservoir Geomechanics. Cambridge University Press. https://doi.org/10.1017/CBO9780511586477.

Zoback, M. D., & Gorelick, S. M. 2012. Earthquake triggering and large-scale geologic storage of carbon dioxide. Proceedings of the National Academy of Sciences, 109(26), 10164–10167. https://doi.org/10.1073/pnas.1204739109.

Zoback, M.L., McKee, E.H., Blakely, R.J. and Thompson, G.A. 1994. The Northern Nevada Rift: Regional Tectono-Magmatic Relations and Middle Miocene Stress Direction. Geological Society of America Bulletin, 106, 371-382.